住房城乡建设部土建类学科专业"十三五"规划教材
高等学校工程管理和工程造价学科专业指导委员会规划推荐教材

建 筑 材 料

李志国　主　编
李志鹏　副主编

中国建筑工业出版社

图书在版编目（CIP）数据

建筑材料 / 李志国主编；李志鹏副主编. — 北京：
中国建筑工业出版社，2022.8

住房城乡建设部土建类学科专业"十三五"规划教材
高等学校工程管理和工程造价学科专业指导委员会规划推
荐教材

ISBN 978-7-112-27539-7

Ⅰ. ①建… Ⅱ. ①李… ②李… Ⅲ. ①建筑材料—高
等学校—教材 Ⅳ. ①TU5

中国版本图书馆 CIP 数据核字（2022）第 105078 号

本书根据高等学校工程管理指导委员会制定的培养目标、培养方案，结合工程管理技术课程的改革目标，按我国现行的规范、规程进行编写。其主要内容有 5 篇，分别是第 1 篇，工程结构材料；第 2 篇，铺筑和砌筑材料；第 3 篇，建筑功能材料；第 4 篇，建筑材料试验原理及方法；第 5 篇，建筑周转材料。

本书适宜作为高等学校工程管理、工程造价、房地产开发与管理及物业管理专业的教材，也可作为高等学校土木工程、建筑学、城乡规划等专业的教材或教学参考书。

为便于教学，作者特制作了与教材配套的电子课件，如有需求，可发邮件（标注书号、作者名）至 jckj@cabp.com.cn 索取，或到 http://edu.cabplink.com 下载，电话（010）58337285。

责任编辑：牛　松　王　跃
文字编辑：勾淑婷
责任校对：姜小莲

住房城乡建设部土建类学科专业"十三五"规划教材
高等学校工程管理和工程造价学科专业指导委员会规划推荐教材
建筑材料
李志国　主　编
李志鹏　副主编
*
中国建筑工业出版社出版、发行（北京海淀三里河路 9 号）
各地新华书店、建筑书店经销
北京红光制版公司制版
天津安泰印刷有限公司印刷
*
开本：787 毫米×1092 毫米　1/16　印张：22¾　字数：568 千字
2022 年 6 月第一版　　2022 年 6 月第一次印刷
定价：**49.00** 元（赠教师课件）
ISBN 978-7-112-27539-7
（39710）

前　　言

追忆历史悠悠万古，探求人类文明旅程，不难发现，人类在近百万年以来，为了生存和发展，曾穴栖巢居，也曾凿石为洞，后伐木为棚，再砌坏成屋，终凿牖成室。人类在主动地认识自然和被动地适应环境中，逐渐认识材料、尝试构造、模仿垒砌、设计营建。至今，不仅产生了材料、结构、施工、建筑一体化思维观念，而且形成了材料科学、结构设计、施工技术、建筑规划及智能建造等科学技术和知识体系，同时还在全世界范围内，建成了数量众多的亭台楼阁、都市乡村、渠堤涵坝、路港桥站。这些都已成为人类文明的物质条件和精神基础。

建筑材料相对于建筑，好比水米鱼盐之于美味佳肴，精烹细调，可成佳羹鲜汤。适宜的材料、完美的设计、规范的施工、优良的质量相互结合，才能造就不朽的建筑。如果不了解材料的性能，不根据标准规范选用，不按照材料特性进行施工和应用，建筑工程就不可能有好的质量，不可能有长的寿命，也不可能有精美的艺术属性和深厚的文化内涵。

居于世界各地的先民，曾就地取材，将石土草木、冰雪干坯、竹编织物、皮毛纸张、砖瓦水泥、金银铜铁尽情用于建筑。构筑起或圆或方、可平可斜、高低错落、宽窄适度的建筑。从建筑基础到主体结构，从屋顶檐柱到门洞隔墙，从长城驰道到甬路广场，所用建筑材料，能承载、可防水、善保温、耐老化，种类花色繁多、特性功能各异，可谓千奇百怪，五花八门。

为方便认识事物的本质和规律，在研究建筑材料组成、结构、性能和应用时，也常常采用分类的方法，对建筑材料分门别类地进行研究。由于建筑材料发展历史的不同、建筑材料组成结构的不同、建筑材料性能和应用环境与部位的不同，分类方法很多。本书按工程结构材料、铺筑和砌筑材料、建筑功能材料、建筑材料试验原理及方法以及建筑周转材料进行分类介绍。

建筑材料因气候、地域因素而具有品质差异，也因文化、技术条件导致性能差异。为规范建筑材料的生产和应用，不同的国家、地区、部门（地方）、企业会有相应的技术标准。了解和掌握国际标准、国家标准、部门标准、团体标准、地方标准、企业标准，有利于学习掌握建筑材料的性能，有利于指导工程实践。

建筑材料从实物总量到经济总量，都在建筑中占有极重要的地位。建筑材料的发展，牵动整个国家和地区国内生产总值（GDP），也在很大程度上影响工程的投资和效益，尤其是考虑碳排放及能源消耗，故节约原则是建筑材料可持续发展和优化应用的基本准则。

碳达峰、碳中和是我国应对全球气候问题对世界做出的庄严承诺，充分体现了大国担当。推动碳达峰、碳中和工作有利于推动我国建材行业向绿色转型，促进绿色生产方式和生活方式的形成，增加产品绿色含量，助推行业高质量发展；有利于推动建材行业从源头治理污染，增加产品的科技含量，对实现碳减排与环境质量改善产生显著的协同增效作用。

"十四五"期间甚至更长时期内,"绿色、低碳"将是国家发展的主旋律,建材行业作为国家乃至全球碳排放的主要来源,低碳发展势在必行。碳达峰、碳中和目标的提出,吹响了中国建材行业创新驱动的号角,是建材行业向绿色转型的重要机遇。环境保护功在当代,利在千秋。

建筑材料是随着建筑技术的不断发展而创新发展的。新的建筑功能、新的施工技术,要求材料不断地提高性能。新材料技术的发展和突破,又为新建筑体系和新施工技术创造了条件、提供了保证。在建筑材料的研发应用中,创新就成了永恒的主题。

学习建筑材料这门课程,应遵循材料科学的基本原则,运用材料科学与工程的基本理论,把握建筑材料的组成、结构、构造、性能、应用等基本概念及其相互关系;认真优化和选择低能耗、低排放、可固碳、利环保、高性价比的可持续发展材料,进行工程实践。

本书针对高等学校工程管理、工程造价专业编写,亦可供土木工程等其他专业参考。全书由天津大学李志国主编;天津大学李志鹏副主编;太原理工大学贾福根、西安建筑科技大学何娟、太原理工大学阎蕊珍、天津大学阎春霞参编。全书由哈尔滨工业大学葛勇、河北工业大学慕儒主审。由于编者水平有限,差错之处,敬请批评指正。

目　　录

第1篇　工程结构材料

第2篇 铺筑和砌筑材料

第3篇 建筑功能材料

第4篇 建筑材料试验原理及方法

第 5 篇　建筑周转材料

第 1 篇
工程结构材料

在土木工程各类建筑物中，材料要受到各种物理、化学、力学因素的单独及综合作用，如用于各种受力结构中的材料，要受到各种外力及内力的作用；而这些材料，又有可能会受到风霜雨雪的作用；作为工业或基础设施的建筑物中的材料，由于长期暴露于大气环境中，或与酸性、碱性等侵蚀性介质相接触，除受到冲刷磨损、机械振动之外，还会受到化学侵蚀、生物作用、干湿循环、冻融循环等破坏作用。可见土木工程材料在实际工程中所受的作用是复杂的。因此，对土木工程材料性质的要求也是严格的和多方面的。

1.1 材料科学的基本理论

1.1.1 材料科学与工程

土木工程材料学是材料科学与工程的一个组成部分。材料科学与工程是研究材料的组成、结构、生产制造工艺等与其性能及使用关系的科学和实践。工程上把能用于制造结构件、机器、器件或其他产品的具有某些性能的物质，统称为材料，如金属、陶瓷、塑料、玻璃、木材、纤维、砂子、石材等。关于这些材料组成的基本理论及不同结构层次的构造理论，各种材料的组成、结构对其物理力学性能的影响，以及利用其组成、结构、性能相互的内在关系来设计、加工、生产和控制材料的使用等相关的理论方法和技术原理，是材料科学与工程的主要研究内容。随着工业化和城市化、互联网及人工智能的迅速发展，人类消耗的自然资源越来越多，自然资源受到破坏，有些资源面临枯竭的可能性越来越大。如何更有效地利用自然资源，更科学合理地利用材料，适应环境保护及可持续发展的要求，是材料科学与工程面临的新课题。

1.1.2 决定材料性能的基本原理

材料的组成、结构和构造，决定了材料的性能，这是材料科学最基本的原理之一。我们学习掌握材料的性能时要遵循这一原理，在材料设计、生产及应用时更应重视这一原理。

第1章 土木工程材料基本理论和基本性质

1. 材料的组成

材料的组成包括材料的化学组成、矿物组成和相组成。

（1）化学组成

化学组成指构成材料的化学元素及化合物的种类和数量。当材料与环境及各类物质相接触时，它们之间必然要按化学规律发生相互作用。例如，材料受到酸、碱、盐类物质的侵蚀作用；材料遇火时的可燃性、耐火性；有机材料的抗老化性能；钢材及其他金属材料的锈蚀和腐蚀等，都是由其化学组成所决定的。

（2）矿物组成

材料科学中常将具有特定的晶体结构、具有特定的物理力学性能的组织结构称为矿物。矿物组成指构成材料的矿物种类和数量，如天然石材、无机胶凝材料等。其矿物组成是在其化学组成确定的条件下决定材料性质的主要因素。

（3）相组成

材料中结构相近、性质相同的均匀部分称为相。自然界中的物质可分为气相、液相、固相三种形态。材料中，同种化学物质由于加工工艺的不同，温度、压力等环境条件的不同，可形成不同的相。例如，在铁碳合金中就有铁素体、渗碳体、珠光体。同种物质在不同的温度、压力等环境条件下，也常常会转变其存在状态，如由气相转变为液相或固相。土木工程材料大多是多相固体材料，这种由两相或两相以上的物质组成的材料，称为复合材料。例如，混凝土可认为是由集料相（集料颗粒）分散在基相（水泥浆体或硬化水泥浆体）中所组成的两相复合材料。复合材料的性质与其构成材料的相组成和界面特性有密切关系。所谓界面指多相材料中相与相之间的分界面。在实际材料中，界面是一个较薄区域，它的成分和结构与相内的部分是不一样的，可作为"**界面相**"处理。因此，对于土木工程材料，可通过改变和控制其相组成和界面特性，改善和提高材料的技术性能。

2. 材料的结构和构造

材料的结构、构造是决定材料性能的另两个极其重要的因素。材料的结构可分为宏观结构、细观结构、微观结构和原子-分子级结构四个层次结构。

（1）宏观结构。 其指忽略了肉眼可见 20mm（10^{-2}m）以下差异的材料结构，如常说的钢结构、木结构、砖混结构、钢筋混凝土剪力墙结构、钢混组合结构等。土木工程材料的宏观结构，主要对建筑物的承载、安全、抗震、变形、燃烧等性能产生明显的影响。

（2）细观结构。 其指用裸眼或光学放大镜即可观察到的结构。土木工程材料的细观结构，能针对如钢筋-混凝土之间的界面，钢纤维、有机纤维、无机纤维-水泥浆体界面，集料-水泥浆体界面，相应尺寸范围在 $10^{-3}\sim10^{-2}$m 之内的材料组织、孔隙以及裂纹，粗细集料颗粒形态、级配，混凝土离析的外分层、内分层，泌水、浮浆现象及过程等的结构和特性进行研究。在细观层次对材料结构进行观察或研究，如对混凝土材料，则可分为基相、集料相、界面相；天然岩石可分为矿物晶体、非晶体组织；钢铁可分为铁素体、渗碳体、珠光体；木材可分为木纤维、导管髓线、树脂道等。

土木工程材料的细观结构，按其孔隙特征分为：①致密结构：指无可吸水、透气的孔隙的结构，如金属材料、致密石材、玻璃、塑料、橡胶等；②微孔结构：指具有微细孔隙的结构，如石膏制品、低温烧结黏土制品；③多孔结构：指具有粗大空隙或大量孔隙的结构，如加气混凝土、泡沫混凝土、泡沫塑料及人造轻质多孔材料等；④大孔或空心结构，指具有毫米以上的孔或空隙的材料结构，如透水混凝土、大孔混凝土、多孔砖、空心砖等。按其组织构造特征，细观结构分为：①纤维结构：指由天然或人工合成纤维物质构成的结构，如木材、玻璃钢、岩棉、GRC 制品等；②层状结构：指由天然形成或人工黏结等方法将材料叠合而成的双层或多层结构，如胶合板、蜂窝板、纸面石膏板、各种节能复合墙板等；③散粒结构：指由松散粒状物质所形成的结构，如混凝土粗细集料、粉砂、膨胀珍珠岩以及水泥、粉煤灰、矿粉、硅灰等粉状微小散粒结构。

（3）**微观结构**。其指材料微观结构层次上，相应尺寸范围在 $10^{-9} \sim 10^{-6}$ m 之内的各种组织结构，即微米-纳米尺度的结构和构造。材料在此层次的三维空间上，其结构异彩纷呈；在理化性能上，表现特征各异，因而对材料世界的品种、构造、特征、结构、数量和分布具有极其重要的影响，亦决定了土木工程材料的诸多技术性能。按微观结构的不同，材料可分为：

1）**晶体**。质点（离子、原子、分子）在空间上按特定的规则，呈周期性排列时所形成的结构称晶体结构。晶体按质点和化学键的不同可分为：①原子晶体：中性原子以共价键结合而成的晶体，如石英；②离子晶体：正负离子以离子键结合而成的晶体，如 $CaCl_2$；③分子晶体：以分子间的范德华力即分子键结合而成，如有机化合物；④金属晶体：以金属阳离子为晶格，由自由电子与金属阳离子间的金属键结合而成的晶体，如钢铁材料。土木工程材料中占有重要地位的硅酸盐，最基本的结构单元为硅氧四面体 SiO_4，如图 1-1 所示。硅氧四面体与

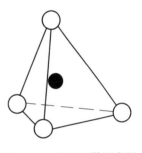

图 1-1　硅氧四面体示意图
○氧　●硅

其他金属离子相结合，形成一系列硅酸盐矿物。硅氧四面体相互连接时，可形成不同结构类型的矿物：当硅氧四面体在一维方向上，以链状结构相连时，形成纤维状矿物，如石棉；当硅氧四面体在二维方向上相互连成片状结构，再由片状结构相叠合成层状矿物，如黏土、云母、滑石等；当硅氧四面体在三维空间形成立体空间网架结构时，可形成立体岛状矿物，如石英。含纤维状矿物的材料中，纤维与纤维之间的键合力要比纤维内链状结构方向上的共价键力弱得多，所以这类材料容易分散成纤维；层状结构材料的层与层之间由范德华力结合而成，其键合力亦较弱，故该类材料容易剥成薄片；而岛状结构材料在三维空间上均以共价键相连，故其结构刚度大，强度好，具有坚硬的质地。

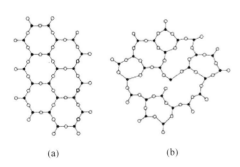

图 1-2　晶体与非晶体的结构示意图
（a）晶体；（b）非晶体
（"·"代表硅原子，"o"代表氧原子）

2）**玻璃体**。玻璃体亦称为无定形体或非晶体。其结合键为共价键及离子键。玻璃体的结构特征与晶体结构有一定区别，其质点在空间上呈非周期性排列。晶体的原子排列示意图如图 1-2（a）所示，非晶体的原子排列示意图如图 1-2（b）所示。

事实上，具有一定化学成分的熔融物质，在急冷时，若质点来不及或因某些原因不能按一定的规则排列，而凝固成固体，则得到玻璃体结构的物质。玻璃体是化学不稳定的结构，容易与其他物质发生化学反应，故玻璃体类物质的化学活

性较高。例如，火山灰、炉渣、粒化高炉矿渣等能与石灰、石膏或水泥在有水的条件下起水化、硬化作用，而被用作为土木工程材料。在烧成制品或天然岩石中，玻璃体还起胶结的作用。

3) **胶体**。以胶粒（粒径为 $10^{-10}\sim10^{-7}$m 的固体颗粒）作为分散相，分散在连续相介质（如气、水、溶剂）中，形成的分散体系称为胶体。在胶体结构中，若胶粒较少，则胶粒悬浮、分散在液体连续相之中。此时液体性质对胶体的性质影响较大，称这种结构为溶胶结构；若胶粒较多，则胶粒在表面能作用下发生凝聚，彼此相连形成空间网络结构，而使胶体黏度增大，强度增大，变形减小，形成固体或半固体状态，称此胶体结构为凝胶结构。在特定的条件下，胶体亦可形成溶胶-凝胶结构。与晶体及玻璃体结构相比，胶体结构的强度较低，变形较大。

（4）**原子-分子级结构**。考虑分子间作用力、化学键特性而相互区别，尺度范围在 $10^{-12}\sim10^{-9}$m 之内的材料结构或构造称为原子-分子级结构。可用红外、核磁、扫描隧道显微镜或 X 射线进行分析研究，如水泥颗粒水化时的双电层结构，聚羧酸的梳型结构，烷基憎水剂的分子结构等。

（5）**材料的构造**。材料的构造指具有特定性质的材料结构单元的相互搭配组合的情况。构造这一概念与结构相比，进一步强调了相同材料或不同材料间的相互作用关系。例如，木材的宏观构造、微观构造就是指具有相同的结构单元-木纤维管胞，按不同的形态和方式在宏观和微观层次上的搭配和组合情况。它决定了木材的各向异性等一系列物理力学性质。又如具有特定构造的节能墙板，就是由具有不同性质的材料经一定组合搭配而成的一种复合材料。它的构造赋予了墙板良好的隔热保温、隔声、防火、抗震、坚固耐久以及美观装饰等多种功能和性质。

在土木工程材料中，有一种构造应特别引起注意，即堆聚结构。

堆聚结构指由粒径不同，级配不一的同种或不同种散粒状材料，按随机性原则，相互堆积、堆放、堆存、堆聚在一起。而这种堆积、堆放、堆存或堆聚，有时颗粒间毫无黏附作用，如砂粒、石子，其堆积状态和特性完全取决于颗粒的形态、粒径和级配；有时颗粒间具有非常强烈的黏附作用，如砂浆、混凝土、沥青混合料、砖瓦陶土制品等，此时的堆积状态和特性，不仅取决于颗粒特性，而且取决于其胶凝特性以及相互之间的化学键等特性。这种堆积、堆放、堆存、堆聚的颗粒乃至液体所形成的体系结构，叫做堆聚结构。若在水泥混凝土堆聚结构中，考虑粗集料颗粒间的相互关系，可分为悬浮密实结构、骨架空隙结构以及骨架密实结构。多数混凝土，属于悬浮密实结构；多孔混凝土或透水混凝土，为骨架空隙结构；水泥混凝土或沥青混合料中，也有骨架密实结构。

随着材料科学与工程的理论与技术的不断发展，深入研究材料的组成、结构、构造和材料性能之间的关系，不仅有利于为包括土木工程在内的各种工程正确选用材料，而且会加速人类自由设计生产工程所需的特殊性能新材料的进程。

1.1.3   材料科学的基本属性

材料科学虽然在研究材料组成、结构、构造和性能时，能应用基本原理对材料性能进行分析，能应用相应的数学公式对材料的性能进行设计和计算，能应用大量的解析方法对材料的行为进行表征和估计，但由于材料形成或生产是一随机过程，故要准确把握真实材料的组成、结构和性能，必须要对其进行测试和试验。所以说，**材料科学是实验科学**。材料科学的一切理论基础，都是建立在试验基础之上的，这是材料科学也是土木工程材料学的最基本的属性。土木工程材料的研究、生产、应用各环节，也都离不开试验。

1.1.4 材料科学的绿色概念

材料科学和工程，倡导绿色材料的科学理念。对于一种土木工程材料，其原材料开采，不毁山毁林、不毁田、不浪费可耕地；不破坏河道、江堤、湖底、海滩等自然环境；材料加工低碳排放、低能耗，并力求使其生产加工工艺或过程简单化；材料加工生产过程中，无废水、废气或废渣排放；材料应用整个过程中，无毒害气体产生、无重金属释放、无辐射伤害作用；材料废弃后可再生或可快速降解；同时材料具有优越的工程技术性能，则这种材料就可谓具有绿色材料的科学理念。

生产、使用绿色土木工程材料，是绿色设计和绿色施工的基础，是双碳控制和可持续发展理念的具体举措和手段。

1.2 材料的基本物理性质

1.2.1 材料的密度、表观密度与堆积密度

1. 密度

密度指材料在绝对密实状态下，单位体积的质量。按下式计算：

$$\rho = m/V \tag{1-1}$$

式中　ρ——密度，g/cm^3；

　　　m——材料的干燥质量，g；

　　　V——材料在绝对密实状态下的体积，cm^3。

绝对密实状态下的体积指不包括某一相对尺寸的孔隙的体积。除了钢材、玻璃等少数材料外，绝大多数材料都有一些孔隙。测定含有孔隙材料的密度时，应尽量将其磨成细粉，将内部封闭孔隙外露变成开口孔隙，干燥后用李氏瓶测定其体积。材料磨得越细，测得的密度数值就越精确。砖、石等材料就是用这种方法测定其密度。

2. 表观密度

表观密度指材料在自然状态下，单位体积的质量。按下式计算：

$$\rho_0 = m/V_0 \tag{1-2}$$

式中　ρ_0——表观密度，g/cm^3 或 kg/m^3；

　　　m——材料的干燥质量，g 或 kg；

　　　V_0——材料在自然状态下的体积，或称表观体积（$V_0=V+V_K+V_B$），cm^3 或 m^3。

材料的表观体积是其近似的体积。其包含全部孔隙的体积，即密实体积 V、开口孔体积 V_K、闭口孔体积 V_B。当材料内部孔隙含水时，其质量和体积均将变化，故测定材料的表观密度时，应注意其含水情况。一般情况下，表观密度指气干状态下的表观密度；而在烘干状态下的表观密度，称为干表观密度。

3. 堆积密度

堆积密度指粉状或粒状材料，在堆积状态下单位体积的质量。按下式计算：

$$\rho'_0 = m/V'_0 \tag{1-3}$$

式中　ρ'_0——堆积密度，kg/m^3；

　　　m——材料的干燥质量，kg；

　　　V'_0——材料的堆积体积（颗粒体积＋颗粒间空隙体积＋颗粒及容器壁间的空隙体积：$V_0 + V_p + V_e$），m^3。

测定散粒材料的堆积密度时，材料的质量指填充在一定容器内的材料质量。其堆积体积亦指所用容器的体积，因此，材料的堆积体积包含了颗粒体积 V_0、颗粒之间的空隙体积 V_p 和材料颗粒与容器壁间的空隙体积 V_e。

4. 近似密度

有时材料内部含有完全封闭的孔隙。若该材料不经磨细或破碎而在工程中应用，则可以把其中的封闭孔隙忽略，"近似看作"其为"密实"，如混凝土的粗细集料中虽然存在一定量的封闭孔，但由于其水气密闭，故可把它当做密实颗粒。由此而得的密度，称为近似密度：

$$\rho_a = m/V_a \tag{1-4}$$

式中　ρ_a——近似密度，g/cm^3；

　　　m——材料的干燥质量，g；

　　　V_a——材料的近似体积（密实体积＋闭口孔体积：$V + V_B$），cm^3。

在土木工程中，计算材料的用量、构件的自重、配料计算以及确定材料的堆放空间时，经常需用到密度、表观密度和堆积密度等数据。常用的土木工程材料的有关数据见表1-1。

常用土木工程材料的密度、表观密度及堆积密度   表 1-1

材料	密度 ρ（g/cm^3）	表观密度 ρ_0（kg/m^3）	堆积密度 ρ'_0（kg/m^3）
石灰岩	2.60	1800～2600	—
花岗石	2.80	2500～2900	—
碎石（石灰岩）	2.60	—	1400～1700
砂	2.60	—	1450～1650
普通黏土砖	2.50	1600～1800	—
空心黏土砖	2.50	1000～1400	—
水泥	3.20	—	1200～1300
普通混凝土	—	2100～2600	—
轻集料混凝土	—	800～1900	—
木材	1.55	400～800	—
钢材	7.85	7850	—
泡沫塑料	—	20～50	—

1.2.2 材料的密实度与孔隙率

1. 密实度

密实度指材料的体积内被固体物质充实的程度，按下式计算：

$$D = V/V_0 \times 100\% \text{ 或 } D = \rho_0/\rho \times 100\% \quad (1\text{-}5)$$

绝大多数材料内部都含有孔隙，所以材料的密实度 $D<1$。D 值越大，材料越密实。

2. 孔隙率

孔隙率指材料的体积内，孔隙体积所占的比率，按下式计算：

$$P = (V_0 - V)/V_0 \times 100\% = (1-V/V_0) \times 100\% = (1-\rho_0/\rho) \times 100\% \quad (1\text{-}6)$$

即 $D+P=1$ 或密实度＋孔隙率＝1

孔隙率的大小直接反映了材料的致密程度。材料内部的孔隙，分为连通孔与封闭孔两种。连通孔不仅可彼此连通而且可与外界连通，而封闭孔不仅彼此封闭且亦与外界相隔绝。孔隙按其孔径尺寸的大小可分为极微细孔隙、细小孔隙和粗大孔隙。

3. 孔结构

材料孔隙的大小、分布、彼此连通与否或怎样联通等空间构造关系，称为孔结构。孔隙率仅反映孔隙体积总量的多少，而孔结构反映孔的几何形态与相互作用关系。

材料的吸水性、耐水性、导热性、强度等性质都与材料的密实度、孔隙率及孔结构相关。

1.2.3 材料的填充率与空隙率

1. 填充率

填充率指在某堆积体积中，被材料颗粒所填充的程度，按下式计算：

$$D' = V/V_0' \times 100\% \quad (1\text{-}7a)$$

或

$$D' = \rho_0'/\rho \times 100\% \quad (1\text{-}7b)$$

2. 空隙率

空隙率指在某堆积体积中，散粒材料颗粒之间的空隙体积所占的比例，按下式计算：

$$P' = (V_0' - V)/V_0' = 1 - V/V_0' = (1-\rho_0'/\rho) \times 100\% \quad (1\text{-}8)$$

即：$D'+P'=1$ 或填充率＋空隙率＝1

空隙率的大小反映散粒材料的颗粒之间互相填充的程度。混凝土粗集料的空隙率可作为控制混凝土集料的级配及计算砂率的依据。

1.2.4 材料与水相关的性质

1. 材料的亲水性与憎水性

土木工程中的建、构筑物常与水或大气中的水汽相接触。水分与不同的材料表面接触时，其相互作用的结果是不同的，如图 1-3 所示。

在材料、水和空气的三相交点处，沿水滴表面的切线与水和固体接触面所成的夹角（θ）称为润湿边角。润湿边角 θ 越小，浸润性越好。如果润湿边角 θ 为零，则表示该材料表面完全被水所浸润。研究表明，当 $\theta<90°$ 时，材料表面分子与水分子之间的相互吸引力大于水分子之间的内聚力，此种材料称为亲水性材料，如图 1-3（a）所示。当 $\theta \geqslant 90°$ 时，

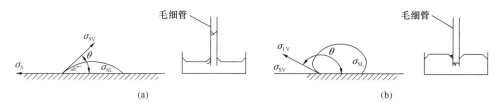

图 1-3 材料润湿边角及在材料表面的存在状态
(a) 亲水性材料；(b) 憎水性材料

材料表面分子与水分子之间的相互吸引力小于水分子之间的内聚力，材料表面不会被水浸润，此种材料称为憎水性材料，如图 1-3（b）所示。这一概念也可用于固体材料表面对其他液体的浸润情况，相应地，称为亲液材料或憎液材料。

2. 材料的吸水性与吸湿性

（1）**含水率**。材料中所含水的质量与干燥材料的质量之比，称为材料的含水率。可按下式计算：

$$W = \frac{m_1 - m}{m} \times 100\%$$ (1-9)

式中　W——材料的含水率，%；

　　　m——材料在干燥状态下的质量，g；

　　　m_1——材料在某含水状态下的质量，g。

（2）**吸水性**。亲水性材料与水接触，并由毛细压力作用，吸收水分的性质称为材料的吸水性。当材料吸水饱和时，其含水率称为**吸水率**。

在土木工程材料中，多数情况下是按质量计算吸水率，但也有按体积计算吸水率的（吸入水的体积占材料表观体积的百分率）。如果材料具有细微且连通的孔隙，则吸水率较大。若是封闭孔隙，则水分不易渗入；粗大的孔隙水分虽然容易充入，但由于不是毛细压力吸水，故仅能润湿孔隙表面而使得水分不易在孔中留存，宏观孔腔如多孔砖、空心砖、透水混凝土、大孔混凝土中由于含有粗大孔隙，不能吸水，仅能充水，因此含封闭或粗大孔隙的材料，吸水率或许并不高。

由于孔隙结构的不同，各种材料的吸水率相差很大。如钢铁、玻璃等**非吸水性材料**或**憎水性材料**的吸水率近似为 0；花岗岩等致密性材料为**低吸水性材料**，吸水率仅为 0.5%～0.7%；普通混凝土等微孔型材料为**中等吸水性材料**，吸水率为 2%～3%；黏土砖的吸水率为 8%～20%；而木材或其他轻质材料等**高吸水性材料**的吸水率则常大于 100%。又如海绵，可吸收的水分质量远大于其干燥状态自身质量，此时吸水率一般用体积吸水率计算。

（3）**吸湿性**

材料靠其表面能作用，在潮湿空气中吸收水分的性质称为吸湿性。吸湿作用一般是可逆的，即材料既可吸收空气中的水分，又可向空气中释放水分。材料与空气湿度达到平衡时的含水率称为平衡含水率。吸湿对材料性能亦有显著的影响。例如，木制门窗在潮湿环境中往往不易开关，就是木材吸湿膨胀而引起的。而保温材料吸湿含水后，热导率将增大，保温隔热性能会相应降低。

3. 材料的耐水性

材料抵抗水对其结晶接触点的溶解，以及对其裂纹尖端的劈裂破坏作用的能力，称为材料的耐水性。实际上，材料的耐水性亦应包括抵抗水对材料的力学性质、光学性质、装饰性质等多方面性质的劣化作用。但习惯上将水对材料的力学性质及结构性质的劣化作用称为耐水性，亦可称为狭义耐水性。

水分子进入材料后，由于材料表面力的作用，会在材料表面定向吸附，产生劈裂破坏作用，导致材料强度有不同程度的降低；同时，水分子进入材料内部后，也可能使某些材料发生吸水膨胀，导致材料开裂破坏；此外，水能在材料内部使某些可溶性物质或某些结晶接触点发生溶解，也将导致孔隙率增加，或加大软化，进而降低强度。因此，一般材料遇水后，强度都有不同程度的降低。即使致密的岩石也不能避免这种影响。例如，风化的花岗石交替遭受干湿循环作用，强度将下降 $3\% \sim 30\%$。普通黏土砖、木材等与水接触后，所受影响则会更大。材料的耐水性可用**软化系数 K_p** 表示，即材料在吸水饱和状态下的抗压强度 $f_{吸水饱和状态}$ 与材料在干燥状态下的抗压强度 $f_{干燥状态}$ 之比：

$$K_p = f_{吸水饱和状态} / f_{干燥状态} \tag{1-10}$$

软化系数的范围在 $0 \sim 1$ 之间。软化系数的大小，是选择耐水材料的重要依据。长期受水浸泡或处于潮湿环境中的重要建筑物，应选择软化系数 $K_P \geqslant 0.85$ 的材料建造。

4. 材料的抗渗性

材料抵抗压力水渗透的性质称为抗渗性。材料的抗渗性常用渗透系数表示：

$$K = \frac{Qd}{AtH} \tag{1-11}$$

式中 K——渗透系数，cm/h；
Q——透水量，cm^3；
d——试件厚度，cm；
A——透水面积，cm^2；
t——时间，h；
H——静水压力水头，cm。

渗透系数越小，抗渗性越好。在土木工程中，混凝土、砂浆也用抗渗等级评价其抗渗性。抗渗等级是以规定的试件、在标准试验方法下所能承受的最大水压力确定的。

1.3 材料的基本力学性质

1.3.1 材料的理论强度

材料的理论强度指材料在理想状态下应具有的强度。材料的理论强度取决于其质点间的作用力。以共价键、离子键形成的结构，化学键能高，材料的理论强度和弹性模量值也高。而以分子键形成的结构，化学键能较低，材料的理论强度和弹性模量值均较低。材料在理想状态下，受力破坏的原因是由拉力造成的结合键的断裂，或者因剪力造成的质点间的滑移。其他受力形式导致的材料破坏，实际上都是外力在材料内部产生的拉应力和剪应力造成的。材料的理论抗拉强度，可用下式表示：

$$f_t = \sqrt{\frac{E \cdot \gamma}{d}} \tag{1-12}$$

式中 f_t——材料的理论抗拉强度，MPa；

　　　　E——材料的弹性模量，MPa；

　　　　γ——单位表面能，J/mm^2；

　　　　d——原子间的距离，mm。

　　实际材料与理想材料的差别在于实际材料中存在许多缺陷，如微裂纹、微孔隙等。当材料受外力作用时，在微裂纹的尖端部位会产生应力集中现象，使得其局部应力显著超过材料的理论强度，而引起裂纹不断扩展、延伸，以至相互连通，最后导致材料的破坏。故材料的理论强度远远大于其实际强度。而消除工程材料内部的缺陷，则会显著提高材料的强度。

1.3.2　材料的强度

　　材料在外力（荷载）作用下，抵抗破坏的能力称为强度。当材料受外力作用时，其内部将产生应力，外力逐渐增大，内部应力也相应地加大。直到材料结构不再能够承受时，材料即破坏。此时材料所承受的极限应力值，就是材料的强度。

　　根据外力作用方式的不同，材料强度分为**抗压强度**（图1-4a）、**抗拉强度**（图1-4b）、**抗弯强度**（图1-4c）及**抗剪强度**（图1-4d）等。材料的抗压强度、抗拉强度、抗剪强度的计算公式如下：

$$f = F_{\max}/A \tag{1-13}$$

式中 f——材料的强度，N/mm^{2}或MPa；

　　　　$F_{\max}$——材料破坏时的最大荷载，N；

　　　　A——受力截面的面积，mm^2。

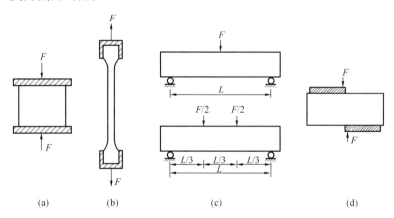

图1-4　材料受力示意图

（a）抗压强度；（b）抗拉强度；（c）抗弯强度；（d）抗剪强度

　　材料的抗弯强度与加荷方式有关，单点集中加荷和三分点加荷的计算公式如下：

$$f = 3F_{\max}L/2bh^2 \text{（单点集中加荷）} \tag{1-14}$$

$$f = F_{\max}L/bh^2 \text{（三分点加荷）} \tag{1-15}$$

式中 f——材料的抗弯强度，N/mm^{2}或 MPa；

F_{max}——破坏时的最大荷载，N；

L——两支点的间距，mm；

b、h——试件横截面的宽与高，mm。

相同种类的材料，随着其孔隙率及构造特征的不同，各种强度也有显著差异。一般来说，孔隙率越大的材料，强度越低，其强度与孔隙率有近似直线的关系，如图 1-5 所示。不同种类的材料，强度差异很大。砖、石材、混凝土和铸铁等材料的抗压强度较高，而抗拉强度及抗弯强度较低。顺纹木材抗拉强度高于抗压强度。钢材的抗拉、抗压强度都很高。因此，砖、石材、混凝土等材料多用于结构的承压部位，如墙、柱、基础等；钢材则适用于承受各种外力的结构。常用材料的强度值列于表 1-2。

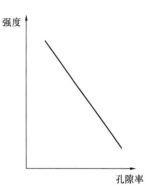

图 1-5   材料的强度与
孔隙率的关系

土木工程材料常根据其强度划分为若干不同的等级。将土木工程材料划分若干等级，对掌握材料性质，合理选用材料，正确进行设计和控制工程质量都非常重要。

常用材料的强度（N/mm^{2}或 MPa）   表 1-2

材料	抗压强度	抗拉强度	抗弯强度
花岗石	100～250	5～8	10～14
普通黏土砖	10～30	—	2.6～5.0
混凝土	10～100	1～8	3.0～10.0
松木（顺纹）	30～50	80～120	60～100
建筑钢材	240～1500	240～1500	—

1.3.3   弹性与塑性

1. 弹性

材料在外力作用下产生线性变形，当外力除去后变形随即消失，完全恢复原来形状的性质称为**弹性**。这种可完全恢复的变形称为弹性变形，如图 1-6（a）所示。

2. 塑性

材料在外力作用下，当应力超过一定限值时产生显著变形，且不产生裂缝或发生断裂，外力取消后，仍保持变形后的形状和尺寸的性质称为**塑性**。这种不能恢复的变形称为塑性变形，如图 1-6（b）所示。

实际上，在真实材料中，完全的弹性材料或完全的塑性材料是不存在的。有的材料在低应力作用下，主要发生弹性变形；而在应力接近或高于其屈服强度时，则产生塑性变形。建筑钢材就是如此。有的材料如沥青在受力时弹性变形和塑性变形可同时发生，这种弹塑性变形在取消外力后，弹性变形可以恢复，而塑性变形则不能恢复，如图 1-6（c）所示。混凝土材料的受力变形就属于这种类型。

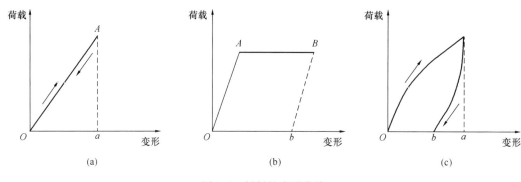

图 1-6   材料的变形曲线

（a）弹性变形；（b）塑性变形；（c）弹塑性变形

1.3.4   脆性与韧性

1. 脆性

当外力作用达到极限高度后，材料呈突然破坏，且破坏时无明显的塑性变形的性质称为**脆性**。其特点是材料在外力作用下，达到破坏荷载时的变形很小。脆性材料不利于抵抗振动和冲击荷载，会使结构发生突然性破坏，是工程中应避免的。陶瓷、玻璃、石材、砖瓦、混凝土、铸铁、高碳钢等都属于脆性较大的材料。

2. 延性

当外力作用达到一定限度后，材料不突然破坏，而发生明显塑性变形的性质称为**延性**。延性在物理学意义上和脆性是一个对应的性质。

3. 韧性

在冲击、振动荷载作用下，材料能够吸收较大的能量，不易发生破坏的性质称为**韧性**（亦称冲击韧性）。材料的韧性常用冲击试验检验。建筑钢材（软钢）、木材竹材（横纹）等属于韧性材料。在土木工程结构中考虑**安全性**时，希望**结构材料**具有足够的韧性。

1.4   材料的耐久性

耐久性指材料在使用中，抵抗其自身和环境的长期破坏作用，保持其原有性能而不破坏、不变质的能力。应用具有良好耐久性的土木工程材料修筑的工程结构或建筑物构筑物，会具有较长的使用寿命。因此，提高材料耐久性可延长工程结构的使用寿命，节约能源和材料等自然资源。

材料的内部因素是决定材料耐久性的根本原因。内部因素主要包括材料的组成和结构。例如，当材料组成中有易溶于水或微溶于水的成分，材料的耐水性就较差；材料组成中有容易与其他物质发生化学反应的成分，则材料的耐化学腐蚀性较差；晶体材料较同组成的非晶体材料的化学稳定性高；有机材料则很容易老化。当材料的孔隙率，特别是开口孔隙率较高时，材料的耐久性往往也相对较差。

材料使用过程中的外部因素决定其耐久性的相关外界要素。

土木工程所处的环境复杂多变，其材料所受到的破坏因素亦千变万化。这些破坏因素单独或交互作用于材料，可形成化学的、物理的、生物的和机械的单因素或多因素超叠加破坏作用。由于各种破坏因素的复杂性和多样性，使得耐久性成为材料的一项综合特征明显的属性。

因此，在考虑材料的耐久性时，既要考虑其内在因素，又要考虑其外在因素；既要明确其单因素作用的危害机理，又要分析其多因素交互作用后的恶化作用关系。土木工程中材料的耐久性与破坏因素的关系见表 1-3。

土木工程材料耐久性与破坏因素的关系 表 1-3

名称	破坏因素分类	破坏因素	评定指标
抗渗性	物理	压力水、静水	渗透系数、抗渗等级
抗冻性	物理、化学	水、冻融作用	抗冻等级、耐久性系数
冲磨气蚀	物理	流水、泥沙	磨蚀率
碳化	化学	CO_2、H_2O	碳化深度
化学侵蚀	化学	酸、碱、盐及其溶液	*
老化	化学、物理	阳光、空气、水、温度交替	*
钢筋锈蚀	物理、化学	H_2O、O_2、氯离子、电流电位	电位、锈蚀率、锈蚀面积
碱-集料反应	物理、化学	R_2O、H_2O、活性集料	膨胀率
霉变腐朽	生物	H_2O、O_2、微生物	*
虫蛀	生物	昆虫	*
耐火	物理	高温、火焰	*
耐热	物理、化学	冷热交替、晶型转变*	*

注：* 表示可参考强度变化率、开裂情况、变形情况、破坏情况等进行。

实际工程中，由于各种原因，土木工程结构常常会因耐久性不足而过早遭到破坏。因此，耐久性是土木工程材料的一项重要的技术性质。各国工程技术人员都已认识到，土木工程结构应根据结构安全性和结构耐久性进行设计。目前我国已经制定了《混凝土结构耐久性设计标准》GB/T 50476—2019，它将指导我国工程界，重视对材料和结构耐久性的研究，深入了解并掌握土木工程材料耐久性的本质，通过提高材料和结构的耐久性，提高土木工程结构的使用寿命。

工程实践表明，只有通过材料、设计、施工、使用各方面共同努力，才能保证工程材料的耐久性，延长土木工程结构的使用寿命，从而真正达到减碳减排，节约资源和可持续发展。

思考题

1. 当某一建筑材料的孔隙率增大时，下表内的其他性质将如何变化（用符号填写：↑增大，↓下降，—不变，? 不定)?

孔隙率	密度	表观密度	强度	吸水率	抗冻性	导热性

2. 烧结普通砖进行抗压试验，测得浸水饱和后的破坏荷载为185kN，干燥状态的破坏荷载为207kN（受压面积为115mm×120mm），问此砖的饱水抗压强度和干燥抗压强度各为多少？是否适宜用于常与水接触的工程结构物？

3. 块体石料的孔隙率和碎石的孔隙率各是如何测试的？了解它们各有何工程意义？

4. 某岩石的密度为2.75g/cm³，孔隙率为15%。今将该岩石破碎为碎石，测得碎石的堆积密度为1560kg/m³。试求此岩石的表观密度和碎石的空隙率。

5. 亲水性材料与憎水性材料是如何区分的？举例说明怎样改变材料的亲水性和憎水性。

6. 什么叫材料的耐久性？在工程结构设计时应如何考虑材料的耐久性？

在土木工程中，金属材料有着广泛的用途。金属材料可分为黑色金属和有色金属两大类。黑色金属是指以铁元素为主要成分的金属及其合金，如生铁、碳素钢、合金钢等；有色金属则是以其他金属元素为主要成分的金属及合金，如铝合金、铜合金等。建筑钢材属黑色金属。

用于钢筋混凝土、预应力钢筋混凝土结构的钢筋、钢丝、钢绞线和用于钢结构的各种型钢，以及用于围护结构和装修工程的各种钢板、复合板、连接件、螺栓等统称为**建筑钢材**。

建筑钢材具有以下特点：

1. 钢材强度高、结构自重相对较轻

钢材与砖、石、混凝土相比，虽然密度较大，但强度更高，强度与密度的比值较小。所以承受同样荷载时，钢结构要比其他结构体积小、自重轻。例如，当跨度和荷载均相同时，与钢筋混凝土屋架相比，钢屋架的重量仅为其 $1/4\sim1/3$；冷弯薄壁型钢屋架重量甚至只有其重量的 $1/10$。

2. 钢材品质高

钢材是比较理想的各向同性材料，弹性、塑性、韧性良好。结构设计计算模型简单，计算结果可靠。钢材的弹性模量较大，在正常荷载作用下变形较小；具有良好的塑性，结构破坏之前将会产生显著变形，即有破坏预告功能，可防患于未然；钢材还具有良好的韧性，对承受冲击、振动、疲劳荷载适应性强，抗震性能良好。

3. 钢材的加工性与连接性好

钢材可加工性好，施工方便。钢材具有很好的加工性能，可以铸造、切割、锻压成各种形状；也可通过焊接、铆接或螺栓等进行多种方式的连接，装配施工方便。

4. 钢材可重复使用

钢材加工过程中产生的余料、碎屑，以及废弃或破坏了的钢结构构件，均可回炉重新冶炼成钢材，重复使用。

5. 钢材耐腐蚀性差

钢材易锈蚀，需要采取防腐措施，定期维护，且维护费用大。

6. 钢材不燃但防火性能差

钢材受热后，当温度 $T<200℃$ 时，其强度和弹性模量下降不多，故钢材在温度不高的环境中有一定的耐热性；但温度 $T>200℃$ 后，材质变化较大，不仅强度总体趋势逐渐降低，还有熔融软化导致的徐变现象；当温度进一步升高，钢材进入塑性状态，将不能承受自重荷载。因此，设计规定钢材表面温度超过 150℃ 后即需要加以防护。

7. 钢材易由于低温脆性破坏而断裂

由于低温作用，钢材的受力和变形特性会受到影响。其极限拉应变会显著降低，断裂能亦随之降低，钢材塑性下降，脆性增大。在 $-40℃$ 左右的温度下，工程中钢材的低温脆性破坏，会伴随爆裂声突然断裂。因而设计及应用时务必要加以注意。

随钢结构建筑体系的发展，厂房、仓库、大型商场、体育场馆、飞机场乃至别墅、高层建筑等都普遍采用了钢结构体系；而一些临时用房为缩短施工周期，采用钢结构的相对密度也很大；大型桥梁和铁路建设中钢结构更是占有绝对的地位。建筑钢材的用量将会越来越大，但冶铁炼钢的能耗及碳排放量巨大。因而掌握钢材的系统科学知识，安全、稳定、科学、合理地利用钢材，对土木工程具有极其重要的意义。

2.1　金属的微观结构及钢材的化学组成

材料的组成和结构及其构造，决定其性能。在详细论述钢材的各种宏观性能之前，有必要先了解金属的微观结构及钢材的化学组成。

2.1.1　金属的微观结构概述

1. 金属的晶体结构

固体金属是晶体或晶粒的聚集体。在金属晶体中，各原子或离子之间以金属键的方式结合，即晶格结点上排列的原子把外层的价电子提供出来，弥散于整个晶体的空隙中，形成所谓自由电子"气"，通过自由电子把晶格结点上的原子或离子结合在一起，这种结合力称为**金属键**。金属键没有方向性和饱和性。当金属晶体受外力作用时，其中的原子或离子可在一定的条件下产生滑移，而它们虽然改变了位置，但仍由自由电子联系着，即金属键并未断裂。所以，金属键的存在是金属材料具有强度和延展性的根本原因。在金属晶体中，金属原子按等径球体最紧密堆积的规律排列。按这种规律排列所形成的空间格子称为**晶格**，而晶格中反映排列规律的基本几何单元称为**晶胞**。金属晶体的晶格通常有三种基本类型：**面心立方晶格**（FCC）、**体心立方晶格**（BCC）和**密排六方晶格**（HCP），如图 2-1 所示。

例如，910~1400℃ 的纯铁（γ-Fe）及铜、银、铝等为面心立方晶格；在 900℃ 以下的纯铁（α-Fe）及锌、镍、镁等为体心立方晶格。γ-Fe 和 α-Fe 是铁在不同温度下形成的同素异构晶体。图 2-2 为体心立方晶格铁原子的排列示意图。

从原子排列的形式可见，在晶格中的不同平面上的原子密度是不同的，因此，在晶格上的不同取向会有不同的力学性质，即金属晶体是各向异性体。但在实际金属中，在高温液态时，原子处于无序状态，当逐渐冷却至凝固点后，部分呈有序排列的小单元起晶核的作用，使其他原子与之结合，逐渐生长成晶粒，直至晶粒与晶粒接触为止。显然，这时各

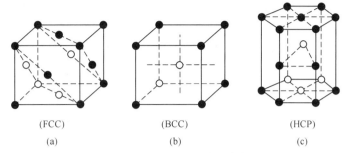

图 2-1　金属晶格的三种基本类型
（a）面心立方晶格（FCC）；（b）体心立方晶格（BCC）；（c）密排六方晶格（HCP）

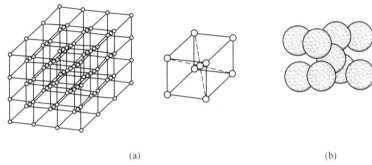

图 2-2　体心立方晶格铁原子排列示意图
（a）体心立方晶格；（b）晶胞

晶粒的取向是不一致的。所以，虽然各晶粒属各向异性体，而其总体则具有各向同性的性质。从上述晶粒的形成规律可知，晶粒的大小和形状取决于熔融金属中结晶晶核的多少。在冶金实践中常利用这一现象，加入某种合金元素，使形成更多的结晶核心，而达到细化晶粒的目的。在固体金属中，晶粒的形态和大小可通过金属试样经抛光和腐蚀后，用金相显微镜直接观察。图 2-3 为金相显微镜下的晶粒形态示意图。

2. 金属晶体结构中的缺陷

在任何晶体中原子的排列并非尽善尽美，可能存在不同形式的缺陷。金属晶体中的缺陷有三种类型：点缺陷、线缺陷和面缺陷。

（1）**点缺陷**。由于热振动等原因，个别能量较高的原子克服了邻近原子的束缚，离开了原来的平衡位置，形成"**空位**"，导致此处晶格畸变；若跑到另一个结点间的不平衡位置上，形成"**间隙原子**"，亦导致彼处晶格畸变。某些杂质原子的嵌入、固溶，也会形成间隙原子，导致晶格畸变。这类缺陷称为点缺陷，如图 2-4 所示。

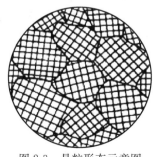

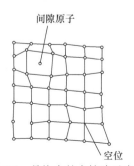

图 2-3　晶粒形态示意图　　图 2-4　晶格中的点缺陷示意图

（2）**线缺陷**。在金属晶体中某晶面间原子排列数目不相等，在晶格中形成缺列，这种晶体缺陷称为"**位错**"或**线缺陷**。位错有刃型位错和螺型位错。在存在位错的金属晶体中，当施加切应力时，金属并非在受力的晶面上克服所有键力而使所有原子同时移动，而是在切应力的持续作用下，位错逐渐向前推移。当位错运动到晶体表面时，位错消失而形成一个原子间距的滑移台阶（图 2-5）。

正因为在外力作用下位错的这种运动方式，使金属的实际屈服强度远低于在无缺陷的理想状态下克服所有键力沿晶面整体滑移的理论强度。理论屈服强度往往超过实际屈服强度的 100～1000 倍，甚至更多。在金属晶体中，位错及其他类型的缺陷是大量存在的，当位错在应力作用下产生运动时，其阻力来自于晶格阻力以及与其他缺陷之间的交互作用，因此，缺陷增多又会使位错运动阻力增大。所以金属晶体中缺陷增加会使强度增加，塑性下降。

（3）**面缺陷**。多晶体金属系由许多不同晶格取向的晶粒所组成，这些晶粒之间的边界称为晶界，在晶界处原子的排列规律受到严重干扰，使晶格发生畸变，畸变区形成一个面，这些面又交织成三维网状结构，又称为**面缺陷**（图 2-6）。当晶粒中的位错运动达到晶界时，受到面缺陷的阻抑。所以在金属中晶界的多少影响其受力和变形性能，而晶界的多少又决定了晶粒的粗细。具有细晶的钢材机械强度高，塑性好，可焊性好，对结构工程有利。而有害元素在晶界上偏析，会降低钢材的塑性、韧性和可焊性。

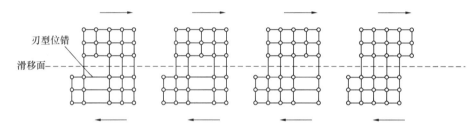

图 2-5   在切应力作用下刃型位错的运动示意图

3. 金属强化的微观机理

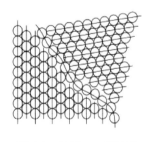

图 2-6   晶界——面缺陷

为了提高金属材料的屈服强度和其他力学性能，可采用改变微观晶体缺陷的数量和分布状态的方法，例如，引入更多位错或加入其他合金元素等，以使位错运动受到的阻力增加，具体措施有以下几种：

（1）**细晶强化**。对多晶体而言，位错运动必须克服晶界阻力，由于晶界两侧的晶格取向不同于晶界处晶格的畸变，其中一个晶粒晶格所产生的滑移不能直接进入第二晶粒，位错会在晶界处集结，并激发相邻晶粒中的位错运动，晶格的滑移才能传入第二晶粒，因而增大了位错运动阻力，使宏观屈服强度提高。晶粒越细，单位体积中的晶界越多，因而阻力越大。这种以增加单位体积中晶界面积来提高金属屈服强度的方法，称为细晶强化。某些合金元素的加入，使金属凝固时结晶核心增多，可达到细晶的目的。

（2）**固溶强化**。在某种金属中加入另一种物质（例如铁中加入碳）而形成固溶体。当固溶体中溶质原子和溶剂原子的直径有一定差异时，会形成众多的缺陷，从而位错运动阻力增大，使屈服强度提高，称为固溶强化。

（3）**弥散强化**。在金属材料中若采用焊接工艺，扩散进入第二相质点，则在相对更大的微观尺度内，形成为数众多的间隙原子，则会构成对位错运动更大的阻力，因而提高了金属材料的屈服强度。在采用弥散强化时，扩散进入的质点的强度越高、越细、越分散、数量越多，则位错运动阻力越大，强化作用越明显。

（4）**变形强化**。当金属材料因受力而变形时，塑性变形不可恢复，晶体内部的缺陷密度将明显增大，导致屈服强度提高，塑性降低，硬脆性增大，称为**变形强化**。这种强化作用会被高温恢复塑性，故只能在低于熔点温度40%的条件下产生，因此也叫冷加工强化。

2.1.2 钢铁的冶炼

将铁矿石与焦炭加入炼铁高炉中，靠焦炭燃烧产生热量，将铁矿石中的铁熔化，称之为**炼铁**；将铁水或铁块加入炼钢炉中，靠吹入空气、氧气时与铁水中的碳变成CO而放热或用电极产生的电弧加热，将铁水中过高的碳除去，或同时加入必要的合金元素炼制成特种合金的过程，称为**炼钢**；将还未冷却的钢直接轧制成型材的工艺，叫做**热型连铸**。

钢铁的主要化学成分是铁和碳，故被称为铁碳合金。此外钢铁中还含有少量的硅、锰、磷、硫、氧、氮等元素。含碳量大于2.0%的铁碳合金称为生铁或铸铁；含碳量在1.7%~2.0%之间的铁碳合金称为**熟铁**；含碳量小于1.7%的铁碳合金称为**钢**。

在炼钢过程中，碳被氧化成CO气体而逸出；硅、锰等被氧化成氧化硅、氧化锰而随钢渣排出；硫、磷则与石灰反应而进入钢渣排出。由于冶炼过程中必须提供足够的氧以保证碳、硅、锰的氧化以及其他杂质的去除，因此钢液中尚存一定数量的氧化铁。为了消除氧化铁对钢材质量的影响，常在炼钢的最后阶段，向钢液中加入硅铁、锰铁等脱氧剂，以去除钢液中的氧，此工艺称为**脱氧**。

常用的钢材冶炼方法主要有以下三种。

1. 平炉法

平炉法是以铁块或铁水、废钢铁及适量的铁矿石为原料，以煤气或重油为燃料，依靠废钢铁及铁矿石中的氧与杂质起氧化作用而成熔渣，熔渣浮于表面，使下层钢水与空气隔绝，避免空气中的氧、氮进入钢中。由于该法冶炼时间长（每炉需4~12h），有足够的时间控制成分、调整质量，彻底去除杂质，故钢材质量好。平炉法可用于炼制优质碳素钢、合金钢及其他特种钢。但因其能耗大、效率低已逐渐被淘汰。

2. 氧气转炉法

将铁水倒入转炉中，再由炉顶吹入空气或高压氧气，将铁水中多余的碳以及硫、磷等有害杂质迅速氧化并通过烟气有效除去。转炉冶炼速度快（25~45min）、钢质较好且成本较低。氧气转炉法常用于生产优质碳素钢和合金钢，是目前最主要的炼钢方法。

3. 电炉法

以废钢铁及生铁为原料，利用电极产生的电弧进行冶炼。电炉法熔炼温度高，且温度可自由调节，易清除杂质，故钢材的质量最好，但成本也最高。电炉法主要用于冶炼优质碳素钢及特种钢。

2.1.3 钢材的化学组成

钢材的主要化学组成是铁碳合金。其基本成分为铁和碳，此外还有某些合金元素和杂质。碳素钢根据含碳量可分为：低碳钢、中碳钢和高碳钢；合金钢按照合金元素的含量可以分为：低合金钢、中合金钢和高合金钢。钢材中不同元素的存在形态对钢材的性能具有较大的影响，具体描述如下：

碳（C） 在钢材中碳原子与铁原子之间的结合有三种基本方式：**固溶体、化合物和机械混合物**。由于铁与碳结合方式的不同，碳素钢在常温下形成了三种基本组织：**铁素体、渗碳体和珠光体**。

铁素体是碳溶于 α-Fe 晶格中的固溶体，铁素体晶格原子间的间隙较小，其溶碳能力很低，室温下仅能溶入小于 0.005% 的碳。由于溶碳少而且晶格中滑移面较多，故其强度相对较低，但塑性较好。

渗碳体是铁与碳的化合物，分子式为 **Fe₃C**，含碳量为 6.67%。其晶体结构复杂，强度高、塑性差、脆性大，是钢材中主要的强化组分。

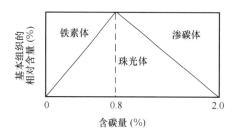

图 2-7 碳素钢基本组织含量与含碳量的关系

珠光体是铁素体和渗碳体合二为一的机械混合物。其层状构造是铁素体基体上分布着硬脆的渗碳体片。珠光体性能介于铁素体和渗碳体之间，既有良好的强度，又有足够的塑性。碳素钢中上述基本组织含量与含碳量的关系可简示为图 2-7。建筑钢材的含碳量一般不大于 0.8%，从图中可见，其常温下的基本组织为铁素体和珠光体，含碳量增大时，珠光体的相对含量随之增大，铁素体则相应减小，因而，强度随之提高，而塑性和韧性则相应下降。含碳量对碳素钢性质的影响，如图 2-8 所示。图中钢的 R_m 随含碳量的增大而提高，但当含碳量超过 1% 时，由于单独存在的渗碳体系成网状分布于珠光体晶界上，并连成整体，使钢变脆，因而 R_m 开始下降。碳还是降低钢材可焊性的元素之一，含碳量超过 0.3% 时，钢的可焊性显著降低。碳还会降低钢的塑性，增加钢的冷脆性和时效敏感性，降低抗大气锈蚀性。

硅（Si） 大部分固溶于铁素体中，当含量不大于 1% 时，可提高强度，而且对塑性和韧性的影响不明显，故作为低合金钢的主加合金元素。硅的主要作用是提高钢材强度。

锰（Mn） 固溶于铁素体中，锰能消减硫和氧所引起的热脆性，改善钢材的可焊性。锰又可提高钢材的强度，是低合金钢的主加合金元素，一般在 1%～2% 范围

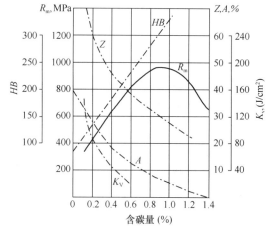

图 2-8 含碳量对碳素钢性质的影响
R_m—抗拉强度；K_v—冲击韧性；HB—硬度；
A—伸长率；Z—面积缩减率

内，固溶于铁素体中使之强化，并起到细化珠光体的作用。

钛（Ti）　作为合金元素，钛是强脱氧剂；且能细化晶粒，显著提高强度，但稍降低塑性。由于晶粒细化，故可改善韧性。钛还能减少时效倾向，改善可焊性。

钒（V）　是强烈抑制钢中碳化物和氮化物而形成的元素。钒能细化晶粒，提高钢的弹性、强度、韧性、抗磨性、抗爆裂性，既耐高温又耐奇寒，并能减少时效倾向，但会增加焊接时的淬硬倾向。钒被戏称为金属"维生素"和"现代工业的味精"。

铌（Ni）　是强碳化物和氮化物形成元素，能细化晶粒。

磷（P）　是有害元素。其固溶于铁素体中会起强化作用。随其含量提高，钢材的强度提高，但塑性和韧性显著下降。特别是使钢材低温脆性增大。磷在钢材中易偏析，磷的偏析富集使铁素体晶格严重畸变，导致钢材冷脆。磷显著影响了钢材的可焊性。除不利作用外磷可提高钢材的耐磨性和耐蚀性，在低合金钢中可配合其他元素作为合金元素使用。

硫（S）　是很有害的元素。非金属类硫化物夹杂在钢材中，会降低各种力学性能。硫会产生强烈的偏析，使钢在焊接时产生温度裂纹，显著降低可焊性。

氧（O）　是有害元素。其会形成非金属夹杂物，少量溶于铁素体中。非金属夹杂物会降低钢的力学性能，特别是韧性。氧还有促进时效倾向的作用，也会使钢的可焊性变差。由于钢的冶炼中必须供给足够的氧，以保证杂质元素氧化，排入渣中，故精炼后的钢液中还留有一定量的氧化铁。根据脱氧程度的不同，钢材质量差别较大，分为沸腾钢、镇静钢和特殊镇静钢。

氮（N）　是有害元素。其嵌溶于铁素体中，或呈化合物形式存在。氮对钢材力学性质的影响与碳、磷相似，能使钢材强度提高，使塑性和韧性显著下降。固溶于铁素体中的氮，有向晶格缺陷处富集的倾向，加剧钢材的时效敏感性和冷脆性，降低可焊性。适量的铝或钛可使氮以氮化铝 AlN 或氮化钛 TiN 等形式存在，可减少氮的不利影响，并能细化晶粒，改善性能。

在炼钢时，上述元素中硅、锰、钛、钒、铌是合金元素；磷、硫、氧、氮是有害元素。

2.1.4　钢材的分类

1. 按化学成分分类

（1）**碳素钢**。含碳量为 $0.02\%\sim2.06\%$ 的铁碳合金称为碳素钢。碳素钢中还含有少量硅、锰以及磷、硫、氧、氮等有害杂质。碳素钢根据其含碳量的多少又可分为：含碳量小于 0.25% 的碳素钢为**低碳钢**；含碳量为 $0.25\%\sim0.6\%$ 的碳素钢为**中碳钢**；含碳量大于 0.6% 的碳素钢为**高碳钢**。

（2）**合金钢**。为改善钢材性能，在炼钢过程中特意加入的某些化学元素，称为**合金元素**。含有总量大于 5% 合金元素的钢称为合金钢。合金元素总含量小于 5% 为**低合金钢**；$5\%\sim10\%$ 为**中合金钢**；合金元素总含量大于 10% 为**高合金钢**。

土木工程中所用的**结构钢**就是碳素钢中的**低碳钢**和合金钢中的**低合金钢**。

2. 按用途分类

（1）**结构钢**。结构钢主要用于建造工程结构及制造机械零件，一般为低碳钢或中碳钢。

（2）**工具钢**。工具钢主要用于制造各种工具、量具及模具，一般为高碳钢。

（3）**特殊钢**。特殊钢是具有特殊物理、化学或机械性能的钢，如不锈钢、耐热钢、耐酸钢、耐磨钢、磁性钢等，一般为合金钢。

3. 按钢材品质（钢中有害杂质硫、磷的含量）分类

（1）**普通钢**：普通钢中硫、磷含量：$S \leqslant 0.050\%$，$P \leqslant 0.045\%$；

（2）**优质钢**：优质钢中硫、磷含量：$S \leqslant 0.035\%$，$P \leqslant 0.035\%$；

（3）**高级优质钢**：高级优质钢中硫、磷含量：$S \leqslant 0.025\%$，$P \leqslant 0.025\%$；

（4）**特级优质钢**：特级优质钢中硫、磷含量：$S \leqslant 0.015\%$，$P \leqslant 0.025\%$。

4. 按脱氧程度分类

（1）**沸腾钢（代号 F）**是脱氧不完全的钢。经脱氧处理之后，钢液中尚存有较多的氧化铁。当钢液注入锭模后，氧化铁与碳继续发生反应，生成大量 CO 气体。气泡外逸引起钢液"沸腾"，故称沸腾钢。沸腾钢化学成分不均匀、气泡含量多、密实性较差，因而钢材品质较差，故冲击韧性和可焊性差，特别是低温脆性大，不宜用于遭受低温、冲击、震动、疲劳等作用的重要工程结构中。

（2）**镇静钢（代号 Z）**是用锰铁、硅铁和铝锭进行充分脱氧的钢。钢液在铸锭时基本不产生气泡，在锭模内能够平静地凝固，故称镇静钢。镇静钢组织致密、化学成分均匀、机械性能好，因而钢材品质较好，但成本较高，主要用于承受冲击荷载作用或其他重要的工程结构中。

（3）**特殊镇静钢（代号 TZ）**是脱氧程度比镇静钢还要充分彻底的钢，故钢材的质量最好，主要用于特大桥梁等特别重要的工程结构中。

2.2 建筑钢材的主要力学性能

建筑钢材的力学性能主要有抗拉性能、冷弯性能、冲击韧性、硬度和耐疲劳性等。

2.2.1 抗拉性能

抗拉性能是建筑钢材最重要的性能之一。由拉力试验测定的屈服点、抗拉强度和伸长率是钢材抗拉性能的主要技术指标。钢材的抗拉性能，可通过低碳钢（软钢）受拉时的应力-应变图阐明。图 2-9 为低碳钢在常温和静载条件下的抗拉应力-应变曲线。从图中可见，就变形性质而言，曲线可划分为四个阶段，即**弹性阶段**（O→A）、**弹塑性阶段**（A→B）、**塑性阶段**（B→C）、**应变强化阶段**（C→D），超过 D 点后试件产生颈缩和断裂。各阶段中的特征应力值主要有**屈服极限**（R_{eL}）和**抗拉强度**（R_m）。在曲线的 OA 范围内，如卸去拉力，试件能恢复原状，这种性质称为弹性。与 A 点对应的应力称为**弹性极限**（R_P）。当应力稍低于 A 点对应的应力时，应力与应变的比值为常数，称为**弹性模量**，用 $E = \sigma / \varepsilon$ 表示。弹性模量反映钢材的刚度，

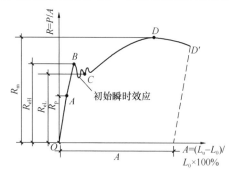

图 2-9   低碳钢在常温和静载条件下的
抗拉应力-应变曲线

它是钢材在受力时计算结构变形的重要指标。

在曲线的 AB 范围内,当应力超过 R_P 以后,如果卸去拉力,变形不能立刻恢复,表明已经出现塑性变形。在这一阶段中,应力和应变不再成正比。当应力达到 B 点时,试件进入塑性变形阶段。在该阶段中,力不增大,而试件继续伸长。这时相应的应力称为屈服极限(R_{eL})或屈服强度。如果达到屈服点后应力值发生下降,则应区分**上屈服点**(R_{eH})和**下屈服点**(R_{eL})。上屈服点指试样发生屈服而力首次下降前的最大应力(图 2-9)。下屈服点指不计初始瞬时效应(图 2-9)时屈服阶段中的最小应力。由于下屈服点的测定值对试验条件较不敏感,并形成稳定的屈服平台,所以在结构计算时,以下屈服点作为材料的屈服强度的标准值。

在屈服阶段以后,在曲线的 CD 段,钢材抵抗变形的能力又重新提高,故称为变形强化阶段。当曲线达到最高点 D 以后,试件薄弱处产生局部横向收缩变形(颈缩),直至破坏。试样拉断过程中的最大力所对应的应力(即 D 点)称为抗拉强度(R_m)。

抗拉强度与屈服强度之比,称为**强屈比**(R_m / R_{eL})。强屈比越大,反映钢材受力超过屈服点工作时的可靠性越大,因而结构的安全性越高。但强屈比太大,反映钢材性能不能被充分利用。钢材的强屈比一般应大于 1.2。

预应力钢筋混凝土用的高强度钢筋和钢丝具有硬钢的特点,其抗拉强度高,无明显屈服平台(图 2-10)。这类钢材的应力-应变曲线上,以产生残余变形达到原始标距长度 L_0 的 0.2% 时所对应的应力,可作为硬钢的结构设计计算取值,用 $R_{P0.2}$ 表示。

试样拉断后,标距的伸长与原始标距长度的百分比,称为断后伸长率(A)。测定时将拉断的两部分在断裂处对接在一起,使其轴线位于同一直线上时,量出断后标距的长度 L_u(mm)(图 2-11),即可按式(2-1)计算伸长率:

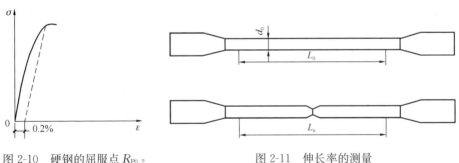

图 2-10　硬钢的屈服点 $R_{P0.2}$　　　　图 2-11　伸长率的测量

$$A = (L_u - L_0) / L_0 \times 100\% \tag{2-1}$$

式中　L_0——试件的原始标距长度,mm;

　　　L_u——试件拉断后的标距长度,mm。

必须指出,由于试件断裂前的颈缩现象,塑性变形在试件标距内的分布是不均匀的。当原标距与直径之比越大,则颈缩处的伸长值在整个伸长值中的比例越小,因而计算的伸长率偏小,通常取标距长度 $L_0 = 5d_0$ 或 $10d_0$(d_0 试件直径),其伸长率以 A_5 或 A_{10} 表示。对于同一钢材,$A_5 > A_{10}$。

伸长率表明钢材的塑性变形能力,是钢材的重要技术指标。尽管结构通常是在弹性范围内工作,但其应力集中处可能超过 R_{eL} 而产生一定的塑性变形,使应力重分布,从而避免结构破坏。通过抗拉试验，还可测定另一表明钢材塑性的指标——断面收缩率 Z。它是试件拉断后颈缩处横截面积的最大缩减量与原始横截面积的百分比，即：

$$Z = (F_0 - F_1)/F_0 \times 100\% \qquad (2\text{-}2)$$

式中　F_0——原始横截面积 mm^2；

　　　F_1——断裂后颈缩处的横截面积，mm^2。

2.2.2　冷弯性能

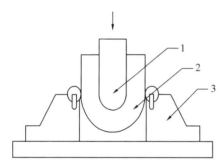

冷弯性能指钢材在常温下承受弯曲变形的能力，是建筑钢材的重要工艺性能。钢材的冷弯性能指标用试件在常温下所能承受的弯曲程度表示。冷弯性能是根据**弯心角**、**弯心直径**对**试件厚度**（或直径）以及**冷弯试验现象**进行评定的。试验时采用的弯曲角度越大，弯心直径与试件厚度（或直径）的比值越小，表示对钢材冷弯作用越严酷。

按规定的弯曲角和弯心直径进行试验时，试件的弯曲处不产生裂缝、裂断或起层，即认为冷弯性能合格。图 2-12 为冷弯试验示意图。冷弯试验是通过试件弯曲处的不均匀塑性变形实现的，它能在一定程度上

图 2-12　冷弯试验示意图
1—弯心；2—试件；3—支座

揭示钢材是否存在内部组织的不均匀、内应力、夹杂物、未熔合和微裂纹等缺陷。因此，冷弯性能反映钢材品质的检验方式，也是反映焊接质量的更为严格的检验方式。

2.2.3　冲击韧性

冲击韧性指钢材抵抗冲击荷载的能力。冲击韧性指标是通过标准试件的弯曲冲击韧性试验确定的。试验以摆锤打击刻槽的试件，于刻槽处将其打断，如图 2-13 所示。以试件单位截面积上打断时所消耗的功作为钢材的冲击韧性值，以 K_v 表示，即：

$$K_v = GH_1 - GH_2 \qquad (2\text{-}3)$$

式中　G——摆锤的重量，kg；

　　　H_1——摆锤的质心高度，mm。

K_v 值越大，冲击韧性越好。

钢材的冲击韧性对钢的化学成分、内部组织状态以及冶炼、轧制质量都较敏感。例

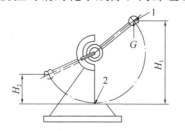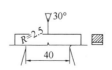

图 2-13　钢材的冲击试验
1—摆锤；2—试件

如，钢中磷、硫含量较高，存在偏析或非金属夹杂物，以及焊接中形成的微裂纹等，都会使 K_v 值显著降低。

与温度的关系试验表明，冲击韧性随温度的降低而下降，其规律是开始时下降平缓，当达到某一温度范围时，突然下降很多而呈脆性，这种现象称为钢材的冷脆性，这时的温度称为脆性临界温度。它的数值越低，钢材的低温冲击性能越好。所以在负温下使用的结构，应选用脆性临界温度较使用温度更低的钢材。其随时间的延长而表现出强度提高，塑性和冲击韧性下降，这种现象称为时效。完成时效变化的过程可达数十年。钢材如经受冷加工变形，或使用中经受振动和反复荷载的影响，时效可迅速发展。因时效而导致性能改变的程度称为时效敏感性。时效敏感性越大的钢材，经过时效以后，其冲击韧性和塑性的降低越显著，对于承受动荷载的结构物，如桥梁等，应选用时效敏感性较小的钢材。

2.2.4　硬度

钢材的硬度指其表面局部体积内抵抗外物压入产生塑性变形的能力。测定钢材硬度的方法有布氏法、洛氏法和维氏法，较常用的为布氏法和洛氏法。布氏法的测定原理是用一直径为 D 的淬火钢球，以荷载 P 将其压入试件表面，经规定的持续时间后卸除荷载，即得直径为 d 的压痕（图 2-14）。以压痕表面积 F 除荷载 P，所得的商即为该试件的布氏硬度值，以 HB 表示，即

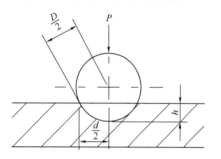

图 2-14　布氏硬度试验示意图

$$HB = P/F = P/\pi Dh \tag{2-4}$$

从图 2-14 中可见：

$$h = \frac{D - \sqrt{D^2 - d^2}}{2} \tag{2-5}$$

所以

$$HB = \frac{2P}{\pi D(D - \sqrt{D^2 - d^2})} \tag{2-6}$$

式中　D——钢球直径，mm；

　　　d——压痕直径，mm；

　　　P——压入荷载，N。

试验时，D 和 P 应按规定选取。一般硬度较大的钢材应选用较大的 P/D^2。例如，$HB>140$ 的钢材，P/D^2 应采用 30，而 $HB<140$ 的钢材，P/D^2 则应采用 10。由于压痕附近的金属将产生塑性变形，其影响深度可在压痕深度的 8～10 倍以上，所以试件厚度一般应大于压痕深度的 10 倍。荷载保持时间以 10～15s 为宜。

材料的硬度值实际上是材料弹性、塑性、变形强化率、强度和韧性等一系列性能的综合反映。因此，硬度值往往与其他性能有一定的相关性。例如，钢材的 HB 值与抗拉强度 R_m 之间就有较好的相关关系。对于碳素钢，当 $HB<175$ 时，$R_m=3.6HB$；当 $HB>175$ 时，$R_m=3.5HB$。根据这些关系，我们可以在钢结构的原位上测出钢材的 HB 值，并估算出该钢材的 R_m，而不破坏钢结构本身。洛氏法根据压头压入试件的深度的大小表

示材料的硬度值。洛氏法的压痕很小，一般用于判断机械零件的热处理效果。

2.2.5　耐疲劳性

在交变应力作用下的结构构件，往往在应力远低于抗拉强度时发生断裂，这种现象称

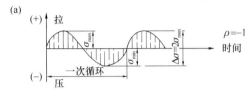

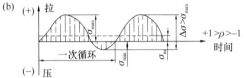

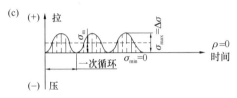

图 2-15　疲劳试验时的等幅应力循环

（a）完全对称循环；（b）以正应力为主的应力循环；
（c）脉冲应力循环；（d）静载状态

为钢材的疲劳破坏。疲劳破坏的危险应力用疲劳极限（σ_r）表示，指疲劳试验中，试件在交变应力作用下，于规定的周期基数内不发生断裂所能承受的最大应力。设计承受反复荷载且须进行疲劳验算的结构时，应测定所用钢材的疲劳极限。测定疲劳极限时，应根据结构的使用条件确定所采用的应力循环类型和循环基数。应力循环可分为等幅应力循环和变幅应力循环两类。等幅应力循环的特性可用应力比值、应力幅及平均应力表示。

应力比值 ρ 为循环应力中最大应力 σ_{max} 与最小应力 σ_{min} 之比（$\rho = \sigma_{min}/\sigma_{max}$），以拉应力为正值。当 $\rho = -1$ 时，称为完全对称循环（图 2-15a）；当 $\rho = 0$ 时，为脉冲应力循环（图 2-15c）；当 $+1 > \rho > -1$ 时，为以正应力为主的应力循环（图 2-15b）；当 $\rho = +1$ 时，相当于静载状态（图 2-15d）。应力幅 $\Delta\sigma$ 为应力变化的幅度（$\Delta\sigma = \sigma_{max} - \sigma_{min}$），应力幅总为正值。平均应力 σ_m 表示某种循环下平均受力的大小，即 $\sigma_m = (\sigma_{max} + \sigma_{min})/2$，其值可正可负。任何一种循环应力都可看成是平均应力 σ_m 与应力幅 $\Delta\sigma$ 的完全对称循环应力的叠加。变幅应力循环的应力幅值是一随机变量，在工程中变幅应力循环更为常见。通常将其变换成等效应力幅，然后按等幅应力循环试验和验算。根据试验数据可以画出试件的应力幅 $\Delta\sigma$ 与致损循环次数 n 的关系曲线（图 2-16）。在曲线中可看出疲劳极限及一定应力幅下所对应的极限循环次数，即疲劳寿命（n_r）。测定钢筋的疲劳极限时，通常采用拉应力循环，非预应力筋的应力比一般取 0.1~0.8，预应力筋取 0.7~0.85，周期基数取 200 万次或 400 万次以上。钢材的疲劳破坏先从局部形成细小裂纹，由于裂纹端部的应力集中而逐渐扩大，直到破坏。其破坏特点是断裂突然发生，断口可明显看到疲劳裂纹扩展区和残留部分的瞬时断裂区。疲劳极限不仅与钢材内部组织有关，也和表面质量有关。例如，钢筋焊接接头的卷边和表面微小的腐蚀缺陷，都可使疲劳极限显著降低。

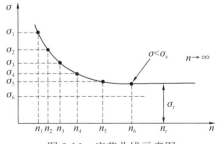

图 2-16　疲劳曲线示意图

2.3 钢材的冷加工强化及时效强化、热处理和焊接

2.3.1 钢材的冷加工强化及时效强化

将钢材于常温下进行冷拉、冷拔或冷轧，使其产生塑性变形，从而提高屈服强度，称为冷加工强化。

钢材经冷拉后的性能变化规律，可从图 2-17 中反应。图中 $OBCD$ 为未经冷拉试件的应力-应变曲线。将试件拉至超过屈服极限的某一点 K，然后卸去荷载，由于试件已产生塑性变形，故曲线沿 KO' 下降，KO' 大致与 BO 平行。如重新拉伸，则新的屈服点将高于原来可达到的 K 点。可见钢材经冷拉以后屈服点将会提高。钢材继续拉伸，达到 C_1 点后，钢筋破坏。与之前的未经过冷拉的钢材试件相比，其极限抗拉强度会稍有提升，但塑性变形能力下降。

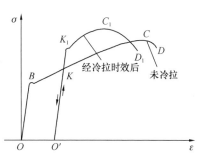

图 2-17 钢筋冷拉前后应力-应变曲线

目前常用的冷轧带肋钢筋、冷拉钢筋及预应力高强冷拔钢丝等，都是利用这一原理进行加工的产品。由于屈服强度提高，从而达到节约钢材的目的。

产生冷加工强化的原因是：钢材在冷加工时晶格缺陷增多，晶格畸变，对位错运动的阻力增大，因而屈服强度提高，塑性和韧性降低。由于冷加工时产生的内应力，故冷加工钢材的弹性模量有所下降。将经过冷加工后的钢材于常温下存放 $15\sim20\mathrm{d}$，或加热到 $100\sim200\text{℃}$ 并保持一定时间。这一过程称时效处理，前者称**自然时效**，后者称**人工时效**。

冷加工以后再经时效处理的钢筋，屈服点进一步提高，抗拉强度稍见增长，塑性和韧性继续有所降低。由于时效过程中内应力的消减，故弹性模量可基本恢复。

一般认为，产生应变时效的原因，主要是 $\alpha\text{-Fe}$ 晶格中的碳、氮原子有向缺陷移动、集中甚至呈碳化物或氮化物析出的倾向。当钢材经冷加工产生塑性变形以后，或在使用中受到反复振动，则碳、氮原子的迁移和富集可大为加快，由于缺陷处碳、氮原子富集，晶格畸变加剧，因而屈服强度提高，而塑性韧性下降。钢材时效敏感性可用应变时效敏感系数 C 表示，C 越大则时效敏感性越大。

$$C = (K_v - K_{vs})/K_v \times 100\% \tag{2-7}$$

式中 C——应变时效敏感系数，%；

K_v——钢材时效处理前的冲击吸收功，J；

K_{vs}——钢材时效处理后的冲击吸收功，J。

当对冷加工钢筋进行处理时，一般强度较低的钢筋可采用自然时效处理，而强度较高的钢筋则应采用人工时效处理。

2.3.2 钢材的热处理

热处理是将钢材按一定规则加热、保温和冷却，以改变其组织，从而获得所需要的性能的一种工艺措施。建筑钢材一般只在生产厂完成热处理工艺。在施工现场，有时须对焊

接件进行热处理。常用的热处理工艺有退火、正火、淬火、回火以及离子注入等方法。在钢材进行冷加工以后，为减少冷加工中所产生的各种缺陷，消除内应力，常采用退火工艺。

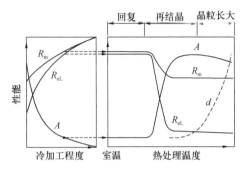

图 2-18 冷加工及退火
对钢材性能的影响

R_{m}—抗拉强度；R_{eL}—屈服强度；

A—伸长率；d—晶粒尺寸

退火工艺可分为低温退火和完全退火等。低温退火即退火加热温度在铁素体等基本组织转变温度以下，它将使少量位错重新排列。如果退火加热温度高于钢材基本组织的转变温度，通常可加温至 $800 \sim 850℃$，再经适当保温后缓慢冷却，将使钢材再结晶，即为完全退火。冷加工及退火对钢材性能的影响如图 2-18 所示。图的左侧为冷加工程度对钢材性能的影响示意图，右侧为不同热处理温度时钢材性能的变化示意图。

淬火和回火通常是两道相连的处理工艺。淬火的加热温度在基本组织转变温度以上，保温使组织完全转变，随即投入选定的冷却介质（如水或矿物油等）使之急冷，转变为不稳定组织，淬火即完成。随后进行回火，加热温度在转变温度以下（$150 \sim 650℃$）。保温后按一定速度冷却至室温。其目的是促进淬火后的不稳定组织转变为稳定的组织，消除淬火的内应力。我国生产的热处理钢筋，即是采用中碳低合金钢经油浴淬火和铅浴高温（$500 \sim 650℃$）回火制得的。它的组织为铁素体和均匀分布的细颗粒渗碳体。

2.3.3 钢材的焊接

焊接是钢结构的主要连接方式。在工业与民用建筑的钢结构中，焊接结构占 90% 以上。在钢筋混凝土结构中，焊接大量应用于钢筋接头、钢筋网、钢筋骨架和预埋件之间的连接，以及装配式构件的安装。建筑钢材的焊接方法最主要的是钢结构焊接用的电弧焊和钢筋连接用的电渣压力焊。焊件的高质量主要取决于选择正确的焊接工艺和适当的焊接材料，以及钢材本身的可焊性。电弧焊的焊接接头由基体金属和焊缝金属熔合而成。焊缝金属是在焊接时电弧的高温作用下，由焊条金属熔化而成，同时基体金属的边缘也在高温下部分熔化，两者通过扩散作用均匀地熔合在一起。电渣压力焊则不用焊条，而通过电流所形成的高温使钢筋接头处局部熔化，并在机械压力下使接头熔合。焊口处在很短的时间内达到极高的温度，又在极短的时间内快速冷却，因此在焊口附近产生了剧烈的膨缩，极易形成温度裂缝。钢材焊缝处缺陷有裂纹、气孔、夹杂物等。钢材热影响区的缺陷有裂纹、晶粒粗大和碳氮化物的析出脆化。故技术不良的焊接，可导致钢材焊口附近产生微裂纹、气孔、夹杂物以及塑性和韧性下降、脆性增大现象。

焊接质量的检验方法主要有取样试件试验和原位非破损检测两类。取样试件试验指在结构焊接部位切取试样，然后在试验室进行力学性能对比试验，评定焊接质量。原位非破损检测则是在不损害结构的前提下，直接在结构原位采用超声、X 射线探伤等间接方法评定钢结构焊接质量。

2.4　钢材的防火和防腐蚀

2.4.1　钢材的防火

在长期处于高温条件下的钢结构，可能遇到火灾等特殊情况，必须考虑温度对钢结构耐火性能的影响。而高温对钢结构及钢材性能的影响，不仅要考虑应力-应变关系，还必须考虑最高温度与高温持续时间两个因素。

通常在高温环境中，钢材会发生软化甚至熔化。故温度越高，钢材蠕变越大，则导致应力松弛现象越明显。此外，由于在高温下晶界强度比晶粒强度低，晶界的滑动对微裂纹的影响起重要作用，此裂纹在拉应力的作用下不断扩展而使钢材在相对较低的应力水平下断裂。因此，随着温度的升高，其持久强度也将显著下降。

因此，在钢结构或钢筋混凝土结构遇到火灾时，应考虑高温透过保护层后对钢筋或型钢金相组织及力学性能的影响。尤其是在预应力结构中，还必须考虑钢筋在高温条件下的预应力损失所造成的整个结构应力体系的变化。鉴于以上原因，在钢结构中应采取预防包覆措施，高层建筑更应如此，其中包括设置防火板或涂刷防火涂料等。在钢筋混凝土结构中，钢筋应有一定厚度的保护层。

2.4.2　耐火极限

1. 建筑钢材的耐火极限

材料在标准时间-温度曲线的试验条件下，从受到火的作用时刻起，到失去支撑作用，失去隔火作用，发生完整性破坏的时刻止，以小时（h）表示的时间，称为材料或构件的**耐火极限**。表 2-1 为钢筋或型钢保护层对构件耐火极限的影响示例，由表中列举的典型构件可见钢材进行防火保护的必要性。

钢筋或型钢保护层对构件耐火极限的影响　　表 2-1

构件名称	耐火极限（h）	保护层厚度（mm）	墙体厚度（mm）
无保护层钢柱	0.25	0	—
砂浆保护层钢柱	1.35	50	—
防火涂料保护层钢柱	2.00	25	—
无保护层钢梁	0.25	0	—
防火涂料保护层钢梁	1.50	15	—
混凝土及钢筋混凝土	2.50	—	120
混凝土及钢筋混凝土	5.50	—	240
混凝土及钢筋混凝土	10.50	—	370
黏土砖墙	10.50	—	370

2. 钢结构的防火防护

建筑钢结构要按照《钢结构设计标准》GB 50017—2017，在不同的建筑类型中，对钢结构进行防火防护，可以采用防火涂料法、混凝土及砂浆保护法、水冷却防护法等。

2.4.3　钢材的腐蚀与防腐防锈

1. 钢材被腐蚀的主要原因

（1）**化学腐蚀**。钢材与周围介质直接发生化学反应而引起的腐蚀，称为化学腐蚀。通常是由于氧化作用，使钢材中的铁形成疏松的氧化铁而被腐蚀。在干燥环境中，化学腐蚀速度缓慢，但在潮湿环境和温度较高时，腐蚀速度加快，这种腐蚀亦可由空气中的二氧化碳或二氧化硫作用，以及其他腐蚀性物质的作用而产生。

（2）**电化学腐蚀**。金属在潮湿气体以及导电液体（电解质）中，由于电子流动而引起的腐蚀，称为电化学腐蚀。这是由于两种不同电化学势的金属之间的电势差，使负极金属发生溶解。就钢材而言，当凝聚在钢铁表面的水分中溶入二氧化碳或硫化物气体时，即形成一层电解质水膜，钢铁本身是铁和铁碳化合物，以及其他杂质化合物的混合物。它们之间形成以铁为负极，以碳化铁为正极的原电池，由于电化学反应生成铁锈。在钢铁表面，微电池的两极反应如下：

$$阳极反应 \qquad Fe-2e=Fe^{2+}$$
$$阴极反应 \qquad 2H^{+}+2e=H_2$$

从电极反应中所逸出的离子在水膜中的反应：

$$Fe+2H^{+}=Fe^{2+}+H_2\uparrow$$
$$Fe^{2+}+2OH^{-}=Fe(OH)_2$$

$Fe(OH)_2$又与水中溶解的氧发生下列反应：

$$4Fe(OH)_2+O_2+2H_2O=4Fe(OH)_3$$

所以 $Fe(OH)_2$、$Fe(OH)_3$ 及 Fe^{2+}、Fe^{3+} 与 CO_3^{2-} 生成的 $FeCO_3$、$Fe_2(CO_3)_3$ 等是铁锈的主要成分，为了方便，通常以 $Fe(OH)_3\cdot 3H_2O$ 表示铁锈。

钢铁在酸、碱、盐溶液及海水中发生的腐蚀，地下管线的土壤腐蚀，在大气中的腐蚀，与其他金属接触处的腐蚀，均属于电化学腐蚀，可见电化学腐蚀是钢材腐蚀的主要形式。

（3）**应力腐蚀**。钢材在应力状态下腐蚀加快的现象，称为应力腐蚀。所以，钢筋冷弯处、预应力钢筋等都会因应力存在而加速腐蚀。

2. 防止钢材腐蚀的措施

混凝土中的钢筋若处于碱性介质条件下，钢筋表面氧化膜会处于稳定状态，称之为"**钝化**"状态，故钢筋很不容易锈蚀。但在混凝土中掺入活性掺和料后，活性材料水化会消耗大量氢氧化钙；或因碳化反应，会使混凝土砂浆保护层中性化；或由于水泥、外加剂、掺和料带入氯离子，会对钢筋产生"**去钝化**"作用，使钢筋快速锈蚀。

预应力钢筋混凝土会使用高强钢，因其含碳量较高，或经过冷加工强化或热处理，预应力钢筋钢丝较易发生腐蚀，应特别注意防锈。钢筋混凝土防腐措施有提高混凝土密实度、确保砂浆保护层厚度、阻止引入氯离子。并可采用防锈剂等技术措施，防止钢筋混凝土中的钢筋锈蚀。在特别严酷的海洋工程环境中，同时采用防锈剂、涂塑钢筋、牺牲阳极的阴极保护法，加反向电流等电化学方法，防止钢筋混凝土中的钢筋锈蚀。

钢结构中型钢的防锈，主要采用表面漆膜涂覆防护法。例如，钢桥面的喷砂除锈、表面涂刷防锈底漆：红丹、环氧富锌漆、铁红环氧底漆等；再喷涂面漆：灰铅漆、醇酸磁漆、酚醛磁漆进行防锈。薄壁型钢及薄钢板采用热浸镀锌或 n 层复合涂塑进行防腐防锈。

2.5　建筑钢材的品种与选用

　　土木工程中常用的钢材可分为钢筋混凝土结构用的钢筋、钢丝和钢结构用的型钢两大类。各种型钢和钢筋的性能，主要取决于所用的钢种及其加工方式。本节将简要说明土木工程中常用的钢种及其加工的钢材的力学性能和选用原则。

2.5.1　建筑钢材的主要钢种

　　在土木工程中，常用的钢筋、钢丝、型钢及预应力锚具等，基本上都是碳素结构钢和低合金高强度结构钢等钢种，经热轧或再进行冷加工强化及热处理等工艺加工而成的。现将主要常用钢种分述如下：

1. 碳素结构钢

　　根据《碳素结构钢》GB/T 700—2006 的规定，碳素结构钢可分为 4 个牌号（即 Q195、Q215、Q235 和 Q275），其含碳量在 0.06%～0.38% 之间。每个牌号又根据其硫、磷等有害杂质的含量分成若干等级。

　　碳素结构钢的牌号由下列 4 个要素表示：□□-□□。第一框位置为钢材屈服强度代号，以 "屈" 字汉语拼音首位字母 "Q"，表示钢材屈服强度；第二框位置以阿拉伯数字表示钢材的屈服强度数值；第三框位置用大写的英文字母 A、B、C、D 表示钢材的质量等级；第四框位置以大写英文字母表示脱氧程度代号，F 代表沸腾钢；Z 代表镇静钢；TZ 代表特殊镇静钢（Z，TZ 符号可予以省略）。例如 Q235 - BZ，表示这种碳素结构钢的屈服强度 $R_{eL} \geqslant 235MPa$（当钢材厚度或直径小于或等于 16mm 时）；质量等级为 B，即硫、磷均控制在 0.045% 以下；脱氧程度为镇静钢。各牌号碳素结构钢的力学性能及抗弯试验指标见表 2-2 及表 2-3。

碳素结构钢的力学性能（GB/T 700—2006）　　　　　　　表 2-2

牌号	等级	屈服强度 R_{eL}（N/mm²），$\geqslant$						抗拉强度（N/mm²）	断后伸长率（%），$\geqslant$					冲击试验（V 形缺口）	
		厚度（或直径）（mm）							厚度（或直径）（mm）						
		16	16～40	40～60	60～100	100～150	150～200		≤40	40～60	60～100	100～150	150～200	温度（℃）	冲击吸收功（纵向）（J），$\geqslant$
Q195	—	195	185	—	—	—	—	315～450	33	—	—	—	—	—	—
Q215	A	215	205	195	185	175	165	335～450	31	30	29	27	26	—	—
	B													+20	27
Q235	A	235	225	215	215	195	185	375～500	26	25	24	22	21	—	—
	B													+20	27
	C													0	
	D													−20	
Q275	A	275	265	255	245	225	215	410～540	22	21	20	18	17	—	—
	B													+20	27
	C													0	
	D													−20	

碳素结构钢抗弯试验指标（GB/T 700—2006）　　　　表2-3

牌号	试样方向	冷弯试验180°，$B=2a$	
		钢材厚度（直径）(mm)	
		≤60	>60～100
		弯心直径 d	
Q195	纵	0	—
	横	0.5a	
Q215	纵	0.5a	1.5a
	横	a	2a
Q235	纵	a	2a
	横	1.5a	2.5a
Q275	纵	1.5a	2.5a
	横	2a	3a

注：B 为试样宽度，a 为钢材厚度（直径）；钢材厚度（直径）大于100mm时，弯曲试验由双方协议商定。

　　碳素钢的屈服强度和抗拉强度随含碳量的增加而增高，伸长率则随含碳量的增加而下降。其中 Q235 的强度和伸长率均居中等，两者得以兼顾，所以是结构钢常用的牌号。一般而言，碳素结构钢的塑性较好，适宜于各种加工，在焊接、冲击及适当超载的情况下也不会突然破坏，它的化学性能稳定，对轧制、加热或骤冷的敏感性较小，因而常用于热轧钢筋。

2. 低合金高强度结构钢

　　根据《低合金高强度结构钢》GB/T 1591—2018 的规定，低合金高强度结构钢可分为 4 个牌号（即 Q355、Q390、Q420、Q460），每个牌号又根据其所含硫、磷等有害物质的含量分成若干等级。低合金高强度结构钢的合金元素总含量一般不超过 5%，所加元素主要有锰、硅、钒、钛、铌、铬、镍及稀土元素。

　　低合金高强度结构钢的牌号由下列三个要素表示：□□□。第一框位置为低合金高强度结构钢的屈服强度代号，以"屈"字汉语拼音首位字母"Q"，表示钢材屈服强度；第二框位置以阿拉伯数字表示低合金高强度结构钢的屈服强度数值；第三框位置用大写的英文字母 A、B、C、D、E 表示该低合金高强度结构钢的质量等级。质量等级五级是由于低合金钢中的合金元素起了细晶强化和固溶强化等作用，使低合金钢不但具有较高的强度，而且也具有较好的塑性、韧性和可焊性。因此，其综合性能较好，尤其是在大跨度、承受动荷载或冲击荷载的结构中更为适用。

3. 常用建筑钢材

　　（1）**钢筋**。钢筋主要用于钢筋混凝土和预应力钢筋混凝土的配筋，是土木工程中用量最大的钢材之一。主要品种有以下几种：

　　1）**低碳钢热轧圆盘条**。建筑用的低碳钢热轧圆盘条由 HPB300 碳素结构钢经热轧而成。其主要力学性能及工艺性能见表 2-4。

建筑用低碳钢热轧圆盘条力学性能及工艺性能（GB/T 1499.1—2017）　表 2-4

牌号	力学性能				冷弯试验 180° d＝弯心直径 a＝试件直径
	R_{eL}（MPa）	R_m（MPa）	A（%）	A_{gt}（%）	
	≥				
HPB300	300	420	25.0	10.0	$d＝a$

　　从表中可见低碳钢热轧圆盘条的强度较低，但塑性好，伸长率高，便于弯折成形、容易焊接，可用作中、小型钢筋混凝土结构的受力钢筋或箍筋，以及作为冷加工（冷拉、冷拔、冷轧）的原料。

　　2）**钢筋混凝土用热轧带肋钢筋**。混凝土用热轧带肋钢筋采用低合金钢热轧而成，横截面通常为圆形，且表面带有两条纵肋和沿长度方向均匀分布的横肋。其含碳量为 0.17%～0.25%，主要合金元素有硅、锰、钒、铌、钛等，有害元素硫和磷的含量应控制在 0.045% 以下。其牌号有 HRB400，HRB500，HRB600，HRB400E，HRB500E，HRBF400，HRBF500，HRBF400E，HRBF500E 九种。其主要力学性能表 2-5。

钢筋混凝土用热轧带肋钢筋的力学性能（GB 1499.2—2018）　表 2-5

牌号	屈服强度 R_{eL}（MPa）	抗拉强度 R_m（MPa）	断后伸长率 A（%）	最大力总延伸率 A_{gt}（%）	R_m^o/R_{eL}^o	R_{eL}^o/R_{eL}
	≥					≤
HRB400 HRBF400	400	540	16	7.5	—	—
HRB400E HRBF400E			—	9	1.25	1.30
HRB500 HRBF500	500	630	15	7.5	—	—
HRB500E HRBF500E			—	9.0	1.25	1.30
HRB600	600	730	14	7.5		

　　注：R_m^o 为钢筋实测钢筋值；R_{eL}^o 为钢筋实测屈服强度。

　　热轧带肋钢筋具有较高的强度，塑性和可焊性也较好，钢筋表面带有纵肋和横肋，从而加强了钢筋与混凝土之间的握裹力，可用于钢筋混凝土结构的受力钢筋，以及预应力钢筋，其工艺性能见表 2-6。

钢筋混凝土用热轧带肋钢筋的工艺性能（GB 1499.2—2018）　表 2-6

牌号	公称直径 d	弯曲压头直径
HRB400 HRBF400 HRB400E HRBF400E	6～25	4d
	28～40	5d
	>40～50	6d

牌号	公称直径 d	弯曲压头直径
HRB500 HRBF500 HRB500E HRBF500E	6～25	6d
	28～40	7d
	>40～50	8d
HRB600	6～25	6d
	28～40	7d
	>40～50	8d

3）**冷轧带肋钢筋**。冷轧带肋钢筋采用热轧圆盘条经冷轧而成，表面带有沿长度方向均匀分布的二面或三面的月牙肋。其牌号按抗拉强度分为 6 个等级，即 CRB550，CRB650，CRB800，CRB600H，CRB680H，CRB800H。CRB550，CRB600H，CRB680H 公称直径范围为 4mm～12mm，CRB650，CRB800，CRB800H 公称直径为 4mm、5mm、6mm，根据《冷轧带肋钢筋》GB/T 13788—2017，冷轧带肋钢筋的力学性能及工艺性能应符合表 2-7 的规定。

冷轧带肋钢筋的力学性能及工艺性能　　　　　　　　表 2-7

分类	牌号	$R_{P0.2}$ (MPa)，≥	R_m(MPa)，≥	伸长率（%），≥		冷弯	反复弯曲次数	应力松弛（初始应力相当于公称抗拉强度的70%）
				A	A_{100}			1000h 松弛率(%)，≤
普通混凝土用	CRB550	500	550	11.0	—	D=3d	—	—
	CRB600H	540	600	14.0	—	D=3d	—	—
	CRB680H	600	680	14.0	—	D=3d	4	5
预应力混凝土用	CRB650	585	650	—	4.0	—	3	8
	CRB800	720	800	—	4.0	—	3	8
	CRB800H	720	800	—	7.0	—	4	5

注：1. D 为弯心直径，d 为钢筋公称直径。

2. 当该牌号钢筋作为普通钢筋混凝土用钢筋使用时，对反复弯曲和应力松弛不做要求；当该牌号钢筋作为预应力钢筋混凝土用钢筋使用时，应进行反复弯曲试验代替 180°弯曲试验，并检测松弛率。

冷轧带肋钢筋是采用冷加工方法强化的典型产品，冷轧后强度明显提高，但塑性也随之降低，使强屈比变小，但其强屈比 $R_m/R_{P0.2}$ 不得小于 1.05。这种钢筋适用于中、小预应力混凝土结构构件和普通钢筋混凝土结构构件。

4）**预应力混凝土用热处理钢筋**　预应力混凝土用热处理钢筋指用热轧中碳低合金钢钢筋经淬火回火调质处理的钢筋，通常直径为 6mm、8mm、10mm，抗拉强度 $R_m≥$ 1500MPa，屈服强度 $R_{p0.2}≥1350$MPa，伸长率 $A_{10}≥6$%。为增加与混凝土的黏结力，钢筋表面常轧有通长的纵肋和均布的横肋，一般卷成直径为 1.7～2.0m 的弹性盘条供应，开盘后可自行伸直。使用时应按所需长度切割，不能用电焊或氧气切割，也不能焊接，以免引起强度下降或脆断。热处理钢筋的设计强度取 0.8 倍标准强度，先张法和后张法预应力的张拉控制应力分别为标准强度的 0.7 倍和 0.65 倍。

5) **预应力混凝土用钢丝与钢绞线**。**预应力混凝土用钢丝**是采用优质碳素钢或其他性能相应的钢种，经冷加工及时效处理或热处理制得的高强度钢丝。其可分为**冷拉钢丝**及**消除应力钢丝**两种，按外形又可分为**光面钢丝**、**螺旋肋钢丝**和**刻痕钢丝**三种。消除应力钢丝的公称直径有 4mm、5mm、6mm、7mm、8mm、9mm 6 个规格，R_m 与 $R_{p0.2}$ 的范围随公称直径的不同而不同。R_m 约在 1470～1770MPa 之间，$R_{p0.2}$ 约在 1250～1500MPa 之间，一般 $R_{p0.2}$ 不小于 R_m 的 85%，其伸长率较低。当标距长度为 100mm 时，伸长率小于 4%，其应力松弛分为两级，Ⅰ级松弛为普通松弛，1000h 应力损失试验的损失率为 4.5%～12%，Ⅱ级松弛为低松弛，1000h 应力损失试验的损失值为 1%～4.5%。冷拉钢丝的公称直径有 3mm、4mm、5mm 三种规格，R_m 在 1470～1670MPa，$R_{p0.2}$ 在 1100～1250MPa 范围内，$R_{p0.2}$ 不小于 R_m 的 75%。其伸长率不大于 2%～3%。将预应力钢丝经辊压出规律性凹痕，以增强与混凝土的黏结力，降低预应力损失，则为刻痕钢丝。其公称直径通常有 5mm、7mm 两种规格。R_m 在 1470～1570MPa 范围内，$R_{p0.2}$ 在 1250～1340MPa 范围内，其伸长率小于或等于 4%，1000h 应力损失试验的损失率约为 2.5%～8%。

若将两根、三根或七根圆形断面的钢丝捻成一束，而成**预应力混凝土用钢绞线**。钢绞线的最大负荷随钢丝的根数不同而不同，七根捻制结构的钢绞线，整根钢绞线的最大负荷可达 300kN，屈服负荷可达 255kN，伸长率不大于 3.5%。1000h 应力松弛率不大于 2.5%～8%。

从上述介绍中可知，预应力钢丝、钢绞线等均属于冷加工强化及热处理钢材，拉伸试验时没有屈服强度，但抗拉强度远远超过热轧钢筋和冷轧钢筋，并具有较好的柔韧性，应力松弛率低，甚至盘条状供应，松卷后可自行弹直，可按要求长度切割，适用于大荷载、大跨度及需曲线配筋的预应力混凝土结构。

(2) **型钢**。钢结构构件一般可直接选用各种型钢。型钢之间可直接连接或附加连接钢板进行连接。连接方式可为铆接、螺栓连接或焊接。所以钢结构所用钢材主要是**型钢和钢板**。型钢有热轧及冷成型两种，钢板也有热轧和冷轧两种。

1) **热轧型钢**。常用的热轧型钢有**角钢**（等边和不等边）、**工字钢**、**槽钢**、**T 形钢**、**H 形钢**、**Z 形钢**、**钢管**、**钢棒**等。

钢结构用钢的钢种和钢号，主要根据结构与构件的重要性、荷载的性质（静载或动载）、连接方法（焊接、铆接或螺栓连接）、工作条件（环境温度及介质）等因素予以选择。对于承受动荷载的结构，处于低温环境的结构，应选择韧性好、脆性临界温度低，疲劳极限较高的钢材。对于焊接结构，应选择可焊性较好的钢材。

我国建筑用热轧型钢主要采用碳素结构钢和低合金高强度结构钢。在碳素结构钢中主要采用 Q235-A（含碳量 0.14%～0.22%），其强度较适中，塑性和可焊性较好，而且冶炼容易、成本低廉，适合土木工程使用。在低合金高强度结构钢中主要采用 Q355 及 Q390，可用于大跨度、承受动荷载的钢结构中。

2) **冷弯薄壁型钢**。冷弯薄壁型钢通常用 2～6mm 薄钢板冷弯或模压而成，有角钢、槽钢等开口薄壁型钢及方形、矩形等空心薄壁型钢，可用于轻型钢结构。

3) **钢板和压型钢板**。用光面轧辊轧制而成的扁平钢材称为钢板。按轧制温度的不同，钢板又可分热轧和冷轧两类。土木工程用钢板的钢种主要是碳素结构钢，某些重型结构、大跨度桥梁等也采用低合金高强度结构钢。

按厚度来分,热轧钢板可分为厚板(厚度大于 4mm)和薄板(厚度为 0.35～4mm)两种;冷轧钢板只有薄板(厚度为 0.2～4mm)。厚板可用于型钢的连接与焊接,组成钢结构承力构件,薄板可用作屋面或墙面等围护结构,或作为薄壁型钢的原料。

薄钢板经辊压或冷弯可制成截面呈 V 形、U 形、梯形或类似形状的波纹,并可采用有机涂层、镀锌等表面保护层的钢板,称压型钢板,在建筑上常用作屋面板、楼板、墙板及装饰板等,还可将其与保温材料等复合,制成复合墙板等,用途十分广泛。

思考题

1. 金属晶体结构中的微观缺陷有哪几种?它们对金属的力学性能有何影响?

2. 金属材料有哪些强化方法?并说明其强化机理。

3. 试述钢的主要化学成分,并说明钢中主要元素对性能的影响。

4. 钢材中碳原子与铁原子之间结合的基本方式有哪三种?碳素钢在常温下的铁—碳基本组织有哪三种?它们各自的性质特点如何?

5. 钢中的主要有害元素有哪些?它们造成危害的原因是什么?

6. 钢材有哪些主要力学性能?试述它们的定义及测定方法。

7. 何谓钢材的强屈比?其大小对使用性能有何影响?

8. 钢材的伸长率与试件标距有何关系?为什么?

9. 钢材的冲击韧性与哪些因素有关?何谓冷脆临界温度和时效敏感性?

10. 钢的脱氧程度对钢的性能有何影响?

11. 钢材的冷加工对力学性能有何影响?

12. 试述钢材腐蚀的原因与防腐蚀的措施。

铝合金是以铝为基的合金总称。其主要合金元素有铜、硅、镁、锌、锰，次要合金元素有镍、铁、钛、铬、锂等。

3.1　铝合金概述

（1）**铝的发现和应用**。1520 年德国自然科学家帕拉塞斯翻开了铝的历史篇章。他研究证实明矾（硫酸铝）是一种未知的金属氧化物。1754 年，德国化学家马格拉夫成功将"矾土"分离，这正是被后人称为"氧化铝"的神奇物质。1808 年，英国的戴维首次将隐藏在明矾中的金属分离出来，铝开始有了自己的名字。1827 年，德国化学家维勒设计新的提炼铝的方法，通过各种尝试终于提炼出一块致密的铝块。1886 年，美国学生霍尔和法国学生埃鲁发明冰晶石-氧化铝熔盐电解法生产电解铝，成为当今电解铝技术的鼻祖。

（2）**有色金属**。铝及铝合金属于有色金属。在冶金学中，将铁合金、锰合金或铬合金，称为**黑色金属**；将非铁（锰、铬）类的金属，称为**有色金属**。有色金属可分为**重金属**（如铜、铅、锌）、**轻金属**（如铝、镁）、**贵金属**（如金、银、铂）及**稀有金属**（如钨、钼、锗、锂、镧、铀）等。

（3）**铝合金**。纯铝的密度小，$\rho = 2.70 \text{g/cm}^3$，大约是铁的 1/3；熔点 660℃，大约也是铁的 1/3～1/2。铝是面心立方结构，故具有很高的塑性：$\delta = 32\% \sim 40\%$，$\psi = 70\% \sim 90\%$，易于加工，可制成各种型材、板材；抗腐蚀性能好；但是纯铝的强度很低，退火状态 $\sigma_b = 80 \text{N/mm}^2$，故不宜作结构材料。

通过对铝的冶金科学实验和对铝的材料科学性能研究，科学家以加入合金元素的方式，炼制铝，得到了一系列的铝合金。加入合金元素后形成的铝合金，不仅保持纯铝质轻的特性，也提高了纯铝的强度。又经过热处理等工艺，最终使得铝合金强度达到或超过了低碳钢，$\sigma_b = 240 \sim 600 \text{N/mm}^2$。这样其"比强度"（$\sigma_b/\rho$）超过了低合金钢，使铝合金成为理想的结构材料。其轻质高强的结构特性，减轻了结构自重，用铝合金代替钢材的结构重量可减轻 50％以上。

铝合金的广泛应用促进了铝合金焊接技术的发展，同时焊接技术的发展又拓展了铝合金的应用领域，因此铝合金的焊接技术正成为研究的热点之一。铝合金密度低，但强度比较高，接近或超过优质钢，塑性好，可加工成各种型材，具有优良的导电性、导热性和抗蚀性，在工业上广泛使用，使用量仅次于钢。

铝合金分两大类：**铸造铝合金**，在铸态下使用；**变形铝合金**，能承受压力加工，可加工成各种形态、规格的铝合金材。形变铝合金又分为不可热处理强化型铝合金和可热处理强化型铝合金。不可热处理强化型不能通过热处理提高机械性能，只能通过冷加工变形实现强化，它主要包括高纯铝、工业高纯铝、工业纯铝以及防锈铝等。可热处理强化型铝合金可以通过淬火和时效等热处理手段提高机械性能，它可分为硬铝、锻铝、超硬铝和特殊铝合金等。

一些铝合金可以采用热处理获得良好的机械性能、物理性能和抗腐蚀性能。铸造铝合金按化学成分可分为铝硅合金、铝铜合金、铝镁合金、铝锌合金和铝稀土合金，其中铝硅合金又有简单铝硅合金（不能热处理强化，力学性能较低，铸造性能好）和特殊铝硅合金（可热处理强化，力学性能较高，铸造性能良好）。2008 年北京奥运会火炬"祥云"的结构就采用了铝合金。

3.2　铝合金产品

1. 铝合金产品的用途

纯铝分冶炼品和压力加工品两类，前者以化学成分 Al 表示，后者用汉语拼音 LU（铝、工业用的）表示。

各种飞机都以铝合金作为主要结构材料。飞机上的蒙皮、梁、肋、桁条、隔框和起落架都可以用铝合金制造。飞机依用途的不同，铝的用量也不一样。着重于经济效益的民用机因铝合金价格便宜而大量采用，如波音 767 客机采用的铝合金约占机体结构重量的 81％。军用飞机因要求有良好的作战性能而相对地减少铝的用量，如最大飞行速度为 2.5 马赫的 F-15 高性能战斗机仅使用 35.5％的铝合金。有些铝合金有良好的低温性能，在－253～－183℃下不**冷脆**，可在**液氢**和**液氧**环境下工作，它与浓硝酸和偏二甲肼不起化学反应，具有良好的焊接性能，因而是制造液体火箭的好材料。发射"阿波罗"号飞船的"土星 5 号"运载火箭的燃料箱、氧化剂箱、箱间段、级间段、尾段和仪器舱都用铝合金制造。航天飞机的乘员舱、前机身、中机身、后机身、垂尾、襟翼、升降副翼和水平尾翼都是用铝合金制作的。各种人造地球卫星和空间探测器的主要结构材料也都是铝合金。

2. 压力加工铝合金

铝合金压力加工产品分为防锈、硬质、锻造、超硬、包覆、特殊及钎焊七类。常用铝合金材料的状态为自由状态、退火状态、硬化状态、热处理状态、固溶热处理状态五种。

3.3　铝合金型材

铝和铝合金经加工成一定形状的材料统称铝材，包括铝塑板、铝单板、铝蜂窝板、铸造铝合金、高强度铝合金及氟碳铝合金板。

1. 铝塑板

铝塑板是由经过表面处理并用涂层烤漆的 3003 铝锰合金、5005 铝镁合金板材作为表面，PE 塑料作为芯层，高分子黏结膜经过一系列工艺加工复合而成的新型材料。它既保留了原组成材料（铝合金板、非金属聚乙烯塑料）的主要特性，又克服了原组成材料的不足，进而获得了众多优异的材料性质。产品特性包括艳丽多彩的装饰性、耐候、耐蚀、耐撞击、防火、防潮、隔声、隔热、抗震性、质轻、易加工成型、易搬运安装等。

铝塑板用途：除可应用于幕墙、内外墙、门厅、饭店、商店、会议室等的装饰外，还可用于旧建筑的改建，用作柜台、家具的面层、车辆的内外壁等。铝塑板规格详见表 3-1。

铝塑板的规格（mm）　　　　　　　　　　　　　　　表 3-1

铝塑板标准尺寸	1220×2440			
厚度	3	4	6	8
宽度	—	1220	1500	1500
长度	1000	2440	3000	6000

2. 铝单板

铝单板指经过铬化等处理后，再采用氟碳喷涂技术加工形成的建筑装饰材料。氟碳涂料主要指聚偏氟乙烯树脂（KANAR500），分底漆、面漆、清漆三种。喷涂过程一般分为二涂、三涂或四涂。氟碳涂层具有卓越的抗腐蚀性和耐候性，能抗酸雨、盐雾和各种空气污染物，耐冷热性能极好，能抵御强烈紫外线的照射，能长期保持不褪色、不粉化，使用寿命长。

铝单板特点：轻量化，刚性好、强度高、不燃烧性、防火性佳、加工工艺性好、色彩可选性广、装饰效果极佳、易于回收、利于环保。

铝单板应用：建筑幕墙、柱梁、阳台、隔板包饰、室内装饰、广告标志牌、车辆、家具、展台、仪器外壳、地铁海运工具等。

3. 铝蜂窝板

铝蜂窝板采用复合蜂窝结构，选用优质的 3003H24 铝锰合金铝板或 5052AH14 高锰合金铝板为基材，与铝合金蜂窝芯材热压复合成型。铝蜂窝板从面板材质、形状、接缝、安装系统到颜色、表面处理为建筑师提供丰富的选择，能够展示丰富的屋面表现效果，具有卓越的设计自由度。它是具有施工便捷、综合性能理想、保温效果显著的新型材料，它的卓越性能吸引了人们的眼球。

铝蜂窝板并无标准尺寸，所有板材均根据设计图纸由工厂订制而成，广泛地应用于大厦外墙装饰（特别适用于高层的建筑）、内墙顶棚吊顶、墙壁隔断、房门及保温车厢、广告牌等领域。该产品将为我国建材市场注入绿色、环保、节能的鲜活动力。

铝蜂窝板可以用于制作穿孔吸声吊顶板。该板的构造结构为穿孔铝合金面板与穿孔背板，依靠优质胶粘剂与铝蜂窝芯直接粘接成铝蜂窝夹层结构，蜂窝芯与面板及背板间贴上一层吸声布。由于蜂窝铝板内的蜂窝芯分隔成众多的封闭小室，阻止了空气流动，使声波受到阻碍，提高了吸声系数（可达到 0.9 以上），同时提高了板材自身强度，使单块板材的尺寸可以做到更大，进一步加大了设计自由度。可以根据室内声学设计，进行不同的穿孔率设计，在一定的范围内控制组合结构的吸声系数，既达到设计效果，又能够合理控制造价。通过控制穿孔孔径、孔距，并可根据客户使用要求改变穿孔率，最大穿孔率小于30%，孔径一般选用 $\Phi2.0$、$\Phi2.5$、$\Phi3.0$ 等规格，背板穿孔要求与面板相同。吸声布采用优质的无纺布等吸声材料，适用于地铁、影剧院、电台、电视台、纺织厂和超过噪声标准的厂房以及体育馆等大型公共建筑的吸声墙板、顶棚吊顶板。

4. 铸造铝合金

铸造铝合金（ZL）按成分中铝以外的主要元素硅、铜、镁、锌分为四类。

为了获得各种形状与规格的优质精密铸件，用于铸造的铝合金一般具有以下特性。

（1）有填充狭窄槽缝部分的良好流动性。

（2）有比一般金属低的熔点，但能满足极大部分情况的要求。

（3）导热性能好，熔融铝的热量能快速向铸模传递，铸造周期较短。

（4）熔体中的氢气和其他有害气体可通过处理得到有效的控制。

（5）铝合金铸造时，没有热脆开裂和撕裂的倾向。

（6）化学稳定性好，抗蚀性能强。

（7）不易产生表面缺陷，铸件表面有良好的光洁度和光泽，而且易于进行表面处理。

（8）铸造铝合金的加工性能好，可用压模、硬模、生砂和干砂模、熔模石膏型铸造模进行铸造生产，也可用真空铸造、低压和高压铸造、挤压铸造、半固态铸造、离心铸造等方法成形，生产不同用途、不同品种规格、不同性能的各种铸件。

铸造铝合金在轿车上得到了广泛应用，如发动机的缸盖、进气支管、活塞、轮毂、转向助力器壳体等。

5. 高强度铝合金

高强度铝合金指拉伸强度大于 480MPa 的铝合金，主要是以 Al-Cu-Mg 和 Al-Zn-Mg-Cu 为基的合金。前者的静强度略低于后者，但使用温度却比后者高。由于合金的化学成分、熔炼和凝固方式、加工工艺及热处理制度不同，合金的性能差异很大。北美 7090 铝合金最高强度为 855MPa，欧洲铝合金强度为 840MPa，日本铝合金强度达到 900MPa，而我国报道的超高强铝合金强度为 740MPa。

高强度铝合金具有密度小、强度高、加工性能好及焊接性能优良等特点，被广泛地应用于航空工业及民用工业等领域，尤其在航空工业中占有十分重要的地位，是航空工业的主要结构材料之一。近几十年来，国内外学者对高强度铝合金的热处理工艺及其性能等进行了大量的研究，取得了重要进展，并极大地促进了该类材料在航空工业生产中的广泛应用。

6. 氟碳铝合金板

（1）氟碳喷涂铝合金板

此类板可分为两涂系统、三涂系统和四涂系统板，工程中一般采用多涂系统板。

1）两涂系统氟碳铝合金板：由 $5\sim10\mu m$ 的氟碳底漆和 $20\sim30\mu m$ 的氟碳面漆组成，膜层总厚度大于 $35\mu m$，可用于普通环境。

2）三涂系统氟碳铝合金板：由 $5\sim10\mu m$ 的氟碳底漆、$20\sim30\mu m$ 的氟碳色漆及 $10\sim20\mu m$ 的氟碳清漆组成，膜层总厚度大于 $45\mu m$，可用于空气污染严重、工业区及沿海等环境恶劣地带。

3）四涂系统氟碳铝合金板：有两种。

一种是采用大颗粒铝粉颜料时，在底漆和面漆之间，增设一道 $20\mu m$ 的氟碳中间漆；另一种是在底漆和面漆之间，增设一道聚酰胺与聚氨酯共混的致密涂层，提高其抗腐蚀性，增加氟碳铝合金板的使用寿命。因为聚酰胺与聚氨酯共混物能优先改善氟碳海绵状微结构，封闭其气孔的渗透作用，故此类铝合金板更适用于空气污染严重引起酸雨、工业及沿海等恶劣环境地区。

（2）氟碳预辊涂层铝合金板

1）为使多种材料的综合性能优势和工艺优势得到最大程度的发挥，把人为影响膜层质量的不利因素降至最低，可采用预辊涂的工艺，提高铝合金板的膜层质量。

2）预辊涂膜层中，氟树脂含量最高可达 80%。

3）涂层厚度为 $25\mu m$。

3.4 铝合金在土木工程中的应用

1. 铝合金屋架结构

铝合金材料因其较轻的质量、良好的强度和卓越的耐腐蚀性能，在建筑和结构工程中获得了广泛应用。绝大部分的建筑幕墙型材和大型金属屋面板材均采用铝合金材料。除此之外，铝合金材料在人行桥梁、门式刚架、空间网格结构中也已获得较多应用。其中，空间网格结构是铝合金材料应用最为广泛的结构类型。近年来，随着产能增加，已经开展了铝合金材料在塔架等结构中的应用研究。

铝合金在建筑业中的应用已经有近 100 年的历史，从 20 世纪 40 年代以来，铝合金就开始广泛地应用于建筑结构之中，目前世界上已建成 7000 多座铝合金空间结构。1951年，英国建造了跨度达 111.3m 的"探索"穹顶。1958 年，比利时建成了一座 80m×250m 的铝合金商业仓库屋盖。1959 年，苏联在莫斯科萨克尼利卡公园建成了一座直径60m，高 27m 的铝合金网壳。美国海军在南极建造了直径达 50m 的铝合金巨蛋建筑。1970 年以来，美国又建成了位于加州洛杉矶的云杉鹤机库，还建成了丰田博物馆、哥伦比亚大学体育馆、美国海军北极军用观察站等。

我国铝合金结构的应用起步比较晚，但发展迅速。20 世纪 90 年代以来，铝合金结构在我国的应用逐渐增多。1997 年建成的天津市平津战役纪念馆（图 3-1），是我国首个大跨度铝合金单层网壳结构，采用的是直径为 48.95m 的球面网壳体系，节点采用弧形板连接。1997 年建成的上海国际体操中心（图 3-2），采用单层扁球形网壳结构体系，平面直径为 68m，节点采用弧形板连接。1997～2001 年上海相继建成的上海浦东游泳馆、上海马戏城、上海科技馆，1999 年建成的北京城建集团北苑宾馆游泳池屋面铝合金网架与2000 年建成的北京航天试验研究中心零磁试验铝合金网架均采用螺栓球节点的双层网架铝合金结构。随后十年间，国内建成了数十座铝合金空间网格结构工程。2010 年以来，铝合金网格结构在我国开始进入快速发展阶段，建筑外形由单一规则穹顶发展成为自由曲面形式，结构跨度以及构件截面也随之要求不断增大。

图 3-1　天津市平津战役纪念馆

图 3-2　上海国际体操中心

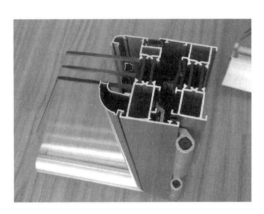

图 3-3　断桥铝门窗中的铝型材结构

2. 铝合金门窗

铝合金门窗指采用铝合金挤压型材为框、梃、扇料制作的门窗，简称铝门窗。铝合金门窗包括以铝合金作受力杆件（承受并传递自重和荷载的杆件）基材和木材、塑料复合的门窗，简称铝木复合门窗、铝塑复合门窗，断桥铝门窗中的铝型材结构如图 3-3 所示。

铝合金门窗质量可以从原材料（铝型材）的选材、铝材表面处理及内部加工质量、铝合金门窗的价格等方面作大致判断。

其分类如下：

（1）依据门窗材质和功用，大致可以分为以下几类：木门窗、钢门窗、旋转门、防盗门、自动门、塑料门窗、旋转门、铁花门窗、塑钢门窗、不锈钢门窗、铝合金门窗、玻璃钢门窗。

随着人民生活水平不断提高，门窗及其衍生产品的种类不断增多，档次逐步上升，如隔热铝合金门窗、木铝复合门窗、铝木复合门窗、实木门窗、阳光能源屋、玻璃幕墙、木质幕墙等。

（2）按开启方式可分为：平开、对开、推拉、折叠、上悬、外翻等。

1）**平开窗**。平开窗优点是开启面积大，通风好，密封性好，隔声、保温、抗渗性能优良。内开式的擦窗方便；外开式的开启时不占空间，缺点是窗幅小，视野不开阔。外开窗开启要占用墙外的一块空间，刮大风时易受损；而内开窗更是要占去室内的部分空间，开窗时使用纱窗、窗帘等也不方便，如质量不过关，还可能渗雨。

2）**推拉窗**。推拉窗优点是简洁、美观，窗幅大，玻璃块大，视野开阔，采光率高，擦玻璃方便，使用灵活，安全可靠，使用寿命长，在一个平面内开启，占用空间少，安装纱窗方便等；缺点是两扇窗户不能同时打开，最多只能打开一半，通风性相对差一些；有时密封性也稍差。推拉窗分左右、上下推拉两种。

3）**上悬式**。其是 2010 年前后才出现的一种铝合金塑钢窗。它是在平开窗的基础上发展出来的新形式。它有两种开启方式，既可平开，又可从上部推开。平开窗关闭时，向内拉窗户的上部，可以打开一条 100mm 左右的缝隙，也就是说，窗户可以从上面打开一点，打开的部分悬在空中，通过铰链等与窗框连接固定，因此称为上悬式。它的优点是：既可以通风，又可以保证安全，因为有铰链，窗户只能打开 10cm 左右的缝，从外面手伸不进来，特别适合家中无人时使用。功能已不仅局限于平开的窗子，推拉窗也可以上悬式开启。

4）**欧式对开窗**。欧式对开窗即采用欧式风格装修门窗，按不同的地域文化可分为北欧、简欧和传统欧式。其中的田园风格于 17 世纪盛行欧洲，强调线形流动的变化，色彩华丽。它在形式上以浪漫主义为基础，装修材料常用大理石、多彩的织物、精美的地毯，精致的法国壁画，整个风格豪华、富丽，充满强烈的动感效果。另一种是洛可可风格，其爱用轻快纤细的曲线装饰，效果典雅、亲切，欧洲的皇室贵族都偏爱这个风格。这需要和家里的整体风格进行搭配装饰。

5）**平开门**。平开门有单开的平开门和双开的平开门：单开门指只有一扇门板，而双开门有两扇门板。平开门又分为单向开启和双向开启。单向开启是只能朝一个方向开（只能向里推或外拉），双向开启是门扇可以向两个方向开启（如弹簧门）。平开门是相对于别的开启方式分的，因为门还有移动开启的、上翻的、卷帘升降的、垂直升降的、旋转式的等。

6）**推拉门**。推拉门源于中国，经中国传至朝鲜、日本。从字义上讲：推动拉动的门；从材料上讲：有木、金属、有机、无机材料之分；从用途上讲：作为书柜、壁柜、卧室、客厅、展示厅之门而用。具体时间无从考证，但可以从中国的一些古画上看到零散的推拉门，例如宋代的山水画，就有推拉门。最初的推拉门只用于卧室或更衣间衣柜的推拉门，但随着技术的发展与装修手段的多样化，从传统的板材表面，到玻璃、布艺、藤编、铝合金型材，从推拉门、折叠门到隔断门，推拉门的功能和使用范围在不断扩展。在这种情况下，推拉门的运用开始变得多样和丰富。除了最常见的隔断门之外，推拉门广泛运用于书柜、壁柜、客厅、展示厅、推拉式户门等。

除上述各类门窗外，铝合金还可制作其他种类的门窗，如吊趟门——采用上吊轮支撑滑动的门，开启时无噪声，无门槛，美观，大方，适用于阳台、餐厅、厨房、卫生间内的隔断等。

3. 铝合金装饰板

铝合金装饰板又称为铝合金压型板或顶棚扣板，用铝、铝合金为原料，经辊压冷压加工成各种断面的金属板材，具有重量轻、强度高、刚度好、耐腐蚀、经久耐用等优良性能。板表面经阳极氧化或喷漆、喷塑处理后，可形成装饰要求的多种色彩。

几种常用铝合金装饰板如下：

（1）**铝合金花纹板**。铝合金花纹板是采用防锈铝合金等坯料，用特制的带花纹的辊轧制而成的，花纹美观大方，不易磨损，防滑性能良好，防腐蚀性强，便于冲洗，通过表面处理可以得到不同的颜色，花纹板材平整，裁剪尺寸精确，便于安装，广泛用于墙面装饰及楼梯的梯板等处。

（2）**蜂窝芯铝合金复合板**。蜂窝芯铝合金复合板的外表层为 0.2～0.7mm 的铝合金薄板，中心层用铝箔、玻璃布或纤维制成蜂窝结构，铝板表面喷涂聚合物着色保护涂料——聚偏二氟乙烯，在复合板的外表面覆以可剥离的塑料保护膜，以保护板材表面在加工和安装过程中不致受损。蜂窝芯铝合金复合板作为高级饰面材料，可用于各种建筑的幕墙系统，也可用于室内墙面、屋面、顶棚、包柱等工程部位。

（3）**铝合金波纹板和压型板**。这是世界上广泛应用的新型装饰材料，它主要用于墙面的装饰，也可用于屋面装饰，其表面经化学处理后可以形成各种颜色，有较好的装饰效果，又有很强的反射阳光的能力，十分经久耐用，在大气中使用 20 年不用更换，搬迁拆卸下的波纹板仍可继续使用。

（4）**铝合金穿孔吸声板**。铝合金穿孔吸声板是根据声学原理，利用各种不同穿孔率以达到消除噪声的目的，材质可据需要进行选择，常用的是防锈铝板和电化铝板等。其特点是材质轻、强度高、耐高温高压、耐腐蚀、防火、防潮、化学稳定性好、造型美观、色泽优雅、立体感强、装饰效果好，组装也很简便。

思考题

1. 何谓铝合金？在土木建筑结构中应用铝合金时，其具有何种技术特点？
2. 何谓氟碳铝合金板？其性能如何？
3. 尝试画出几种断桥铝合金型材之结构或构造。
4. 思考铝合金结构节点的连接方式。

第4章

水

泥

4.1 水泥概述

4.1.1 水泥的发展历史

4600 多年前，中国人就发现了"料姜石"经烧制磨细后加水拌合，可配制具有水硬性的"水泥"。其建筑遗迹留存在我国今甘肃省天水市秦安县五营乡大地湾遗址。3000 多年前，全世界不同地区，发现了烧制石灰技术。后古罗马人将石灰加入火山灰配制罗马砂浆，发现硬化浆体具有较好的强度和耐水性。2000 多年前，古罗马人选择具有黏土质的石灰石，烧制成了具有水化活性的古罗马水泥。用其建筑的古罗马斗兽场超过近 1950 年，至今尚存。1824 年，英国工程师约瑟夫·阿斯普丁（Joseph Aspdin），取得了波特兰水泥的生产工艺专利，从此，硅酸盐水泥成为现代水泥材料的主角。

4.1.2 水泥的种类和产量

至今，全世界水泥年产量超过 4×10^9 t。我国是世界第一水泥生产大国，生产硅酸盐水泥、铝酸盐水泥等几十个品种，年产量已超过 2.2×10^9 t。其不仅可满足我国建设的需要，而且可向周边不同的国家和地区出口。

4.1.3 硅酸盐水泥的生产

水泥的生产并不复杂。以硅酸盐水泥生产为例：选用石灰石作为钙质材料提供 CaO；采用黏土类物质作为硅、铝质材料，提供 SiO_2 和 Al_2O_3；采用铁矿石或其他含铁工业副产品提供 Fe_2O_3。经过"配料＋两磨一烧"工艺，即可生产出硅酸盐类水泥。

水泥生产严重耗费资源、能源，排放大量 CO_2，在倡导节能减排的今天，绿色环保的水泥生产技术，限制过度生产和浪费水泥的思维，越来越受到人们的重视。水泥生产过程中的减碳减排已经对水泥的生产和应用起重大的影响。

4.2 通用硅酸盐水泥

4.2.1 通用硅酸盐水泥 Common Portland Cement

粉末状的各类水泥，与水混合后，经过物理化学过程能由可塑性浆体变成硬化浆体，并能将散粒状材料胶结成为坚硬的石材，所以水泥是一种良好的矿物胶凝材料。水泥浆体不但能在空气中硬化，还能在水中更好地硬化，保持并继续增长其强度，故属于水硬性胶凝材料。

硅酸盐水泥是由硅酸盐水泥熟料、0～5%石灰石或粒化高炉矿渣、适量石膏磨细制成的水硬性胶凝材料，称为硅酸盐水泥（波特兰水泥 Portland Cement）。不掺加混合材的称P·Ⅰ型硅酸盐水泥，掺加不超过水泥质量5%的混合材的称P·Ⅱ型硅酸盐水泥。

以硅酸盐熟料矿物为主，掺入活性混合材如磨细矿渣、粉煤灰、火山灰及非活性混合材石灰石粉、磨细石英砂、黏土等，可生产普通硅酸盐水泥、矿渣硅酸盐水泥、火山灰硅酸盐水泥、粉煤灰硅酸盐水泥、复合硅酸盐水泥等硅酸盐类水泥。

4.2.2 硅酸盐水泥熟料

硅酸盐水泥所含主要熟料矿物：硅酸三钙（$3CaO \cdot SiO_2$，简写为 C_3S），含量37%～60%；硅酸二钙（$2CaO \cdot SiO_2$，简写为 C_2S），含量 15%～37%；铝酸三钙（$3CaO \cdot Al_2O_3$，简写为 C_3A），含量7%～15%；铁铝酸四钙（$4CaO \cdot Al_2O_3 \cdot Fe_2O_3$，简写为$C_4AF$），含量10%～18%。

在以上的主要熟料矿物中，硅酸三钙和硅酸二钙的总含量在70%以上，铝酸三钙与铁铝酸四钙的含量在25%左右，故称为硅酸盐水泥。除主要熟料矿物外，水泥中还含有少量游离氧化钙、游离氧化镁和碱，但其总含量一般不超过水泥量的10%。

4.2.3 硅酸盐水泥的水化及凝结硬化

1. 硅酸盐水泥熟料的水化

水泥熟料矿物内，存在着的"空位"具有较高的水化活性，故在常温下与水接触时，即可发生水化反应，生成水化产物，并放出一定的热量。反应式如下：

$$2(3CaO \cdot SiO_2) + 6H_2O \longrightarrow 3CaO \cdot 2SiO_2 \cdot 3H_2O + 3Ca(OH)_2$$

水化硅酸钙凝胶 C-S-H   氢氧化钙 CH

$$2(2CaO \cdot SiO_2) + 4H_2O \longrightarrow 3CaO \cdot 2SiO_2 \cdot 3H_2O + Ca(OH)_2$$

$$3CaO \cdot Al_2O_3 + 6H_2O \longrightarrow 3CaO \cdot Al_2O_3 \cdot 6H_2O$$

水化铝酸钙 C_3AH_6

$$4CaO \cdot Al_2O_3 \cdot Fe_2O_3 + 7H_2O \longrightarrow 3CaO \cdot Al_2O_3 \cdot 6H_2O + CaO \cdot Fe_2O_3 \cdot H_2O$$

水化铁酸钙 CFH

熟料水化产物 C-S-H 不溶于水，以胶体微粒析出，并逐渐凝聚成凝胶体（C-S-H 凝胶）；生成的氢氧化钙在溶液中的浓度很快达到饱和，即呈六方晶体析出。铝酸三钙和铁铝酸四钙水化生成的水化铝酸钙为立方晶体，在氢氧化钙饱和溶液中，还能与氢氧化钙进一步反应，生成六方晶体的水化铝酸四钙。各种熟料矿物的水化特性如图 4-1 所示；水泥熟料矿物的水化产物如图 4-2 所示。

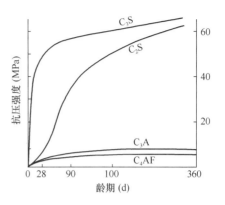

图 4-1　各种熟料矿物的水化特性

在有石膏存在时，水化铝酸钙会与石膏反应，生成高硫型水化硫铝酸钙（$3CaO \cdot Al_2O_3 \cdot 3CaSO_4 \cdot 31H_2O$）针状晶体，也称钙矾石。当石膏消耗完后，部分钙矾石将转变为单硫型水化硫铝酸钙（$3CaO \cdot Al_2O_3 \cdot CaSO_4 \cdot 12H_2O$）晶体。

四种熟料矿物的水化特性各不相同，对水泥的强度、凝结硬化速度及水化放热等的影响也不相同；各种水泥熟料矿物的水化特性见表 4-1。

各种水泥熟料矿物的水化特性　　　　　　　　　　　表 4-1

名称	硅酸三钙	硅酸二钙	铝酸三钙	铁铝酸四钙
凝结硬化速度	快	慢	最快	快
28d 放热量	多	少	最多	中
强度	高	早期低后期高	低	低

水泥是几种熟料矿物的混合物，改变熟料矿物成分间的比例时，水泥的性质即发生相应的变化，如提高硅酸三钙的含量，可以制得高强度水泥；又如降低铝酸三钙和硅酸三钙含量，提高硅酸二钙含量，可制得水化热低的水泥，如大坝水泥。

图 4-2　水泥熟料矿物的水化产物

硅酸盐水泥是多矿物、多组分的物质，它与水拌合后，就立即发生化学反应。根据目前的认识，硅酸盐水泥加水后，铝酸三钙立即发生反应，硅酸三钙和铁铝酸四钙也很快水化，而硅酸二钙则水化较慢。如果忽略一些次要的和少量的成分，则硅酸盐水泥与水作用后，生成的主要水化产物有：水化硅酸钙和水化铁酸钙凝胶、氢氧化钙、水化铝酸钙和水化硫铝酸钙晶体（图 4-2）。

在充分水化的硅酸盐水泥石中，C-S-H 凝胶约占 70%，$Ca(OH)_2$ 约占 20%，钙矾石和单硫型水化硫铝酸钙约占 7%。

2. 硅酸盐水泥的凝结硬化

拌合后，硅酸盐水泥成为可塑的水泥浆，水泥浆逐渐变稠失去塑性，但尚不具有强度的过程，称为水泥的"凝结"，随后产生明显的强度并逐渐发展而成为坚强的人造石-水泥石，这一过程称为水泥的"硬化"。凝结和硬化是人为地划分的。实际上水泥的水化、凝结、硬化是一个连续而复杂的化学—物理—力学变化过程。

对于硅酸盐水泥的凝结硬化过程的研究，始自 1882 年雷·查特理（Le Chatelier）。此后，全世界的水泥化学家，不断地对水泥的水化进行研究，得到了丰富的理论成果。简而言之，水泥加水拌合的瞬间，未水化的水泥颗粒分散于水中，成为水泥浆体（图 4-3a）。此时水为连续相，水泥颗粒等为散相，形成了胶体结构。这种结构的水泥浆体具有良好的流动性。此后，水泥颗粒的表面开始水化反应，形成相应的水化物。由于水泥颗粒持续不断的水化，生成了越来越多的水泥水化产物。当水泥水化产物多到能够使彼此两个水泥颗粒靠水泥水化产物产生搭接或联系时，水泥浆体的流动就会受到这些连接的阻碍，故其流动性开始下降。此刻对应的水泥浆体将产生初凝现象（图 4-3b）。初凝后的水泥浆体，由于其水化产物的连接作用较弱，当遭受搅拌或振动时，相对的水泥水化产物的连接可以被打破，于是水泥浆体可以完全或部分被再次液化，恢复其初始状态的流动性。随着时间的推移，水泥颗粒不断地水化，新生的水化物不断地增多，固相物质占据了更多的空间，原充水空间愈加减少，水化产物的连接作用也不断加强。最后，再对此系统进行搅拌或振动，虽能致其连接发生某些破坏，但并不能再使其液化，不能恢复其流动状态，此时就产生了水泥浆体的终凝现象（图 4-3c）。此时，水泥浆体的胶体结构逐渐转化为凝聚结构，水泥浆体就失去了可塑性。随着水化物不断增多，固相接触点数目增加，晶体和凝胶体互相贯穿形成的凝聚——结晶结构不断加强。而原充水所占空间（毛细孔）更进一步减小，结构逐渐致密，水泥浆体则进入硬化阶段（图 4-3d）。水泥浆体硬化期间水化速度逐渐减慢，水化产仍不断增长并分布填充于毛细孔中，逐渐使结构更趋致密，强度相应持续提高。

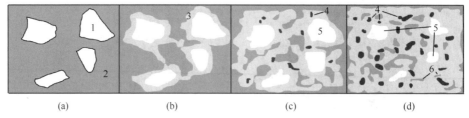

图 4-3 水泥凝结硬化过程示意

（a）分散在水中未水化的水泥颗粒；（b）在水泥颗粒表面形成水化物膜层（初凝）；

（c）膜层长大并互相连接（终凝）；（d）水化物进一步发展，填充毛细孔（硬化）

1—水泥颗粒；2—水分；3—凝胶；4—晶体；5—水泥颗粒的未水化内核；6—毛细孔

根据水化反应速度和物理化学的主要变化，可将水泥的凝结硬化分为表 4-2 所列的几个阶段。

水泥凝结硬化时的几个划分阶段 表 4-2

凝结硬化阶段	一般的放热反应速度	一般的持续时间	主要的物理化学变化
初始反应期	168J/(g·h)	5～10min	初始溶解和水化
潜伏期	4.2J/(g·h)	1h	凝胶体膜层围绕水泥颗粒生长
凝结期	在 6h 内逐渐增加到 21J/(g·h)	6h	膜层增厚，水泥颗粒进一步水化
硬化期	在 24h 内逐渐降低到 4.2J/(g·h)	6h 至若干年	凝胶体填充毛细孔

注：初始反应期和潜伏期也可合称为诱导期。

水泥的水化和凝结硬化是从水泥颗粒表面开始，逐渐往水泥颗粒的内核深入进行。开始时水化速度较快，水泥的强度增长快；但由于水化不断进行，堆积在水泥颗粒周围的水化物不断增多，阻碍水和水泥未水化部分的接触，水化减慢，强度增长也逐渐减慢，但无论时间多久，水泥颗粒的内核很难完全水化。因此，在硬化水泥石中，同时包含水泥熟料矿物水化的凝胶体和结晶体、未水化的水泥颗粒、水（自由水和吸附水）和孔隙（毛细孔和凝胶孔），它们在不同时期相对数量的变化，使水泥石的性质随之改变。

3. 影响水泥凝结硬化的因素

凝结硬化过程，也就是水泥强度发展的过程。为了正确使用水泥，并能在生产中采取有效措施，调节水泥的性能，必须了解水泥凝结硬化的影响因素。影响水泥凝结硬化的因素，除矿物成分、细度、用水量外，还有养护时间、环境的温/湿度以及石膏掺量等。

（1）养护时间。水泥的水化是从表面开始向内部逐渐深入进行的，随着时间的延续，水泥的水化程度在不断增大，水化产物也不断地增加并填充毛细孔，使毛细孔孔隙率减小，凝胶孔孔隙率相应增大（图 4-4）。水泥加水拌合后的前 4 周的水化速度较快，强度发展也快，4 周之后显著减慢。但是，只要维持适当的温度与湿度，水泥的水化将不断进行，其强度在几个月、几年、甚至几十年后还会继续增长。

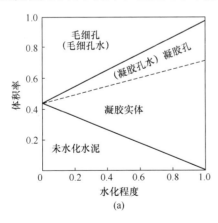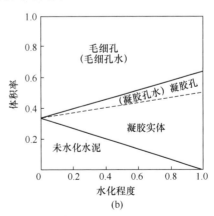

图 4-4 不同水化程度水泥石的组成
（a）水胶比 0.4；（b）水胶比 0.7

（2）**温度和湿度**。温度对水泥的凝结硬化有明显影响。当温度升高时，水化反应加快，水泥强度增加也较快；而当温度降低时，水化作用则减缓，强度增加缓慢。当温度低于5℃时，水化硬化显著减慢，当温度低于0℃时，水化反应基本停止。同时，由于温度低于0℃，当水结冰时，还会破坏水泥石结构。潮湿环境下的水泥石，能保持足够的水分进行水化和凝结硬化，生成的水化物进一步填充毛细孔，促进水泥石的强度发展。保持环境的温度和湿度，使水泥石强度不断增长的措施，称为养护。在测定水泥强度时，必须在规定的标准温度与湿度环境中养护至规定的龄期。

（3）**石膏掺量**。水泥中掺入适量石膏，可调节水泥的凝结硬化速度。在水泥粉磨时，若不掺石膏或石膏掺量不足时，水泥会发生瞬凝现象。瞬凝俗称急凝，是不正常的凝结现象。其特征是：水泥和水后，水泥浆很快凝结成为一种很粗糙、非塑性的混合物，并放出大量的热量。它主要是由于熟料中C_3A含量高，水泥中未掺石膏或石膏掺量不足引起的。这是由于铝酸三钙在溶液中电离出三价离子（Al^{3+}），它与硅酸钙凝胶的电荷相反，促使胶体凝聚。加入石膏后，石膏与水化铝酸钙作用，生成钙矾石，难溶于水，沉淀在水泥颗粒表面上形成保护膜，降低了溶液中Al^{3+}的浓度，并阻碍了铝酸三钙的水化，延缓了水泥的凝结。但如果石膏掺量过多，则会促使水泥凝结加快，同时，还会在后期引起水泥石的膨胀而开裂破坏。

4.2.4　通用硅酸盐类水泥的其他材料

1. 石膏

水泥熟料若直接与水拌合，则会快速地凝结硬化。为满足施工的要求，将石膏作为缓凝剂按比例适量加入水泥熟料共同磨细。加入的石膏可使水泥正常凝结，同时还可提高水泥的早期强度，并有利于抵抗早期干燥收缩。但石膏掺量不宜过高，以免发生膨胀破坏。

2. 水泥混合材

为改善水泥性能，调节水泥强度等级，增加产量，降低成本而加入水泥中的人工的或天然的矿物材料，称为水泥混合材。

水泥混合材可分为活性混合材和非活性混合材两类。

（1）**活性混合材**。能与水泥发生二次水化反应的矿物材料称为活性混合材，如水淬粒化高炉矿渣、火山灰质混合材和粉煤灰等。

1）**水淬粒化高炉矿渣**。将炼铁高炉的熔融矿渣，经水淬急速冷却而成的松软多孔颗粒，颗粒直径一般为0.5～5.0mm，称为水淬粒化高炉矿渣。水淬目的在于阻止其内部矿物结晶，使其成为不稳定的玻璃体，储有较高的潜在化学能，从而具有较高的潜在活性。在含氧化钙较高的碱性矿渣中，因其中还含有硅酸二钙等成分，故本身具有弱的水硬性。若与CaO、Ca(OH)$_2$或CaSO$_4$·2H$_2$O等激发剂作用，其活性氧化铝和活性二氧化硅，可与之反应生成水化产物，从而发生凝结硬化现象。

2）**火山灰质混合材**。火山喷发时，随同熔岩一起喷发的大量碎屑沉积在地面或水中成为松软物质，称为火山灰。由于液态物质喷出后即遭急冷，因此火山灰类物质中都含有一定量的玻璃体。这些玻璃体是火山灰活性的主要来源，它的成分主要是活性氧化硅和活性氧化铝。

火山灰质混合材泛指一切化学成分适宜的经过高温急冷的具有一定火山灰活性的一

类矿物质。按其化学成分与矿物结构可分为：含水硅酸质、铝硅玻璃质、烧黏土质等。含水硅酸质混合材料有硅藻土、硅藻石、蛋白石和硅质渣等，其活性成分以氧化硅为主。铝硅玻璃质混合材料有火山灰、凝灰岩、浮石和某些工业废渣，其活性成分为氧化硅和氧化铝。烧黏土质混合材料有烧黏土、煤渣、煅烧的煤矸石等，其活性成分以氧化铝为主。

3）**粉煤灰**。它是燃煤发电厂锅炉烟气中收集下来的灰粉，又称飞灰。它的颗粒直径一般为 0.001~0.050mm，为空心或实心的球状玻璃体颗粒。粉煤灰的活性主要决定于玻璃体含量，粉煤灰的活性成分主要是活性氧化硅和活性氧化铝。

（2）**非活性混合材**。不可与水泥发生二次水化反应的矿物质材料称为非活性混合材，如石英砂、石灰石粉、黏土等。

（3）**活性混合材的激发作用**。活性混合材与水拌合后，一般本身不会硬化，即便硬化也极为缓慢，且强度很低。但若使之与氢氧化钙接触，就会发生快速水化：

$$x\text{Ca(OH)}_2 + \text{SiO}_2 + m\text{H}_2\text{O} \longrightarrow x\text{CaO} \cdot \text{SiO}_2 \cdot n\text{H}_2\text{O}$$

$$y\text{Ca(OH)}_2 + \text{Al}_2\text{O}_3 + m\text{H}_2\text{O} \longrightarrow y\text{CaO} \cdot \text{Al}_2\text{O}_3 \cdot n\text{H}_2\text{O}$$

Ca(OH)_2 和 SiO_2 相互作用的过程，是无定形的硅酸吸收了钙离子，开始形成不定成分的吸附系统，然后形成无定形的水化硅酸钙，再经过较长一段时间后慢慢地转变成微晶体或结晶不完善的水化硅酸钙。Ca(OH)_2 与活性氧化铝相互作用机理同上，可形成水化铝酸钙。

当液相中有石膏存在时，将与水化铝酸钙反应生成水化硫铝酸钙。这些水化物能在空气中凝结硬化，并能在水中继续硬化，具有相当高的强度。

可以看出，氢氧化钙和石膏的存在可使活性混合材料的潜在活性得以发挥，即氢氧化钙和石膏会对活性混合材起激发水化，促进凝结硬化的作用，故被称为激发剂。常用的激发剂有碱性激发剂和硫酸盐激发剂两类。

一般用作碱性激发剂的有石灰和能在水化时析出氢氧化钙的硅酸盐水泥熟料。

硫酸盐激发剂有二水石膏或半水石膏、各种化学石膏。硫酸盐激发剂的激发作用若在碱性激发剂的条件下，会更好地发挥其激发作用。

通用硅酸盐水泥的组分见表4-3。

通用硅酸盐水泥组分（GB 175—2007） 表 4-3

品种	代号	组分（质量分数%）				
		熟料＋石膏	粒化高炉矿渣	火山灰质混合材料	粉煤灰	石灰石
硅酸盐水泥	P·Ⅰ	100	—	—	—	—
	P·Ⅱ	≥95	≤5	—	—	—
		≥95	—	—	—	≤5
普通硅酸盐水泥	P·O	≥80 且 <95	>5 且 ≤20[a]			—
矿渣硅酸盐水泥	P·S·A	≥50 且 <80	>20 且 ≤50[b]	—	—	—
	P·S·B	≥30 且 <50	>50 且 ≤70[b]	—	—	—
火山灰质硅酸盐水泥	P·P	≥60 且 <80	—	>20 且 ≤40[c]	—	—

续表

品种	代号	组分（质量分数%）				
		熟料＋石膏	粒化高炉矿渣	火山灰质混合材料	粉煤灰	石灰石
粉煤灰硅酸盐水泥	P·F	≥60且<80	—	—	>20且≤40^d	—
复合硅酸盐水泥	P·C	≥50且<80	>20且≤50^e			

注：^a 本组分材料为符合本标准5.2.3的活性混合材料，其中允许用不超过水泥质量8%且符合本标准5.2.4的非活性混合材料或不超过水泥质量5%且符合本标准5.2.5条的窑灰代替。

^b 本组分材料为符合GB/T 230或GB/T 18046的活性混合材料，其中允许用不超过水泥质量8%且符合本标准5.2.3活性混合材料或符合本标准5.2.4的非活性混合材料或符合本标准5.2.5条的窑灰中的任何一种材料代替。

^c 本组分材料为符合GB/T 2847的活性混合材料。

^d 本组分材料为符合GB/T 1596的活性混合材料。

^e 本组分材料为两种（含）以上符合本标准5.2.3的活性混合材料，或符合本标准5.2.4的非活性混合材料组成，其中允许不超过水泥质量8%且符合本标准5.2.5条的窑灰代替。掺矿渣时混合材料掺量不得与矿渣硅酸盐水泥重复。

4.2.5 通用硅酸盐水泥的技术性质

根据《通用硅酸盐水泥》GB 175—2007，对硅酸盐水泥技术要求有细度、凝结时间、体积安定性、强度及强度等级等。

1. 细度

细度的粗细对水泥的性质有很大影响。水泥颗粒粒径范围一般为 $7\sim200\mu m$，颗粒越细，与水接触的表面积就越大，水化则越快，且越完全。水泥早期强度和后期强度都较高，但在空气中的干燥收缩较大，成本也较高。水泥颗粒过粗，则不利于水泥活性的发挥。

一般认为水泥颗粒小于 $40\mu m$ 时，才具有较高的活性，大于 $100\mu m$ 活性就很小了。在国家标准中规定水泥的细度可用筛析法和比表面积法检验。筛析法是采用边长为 $80\mu m$ 的方孔筛对水泥试样进行筛析试验，用筛余百分数表示水泥的细度。比表面积法是根据一定量空气通过一定空隙率和厚度的水泥层时，所受阻力不同而引起流速的变化测定水泥的比表面积（单位质量的粉末所具有的总表面积），以 m^2/kg 表示。按照国标规定，硅酸盐水泥、普通硅酸盐水泥比表面积应大于 $300m^2/kg$。

2. 凝结时间

凝结可分为初凝和终凝。初凝时间为水泥加水拌合时刻起至净浆开始失去可塑性时刻止所需的时间；终凝时间为水泥加水拌合时刻起至净浆完全失去可塑性并开始产生强度时刻止所需的时间。

为使混凝土和砂浆有充分的时间进行搅拌、运输、浇捣或施工操作，水泥初凝时间不能过短。当施工完毕后，为了保证拆模或进行后续作业，则要求其尽快硬化，具有强度，故终凝时间不宜过长。国家标准规定，水泥的凝结时间是以标准稠度的水泥净浆，在规定温度及湿度环境下用水泥净浆凝结时间测定仪测定，见书中水泥试验相关章节。

对于硅酸盐水泥，初凝时间大于或等于45min，终凝时间小于或等于390min。其他品种的通用硅酸盐水泥的初凝时间大于或等于45min，终凝时间小于或等于600min。

水泥凝结的影响因素：①熟料中铝酸三钙含量高，石膏掺量不足，使水泥快凝；②水泥的细度越细,水化作用越快,凝结越快;③水胶比越小,凝结时的温度越高,凝结越快;④混合材料掺量大,水泥过粗等都会使水泥凝结缓慢。

3. 体积安定性

水泥硬化后,其内部产生不均匀的体积变化,就会使其产生弯曲、膨胀或开裂,由此会引起工程事故,此称为体积安定性不良。其原因一般是由于熟料中所含的游离氧化钙过多;也可能是由于所含的游离氧化镁过多或掺入的石膏过多。熟料中所含的游离氧化钙或氧化镁都是过烧的,熟化很慢,在水泥已经硬化后才进行熟化:

$$CaO + H_2O \longrightarrow Ca(OH)_2$$
$$MgO + H_2O \longrightarrow Mg(OH)_2$$

这时体积膨胀,引起不均匀的体积变化,使水泥硬化浆体开裂。当石膏掺量过多时,在水泥硬化后,它还会继续与固态的水化铝酸钙反应生成高硫型水化硫铝酸钙,体积约增大 1.5 倍,也会引起开裂。《水泥标准稠度用水量、凝结时间、安定性检验方法》GB/T 1346—2011 规定,用沸煮法检验水泥的体积安定性。测试方法可以用试饼法也可用雷氏法。有争议时以雷氏法为准。试饼法是观察水泥净浆试饼沸煮(3h)后的外形变化来检验水泥的体积安定性,雷氏法是测定水泥净浆在雷氏夹中沸煮(3h)后的膨胀值。沸煮法起加速氧化钙熟化的作用,所以只能检查游离氧化钙所引起的水泥体积安定性不良。由于游离氧化镁在压蒸下才加速熟化,石膏的危害则需长期在常温水中才能发现,两者均不便于快速检验。所以,国家标准规定水泥熟料中游离氧化镁含量不得超过 5.0%,水泥中三氧化硫含量不超过 3.5%,以控制水泥的体积安定性。此外,有的水泥中掺入钢渣作为混合材,因其中有大量的游离氧化钙,极易造成安定性问题,应给予高度注意。

体积安定性不良的水泥应作废品处理,不能用于工程中。

4. 强度及强度等级

强度是水泥的重要技术指标。根据《通用硅酸盐水泥》GB 175—2007 和《水泥胶砂强度检验方法(ISO 法)》GB/T 17671—2021 的规定,水泥:标准砂 = 1∶3,$W/C = 0.5$,按规范方法制成 40mm×40mm×160mm 试件,并在 20±1℃、相对湿度 $RH \geqslant 90\%$ 的空气环境中养护 24h,拆模后将试件放入 20±1℃的水中养护,测定 3d 和 28d 的强度。根据测定结果,将通用硅酸盐水泥分为 32.5、32.5R、42.5、42.5R、52.5、52.5R、62.5 和 62.5R 八个强度等级。其中代号 R 表示早强型水泥。各强度等级、各类型的通用硅酸盐水泥的各龄期强度不得低于表 4-4 的规定。

通用硅酸盐水泥的强度指标(GB 175—2007) 表 4-4

品种	强度等级	抗压强度(MPa),≥		抗折强度(MPa),≥	
		3d	28d	3d	28d
硅酸盐水泥	42.5	17.0	42.5	3.5	6.5
	42.5R	22.0		4.0	
	52.5	23.0	52.5	4.0	7.0
	52.5R	27.0		5.0	
	62.5	28.0	62.5	5.0	8.0
	62.5R	32.0		5.5	

续表

品种	强度等级	抗压强度（MPa），≥		抗折强度（MPa），≥	
		3d	28d	3d	28d
普通硅酸盐水泥	42.5	17.0	42.5	3.5	6.5
	42.5R	22.0		4.0	
	52.5	23.0	52.5	4.0	7.0
	52.5R	27.0		5.0	
矿渣硅酸盐水泥 火山灰质硅酸盐水泥 粉煤灰硅酸盐水泥 复合硅酸盐水泥	32.5	10.0	32.5	2.5	5.5
	32.5R	15.0		3.5	
	42.5	15.0	42.5	3.5	6.5
	42.5R	19.0		4.0	
	52.5	21.0	52.5	4.0	7.0
	52.5R	23.0		4.5	

5. 碱含量

碱含量按 $R_2O = Na_2O + 0.658K_2O$ 计算值表示；若使用碱-活性集料，水泥碱含量过高则将引起碱-集料反应；碱含量小于 0.60% 的水泥，称为低碱水泥，可用于防止混凝土碱-集料反应的工程中。

6. 水化热

水泥水化过程中所放出的热量称为水泥的水化热。水化放热量和放热速率不仅决定于水泥熟料矿物成分，而且还与细度、混合材及外加剂品种、数量有关。水泥矿物水化时，铝酸三钙放热最大，速度也最快，硅酸三钙放热稍低，硅酸二钙放热最低，速度也最慢。水泥颗粒越细，与水接触的面积就越大，水化反应就更容易进行，因此，水化放热也越大，放热速率也很高。浇筑的基础底板、大型设备基础、水坝、桥墩等大体积混凝土结构，由于水化热易积聚在混凝土内部，使其内部温度上升到 $50 \sim 60℃$，甚至更高，内外温度差所引起的温度应力，使混凝土产生温度裂缝，因此水化热对大体积混凝土结构是有害因素。

4.2.6   水泥石的腐蚀与防止

硅酸盐水泥在硬化后，通常在使用条件下，有较好的耐久性。但在某些腐蚀性介质中，会逐渐受到腐蚀作用。引起水泥硬化浆体腐蚀的原因很多，作用机理亦较复杂，下面介绍几种典型介质的腐蚀作用。

1. 软水的侵蚀（亦称溶出性侵蚀）

雨水、雪水、蒸馏水、工厂冷凝水及含重碳酸盐少的河水与湖水等都属于软水。当水泥硬化浆体长期与水接触时，氢氧化钙就会被溶出（1L 水中能溶氢氧化钙 1.3g 以上）。若在流水及压力水作用下，氢氧化钙的不断溶出流失，还会引起其他水化产物的分解及溶蚀，使水泥硬化浆体结构遭受破坏，这种现象称为溶析。

2. 盐类腐蚀

（1）**硫酸盐腐蚀**。在含有硫酸盐类物质的海、湖、沼、地下水或某些工业环境中，硫酸盐将与硬化浆体中的氢氧化钙、水化铝酸钙发生复杂的反应，生成石膏及高硫型水化硫铝酸钙（钙矾石）：

$$Ca(OH)_2 + SO_4^{2-} \longrightarrow CaSO_4 \cdot 2H_2O$$

$$4CaO \cdot Al_2O_3 \cdot 12H_2O + 3CaSO_4 + 20H_2O = 3CaO \cdot Al_2O_3 \cdot 3CaSO_4 \cdot 31H_2O + Ca(OH)_2$$

体积增加 1.5 倍以上；当水中硫酸盐浓度较高时，硫酸钙会直接结晶生成二水石膏；高硫型水化硫铝酸钙为针状晶体，通常称为"水泥杆菌"。其在固化的水泥硬化浆体中膨胀，产生极大的破坏作用，从而导致水泥硬化浆体胀裂破坏。

（2）**镁盐腐蚀**。若与海水及含镁盐地下水接触，水泥硬化浆体中的氢氧化钙将发生反应：

$$MgSO_4 + Ca(OH)_2 + 2H_2O \longrightarrow CaSO_4 \cdot 2H_2O + Mg(OH)_2$$

$$MgCl_2 + Ca(OH)_2 \longrightarrow CaCl_2 + Mg(OH)_2$$

生成的 $CaSO_4 \cdot 2H_2O$ 具有硫酸盐膨胀或硫铝酸盐膨胀的破坏作用；$Mg(OH)_2$ 无胶凝能力，且易吸水膨胀；$CaCl_2$ 易溶于水。因此，镁盐对水泥硬化浆体会起镁盐和硫酸盐的双重腐蚀破坏作用。

3. 酸类腐蚀

（1）**碳酸腐蚀**。在工业污水、地下水中常溶解较多的二氧化碳，这种水对水泥石的腐蚀作用是通过下式进行的，开始时二氧化碳与水泥石中的氢氧化钙作用生成碳酸钙：

$$Ca(OH)_2 + CO_2 + H_2O \longrightarrow CaCO_3 + 2H_2O$$

生成的碳酸钙再与含碳酸的水作用转变成重碳酸钙，是可逆反应：

$$CaCO_3 + CO_2 + H_2O \rightleftharpoons Ca(HCO_3)_2$$

生成的重碳酸钙易溶于水。当水中含有较多的碳酸，并超过平衡浓度，则上式反应向右进行。因此，水泥石中的氢氧化钙，通过转变为易溶的重碳酸钙而消失。氢氧化钙浓度降低，还会导致水泥石中其他水化物的分解，使腐蚀作用进一步加剧。

（2）**一般酸的腐蚀**。在工业废水、地下水、沼泽水中常含无机酸和有机酸，工业窑炉中的烟气常含有氧化硫，遇水后即生成亚硫酸。各种酸类对水泥石都有不同程度的腐蚀作用。它们与水泥石中的氢氧化钙作用后生成的化合物，或者易溶于水，或者体积膨胀，在水泥石内造成内应力而导致破坏。腐蚀作用最快的是无机酸中的盐酸、氢氟酸、硝酸、硫酸和有机酸中的醋酸、蚁酸和乳酸。例如，盐酸与水泥石中的氢氧化钙作用：

$$2HCl + Ca(OH)_2 \longrightarrow CaCl_2 + 2H_2O$$

生成的氯化钙易溶于水。硫酸与水泥石中的氢氧化钙作用：

$$H_2SO_4 + Ca(OH)_2 \longrightarrow CaSO_4 \cdot 2H_2O$$

生成的二水石膏或者直接在水泥石孔隙中结晶产生膨胀，或者再与水泥石中的水化铝酸钙作用，生成高硫型水化硫铝酸钙，其破坏性更大。

4. 强碱腐蚀

碱类溶液如浓度不大时一般是无害的。但铝酸盐含量较高的硅酸盐水泥遇到强碱（如氢氧化钠）作用后也会遭到破坏。氢氧化钠与水泥熟料中未水化的铝酸盐作用，生成易溶的铝酸钠：

$$3CaO \cdot Al_2O_3 + 6NaOH \longrightarrow Na_2O \cdot Al_2O_3 + 3Ca(OH)_2$$

当水泥石被氢氧化钠浸透后又在空气中干燥，与空气中的二氧化碳作用而生成碳酸钠：

$$2NaOH + CO_2 \longrightarrow Na_2CO_3 + H_2O$$

碳酸钠在水泥石毛细孔中结晶沉积，而使水泥石胀裂。除上述腐蚀类型外，对水泥石有腐蚀作用的还有一些其他物质，如糖、铵盐、动物脂肪、含环烷酸的石油产品等。

5. 盐结晶腐蚀

处于半浸入或半埋没于海水、盐湖、土壤及地下含可溶盐水中的混凝土构件，其浸入或埋没部分的混凝土毛细孔会发生渗入、吸提盐溶液作用，故混凝土会吸提盐溶液至构件高于水面或地面至某一高度。当外界相对湿度降低后，吸提至某一高度的混凝土构件中的毛细孔盐溶液会被蒸发、浓缩。则盐类物质在水分作用下由混凝土内部通过毛细孔向混凝土表面迁移，并在表面及表面附近的毛细孔中结晶。这种洁净压力，会导致硬化水泥浆体或混凝土发生盐结晶破坏作用。

实际上水泥石的腐蚀可看作是一个极为复杂的物理化学过程。常常不是单一的侵蚀作用，往往是几种破坏因素同时存在，互相影响，叠加交互。但产生水泥石腐蚀的基本原因是：①水泥硬化浆体中有易腐蚀产物——氢氧化钙和水化铝酸钙；②水泥硬化浆体内有很多毛细孔通道，侵蚀性介质易进入其内部；③腐蚀与通道的相互作用：固体盐类物质对水泥硬化浆体几乎不起侵蚀作用。但此类物质一旦变成溶液，则腐蚀作用就很明显。较高的温度、较快的流速、干湿交替作用等，都会促进水泥硬化浆体的快速腐蚀。

6. 腐蚀的防止

根据以上腐蚀机理，为防止各类水泥石腐蚀，可采用下列技术措施：

（1）**根据侵蚀环境特点，合理选用水泥品种**。例如，采用水化产物中氢氧化钙含量较少的水泥石，可提高对软水等侵蚀作用的抵抗能力；为抵抗硫酸盐的腐蚀，采用铝酸三钙含量低于5%的抗硫酸盐水泥。掺入活性混合材料，可提高硅酸盐水泥对多种介质的抗腐蚀性。

（2）**提高水泥石的密实度**。硅酸盐水泥水化只需23%的水，而实际用水量约40%～70%，多余的水蒸发后形成了连通的毛细孔隙。腐蚀介质就容易通过毛细孔进入水泥石内部，从而加速了水泥石的腐蚀。在实际工程中，提高混凝土或砂浆密实度的各种技术措施，如合理设计混凝土配合比，降低水胶比，掺外加剂，掺加优质掺和料，以及提高施工质量等，均能提高其抗腐蚀能力。另外在混凝土或砂浆表面进行碳化或氟硅酸处理，生成难溶的碳酸钙外壳，或氟化钙及硅胶薄膜，提高表面密实度，也可减少侵蚀性介质渗入内部。

（3）**加做保护层**。当侵蚀作用较强时，可在混凝土及砂浆表面加上耐腐蚀性高而且不透水的保护层，一般可用耐酸石料、耐酸陶瓷、玻璃、塑料、沥青等。

4.2.7　水泥的存放

运输和贮存水泥要区分品种、强度等级及出厂日期，并加以标志。袋装水泥一般堆放高度不应超过10袋，平均$1m^2$堆放1t。并应考虑先存先用，因为水泥会吸收空气中的水分和二氧化碳，使颗粒表面水化甚至碳化，丧失胶凝能力，强度大为降低。

散装水泥一般存放于钢板仓中；袋装水泥宜存放在防水防潮的专用水泥仓库中。在温暖潮湿地区试验室内，袋装水泥经3个月后，水泥强度也会降低10%～20%；经6个月后，约降低15%～30%；1年后，约降低25%～40%，故水泥存放不宜过久。

4.3 通用硅酸盐水泥的特性与应用

4.3.1 普通硅酸盐水泥

凡由硅酸盐水泥熟料、6%～15%混合材料、适量石膏磨细制成的水硬性胶凝材料，称为普通硅酸盐水泥（简称普通水泥），代号P•O。

普通硅酸盐水泥中绝大部分仍为硅酸盐水泥熟料，其性能与硅酸盐水泥相近。但由于掺入了少量混合材料，与硅酸盐水泥相比，早期硬化速度稍慢，抗冻性与耐磨性能也略差。在应用范围方面，与硅酸盐水泥也相同，广泛用于各种混凝土或钢筋混凝土工程，是我国的主要水泥品种之一。

4.3.2 矿渣硅酸盐水泥

凡由硅酸盐水泥熟料和粒化高炉矿渣、适量石膏磨细制成的水硬性胶凝材料称为矿渣硅酸盐水泥（简称矿渣水泥），代号P•S。

水泥中粒化高炉矿渣掺加量按质量百分比计为20%～70%。允许用石灰石、窑灰、粉煤灰和火山灰质混合材料中的一种材料代替矿渣，代替数量不得超过水泥质量的8%，替代后水泥中粒化高炉矿渣不得少于20%。按照《〈通用硅酸盐水泥〉国家标准第3号修改单》GB 175—2007/XG3—2018，水泥熟料中氧化镁的含量不得超过5.0%。如水泥经压蒸安定性试验合格，则水泥熟料中氧化镁的含量允许放宽到6.0%。水泥中三氧化硫的含量不得超过4.0%。矿渣水泥对细度、凝结时间及沸煮安定性的要求均与普通硅酸盐水泥相同。矿渣水泥的密度通常为2.80～3.10g/cm³。堆积密度约为1000～1200kg/m³。矿渣水泥、火山灰水泥及粉煤灰水泥各龄期的强度按GB 175—2007/XG3—2018确定。

矿渣水泥的凝结硬化和性能，相对于硅酸盐水泥来说有如下主要特点：

（1）矿渣水泥中熟料矿物较少而活性混合材料（粒化高炉矿渣、火山灰和粉煤灰）较多，就局部而言，其水化反应是分两步进行的。首先是熟料矿物水化，此时所生成的水化产物与硅酸盐水泥基本相同。随后是熟料矿物水化析出的氢氧化钙和掺入水泥中的石膏分别作为矿渣的碱性激发剂和硫酸盐激发剂，与矿渣中的活性氧化硅、活性氧化铝发生二次水化反应，生成水化硅酸钙、水化铝酸钙、水化硫铝酸钙或水化硫铁酸钙，有时还可能形成水化铝硅酸钙等水化产物。而凝结硬化过程基本上与硅酸盐水泥相同。水泥熟料矿物水化后的产物又与活性氧化物进行反应，生成新的水化产物，称二次水化反应或二次反应。

（2）因为矿渣水泥中熟料矿物含量比硅酸盐水泥的少得多，而且混合材料中的活性氧化硅、活性氧化铝与氢氧化钙、石膏的作用在常温下进行缓慢，故凝结硬化稍慢，早期（3d、7d）强度较低。但在硬化后期（28d以后），由于水化硅酸钙凝胶数量增多，使水泥石强度不断增长，最后甚至超过同强度等级普通硅酸盐水泥，如图4-5所示。

还应注意，矿渣水泥二次反应对环境的温/湿度条件较为敏感，为保证矿渣水泥强度的稳步增长，需要较长时间的养护。若采用蒸汽养护或压蒸养护等湿热处理方法，则能显著加快硬化速度，并且在处理完毕后不影响其后期的强度增长。

（3）矿渣水泥水化所析出的氢氧化钙较少，而且在与活性混合材料作用时，又消耗掉

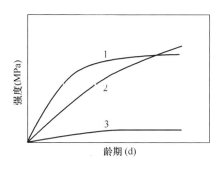

图 4-5　矿渣水泥与普通水泥强度增长
1—普通水泥；2—矿渣水泥；3—粒化高炉矿渣

大量的氢氧化钙，水泥硬化中剩余的氢氧化钙就更少了。因此，这种水泥抵抗软水、海水和硫酸盐腐蚀能力较强，宜用于水工和海港工程。

（4）矿渣水泥还具有一定的耐热性，因此可用于耐热混凝土工程，如制作冶炼车间、锅炉房等高温车间的受热构件和窑炉外壳等。但这种水泥硬化后碱度较低，故抗碳化能力较差。

（5）矿渣水泥中混合材料掺量较多，且磨细粒化高炉矿渣有尖锐棱角，所以矿渣水泥的标准稠度较大，但保持水分的能力较差，泌水性较大，故矿渣水泥的干缩性较大。如养护不当，就易产生裂纹。使用这种水泥，容易析出多余水分，形成毛细管通路或粗大孔隙，降低水泥石的匀质性，因此矿渣水泥的抗冻性、抗渗性和抵抗干湿交替循环的性能均不及普通水泥。矿渣水泥应用较广泛，也是我国水泥产量最大的品种之一。

4.3.3　火山灰质硅酸盐水泥

火山灰质硅酸盐水泥的凝结硬化与矿渣硅酸盐水泥大致相同。首先是水泥熟料矿物水化，所生成的氢氧化钙再与混合材料中的活性氧化物进行二次水化反应，形成以水化硅酸钙为主的水化产物，其他还有水化硫铝酸钙和水化铝酸钙。特别要指出的是，火山灰质硅酸盐水泥的水化产物和水化速度常常由于具体的混合材料、熟料矿物以及硬化环境的不同而有所变化。火山灰质硅酸盐水泥的凝结硬化特性、水化放热、强度发展、碳化等性能，都与矿渣硅酸盐水泥基本相同。但火山灰质硅酸盐水泥的抗冻性和耐磨性比矿渣水泥差，干燥收缩较大，在干热条件下施工会产生起灰现象。因此，火山灰质硅酸盐水泥不宜用于有抗冻、耐磨要求和干热环境使用的工程。此外，火山灰质混合材料在潮湿环境下，会吸收石灰而产生膨胀胶化作用，使水泥石结构致密，因而有较高的密实性和抗渗性，适宜用于抗渗要求较高的工程。

4.3.4　粉煤灰硅酸盐水泥

粉煤灰硅酸盐水泥的凝结硬化与火山灰质硅酸盐水泥很相近，主要是水泥熟料矿物水化，所生成的氢氧化钙通过液相扩散到粉煤灰球形玻璃体的表面，与活性氧化物发生作用（或称为吸附和侵蚀），生成水化硅酸钙和水化铝酸钙；当有石膏存在时，随即生成水化硫铝酸钙晶体。粉煤灰硅酸盐水泥的主要技术性能与矿渣硅酸盐水泥和火山灰质硅酸盐水泥相似。由于粉煤灰的颗粒多呈球形微粒，比表面积较小，吸附水的能力较小，因而粉煤灰水泥的干燥收缩程度小，抗裂性较好。同时，拌制的混凝土工作性较好。

4.3.5　复合硅酸盐水泥

其特性取决于所掺两种混合材的种类、总掺量及相对比例，与矿渣硅酸盐水泥、火山灰质硅酸盐水泥、粉煤灰硅酸盐水泥有不同程度的相似性。但由于其掺入的混合材种类或比例可变，故有时会引起与外加剂的相容性问题。建议根据经验选用。这些水泥的使用可参照表 4-5 选择。

通用硅酸盐水泥的技术特性　　　　　　　　　　　　表 4-5

名称		硅酸盐水泥	普通硅酸盐水泥	矿渣硅酸盐水泥	火山灰质硅酸盐水泥	粉煤灰硅酸盐水泥
密度（g/cm³）		3.00～3.15	3.00～3.15	2.80～3.10	2.80～3.10	2.80～3.10
堆积密度（kg/m³）		1000～1600	1000～1600	1000～1200	900～1000	900～1000
强度等级（MPa）		42.5、42.5R、52.5、52.5R、62.5、62.5R	42.5、42.5R、52.5、52.5R	32.5、32.5R、42.5、42.5R、52.5、52.5R		
技术特性	水化热	+++	++	---	--	--
	泌水	+	--	+++	---	+
	硬化	+++	++	--	---	---
	早期强度	+++	++	--	---	---
	后期强度	-	+	+++	++	++
	抗冻性	++	+++	--	--	--
	干缩	+	+	+	+++	---
	抗渗	+	++	--	+++	-
	耐蚀性	---	--	+++	++	++
	耐热性	-	+	+++	-	=

注：表中以"+"表示性能好；以"-"表示性能差。

在混凝土结构工程中，这些水泥的使用可参照表 4-6 选择。

常用水泥的选用　　　　　　　　　　　　表 4-6

混凝土工程特点或所处工程环境		优先选用	可以选用	不宜选用
普通混凝土	在普通气候环境中的混凝土	普通硅酸盐水泥	矿渣硅酸盐水泥火山灰质硅酸盐水泥粉煤灰硅酸盐水泥复合硅酸盐水泥	
	在干燥环境中的混凝土	普通硅酸盐水泥	矿渣硅酸盐水泥	火山灰质硅酸盐水泥粉煤灰硅酸盐水泥
	在高湿度环境中或永远处在水下的混凝土	矿渣硅酸盐水泥	普通硅酸盐水泥火山灰质硅酸盐水泥粉煤灰硅酸盐水泥复合硅酸盐水泥	
	厚大体积的混凝土	粉煤灰硅酸盐水泥矿渣硅酸盐水泥火山灰质硅酸盐水泥复合硅酸盐水泥	普通硅酸盐水泥	硅酸盐水泥快硬硅酸盐水泥

续表

混凝土工程特点或所处工程环境		优先选用	可以选用	不宜选用
有特殊要求的混凝土	要求快硬的混凝土	快硬硅酸盐水泥 硅酸盐水泥	普通硅酸盐水泥	矿渣硅酸盐水泥 火山灰硅酸盐水泥 粉煤灰硅酸盐水泥 复合硅酸盐水泥
	高强（＞C60 级）的混凝土	硅酸盐水泥	普通硅酸盐水泥 矿渣硅酸盐水泥	火山灰质硅酸盐水泥 粉煤灰硅酸盐水泥
	严寒地区的露天混凝土，寒冷地区的处在水位升降范围内的混凝土	普通硅酸盐水泥	矿渣硅酸盐水泥	火山灰硅酸盐水泥 粉煤灰硅酸盐水泥
	严寒地区处在水位升降范围内的混凝土	普通硅酸盐水泥		火山灰质硅酸盐水泥 矿渣硅酸盐水泥 粉煤灰硅酸盐水泥 复合硅酸盐水泥
	有抗渗性要求的混凝土	普通硅酸盐水泥 火山灰质硅酸盐水泥		
	有耐磨性要求的混凝土	硅酸盐水泥 普通硅酸盐水泥	矿渣硅酸盐水泥	火山灰质硅酸盐水泥 粉煤灰硅酸盐水泥

注：蒸汽养护时用的水泥品种，宜根据具体条件通过试验确定。

4.4　其他水泥

土木工程中除了大量应用通用水泥外，还需使用一些特种水泥和专用水泥，如铝酸盐水泥、快硬硫铝酸盐水泥、快硬硅酸盐水泥、白色和彩色硅酸盐水泥、膨胀水泥、自应力水泥和道路硅酸盐水泥等。

4.4.1　白色和彩色硅酸盐水泥

凡以适当成分的生料烧至部分熔融，得到以硅酸钙为主要成分、氧化铁等着色物质含量很小的白色硅酸盐水泥熟料，再加入适量石膏，共同磨细制成的水硬性胶凝材料称为白色硅酸盐水泥，简称白水泥。白水泥原料控制着色物质（氧化铁、氧化锰、氧化钛、氧化铬等）的含量，用纯净的高岭土、纯石英砂、纯石灰石或白垩等，在 1500～1600℃下烧成熟料。其熟料矿物成分主要还是硅酸盐。为了保持白水泥的白度，在煅烧、粉磨和运输时均应防止着色物质混入，常采用天然气、煤气或重油作燃料，在磨机中用硅质石材或坚硬的白色陶瓷作衬板及研磨体，不使用铸钢板和钢球。在熟料磨细时可加入 50％ 以内的石灰石或窑灰。白色硅酸盐水泥的性质与普通硅酸盐水泥相同，按照《白色硅酸盐水泥》GB/T 2015—2017 规定，白色硅酸盐水泥分为 32.5、42.5 和 52.5 三个强度等级。按白度分为1级（P·W-1＞89）、2级（P·W-2＞87）两个级别。

白水泥的初凝时间不小于45min，终凝时间不大于600min。

白水泥对细度、沸煮安定性和三氧化硫含量的要求与普通硅酸盐水泥相同。

用白水泥熟料、石膏和耐碱矿物颜料共同磨细，可制成彩色硅酸盐水泥。耐碱矿物颜料对水泥不起有害作用，常用的有氧化铁（红、黄、褐、黑色）、氧化锰（褐、黑色）、氧化铬（绿色）、赭石（赭色）、群青（蓝色）以及普鲁士红等，但制造红色、黑色或棕色水泥时，可在普通硅酸盐水泥中加入耐碱矿物颜料，而不一定用白色硅酸盐水泥。

白色和彩色硅酸盐水泥，主要用于建筑物内外的表面装饰工程上，如地面、楼面、楼梯、墙、柱及台阶等。可做成水泥拉毛、彩色砂浆、水磨石、水刷石、斩假石等饰面，也可用于雕塑及装饰部件或制品。使用白色或彩色硅酸盐水泥时，应以彩色大理石、石灰石、白云石等彩色石子或石屑和石英砂作粗细集料。制作方法可以在工地现场浇制，也可在工厂预制。

4.4.2 快硬水泥

1. 快硬硅酸盐水泥

凡以硅酸盐水泥熟料和适量石膏磨细制成的，以3d抗压强度表示强度等级的水硬性胶凝材料，称为快硬硅酸盐水泥（简称快硬水泥）。快硬硅酸盐水泥的制造方法与硅酸盐水泥基本相同，主要依靠调节矿物组成及控制生产措施，使得成品的性质符合要求。熟料中硬化最快的矿物成分是铝酸三钙和硅酸三钙。制造快硬硅酸盐水泥时，应适当提高它们的含量，通常硅酸三钙为50%～60%，铝酸三钙为8%～14%，铝酸三钙和硅酸三钙的总量应不少于60%～65%。为加快硬化速度，可适当增加石膏的掺量（达8%）和提高水泥的粉磨细度。快硬硅酸盐水泥的比表面积通常为3000～4000cm^2/g。其性质按下述规定：细度，0.08mm方孔筛，筛余量不得超过10%；凝结时间，初凝不得早于45min，终凝不得迟于10h；体积安定性，三氧化硫不超过4.0%，其他与硅酸盐水泥相同。

强度等级：强度等级及各龄期强度值不得低于表4-7中的规定。

快硬硅酸盐水泥的使用已日益广泛，主要适用于要求早期强度高的工程，紧急抢修的工程，冬期施工可用于混凝土及预应力混凝土预制构件。

快硬硅酸盐水泥各龄期强度要求（MPa） 表4-7

强度等级	抗压强度			抗折强度		
	1d	3d	28d	1d	3d	28d
42.5	30.0	42.2	45.0	6.0	6.5	7.0
52.5	40.0	52.5	55.0	6.5	7.0	7.5
62.5	50.0	62.5	65.0	7.0	7.5	8.0
72.5	55.0	72.5	75.0	7.5	8.0	8.5

2. 铝酸盐水泥

铝酸盐水泥又称高铝水泥。铝酸盐水泥是以铝矾土和石灰石为原料，经煅烧（或熔融状态）得到以铝酸钙为主、氧化铝含量大于50%的熟料，磨制的水硬性胶凝材料。它是一种快硬、高强、耐腐蚀、耐火的水泥。

铝酸盐水泥的主要矿物成分为铝酸一钙（CaO·Al$_2$O$_3$简写 CA）及其他的铝酸盐，如 CaO·2Al$_2$O$_3$（简写 CA$_2$）、2CaO·Al$_2$O$_3$·SiO$_2$（简写 C$_2$AS）、12CaO·7Al$_2$O$_3$（简写 C$_{12}$A$_7$）等，有时还含有很少量 2CaO·SiO 等。铝酸盐水泥的水化和硬化，主要就是铝酸一钙的水化及其水化物的结晶情况。一般认为其水化反应随温度的不同而水化产物不相同。

当温度小于20℃时，其反应为：

$$CaO·Al_2O_3 + 10H_2O \longrightarrow CaO·Al_2O_3·10H_2O$$

铝酸一钙(CA)   水化铝酸钙(CAH$_{10}$)

当温度在20~30℃时，其反应为：

$$2(CaO·Al_2O_3) + 11H_2O \longrightarrow 2CaO·Al_2O_3·8H_2O + Al_2O_3·3H_2O$$

铝酸一钙(CA)   水化铝酸二钙(C$_2$AH$_8$)   铝胶(AH$_3$)

当温度大于30℃时，其反应为：

$$3(CaO·Al_2O_3) + 12H_2O \longrightarrow 3CaO·Al_2O_3·6H_2O + 2(Al_2O_3·3H_2O)$$

铝酸一钙(CA)   水化铝酸三钙(C$_3$AH$_6$)   铝胶(AH$_3$)

在一般条件下，CAH$_{10}$和C$_2$AH$_8$同时形成，一并共存，其相对比例则随温度的提高而减少。但在较高温度（$T > 30℃$）下，水化产物主要为 C$_3$AH$_6$。水化物 CAH$_{10}$ 或 C$_2$AH$_8$ 都属六方晶系，具有细长的针状和板状结构，能互相结成坚固的结晶连生体，形成晶体骨架。在较高的温度（$T > 30℃$）下，CAH$_{10}$或C$_2$AH$_8$会转化成为 C$_3$AH$_6$，导致水泥硬化浆体孔隙率增大，强度降低。此称为铝酸盐水泥的耐湿热性差。

为保证工程应用的安全性，可将铝酸盐水泥制成两组混凝土试件，在 50±2℃ 的水中养护，在 7d、14d 分别进行抗压强度试验。将两者低值作为铝酸盐水泥混凝土的结构设计取值，称之为铝酸盐水泥的**最低稳定强度**。

铝酸盐水泥在高温（$T > 1000℃$）后，会形成 Al—O 键结构而具有耐火材料的固相结合模式，因而经过特殊的工艺处理后，具有超高的耐火特性。

按《铝酸盐水泥》GB/T 201—2015，铝酸盐水泥根据 Al$_2$O$_3$ 含量百分数分为 CA50、CA60、CA70 和 CA80 四类。对其物理性能的要求为，细度：表面积不小于 300m^2/kg 或 0.045mm 筛余不大于 20%。凝结时间：CA50、CA60-Ⅰ、CA70、CA80 的胶砂初凝时间不得早于 30min，终凝时间不得迟于 360min；CA60-Ⅱ 的胶砂初凝时间不得早于 60min，终凝时间不得迟于 1080min。铝酸盐水泥各龄期的强度值不得低于表4-8所列数值。

铝酸盐水泥各龄期强度要求   表4-8

类型		抗压强度（MPa）				抗折强度（MPa）			
		6h	1d	3d	28d	6h	1d	3d	28d
CA50	CA50-Ⅰ	≥20[a]	≥40	≥50	—	3[a]	≥5.5	≥6.5	—
	CA50-Ⅱ		≥50	≥60			≥6.5	≥7.5	
	CA50-Ⅲ		≥60	≥70			≥7.5	≥8.5	
	CA50-Ⅳ		≥70	≥80			≥8.5	≥9.5	

续表

类型		抗压强度（MPa）				抗折强度（MPa）			
		6h	1d	3d	28d	6h	1d	3d	28d
CA-60	CA60-Ⅰ	—	≥65	≥85	—	—	≥7.0	≥10.0	—
	CA60-Ⅱ	—	≥20	≥45	≥85	—	≥2.5	≥5.0	≥10.0
CA-70		—	≥30	≥40	—	—	≥5.0	≥6.0	—
CA-80		—	≥25	≥30	—	—	≥4.0	≥5.0	—

ᵃ 用户需要时，生产厂家应提供试验结果。

铝酸盐水泥具有快凝、早强、高强、低收缩、耐热性好和耐硫酸盐腐蚀性强等特点，可用于工期紧急的工程、抢修工程、冬期施工的工程，以及配制 1000～1500℃的耐热混凝土及耐硫酸盐混凝土。但铝酸盐水泥的水化热大、耐碱性差、30～200℃下耐湿热性差、长期强度可能会倒缩（降低），使用时应予以注意。

3. 快硬硫铝酸盐水泥

凡以适当成分的生料经煅烧所得以无水硫铝酸钙和硅酸二钙为主要矿物成分的熟料，加入适量石膏磨细制成的早期强度高的水硬性胶凝材料，称为快硬硫铝酸盐水泥。快硬硫铝酸盐水泥的主要成分为无水硫铝酸钙 $[3(CaO \cdot Al_2O_3) \cdot CaSO_4]$ 和 β 型硅酸二钙 $(\beta\text{-}C_2S)$。无水硫铝酸钙水化很快，早期形成大量的钙矾石和氢氧化铝凝胶，使快硬硫铝酸盐水泥获得较高的早期强度。$\beta\text{-}C_2S$ 是 1250～1350℃烧成的，活性较高，水化较快，能较早地生成 C-S-H 凝胶，填充于钙矾石的晶体骨架中，使硬化体有致密的结构，促进强度进一步提高，并保证后期强度的增长。根据《硫铝酸盐水泥》GB 20472—2006，快硬硫铝酸盐水泥以 3d 抗压强度划分为 42.5、52.5、62.5、72.5 四个等级，各龄期强度均不得低于表 4-9 的数值。

水泥中不允许出现游离氧化钙。比表面积不得低于 380m²/kg。初凝不早于 25min，终凝不迟于 3h。快硬硫铝酸盐水泥具有快凝、早强、不收缩的特点，宜用于配制早强、抗渗和抗硫酸盐侵蚀等混凝土，负温施工（冬期施工）、浆锚、喷锚支护、抢修、堵漏、水泥制品、玻璃纤维增强水泥（GRC）制品及一般建筑工程。但由于这种水泥碱度较低，使用时应注意钢筋的锈蚀问题。此外，钙矾石在 150℃以上会脱水，强度大幅度下降，故耐热性较差。

快硬硫铝酸盐水泥的强度要求（GB 20472—2006） 表 4-9

强度等级	抗压强度（MPa）			抗折强度（MPa）		
	1d	3d	28d	1d	3d	28d
42.5	30.0	42.2	45.0	6.0	6.5	7.0
52.5	40.0	52.5	55.0	6.5	7.0	7.5
62.5	50.0	62.5	65.0	7.0	7.5	8.0
72.5	55.0	72.5	75.0	7.5	8.0	8.5

注：必要时应进行水泥的 28d 龄期强度检验，其数值不得低于 3d 龄期强度指标。

4.4.3 膨胀水泥及自应力水泥

前述各种水泥的共同点都是在硬化过程中会产生一定的收缩。这就有可能造成裂纹、透水。膨胀水泥及自应力水泥的不同之处在于，它在硬化过程中非但不收缩，而且会有不同程度的膨胀。膨胀水泥及自应力水泥有两种类型：一种以硅酸盐水泥为主，掺配铝酸盐水泥和石膏后磨细而成的，其凝结慢，称硅酸盐型；另一种以铝酸盐水泥为主，掺配二水石膏磨细而成，凝结快，称铝酸盐型。

1. 膨胀机理

膨胀水泥或自应力水泥中，具有两种功能组分：强度组分和膨胀组分。C_3S、C_3A 可作为强度组分；C_3A 及 $CaSO_4 \cdot 2H_2O$ 可作为膨胀组分。经过科学设计，在强度组分和膨胀组分合理搭配和协调发展时，可成为膨胀水泥和自应力水泥。

如膨胀水泥中膨胀组分含量较多，膨胀值较大。膨胀过程中如受到限制时，则水泥硬化浆体本身就会受到压应力。该压力是依靠水泥本身的水化而产生的，所以称为自应力，并以自应力值（MPa）表示所产生压应力的大小。自应力值大于2MPa的称为自应力水泥。

2. 钙矾石的作用

若钙矾石生成产生的膨胀晚于水泥强度的增长，则钙矾石膨胀就会把硬化水泥浆体撑破，导致开裂；若钙矾石生成产生的膨胀与水泥强度的增长相互协调，则就成为膨胀水泥或自应力水泥。若钙矾石生成产生的膨胀早于水泥强度的增长，则最终得到的是松散多孔的低强度水泥硬化浆体结构。可见，水泥水化形成的高硫型水化硫铝酸钙—钙矾石的利害作用，要看它生成的时间及环境条件。

3. 膨胀水泥及自应力水泥的应用

膨胀水泥适用于补偿收缩混凝土，用作防渗混凝土，填灌混凝土结构或构件的接缝及管道接头，结构的加固与修补，浇注机器底座及固结地脚螺钉等。自应力水泥适用于制造自应力钢筋混凝土压力管及配件。

4.4.4　道路硅酸盐水泥

凡由道路硅酸盐水泥熟料，0~10%活性混合材料和适量石膏磨细制成的水硬性胶凝材料，称为道路硅酸盐水泥，简称道路水泥。

道路硅酸盐水泥熟料是以硅酸钙为主要成分并含有较多量的铁铝酸钙的硅酸盐水泥熟料；其中，游离氧化钙含量不大于1.0%，C_3A 含量不大于5.0%，C_4AF 含量不小于15.0%。

道路硅酸盐水泥的技术要求，按《道路硅酸盐水泥》GB/T 13693—2017 的规定，细度：300~450m²/kg。凝结时间：初凝时间不小于90min；终凝时间不大于720min。体积安定性：沸煮法必须合格；水泥中 SO_3 含量不得超过3.5%；MgO含量不得超过5.0%。干缩和耐磨性：28d 干缩率不得大于0.10%，磨损量28d不大于3.00kg/m²。道路硅酸盐水泥的强度等级根据 28d 的抗折强度分为 P. R7.5 以及 P. R8.5 两个等级，各龄期强度不得低于表4-10的数值。

道路硅酸盐水的强度要求（GB/T 13693—2017）   表 4-10

强度等级	抗折强度（MPa）		抗压强度（MPa）	
	3d	28d	3d	28d
P. R7.5	4.0	7.5	21.0	42.5
P. R8.5	5.0	8.5	26.0	52.5

　　道路硅酸盐水泥主要用于公路路面、机场跑道等工程结构，也可用于要求较高的工厂地面和停车场等工程。

思考题

　　1. 从硬化过程及硬化产物分析石膏及石灰属于气硬性胶凝材料的原因。

　　2. 用于墙面抹灰时，建筑石膏与石灰比较，具有哪些优点？

　　3. 石灰硬化体本身不耐水，但石灰土多年后具有一定的耐水性，主要是什么原因？

　　4. 试述水玻璃模数与性能的关系。

　　5. 硅酸盐水泥由哪些矿物成分所组成？这些矿物成分对水泥的性质有何影响？它们的水化产物是什么？

　　6. 试说明以下各条的原因：

　　（1）制造硅酸盐水泥时必须掺入适量石膏；（2）水泥必须具有一定细度；（3）水泥体积安定性不合格；（4）测水泥强度等级、凝结时间和体积安定性时都必须规定加水量。

　　7. 现有甲、乙两厂生产的硅酸盐水泥熟料，其矿物成分见下表，试估计和比较这两厂所生产的硅酸盐水泥的强度增长速度和水化热等性质有何差异？为什么？

生产厂	熟料矿物成分（%）			
	C_3S	C_2S	C_3A	C_4AF
甲	56	17	12	15
乙	42	35	7	16

　　8. 何谓水泥混合材料？它们可使硅酸盐水泥的性质发生哪些变化？这些变化在建筑上有何意义（区分有利的和不利的）？

　　9. 有下列混凝土构件和工程，请分别选用合适的水泥，并说明其理由：

　　（1）现浇楼板、梁、柱；

　　（2）采用蒸汽养护的预制构件；

　　（3）紧急抢修的工程或紧急军事工程；

　　（4）大体积混凝土坝、大型设备基础；

　　（5）有硫酸盐腐蚀的地下工程；

　　（6）高炉基础；

　　（7）海港码头工程。

　　10. 在硅酸盐系列水泥中，采用不同的水泥施工时（包括冬、夏期施工）应分别注意哪些事项？为什么？

　　11. 当不得不采用普通硅酸盐水泥进行大体积混凝土施工时，可采取哪些措施保证工程质量？

水泥混凝土是由水泥材料，粗、细集料和外加剂、掺合料，加水拌合而形成的新拌混凝土；经一定时间的养护、凝结、硬化而成的混凝土。

混凝土有多种分类方法。按其表观密度可分类如下：

1. 重混凝土（$\rho_0 > 2600 \mathrm{kg/m^3}$）。其用重质集料制成，如重晶石混凝土、钢屑混凝土等，具有防护和阻挡 X 射线和 γ 射线的功能。

2. 普通混凝土（$1950 \mathrm{kg/m^3} \leqslant \rho_0 \leqslant 2500 \mathrm{kg/m^3}$）。其用天然砂、机制砂作集料配制而成，这类混凝土在土木工程中最常用，如房屋及桥梁等承重结构等。

3. 轻混凝土（$\rho_0 < 1950 \mathrm{kg/m^3}$）。根据其组成和结构，又可分为三类：

1）**轻集料混凝土**（$800 \mathrm{kg/m^3} \leqslant \rho_0 \leqslant 1950 \mathrm{kg/m^3}$），用轻集料如浮石、火山渣、陶粒、膨胀珍珠岩、膨胀矿渣、煤渣等配制成。

2）**多孔混凝土**（泡沫混凝土、加气混凝土）（$300 \mathrm{kg/m^3} \leqslant \rho_0 \leqslant 1000 \mathrm{kg/m^3}$），是由水泥浆或水泥砂浆与稳定的泡沫制成的。加气混凝土是由水泥、水与发气剂配制成的。

3）**大孔混凝土**（普通大孔混凝土、轻集料大孔混凝土），其组成中无细集料。普通大孔混凝土（$1500 \mathrm{kg/m^3} \leqslant \rho_0 \leqslant 1900 \mathrm{kg/m^3}$）是用碎石、卵石、重矿渣作集料配制成的。轻集料大孔混凝土（$500 \mathrm{kg/m^3} \leqslant \rho_0 \leqslant 1500 \mathrm{kg/m^3}$）是用陶粒、浮石、碎砖、煤渣等作集料配制成的。

4. 超高性能混凝土。采用水泥、超高效能减水剂、磨细石英砂、有机、无机或钢纤维，采用低水胶比或膨胀组分配制的强度等级为 $120\sim800\mathrm{MPa}$，抗拉强度为 $20\sim50\mathrm{MPa}$，弹性模量为 $40\sim60\mathrm{GPa}$，断裂能为 $4000\mathrm{J/m^2}$ 的混凝土，称为**超高性能混凝土** UHPC（Ultra-High Performance Concrete）或**活性粉末混凝土** RPC（Reactive Powder Concrete）。

此外，还有为满足不同工程的特殊要求配制而成的各种特种混凝土，如高强混凝土、流态混凝土、防水混凝土、耐热混凝土、耐酸混凝土、纤维混凝土、聚合物混凝土、喷射混凝土等。

第 5 章

水泥混凝土

混凝土具有许多优点，可根据不同工程环境的设计要求，能通过设计计算，配制出各种不同工程性质的混凝土；在凝结前具有良好的工作性，可以浇筑成各种形状和大小的构件或结构物；它与钢筋有良好的黏结力，能制作成钢筋混凝土构件和结构；经硬化后有抗压强度高与耐久性良好的特性；其组成材料以砂石作为集料，占80%以上，符合就地取材和经济性原则。但事物总是一分为二的，混凝土也存在着抗拉强度低，受拉时变形能力小，脆性大，容易开裂，自重大等缺点。

由于混凝土具有上述各种优点，因此它是一种主要的土木工程材料，无论是工业与民用建筑、道路工程、桥梁工程、给水与排水工程、水利水港工程、海洋及地下工程、国防建设等都广泛地应用混凝土。因此，它在国家基本建设中占有重要地位。一般对混凝土质量的基本要求是：具有符合设计要求的强度等级；具有与施工条件相适应的施工工作性；具有与工程环境相适应的耐久性。

5.1　普通混凝土的组成材料

普通混凝土（简称为混凝土）由水泥、砂、石和水所组成。为改善混凝土的某些性能还常加入适量的外加剂和掺合料。外加剂和掺合料常被称为混凝土的第五组分和第六组分。

5.1.1　混凝土的原材料

混凝土中各组成材料的作用不尽相同，其中砂、石起骨架作用，称为集料或骨料；水泥与水形成水泥浆，水泥浆包裹在集料表面并填充其空隙。在硬化前，水泥浆起润滑作用，赋予混凝土一定的工作性，便于施工。水泥浆硬化后，则将集料胶结成一个坚实的整体。混凝土的结构如图5-1所示。

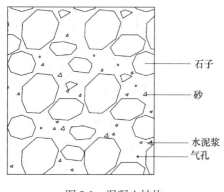

图 5-1　混凝土结构

加入适宜的外加剂和掺合料，在硬化前能改善混凝土的工作性，而且现代化施工工艺对混凝土的高工作性要求，只有加入适宜的外加剂才能满足。硬化后，能改善混凝土的物理力学性能和耐久性等，尤其是在配制高强度混凝土、高性能混凝土时，外加剂和掺合料是必不可少的。

5.1.2　混凝土原材料的技术要求

混凝土的技术性质在很大程度上是由原材料的性质及其相对含量决定的。同时也与施工工艺（搅拌、输送方式、成型、养护）有关。因此，我们必须了解其原材料的性质、作用及其质量要求，合理选择原材料，这样才能保证混凝土的质量。

1. 水泥

（1）**水泥品种选择**。配制混凝土一般可采用硅酸盐水泥、普通硅酸盐水泥、矿渣硅酸盐水泥、火山灰质硅酸盐水泥、粉煤灰硅酸盐水泥和复合硅酸盐水泥。必要时也可采用快硬硅酸盐水泥或其他水泥。水泥的性能指标必须符合现行国家有关标准的规定。采用何种水泥，应根据混凝土工程特点和所处的环境条件，参照表 4-6 选用。用混凝土泵和管道输送的混凝土，称为泵送混凝土。泵送混凝土应选用硅酸盐水泥、普通硅酸盐水泥、矿渣硅酸盐水泥和粉煤灰硅酸盐水泥，不宜采用火山灰质硅酸盐水泥。道路工程中，由于道路路面要经受高速行驶车辆轮胎的摩擦，载重车辆的强烈冲击，路面与路基因温差产生的胀缩应力及冻融等影响，因此要求路面混凝土抗折强度高、收缩变形小、耐磨性能好、抗冻性能好，并具有较好的弹性。由此配制混凝土所用的水泥，一般应采用强度高、收缩性小、耐磨性强、抗冻性好的水泥。公路、城市道路、厂矿道路应采用硅酸盐水泥或普通硅酸盐水泥，当条件受限制时，可采用矿渣硅酸盐水泥。民航机场道面和高速公路，必须采用硅酸盐水泥。桥梁工程中的桥面混凝土对水泥品种的选择应与道路工程的要求类似。

（2）**水泥强度等级选择**。水泥强度等级应与混凝土的设计强度等级相适应。原则上是配制高/低强度等级的混凝土，应选用高/低强度等级水泥。如用高强度等级的水泥配制低强度等级混凝土，则水泥用量少，影响工作性及密实度，所以应掺入一定数量的掺和料。用低强度等级水泥配制高强度等级混凝土，水泥用量过多，不经济，并会影响混凝土其他技术性质。

2. 细集料

可用于配制混凝土的粒径在 0.15～5.00mm 之间的岩石颗粒为细集料，亦称为砂。细集料一般采用天然砂，它是岩石风化后所形成的大小不等的矿物颗粒组成的混合物，一般有河砂、海砂、山砂及机制砂。目前优质天然砂资源匮乏，环保和可持续发展限制采挖，机制砂已经得到广泛的应用。

选用细集料时应考虑其如下质量参数：

（1）**有害杂质**。细集料应尽量清洁，少含或不含杂质，以保证混凝土的质量。

砂中常含有云母、黏土、淤泥、粉砂、石灰石粉等，会增加混凝土的拌合用水量；或黏附于集料表面，削弱水泥水化物和集料的黏结；或成为裂纹缺陷，降低混凝土强度；或加大混凝土的收缩，降低混凝土抗冻性和抗渗性。

一些有机杂质、硫化物及硫酸盐，会影响水泥混凝土的凝结硬化；或对水泥有腐蚀作用。集料的有害杂质含量一般应符合表 5-4 中规定。

重要工程混凝土使用的砂，应进行**碱活性**检验，经检验判断为有潜在危害时，在配制混凝土时，应使用含碱量小于 0.6% 的水泥或采用能抑制碱-集料反应的掺合料，如粉煤灰等。当使用含钾、钠离子的外加剂时，必须进行专门试验。

在一般情况下，海砂可以配制混凝土和钢筋混凝土，但由于海砂含盐量较大，对钢筋有锈蚀作用，故配制钢筋混凝土时，海砂中氯离子含量不应超过 0.06%（以干砂重的百分率计）。预应力混凝土不宜用海砂。若必须使用海砂时，则应经淡水冲洗，其氯离子含量不得大于 0.02%。有些杂质如泥土、贝壳和杂物可在使用前经过冲洗、过筛处理将其清除。特别是配制高强度混凝土时更应严格些。当用较高强度等级水泥配制低强度混凝土时，由于水胶比（水与水泥的质量比）大，水泥用量少，新拌混凝土的工作性不好。这时，如果砂中泥土细粉多一些，则只要将搅拌时间稍加延长，就可改善新拌混凝土的工作性。

（2）**颗粒形状及表面特征**。细集料的颗粒形状及表面特征会影响其与水泥的黏结及混凝土的流动性。山砂的颗粒多具有棱角，表面粗糙，与水泥黏结较好，用它拌制的混凝土强度较高，但流动性较差；河砂及海砂颗粒，多呈圆形，表面光滑，与水泥的黏结较差，用来拌制混凝土，混凝土的强度则较低，但流动性较好。

（3）**砂的级配及粗细程度**。级配即大小颗粒的搭配情况。在混凝土中砂粒之间的空隙由水泥浆所填充，为达到节约水泥和提高强度的目的，就应尽量减小砂粒之间的空隙。图5-2中集料颗粒级配砂的粗细程度，是指不同粒径的砂粒混合在一起后的总体的粗细程度，通常有粗砂、中砂与细砂之分。在相同质量条件下，细砂的总表面积较大，而粗砂的总表面积较小。在混凝土中，砂的表面需要由水泥浆包裹，砂的总表面积越大，则需要包裹砂粒表面的水泥浆就越多。因此，一般说用粗砂拌制混凝土比用细砂所需的水泥浆省。因此，在拌制混凝土时，这两个因素（砂的颗粒级配和粗细程度）应同时考虑。当砂中含有较多的粗砂时，以适当的中砂及少量细砂填充其空隙，则可达到空隙率及总表面积均较小，这样的砂比较理想，不仅水泥浆用量较少，而且还可提高混凝土的密实性与强度。从图5-2可以看到：如果是同样粗细的砂，空隙最大（图5-2a）；两种粒径的砂搭配起来，空隙就减小了（图5-2b）；三种粒径的砂搭配，空隙就更小了（图5-2c）。由此可见，要想减小砂粒间的空隙，就必须有大小不同的颗粒搭配（图5-2d）。

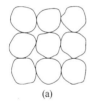 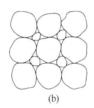 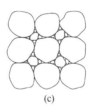 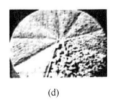

(a) (b) (c) (d)

图5-2　用二维图表示的集料颗粒级配
(a) 单粒径砂粒；(b) 双粒径砂粒；(c) 三粒径砂粒；(d) 不同颗粒级配的砂粒

可见控制砂的颗粒级配和粗细程度有很大的技术经济意义，因而它们是评定砂质量的重要指标。仅用粗细程度这一指标是不能判断的。砂的颗粒级配和粗细程度，常用筛分析的方法进行测定。用级配区表示砂的颗粒级配，用细度模数表示砂的粗细。筛分析的方法，是用一套孔径为 5.000mm、2.500mm、1.250mm、0.630mm、0.315mm 及 0.160mm 的标准筛，将 500g 的干砂试样由粗到细依次过筛，然后称得余留在各个筛上的砂的质量，并计算出各筛上的分计筛余百分率 a_1、a_2、a_3、a_4、a_5 和 a_6（各筛上的筛余量占砂样总量的百分率）及累计筛余百分率 A_1、A_2、A_3、A_4、A_5 和 A_6（该筛及该筛以上筛号的所有筛的分计筛余百分率相加在一起）。累计筛余与分计筛余的关系见表5-1。

累计筛余与分计筛余的关系　　　　　　　　　　　　　表5-1

标称筛孔直径 （mm）	方孔筛直径 （mm）	筛余量 m（g）	分计筛余 （%）	累计筛余（%）
5.000	4.750	m_1	$a_1 = m_1/m_0$	$A_1 = a_1$
2.500	2.380	m_2	$a_1 = m_1/m_0$	$A_2 = a_1 + a_2$
1.250	1.160	m_3	$a_2 = m_2/m_0$	$A_3 = a_1 + a_2 + a_3$

续表

标称筛孔直径 （mm）	方孔筛直径 （mm）	筛余量 m（g）	分计筛余 （%）	累计筛余（%）
0.630	0.600	m_4	$a_3 = m_{3/}m_0$	$A_4 = a_1 + a_2 + a_3 + a_4$
0.315	0.300	m_5	$a_4 = m_{4/}m_0$	$A_5 = a_1 + a_2 + a_3 + a_4 + a_5$
0.160	0.150	m_6	$a_5 = m_{5/}m_0$	$A_6 = a_1 + a_2 + a_3 + a_4 + a_5 + a_6$

细度模数 μ_f 的公式：

$$\mu_f = [(A_2 + A_3 + A_4 + A_5 + A_6) - 5A_1]/(100 - A_1) \tag{5-1}$$

式中　　μ_f——细度模数；

A_1，…，A_6——累计筛余百分率。

细度模数（μ_f）越大，表示砂越粗。细集料的粗细程度按细度模数分为粗、中、细三级，其细度模数范围：细砂（$1.6 \leqslant \mu_f \leqslant 2.2$）；中砂（$2.3 \leqslant \mu_f \leqslant 3.0$）；粗砂（$3.1 \leqslant \mu_f \leqslant 3.7$）。

根据 0.63mm 筛孔的累计筛余量可将细集料分成三个级配区，混凝土用砂的颗粒级配，应处于表 5-2 中的任何一个级配区以内。砂的实际颗粒级配与表中所列的累计筛余百分率相比，除 5mm 和 0.63mm 筛号外，允许有超出分区界线，但其总量百分率不应大于5%。以累计筛余百分率为纵坐标，以筛孔尺寸为横坐标，根据表 5-2 规定画出砂Ⅰ、Ⅱ、Ⅲ级配区的筛分曲线，如图 5-3 所示。$\mu_f > 3.7$ 时配制的新拌混凝土工作性不易控制，且内摩擦大，不易振捣成型；$\mu_f < 0.7$ 时配制混凝土，要增加水泥用量，而且强度显著降低。

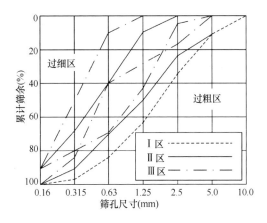

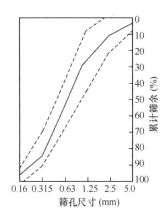

图 5-3　砂的Ⅰ、Ⅱ、Ⅲ级配区曲线　　　　图 5-4　泵送混凝土细集料

细集料颗粒级配区　　　　　　　　　　　　　　表 5-2

标称筛孔直径 （mm）	方孔筛直径 （mm）	累计筛余（%）		
		Ⅰ区（粗砂区）	Ⅱ区（中砂区）	Ⅲ区（细砂区）
5.000	4.750	10～0	10～0	10～0
2.500	2.380	35～5	25～0	15～0

续表

标称筛孔直径 （mm）	方孔筛直径 （mm）	累计筛余（%）		
		Ⅰ区（粗砂区）	Ⅱ区（中砂区）	Ⅲ区（细砂区）
1.250	1.160	65～35	50～10	25～0
0.630	0.600	85～71	70～41	40～16
0.315	0.300	95～80	92～70	85～55
0.160	0.150	100～90	100～90	100～90

注：允许超出≤5%的总量，指几个粒级累计筛余百分率超出的和或只是某一粒级的超出百分率。

　　如果砂的自然级配不合适，不符合级配区的要求，这时就要采用人工级配的方法改善。最简单的措施是将粗、细砂按适当比例进行试配，掺合使用。

　　为调整级配，在不得已时，也可将砂加以过筛，筛除过粗或过细的颗粒。配制混凝土时宜优先选用Ⅱ区砂；当采用Ⅰ区砂时，应提高砂率，并保持足够的水泥用量，以满足混凝土的工作性要求；当采用Ⅲ区砂时，宜适当降低砂率，以保证混凝土的强度。对于泵送混凝土，细集料对新拌混凝土的可泵性有很大影响。新拌混凝土之所以能在输送管中顺利流动，主要是由于粗集料被包裹在砂浆中，且粗集料是悬浮于砂浆中的，由砂浆直接与管壁接触起到润滑作用。故细集料宜采用中砂（μ_f=2.3～3.0），通过0.300mm筛孔的砂含量不应少于15%，通过0.150mm筛孔的含量不应少于5%。如含量过低，输送管容易阻塞，使新拌混凝土难以泵送，但细砂过多以及黏土、粉尘含量太大也是有害的，因为细砂含量过大则需要较多的水，并形成黏稠的新拌混凝土，这种黏稠的新拌混凝土沿管道的运动阻力显著增加，因此需要较高的泵送压力。为使新拌混凝土能保持给定的流动性，就必须提高水泥的含量。泵送混凝土细集料应有良好的级配，其常用级配可按图5-4选用。图中实线为最佳级配线；两条虚线之间为适宜泵送区；最佳级配区宜尽可能接近两条虚线之间。用于水泥混凝土路面的混凝土板，应采用符合规定级配，μ_f>2.5的粗、中砂，当无法取得粗、中砂时，经配合比试验可行，可采用泥土杂物含量小于3%的细砂。

　　（4）**砂的坚固性**。其指砂在环境变化或其他物理因素作用下抵抗破裂的能力。按标准《普通混凝土用砂、石质量及检验方法标准》JGJ 52—2006规定，砂的坚固性用硫酸钠溶液检验，试样经5次循环后其质量损失应符合表5-3规定。有抗疲劳、耐磨、抗冲击要求的混凝土用砂或有腐蚀介质作用或经常处于水位变化区的地下结构混凝土用砂，其坚固性质量损失率应小于8%。

砂的坚固性指标 表5-3

混凝土所处的环境条件		循环后的质量损失（%）
严寒及寒冷地区室外使用并经常处于潮湿或干湿交替状态下的混凝土 抗疲劳、耐磨、抗冲击要求的混凝土 有腐蚀介质作用或经常处于水位变化区的地下结构混凝土	砂	≤8
其他条件下使用的混凝土	砂	≤10

3. 粗集料

可用于混凝土的粒径大于5mm的岩石颗粒，称为混凝土粗集料，亦称为石子。普通混凝土常用的粗集料有碎石和卵石。天然岩石或卵石经破碎、筛分而得的粗集料也称为碎石或碎卵石。天然生成的，面平滑，角浑圆的粗集料，也称为卵石。

配制混凝土的粗集料的质量要求有以下几个方面：

（1）**有害杂质**。粗集料中常含有的黏土、淤泥、细屑、硫酸盐、硫化物和有机杂质可视为有害杂质，危害作用与在细集料中的作用相同。有害杂质含量一般应符合表 5-4 中规定。

当粗集料中夹杂着活性氧化硅或某些特定的碳酸盐矿物时（矿物形式有蛋白石、玉髓和鳞石英等；或含有白云石），如果所用水泥又是高碱水泥，就可能发生碱-集料反应或碱集料破坏。这是因为水泥中碱性氧化物水解后，形成的氢氧化钠和氢氧化钾，能与集料中的活性物质起化学反应，结果在集料表面生成了复杂的碱-硅凝胶或碱-碳酸盐反应产物。如此生成的凝胶可吸水无限膨胀、肿胀，导致集料界面膨胀破坏。这种碱和活性集料间的物理化学作用，称为碱-集料反应。

工程所使用的粗集料应进行碱活性检验。目前最常用的检验方法是砂浆棒法：集料为高碱水泥：集料＝1：2.25 的胶砂试块，在恒温、恒湿中养护，测定膨胀率。若 6 个月膨胀率超过 0.05％ 或 1 年超过 0.1％，可判定集料为碱活性。对碳酸盐集料则采用岩石柱法进行检验。若有潜在活性，不宜作为混凝土集料。

防止混凝土发生碱-集料反应与碱集料破坏，则应采取如下技术措施：

① 采用非碱活性的集料；

② 用碱含量 R_2O 小于 0.6％ 的水泥或采用能抑制碱-集料反应的外加剂；

③ 控制混凝土中碱含量 R_2O 不大于 $3.0kg/m^3$；

④ 掺加占水泥量 30％～40％ 的粉煤灰；

⑤ 防止混凝土长期与水接触；防止 40℃ 的温度环境。

另外粗集料中严禁混入各类过火石灰，严禁混入**钢渣**，以免发生硬化混凝土爆裂。

（2）**颗粒形状及表面特征**。粗集料的颗粒形状及表面特征同样会影响其与水泥的黏结及混凝土的流动性。碎石具有棱角，表面粗糙，与水泥黏结较好，而卵石多为圆形，表面光滑，与水泥的黏结较差，在水泥用量和水用量相同的情况下，碎石拌制的混凝土流动性较差，但强度较高，而卵石拌制的混凝土流动性较好，但强度较低。如要求流动性相同，用卵石时用水量可少些，结果强度不一定低。粗集料的颗粒形状还有属于针状（长度大于该颗粒所属粒级的平均粒径的 2.4 倍，平均粒径指该粒级上、下限粒径的平均值）和片状（厚度小于平均粒径的 0.4 倍）的，这种针、片状颗粒过多，会使混凝土强度降低。针、片状颗粒含量一般应符合表 5-4 中规定。针、片状颗粒过多，对泵送混凝土，会使其泵送性能变差，因此针、片状颗粒含量应小于 10％。

集料的有害杂质含量（JGJ 52—2006）   表 5-4

项　　目		质量标准		
		≥C60	C55～C30	≤C25
含泥量，按质量计，≤（%）	碎石/卵石	0.5	1.0	2.0
	砂	2.0	3.0	5.0
泥块含量，按质量计，≤（%）	碎石/卵石/砂	0.2	0.5	0.7
	砂	0.5	1.0	2.0

续表

项　　目		质量标准		
		≥C60	C55~C30	≤C25
硫化物和硫酸盐含量（折算为SO₃）按质量计，≤（%）	碎石/卵石/砂	1.0		
有机质含量（用比色法试验）	碎石/卵石/砂	颜色不得深于标准色，如深于标准色，则应配制成混凝土/水泥胶砂试件，进行强度对比试验，抗压强度比应≥0.95		
云母含量，按质量计，≤（%）	砂	2.0		
轻物质含量，按质量计，≤（%）	砂	1.0		
针、片状颗粒含量，按质量计，≤（%）	碎石/卵石	8.0	15	25.0
机制砂石粉含量，≤（%）	MB<1.4（合格）	50.0	7.0	10.0
	MB>1.4（不合格）	2.0	3.0	5.0
海砂贝壳含量，≤（%）		3.0	5（C55~C40） 8（C35~C30）	10

注：1. 摘自《普通混凝土用砂、石质量及检验方法标准》JGJ 52—2006。

　　2. 对有抗冻、抗渗或其他特殊要求的混凝土用砂，其含泥量不应大于3%。

（3）最大粒径及颗粒级配

1）**最大粒径**。粗集料中公称粒径的上限称为该粒级的最大粒径，以 D_{max} 表示。当集料粒径增大时，其比表面积随之减小。因此，保证一定厚度润滑层所需的水泥浆或砂浆的数量也相应减少，所以粗集料的最大粒径应在条件许可下，尽量选用得大些。由试验研究证明，最佳的最大粒径取决于混凝土的水泥用量。在水泥用量少的混凝土中（每 $1m^3$ 混凝土的水泥用量小于或等于 170kg），采用大集料是有利的。在普通配合比的结构混凝土中，集料粒径大于 40mm 并没有好处。集料最大粒径还受结构形式和配筋疏密限制。根据《混凝土结构工程施工规范》GB 50666—2011 的规定，混凝土粗集料的最大粒径不得超过结构截面最小尺寸的 1/4，同时不得大于钢筋间最小净距的 3/4。对于混凝土实心板，可允许采用最大粒径达 1/3 板厚的集料，但最大粒径不得超过 40mm。石子粒径过大，对运输和搅拌都不方便。为减少水泥用量、降低混凝土的温度和收缩应力，在大体积混凝土内，也常用毛石填充。毛石（片石）是爆破石灰岩、白云岩及砂岩所得到的形状不规则的大石块，一般尺寸在一个方向达 300~400mm，质量约 20~30kg。因此，这种混凝土也常称为毛石混凝土。对粗集料的最大粒径与输送管径之比见表 5-5。

粗集料最大粒径与输送管径比　　　　　　　　表 5-5

粗集料品种	泵送高度（m）	粗集料最大粒径与输送管径比，≤
碎石	<50	1：3
	50~100	1：4
	>100	1：5

续表

粗集料品种	泵送高度（m）	粗集料最大粒径与输送管径比，≤
卵石	<50	1：2.5
	50～100	1：3
	>100	1：4

水泥混凝土路面混凝土板用粗集料，其最大粒径不应超过 40mm。

2）**颗粒级配**。颗粒级配好坏对节约水泥和保证混凝土具有良好的工作性有很大关系。特别是拌制高强度混凝土，颗粒级配更为重要。颗粒级配也通过筛分试验确定，颗粒的标准筛-方孔筛边长（mm）为：2.36、4.75、9.5、16.0、19.0、26.5、31.5、37.5、53.0、63.0、75.0 及 90.0 等。普通混凝土用碎石或卵石的颗粒级配范围应符合表 5-6 的规定。

碎石或卵石的颗粒级配范围 表 5-6

公称粒级（mm）	累计筛余，按重量计（%）											
	方孔筛孔尺寸（mm）											
	2.36	4.75	9.5	16.0	19.0	26.5	31.5	37.5	53.0	63.0	75.0	90.0
5～10	95～100	80～100	0～15	—	—	—	—	—	—	—	—	—
5～16	95～100	85～100	30～60	0～10	—	—	—	—	—	—	—	—
5～20	95～100	90～100	40～80	—	0～10	0	—	—	—	—	—	—
5～25	95～100	90～100	—	30～70	—	0～5	—	—	—	—	—	—
5～31.5	95～100	90～100	70～90	—	15～45	—	0～5	—	—	—	—	—
5～40	—	95～100	70～90	—	30～65	—	—	0～5	0	—	—	—
10～20	—	95～100	85～100	—	0～15	0	—	—	—	—	—	—
16～31.5	—	95～100	—	85～100	—	—	0～10	—	—	—	—	—
20～40	—	—	95～100	—	80～100	—	—	0～10	—	—	—	—
31.5～63	—	—	—	95～100	—	—	75～100	45～75	—	0～10	0	—
40～80	—	—	—	—	95～100	—	—	70～100	—	30～60	0～10	—

注：1. 摘自《普通混凝土用砂、石质量及检验方法标准》JGJ 52—2006。
　　2. 公称粒级的上限为该粒级的最大粒径。单粒级一般用于组合成具有要求级配的连续粒级，它也可与连续粒级的碎石或卵石混合使用，以改善它们的级配或配成较大粒度的连续粒级。
　　3. 根据混凝土工程和资源的具体情况，进行综合技术经济分析后，在特殊情况下，允许直接采用单粒级，但必须避免混凝土发生离析。

泵送混凝土的粗集料应采用连续级配。粗集料的级配影响空隙率和砂浆用量，对混凝土可泵性有较大影响，常用的粗集料级配可按图 5-5（粗集料最佳级配）选用。图中粗实线为最佳级配线；两条虚线之间区域为适宜泵送区；最佳级配区宜尽可能接近两条虚线之间。

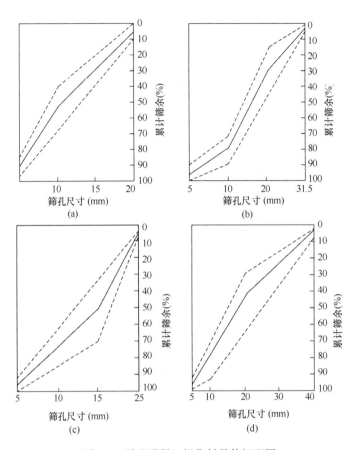

图 5-5 泵送混凝土粗集料最佳级配图

(a) 粗骨料 5～20mm 最佳级配图；(b) 粗骨料 5～31.5mm 最佳级配图；

(c) 粗骨料 5～25mm 最佳级配图；(d) 粗骨料 5～40mm 最佳级配图

水泥混凝土路面混凝土板用粗集料，应采用连续粒级 5～40mm。

（4）**强度**。为保证混凝土的强度要求，粗集料都必须质地致密、具有足够的强度。碎石或卵石的强度可用岩石立方体强度和压碎指标两种指标表示。当混凝土强度等级为 C60 及以上时，应进行岩石立方体抗压强度检验。在选择采石场或对粗集料强度有严格要求或对质量有争议时，也宜用岩石立方体强度作检验。对经常性的生产质量控制则可用压碎指标值检验。用岩石立方体强度表示粗集料强度。其是将岩石制成 50mm×50mm×50mm 的立方体（或直径与高均为 50mm 的圆柱体）试件，在水饱和状态下，其抗压强度（MPa）与设计要求的混凝土强度等级之比，作为碎石或碎卵石的强度指标，根据《普通混凝土用砂、石质量及检验方法标准》JGJ 52—2006 规定，不应小于 1.2，但对路面混凝土不应小于 2.0。

（5）**坚固性**。有抗冻要求的混凝土所用粗集料，要求测定其坚固性。即用硫酸钠溶液法检验，试样经五次循环后，其质量损失应不超过表 5-7 的规定。

4. 集料的含水状态

集料一般有干燥状态、气干状态、饱和面干状态和湿润状态四种含水状态，如图 5-6

所示。集料含水率等于或接近于零时称**干燥状态**；含水率与大气湿度相平衡时称**气干状态**；集料表面干燥而内部孔隙含水达饱和时称**饱和面干状态**；集料不仅内部孔隙充满水，而且表面还附有一层水时称**湿润状态**。

碎石或卵石的坚固性指标　　　　　　　　　　　　表 5-7

混凝土所处的环境条件	循环后的质量损失（%）	
在严寒及寒冷地区室外使用，并经常处于潮湿或干湿交替状态下的混凝土有腐蚀性介质作用或经常处于水位变化区的地下结构	碎石或卵石	≤8
在其他条件下使用的混凝土	碎石或卵石	≤12

注：有抗疲劳、耐磨、抗冲击等要求的混凝土用粗集料，其质量损失应不大于8%。

图 5-6　集料的含水状态示意图
(a) 干燥状态；(b) 气干状态；(c) 饱和面干状态；(d) 湿润状态

房屋建筑工程中，集料的自然存在状态为气干状态，集料以干燥状态为混凝土配合比设计计算基准。这样部分水分会被集料内部孔隙吸附，从而减少了作用于流动性的用水量，而减小了实际水胶比，故对流动性不利，对强度和耐久性有利。而集料在饱和面干状态下拌制混凝土时，既不从混凝土中吸取水分，也不向混凝土中释放水分。因此，一些大型水利工程中，集料常以饱和面干状态为混凝土配合比设计计算基准。这样混凝土单位用水量主要作用于流动性，主要影响水胶比。当粗细集料为湿润状态时，集料会带入一定的水量，则增大了水胶比，会导致强度或耐久性降低。故实际生产时，要按配合比设计计算所取的集料含水状态，扣除湿润状态的多余水分，以保证新拌及硬化混凝土的工作性、强度和耐久性。

此外，天然河砂当含水状态由干燥状态变成湿润状态时，会发生"砂的溶胀"现象，其吸水后体积可增大38%，因此对混凝土会产生何种影响，应该引起注意。

5. 混凝土拌合及养护用水

混凝土拌合用水按水源可分为饮用水、地表水、地下水、海水以及经适当处理或处置后的工业废水。对混凝土拌合及养护用水的质量要求是：不得影响混凝土的工作性及凝结；不得有损于混凝土强度发展；不得降低混凝土的耐久性、加快钢筋腐蚀及导致预应力钢筋脆断；不得污染混凝土表面。当使用混凝土生产厂及商品混凝土厂设备的洗刷水时，水质应符合表 5-8 的要求。在对水质有怀疑时，应将该水与蒸馏水或饮用水进行水泥凝结时间、砂浆或混凝土强度对比试验。测得的初凝时间差及终凝时间差均不得大于 30min，其初凝和终凝时间还应符合水泥相关国家标准的规定。用该水制成的砂浆或混凝土 28d 抗压强度应不低于蒸馏水或饮用水制成的砂浆或混凝土抗压强度的 90%。海水中含有硫酸盐、镁盐和氯化物，对水泥硬化浆体有侵蚀作用，对钢筋也会造成锈蚀，因此不得用于拌制钢筋混凝土和预应力混凝土。

混凝土拌合用水水质要求

表 5-8

项目	预应力混凝土	钢筋混凝土	素混凝土
pH 值	$\geqslant 5.0$	$\geqslant 4.5$	$\geqslant 4.5$
不溶物（mg/L）	$\leqslant 2000$	$\leqslant 2000$	$\leqslant 5000$
可溶物（mg/L）	$\leqslant 2000$	$\leqslant 5000$	$\leqslant 10000$
Cl^-（mg/L）	$\leqslant 500$	$\leqslant 1200$	$\leqslant 3500$
SO_4^{2-}（mg/L）	$\leqslant 600$	$\leqslant 2700$	$\leqslant 2700$
碱含量（mg/L）	$\leqslant 1500$	$\leqslant 1500$	$\leqslant 1500$

注：1. 碱含量按 $Na_2O+0.658K_2O$ 计算值表示。采用非碱活性集料时，可不检测碱含量。

2. 本表摘自《混凝土用水标准》JGJ 63—2006。

6. 混凝土外加剂

混凝土外加剂指在拌制混凝土过程中掺入的，用以改善混凝土性能的物质，其掺量一般不大于水泥质量的 5%（特殊情况除外）。在混凝土中应用外加剂，具有投资少、见效快、技术经济效益显著的特点。为适应混凝土工程施工工艺的要求，混凝土外加剂已成为除水泥、砂、石和水以外混凝土的重要组分。

（1）**混凝土外加剂的分类**。混凝土外加剂按化学成分可分为三类：无机化合物，多为电解质盐类；有机化合物，多为表面活性剂；有机和无机的复合物。其按功能分为五类：改善混凝土流变性能的外加剂，如各种减水剂、泵送剂、引气剂、保水剂等；调节混凝土凝结时间和硬化性能的外加剂，如早强剂、缓凝剂、速凝剂等；调节混凝土气体含量的外加剂，如引气剂、加气剂、泡沫剂等；改善混凝土耐久性的外加剂，如引气剂、阻锈剂、防水剂等；改善混凝土其他性能的外加剂，如引气剂、膨胀剂、防水剂、碱-集料反应抑制剂等。

（2）**常用混凝土外加剂**

1）**减水剂**。在混凝土坍落度基本相同的条件下，能减少拌合用水量的外加剂。减水剂一般为表面活性剂，按其功能分为：普通减水剂、高效减水剂、早强减水剂、缓凝减水剂和引气减水剂等。

① **减水剂的作用机理**。当水泥加水拌合时，由于水泥颗粒表面能所具有的引力，水泥颗粒在搅拌过程中的碰撞、摩擦及水化使得水泥颗粒带有电荷，吸附水分子。颗粒外表面处会形成溶剂化水膜。此水膜会产生缔合作用，使水泥颗粒彼此吸引、联系而形成絮凝结构（图 5-7）。在絮凝结构的三维空间网络中，包裹了许多拌合水，导致水泥浆体流动性较小，比较黏稠。当在水泥拌合时加入减水剂后，由于减水剂的表面活性作用，其憎水基团定向吸附于水泥颗粒表面，亲水基团指向水溶液，在水泥颗粒表面形成一层外加剂吸附膜层。因此膜层表面带有相同电荷，故在电斥力作用下，每个水泥颗粒不能相互靠近而难于形成絮凝结构。如此，可以认为原絮凝结构中封闭的拌合水被释放出来，从而增大了混凝土的流动性；另一方面由于水泥颗粒表面形成的溶剂化水膜的相互

电斥力，使得水泥颗粒彼此相互分离。这就是减水剂具有吸附、润湿、分散、润滑作用的结果（图 5-8）。所以采用此类外加剂，若仍保持混凝土原流动性，则可减少拌合用水，故称之为减水剂。

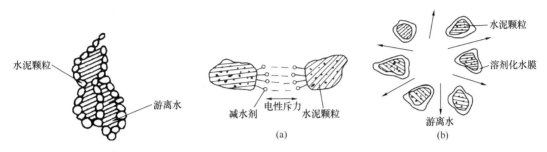

图 5-7　水泥浆的絮凝结构　　　　　图 5-8　减水剂作用简图
（a）电斥力作用；（b）游离水增加

　　② **减水剂的使用效果**。用水量和水胶比不变的条件下，可增大混凝土的流动性；在维持混凝土流动性和水泥用量不变的条件下，可减少用水量，从而降低水胶比，可提高混凝土强度；减水后显著改善混凝土的孔结构，提高密实度，从而可提高混凝土的强度和耐久性；保持流动性及水胶比不变时，因减水作用，可减少水泥用量，即节约了水泥。减水剂的使用，可使混凝土中掺加粉煤灰、矿粉等工业废渣，为配制高强、高性能混凝土创造了机遇。

　　此外，不同类型的减水剂，还能减少混凝土泌水及离析现象；延缓混凝土的凝结时间和降低混凝土水化放热速率等效果；使得高层及超高层泵送技术得到巨大的成功。

　　③ **减水剂的掺入方法**。减水剂的掺入方法对其作用效果影响很大，因此应根据减水剂的种类和形态及具体情况选用掺入方法，包括先掺法、同掺法、滞掺法和后掺法四种。

　　先掺法。将减水剂与水泥混合后再与集料和水一起搅拌。其优点是使用方便，缺点是减水剂中有粗颗粒时，在混凝土中不易分散，影响质量且搅拌时间要长。

　　同掺法。将减水剂先溶于水，再加入混凝土中。其优点是计量准且易于搅拌均匀，使用方便；缺点是增加了溶解和储存工序。

　　滞掺法。在搅拌过程中减水剂滞后 1~3min 加入。其优点是能提高减水剂使用效果；缺点是搅拌时间长，生产效率低。

　　后掺法。在混凝土运送到浇筑地点附近，才加入减水剂，并再次搅拌使坍落度达到工程要求后再进行浇筑。此工艺亦称为"二次流化"。如此可避免混凝土在运输过程中的分层、离析和坍落度损失，提高减水剂使用效果，提高减水剂对水泥的适应性。此法可在预拌混凝土搅拌运输车运送过程中采用。常用减水剂见表 5-9。

　　2）**早强剂**。能加速混凝土早期强度发展的外加剂称早强剂。早强剂主要有氯盐类、硫酸盐类、有机胺三类以及它们组成的复合早强剂。常用早强剂见表 5-10。

常用减水剂　　　　　　　　　　　　　　　　　　表 5-9

类别	普通减水剂		高效减水剂		高性能减水剂
	木质素系	糖蜜系	多环芳香族磺酸盐系（萘系）	水溶性树脂系	聚羧酸盐系
主要成分	木质素磺酸钙 木质素磺酸钠 木质素磺酸镁	制糖废液	芳香族磺酸盐甲醛缩合物	三聚氢胺树脂磺酸钠（SM）古玛隆-茚树脂磺酸钠（CRS）	聚羧酸盐共聚物
适宜掺量（%）	0.2～0.3	0.2～0.3	0.2～1.0	0.5～2.0	0.2～0.5
效果　减水率（%）	10	6～10	15～25	18～30	25～35
早强			明显	显著	显著
缓凝（h）	1～3	>3	—	—	—
引气（%）	1～2	—	非引气，或<2	<2	<3

常用早强剂　　　　　　　　　　　　　　　　　　表 5-10

类别	氯盐类	硫酸盐类	有机胺类	复合类
常用品种	氯化钙	硫酸钠（元明粉）	三乙醇胺	① 三乙醇胺(A)＋氯化钠(B) ② 乙醇胺(A)＋亚硝酸钠(B)＋氯化钠(C) ③ 三乙醇胺(A)＋亚硝酸钠(B)＋生石膏(C) ④ 硫酸盐复合早强剂(NC)
掺量（占水泥质量）（%）	0.5～1.0	0.5～2.0	0.02～0.05，常与其他早强剂复合使用	① (A)0.05＋(B)0.5 ② (A)0.05＋(B)0.5＋(C)0.5 ③ (A)0.05＋(B)1.0＋(C)2.0 ④ (NC)2.0～4.0
早强效果	3d 强度可提高 50%～100%；7d 强度可提高 20%～40%	掺 1.5% 时达到混凝土设计强度 70% 的时间可缩短一半	早期强度可提高 50% 左右，28d 强度不变或稍有提高	2d 强度可提高 70%；28d 强度可提高 20%

① **常用早强剂的作用机理**。氯化钙产生早强的作用机理：$CaCl_2$ 能与水泥中 C_3A 作用，生成几乎不溶于水和 $CaCl_2$ 溶液的水化氯铝酸钙（$3CaO \cdot Al_2O_3 \cdot 3CaCl_2 \cdot 32H_2O$），又能与水化产物 $Ca(OH)_2$ 反应，生成溶解度极小的氧氯化钙（$CaCl_2 \cdot 3Ca(OH)_2 \cdot 12H_2O$）。水化氯铝酸钙和氧氯化钙固相早期析出，形成骨架，加速水泥浆体结构的形成，同时也由于水泥浆中 $Ca(OH)_2$ 浓度的降低，有利于 C_3S 水化反应的进行，因此早期强度获得提高。硫酸钠产生早强的作用机理：Na_2SO_4 掺入混凝土中能与水泥水化生成的 $Ca(OH)_2$ 发生如下反应：$Na_2SO_4 + Ca(OH)_2 + 2H_2O \longrightarrow CaSO_4 2H_2O + 2NaOH$，生成的 $CaSO_4$ 均匀分布在混凝土中，并且与 C_3A 反应，迅速生成水化硫铝酸钙，此反应的发生又能加速 C_3S 的水化。三乙醇胺产生早强的作用机理：三乙醇胺是一种络合剂，在水泥水化的碱性溶液中，能与 Fe^{3+} 和 Al^{3+} 等离子形成较稳定的络离子，这种络离子与水泥的水化物作用生成溶解度很

小的络盐并析出，有利于早期骨架的形成，从而使混凝土早期强度提高。

② **早强剂的掺入方法**。含有硫酸钠的粉状早强剂使用时，应加入水泥中，不能先与潮湿的砂石混合。含有粉煤灰等不溶物及溶解度较小的早强剂、早强减水剂应以粉剂掺入，并要适当延长搅拌时间。

3）**引气剂**。混凝土在搅拌过程中，能引入大量均匀分布的、稳定而封闭的微小球形气泡（直径 $10 \sim 200 \mu m$）的外加剂，称为引气剂，包括松香热聚物类、松脂皂类和烷基苯磺酸盐类引气剂。常用的松香热聚物的效果较好。它是由松香与硫酸、苯酚起聚合反应，再经氢氧化钠中和而得到的憎水性表面活性剂。

① **引气作用机理**。在搅拌混凝土的过程中必然会混入一些空气，加入水溶液中的引气剂便吸附在水—气界面上，显著降低水的表面张力和界面能，在搅拌力作用下就会产生大量气泡，引气剂分子定向排列在泡膜界面上，阻碍泡膜内水分子的移动，增加了泡膜的厚度及强度，使气泡不易破灭；水泥等微细颗粒吸附在泡膜上，水泥浆中的氢氧化钙与引气剂作用生成的钙皂沉积在泡膜壁上，也提高了泡膜的稳定性。

② **引气剂的使用方法**。引气剂最常用的是松香热聚物，它不能直接溶解于水，使用时需将其溶解于加热的氢氧化钠溶液中，再加水配成一定浓度的溶液后加入混凝土中。当引气剂与减水剂、早强剂、缓凝剂等复合使用时，配制溶液时应注意其共溶性。

③ **引气剂的功能**。改善混凝土的工作性：在混凝土中引入的大量微小气泡，相对增加了水泥浆体积，气泡本身又起到如同滚珠轴承的作用，使颗粒间摩擦力减小，从而可提高混凝土的流动性。由于水分被均匀分布在气泡表面，又显著改善了混凝土的保水性和黏聚性。提高混凝土的耐久性：由于气泡能隔断混凝土中毛细管通道以及气泡对水泥硬化浆体内水分结冰时所产生的水压力的缓冲作用，故能显著提高混凝土的抗渗性和抗冻性。对强度、耐磨性和变形的影响：由于引入大量的气泡，减小了混凝土受压有效面积，使混凝土强度和耐磨性有所降低，当保持水胶比不变时，含气量增加 1%，混凝土强度约下降 $3\% \sim 5\%$，故应使混凝土具有适宜的含气量。大量气泡的存在，可使混凝土弹性模量有所降低，从而对提高混凝土的抗裂性有利。

④ **引气剂的掺量**。引气剂的掺量应根据混凝土的含气量确定。一般松香热聚物引气剂的适宜掺量约为 $0.006\% \sim 0.012\%$（占水泥质量）。

4）**缓凝剂**。能延长混凝土凝结时间而不显著降低混凝土后期强度的外加剂，称为缓凝剂。其主要种类有糖类、木质素磺酸盐类、羟基羧酸及其盐类和无机盐类等。最常用的是糖蜜、聚羧酸盐复合类、木钙类缓凝剂。常用缓凝剂见表5-11。

常用缓凝剂 表 5-11

类别	品种	掺量（占水泥质量）（%）	延缓凝结时间（h）
糖类	糖蜜等	0.2~0.5（水剂），0.1~0.3（粉剂）	2.0~4.0
木质素磺酸盐类	木质素磺酸钙（钠）等	0.2~0.3	2.0~3.0
羟基羧酸及其盐类	柠檬酸、酒石酸钾（钠）等	0.03~0.1	4.0~10.0
无机盐类	锌盐、硼酸盐、磷酸盐等	0.1~0.2	—

① **缓凝剂的作用机理**。有机类缓凝剂多为表面活性剂，掺入混凝土中，能吸附在水泥颗粒表面，形成同种电荷的亲水膜，使水泥颗粒相互排斥，阻碍水泥水化物凝聚，起

到缓凝作用；无机类缓凝剂，往往是在水泥颗粒表面形成一层难溶的薄膜，对水泥颗粒的正常水化起阻碍作用，从而导致缓凝。

② **缓凝剂的使用**。缓凝剂及缓凝减水剂应配制成适当浓度的溶液，加入拌合水中使用。当缓凝剂与其他外加剂复合使用时，必须是共溶的才能事先混合，否则应分别掺入。缓凝剂缓凝效果随环境温度升高而减弱，随环境温度降低而加强。使用时误掺超掺会造成混凝土严重缓凝事故，应特别注意。

5) **速凝剂**。能使混凝土迅速凝结硬化的外加剂，称速凝剂。其主要种类有无机盐类和有机物类。常用的是无机盐类。常用速凝剂见表 5-12。

表 5-12

常用速凝剂

种类	铝氧熟料（红星 1 型）	铝氧熟料（711 型）	铝氧熟料（782 型）
主要成分	铝酸钠＋碳酸钠＋生石灰	铝氧熟料＋无水石膏	矾泥＋铝氧熟料＋生石灰
适宜掺量(占水泥质量)(%)	2.5~4.0	3.0~5.0	5.0~7.0
初凝（min），≤	5		
终凝（min），≤	10		
强度	1h 产生强度，1d 强度可提高 2~3 倍，28d 强度为不掺的 80%~90%		

① **速凝剂作用机理**。速凝剂加入混凝土后，其主要成分中的铝酸钠、碳酸钠在碱性溶液中迅速与水泥中的石膏反应生成硫酸钠，使石膏丧失其原有的缓凝作用，从而导致铝酸钙矿物 C_3A 迅速水化，并在溶液中析出其水化产物晶体，致使水泥混凝土迅速凝结。

② **速凝剂的使用方法**。喷射混凝土施工工艺分干、湿两种工艺。采用干法喷射时，是将速凝剂（一般为细粉状）按一定比例与水泥、砂、石一起干拌均匀后，用压缩空气通过胶管将材料送到喷射机的喷嘴中，在喷嘴里引入高压水，与干拌料拌成混凝土，喷射到建筑物或构筑物上，这种方法简便，目前使用普遍；采用湿法喷射时，是在搅拌机中将水泥、砂、石、速凝剂和水拌成混凝土后，再由喷射机通过胶管从喷嘴喷出。

6) **防冻剂**。在混凝土冬期施工中，为防止混凝土浇筑后遭受冻害，保障其在负温下不凝结、硬化、并增长强度而使用的外加剂称为防冻剂。常用防冻剂是由多组分复合而成，其主要组分宜有防冻组分、减水组分、引气组分、早强组分和阻锈组分。防冻组分可分为三类：氯盐类（如氯化钙、氯化钠）；氯盐阻锈类（氯盐与阻锈剂复合，阻锈剂有亚硝酸钠、铬酸盐、磷酸盐等）；无氯盐类（硝酸盐、亚硝酸盐、碳酸盐、尿素、乙酸盐等）。减水、引气、早强组分则分别采用前面所述的各类减水剂、引气剂和早强剂。

防冻剂基本上都是复合型的外加剂，合理的防冻剂组分，应有：

① **防冻组分**。其遵循无机电介质拉乌尔定律，无机电介质等物质，可改变混凝土液相浓度，降低冰点，保证了混凝土在负温下有液相存在，从而保证水泥在负温下仍能继续水化；另外还有化学物质如 Na_2SO_4 等，能使冰晶变成酥松多孔等异型结构，虽不能显著降低水的冰点，但能使成冰膨胀压力减小，从而缓解冻胀压力，达到防冻害的作用和目的。

② **减水组分**。其可减少混凝土拌合用水，从而减少了混凝土中的可冻结水量及成冰量，并使冰晶粒度细小且均匀分散。在提高混凝土强度的同时，减少了破坏物质数量，亦减小了水—冰膨胀的破坏应力。

③ **引气组分**。引入的微小封闭气泡，可减缓冻胀压力。

④ **早强组分**。其可提高混凝土早期强度，增强混凝土抵抗冰冻的破坏能力。

⑤ **防锈组分**。其可防止其他组分带入的氯盐对钢筋的腐蚀作用。

因此，防冻剂各组分的综合作用，作为其防冻作用机理，能显著提高混凝土抵抗冬期施工环境的冻害作用。

7）**膨胀剂**。膨胀剂是能使混凝土产生一定体积膨胀的外加剂。混凝土工程中采用的膨胀剂种类有硫铝酸钙类、硫铝酸钙-氧化钙类、氧化钙类等。硫铝酸钙类有明矾石膨胀剂（主要成分是明矾石与无水石膏或二水石膏）；CSA 膨胀剂（主要成分是无水硫铝酸钙）；U 形膨胀剂（主要成分是无水硫铝酸钙、明矾石、石膏）等。氧化钙类有多种制备方法。其主要成分为石灰，再加入石膏与水淬矿渣或硬脂酸或石膏与黏土，经一定的煅烧或混磨而成。硫铝酸钙及氧化钙类为复合膨胀剂。

① **膨胀剂的作用机理**。硫铝酸钙类膨胀剂加入混凝土中后，自身中无水硫铝酸钙水化或参与水泥矿物的水化或与水泥水化产物反应，生成三硫型水化硫铝酸钙（钙矾石），使固相体积大为增加，而导致体积膨胀。氧化钙类膨胀剂的膨胀作用主要是由氧化钙晶体水化生成氢氧化钙晶体，体积增大而导致的。

② **膨胀剂掺量**。根据设计和施工要求，膨胀剂的推荐掺量范围见表 5-13。膨胀剂掺量（E）以胶凝材料（水泥＋膨胀剂或水泥＋膨胀剂＋掺合料）总量（B）为基数，按表 5-13 替代胶凝材料，即膨胀剂参比（A）％＝E/B。膨胀剂的掺量与水泥及掺合料的活性有关，应通过试验确定。考虑混凝土的强度，在有掺合料的情况下，膨胀剂的掺量应分别取代水泥和掺合料。

膨胀剂推荐掺量范围　　　　　　　　　　表 5-13

膨胀混凝土种类	推荐掺量（内掺法）（%）
补偿收缩混凝土	8~12
填充用混凝土	10~15
自应力混凝土	15~25

③ **膨胀剂的应用**。粉状膨胀剂应与混凝土其他原材料一起投入搅拌机，拌合时间应比普通混凝土延长 30s。膨胀剂可与其他外加剂复合使用，但必须有良好的适应性。掺膨胀剂的混凝土不得采用硫铝酸盐水泥、铁铝酸盐水泥和铝酸盐水泥。

8）**泵送剂**。泵送剂指能改善混凝土泵送性能的外加剂。泵送剂一般分为非引气剂型（主要组分为木质素磺酸钙、高效减水剂等）和引气剂型（主要组分为减水剂、引气剂等）两类。木钙减水剂除可使混凝土的流动性显著增大外，还能减少泌水，延缓水泥的凝结，使水泥水化热的释放速度明显延缓，这对泵送的大体积混凝土十分重要。引气剂型泵送剂能使混凝土的流动性显著增加，而且也能降低混凝土的泌水性及水泥浆的离析现象，这对泵送混凝土的工作性和可泵性很有利。泵送混凝土所掺外加剂的品种和掺量宜由试验确定，不得任意使用，这主要是考虑外加剂对水泥的适宜性问题。

（3）**外加剂的质量要求与检验**。混凝土外加剂的质量，应符合《混凝土外加剂》GB 8076—2008、《混凝土外加剂应用技术规范》GB 50119—2013 及相关的外加剂行业标准的有关规定。为了检验外加剂质量，应对基准混凝土与所用外加剂配制的混凝土进行坍落度、含气量、泌水率及凝结时间试验；对硬化混凝土检验其抗压强度、耐久性、收缩性。

常用混凝土外加剂的适用范围见表 5-14。

常用混凝土外加剂的适用范围   表 5-14

外加剂类别		使用目的或要求	适宜的混凝土工程	备注
减水剂	木质素磺酸盐	改善混凝土流变性能	一般混凝土、大模板、大体积浇筑、滑模施工、泵送混凝土、夏期施工	不宜单独用于冬期施工、蒸气养护、预应力混凝土
	萘系	显著改善混凝土流变性能	早强、高强、流态、防水、蒸养、泵送混凝土	—
	水溶性树脂系	显著改善混凝土流变性能	早强、高强、蒸养、流态混凝土	
	聚羧酸盐系	大流态，泵送	早强、高强、高性能混凝土	注意过掺离析泌水
	糖类	改善混凝土流变性能	大体积、夏期施工等有缓凝要求的混凝土	不宜单独用于有早强要求、蒸养混凝土
早强剂	氯盐类	要求显著提高混凝土早期强度；冬期施工时为防止混凝土早期受冻破坏	冬期施工、紧急抢修工程、有早强防冻要求的混凝土；硫酸盐类适用于不允许掺氯盐的混凝土	氯盐类的掺量限制应符合国家现行标准的规定；属于国家现行标准规定不允许掺氯盐的结构物，均不能使用氯盐类；有机胺类应严格控制掺量，掺量过多会造成严重缓凝和强度下降
	硫酸盐类			
	有机胺类			
引气剂	松香热聚物	改善混凝土工作性；提高混凝土抗冻、抗渗等耐久性	抗冻、防渗、抗硫酸盐的混凝土、水工大体积混凝土、泵送混凝土	不宜用于蒸养混凝土、预应力混凝土
缓凝剂	木质素磺酸盐	要求缓凝的混凝土、降低水化热、分层浇筑的混凝土过程中为防止出现冷缝等	夏期施工、大体积混凝土、泵送及滑模施工、远距离运输的混凝土	掺量过大，会使混凝土长期不硬化、强度严重下降；不宜单独用于蒸养混凝土；不宜用于低于 5℃ 下施工的混凝土
	糖类			
速凝剂	红星 I 型	工程要求快凝、快硬的混凝土，要求迅速早强	地下、隧道、井洞及喷锚支护时的喷射混凝土或喷射砂浆；抢修、堵漏工程	常与减水剂复合使用，以防混凝土后期强度降低
	711 型			
	782 型			
泵送剂	非引气剂型	混凝土泵送施工中为保证混凝土的可泵性，防止堵塞管道	泵送施工的混凝土	掺引气型、外加剂的，泵送混凝土的含气量不宜大于 4%
	引气剂型			

外加剂类别		使用目的或要求	适宜的混凝土工程	备注
防冻剂	氯盐类	要求混凝土在负温下能继续水化、硬化，增长强度，防止冰冻破坏	负温下施工的无筋混凝土	—
	氯盐阻锈类		负温下施工的钢筋混凝土	如含强电解质的早强剂的，应符合国家现行标准的有关规定
	无氯盐类		负温下施工的钢筋混凝土和预应力钢筋混凝土	如含硝酸盐、亚硝酸盐、磺酸盐，不得用于预应力混凝土；如含六价铬盐、亚硝酸盐等有毒防冻剂，严禁用于饮水工程及与食品接触部位
膨胀剂	① 铝酸钙类	减少混凝土干缩裂缝，提高抗裂性和抗渗性，提高机械设备和构件的安装质量	补偿收缩混凝土；填充用混凝土；自应力混凝土（仅用于常温下使用的自应力钢筋混凝土压力管）	①、③不得用于长期处于80℃以上的工程中，②不得用于海水和有侵蚀性水的工程；掺膨胀剂的混凝土只适用于有约束条件的钢筋混凝土工程和填充性混凝土工程；掺膨胀剂的混凝土不得用硫铝酸盐水泥、铁铝酸盐水泥和铝酸盐水泥
	② 氧化钙类			
	③ 硫铝酸钙类			
	④ 氧化镁类			

7. 混凝土掺合料

为了节约水泥、改善混凝土性能、降低混凝土成本，在拌制混凝土时掺入的矿物粉状材料，称为掺合料。常用的有优质粉煤灰、超细矿渣粉、硅粉、稻壳灰、偏高岭土、天然火山灰质材料（如凝灰岩粉、沸石岩粉等、磨细自燃煤矸石）、超细石灰石粉等，其中粉煤灰的应用最为普遍。

(1) **粉煤灰**。粉煤灰是从煤粉炉排出的烟气中收集到的细粉末。无烟煤和烟煤燃烧的粉煤灰，称为 F 类粉煤灰；优褐煤或次烟煤燃烧获得的 $CaO \geqslant 10\%$，称为 C 类粉煤灰。按其排放方式的不同，粉煤灰分为干排灰与湿排灰两种，湿排灰内含水量大，活性降低较多，质量不如干排灰；按收集方法的不同，分静电收尘灰和机械收尘灰两种，静电收尘灰颗粒细、质量好，机械收尘灰颗粒较粗、质量较差、经磨细处理的称为磨细灰、未经加工的称为原状灰。

1) **粉煤灰的质量要求**。粉煤灰有高钙灰（一般 $CaO > 10\%$）和低钙灰（$CaO < 10\%$）之分，由褐煤燃烧形成的粉煤灰呈褐黄色，为高钙灰，具有一定的水硬性；有烟煤和无烟煤燃烧形成的粉煤灰呈灰色或深灰色，为低钙灰，具有火山灰活性。细度是评定粉煤灰品质的重要指标之一。粉煤灰中实心微珠颗粒最细、表面光滑，是粉煤灰中需水量最小、活性最高的成分，如果粉煤灰中实心微珠含量较多、未燃尽碳及不规则的粗粒含量较少时，粉煤灰就较细，品质较好。未燃尽的碳粒，颗粒较粗，可降低粉煤灰的活性，增大需水性，是有害成分，可用烧失量评定。多孔玻璃体等非球形颗粒，表面粗糙、粒径较大，可

增大需水量。当其含量较多时，粉煤灰品质下降。SO_3 是有害成分，应限制其含量。根据《粉煤灰混凝土应用技术规范》GB/T 50146—2014 规定，粉煤灰分Ⅰ、Ⅱ、Ⅲ三个等级，其质量指标见表5-15。

粉煤灰等级与质量指标（GB 50146—2014）   表5-15

质量指标		粉煤灰等级		
		Ⅰ	Ⅱ	Ⅲ
细度（0.045mm 方孔筛筛余）（%），≤	F类/C类	12	25	45
烧失量（%），≤	F类/C类	5	8	15
需水量比（%），≤	F类/C类	95	105	115
三氧化硫（%），≤	F类/C类	3.0		
含水量（%），≤	F类/C类	1.0		
游离氧化钙（%），≤	F类	1.0		
	C类	4.0		
安定性 雷氏夹煮沸后增加距离（mm），≤	C类	5.0		

注：代替细集料或主要用于改善工作性的粉煤灰不受此限制。按《粉煤灰混凝土应用技术规范》GB/T 50146—2014 规定：Ⅰ级粉煤灰适用于钢筋混凝土和跨度小于 6m 的预应力钢筋混凝土；Ⅱ级粉煤灰适用于钢筋混凝土和无筋混凝土；Ⅲ级粉煤灰主要用于无筋混凝土。对强度等级≥C50 强度等级的混凝土，宜采用Ⅰ级粉煤灰。

2）粉煤灰掺入混凝土中的作用与效果。粉煤灰在混凝土中，具有火山灰活性作用，它的活性成分 SiO_2 和 Al_2O_3 与水泥水化产物 $Ca(OH)_2$ 反应，生成水化硅酸钙和水化铝酸钙，成为胶凝材料的一部分；其呈微珠球状颗粒，具有增大混凝土(砂浆)的流动性、减少泌水、改善工作性的作用；若保持流动性不变，则可起到减水作用；其微细颗粒均匀分布在水泥浆中，填充孔隙，改善混凝土孔结构，提高混凝土的密实度，从而使混凝土的耐久性得到提高。同时还可降低水化热、抑制碱-集料反应。

掺粉煤灰的混凝土，由于粉煤灰的二次水化效应相对较慢，故实际工程中为充分发挥粉煤灰混凝土强度增长的效益，可考虑工程特性，按养护龄期 90d 或 180d 进行验收。

混凝土中掺入粉煤灰的效果，与粉煤灰的掺入方法有关。常用的方法有：等量取代法、超量取代法和外加法。

① **等量取代法**。其指以等质量粉煤灰取代混凝土中的水泥，可节约水泥并减少混凝土发热量，改善混凝土工作性，提高混凝土抗渗性，适用于掺Ⅰ级粉煤灰、超强及大体积混凝土。

② **超量取代法**。其指掺入的粉煤灰量超过取代的水泥量，超出的粉煤灰取代同体积的砂，其超量系数按规定选用。目的是保持混凝土 28d 强度及工作性不变。

③ **外加法**。其指在保持混凝土中水泥用量不变情况下，外掺一定数量的粉煤灰，目的只是为了改善混凝土的工作性。有时也有用粉煤灰代替砂。

由于粉煤灰具有火山灰活性，故使混凝土强度有所提高，而且混凝土工作性及抗渗性等也有显著改善。混凝土中掺入粉煤灰时，常与减水剂或引气剂等外加剂同时掺用，称为双掺技术。减水剂的掺入可以克服某些粉煤灰增大混凝土需水量的缺点；引气剂的掺用，可以解决粉煤灰混凝土抗冻性较差的问题；在低温条件下施工时，宜掺入早强剂或防冻剂。混凝土中掺入粉煤灰后，会使混凝土抗碳化性能降低，不利于防止钢筋锈蚀。为改善混凝土抗碳化性能，也应采取双掺措施，或在混凝土中掺入阻锈剂。

（2）**矿粉**。水淬粒化高炉矿渣粉经干燥、磨细至 $350\sim600m^2/kg$，称为磨细或超细水淬粒化高炉矿渣粉，简称为矿粉。其活性比粉煤灰高，根据《用于水泥、砂浆和混凝土中的粒化高炉矿渣粉》GB/T 18046—2017，按 7d 和 28d 的活性指数，分为 S105、S95 和 S75 三个级别作为混凝土掺和料。

（3）**硅粉**。从生产硅铁或硅钢冶金的工厂所排放烟气中收集的超细烟尘，呈浅灰色，称硅粉或硅灰；其粒径为 $0.1\sim1.0\mu m$，比表面积为 $1.85\times10^5\sim2\times10^5m^2/kg$，是水泥颗粒的 $1/100\sim1/50$，密度为 $2.1\sim2.2g/cm^3$，堆积密度为 $250\sim300kg/m^3$。硅粉中非晶态二氧化硅含量为 $85\%\sim96\%$，在水泥混凝土中具有很高的水化活性。因其巨大的比表面积，而使之需水量很大，将其作为混凝土掺和料配制高性能混凝土时，应采用高效减水剂。硅粉掺入混凝土中，可取得以下几方面效果：

1）**黏聚保水**。同时掺入硅粉及高效减水剂，可同时保证混凝土具有良好的流动性、黏聚性和保水性，故适宜配制高流态混凝土、泵送混凝土及水下灌注等高性能混凝土。

2）**提高强度**。当硅粉与高效减水剂配合使用时，硅粉与水泥水化产物 $Ca(OH)_2$ 反应生成更多的水化硅酸钙凝胶，填充水泥水化产物颗粒间的空隙，改善界面结构及黏结力，形成密实的微结构，从而显著提高混凝土强度。硅粉掺量为 $5\%\sim10\%$，便可配出抗压强度达 100MPa 的超高强混凝土。

3）**提高耐久性**。掺入硅粉后能显著改善混凝土的孔结构，在总孔隙率基本相同的情况下，粗大毛细孔减少，细小孔隙增多。因此，混凝土的抗渗性、抗冻性、抗溶出性、氯离子渗透扩散作用及抗硫酸盐腐蚀性等耐久性显著提高，此外由于增高密实度使得混凝土抗冲耐磨性能随硅粉掺量而显著提高，故适用于水工建筑物的抗冲磨部位及高速公路路面。硅粉还同样有抑制碱-集料反应的作用。

（4）**其他混凝土掺和料**

1）**石灰石粉**。磨细或超细石灰石粉，和外加剂共同掺入，可作为混凝土掺和料，能提高混凝土强度，改善可泵性，但要注意其对干缩或碳化的不利作用。

2）**超细矿物质掺和料**。其是指超细粉磨的高炉矿渣、粉煤灰、液态渣、沸石粉、偏高岭土等掺入混凝土的掺和料（简称超细粉掺和料）。其比表面积一般大于 $500m^2/kg$。将活性混合材超细粉磨后：①表面能增高；②微集料填充作用增强；③化学活性增高。

超细粉掺入混凝土中，能使混凝土流化作用加强，并可使混凝土增强，使结构致密化；改善混凝土的流变性，与水泥颗粒形成合理级配，占据了充水空间，使流动性增大。如将玻璃体的超细粉与高效减水剂共同掺用，超细粉可有效吸附减水剂分子，从而降低其本身的表面能，起分散作用，凸显超细粉微观填充稀化效应，混凝土的流动性显著增大。配制的大流动性混凝土不易离析。超细粉增加了混合材的化学反应活性，其微集料效应的减水增密效应，对混凝土起到显著增强效果。超细粉能显著改善硬化混凝土的微结构、使 $Ca(OH)_2$ 大晶体显著减少，C-S-H 增多，结构变得致密，从而显著提高混凝土的抗渗、抗冻等耐久性能。还能抑制碱-集料反应。利用超细粉作混凝土掺合料是当今混凝土技术发展的趋势之一。

5.2　新拌混凝土的主要技术性质

在未凝结硬化以前的塑性状态的混凝土，称为新拌混凝土。为便于施工，它必须具有良好的工作性，以保证能获得良好的浇筑质量。新拌混凝土凝结硬化以后，应具有足够的强度，以保证建筑物能安全地承受设计荷载；并应具有足够的耐久性，以保障建筑物的使用寿命。

5.2.1　新拌混凝土的工作性

1. 工作性的概念

工作性是指新拌混凝土适于搅拌、运输、浇筑、振捣及密实成型的施工操作性质。它是一项综合的属性，按还原论可包括流动性、黏聚性和保水性等方面的含义。

（1）**流动性**。其指新拌混凝土在本身自重或施工机械振捣的作用下，能产生流动，并均匀密实地填满模板的性能。

（2）**黏聚性**。其指新拌混凝土在施工过程中，其组成材料之间有一定的黏聚力，不致产生分层和离析的现象。

（3）**保水性**。其指新拌混凝土在施工过程中，具有一定的保水能力，不致产生严重的泌水现象。发生泌水现象的新拌混凝土，由于水分分泌出来会形成容易透水的孔隙，而影响混凝土的密实性，降低质量。

由此可见，新拌混凝土的流动性、黏聚性和保水性有其各自的内涵，它们之间是有内在互相联系的，也常存在矛盾。因此，所谓工作性就是这些方面性质在某种具体条件下的矛盾统一体。

当混凝土采用泵送施工时，新拌混凝土的工作性常称为可泵性，可泵性包括流动性、压力作用下的稳定性（包括黏聚性、保水性）及其对管道的摩擦阻力三方面内容。一般要求泵送性能要好，否则在输送和浇灌过程中新拌混凝土容易发生离析造成泵管堵塞。

2. 新拌混凝土工作性的测定与选择

新拌混凝土的工作性，也称和易性，是一项综合性质，目前还没有一种能够全面反映工作性的测定方法，通常是测定新拌混凝土的流动性，而黏聚性和保水性则凭经验目测评定，然后综合评定新拌混凝土的工作性。

新拌混凝土的流动性可采用坍落度、维勃稠度或扩展度表示。坍落度检验适用于坍落度不小于 10mm，且 $D_{max}<40mm$ 的新拌混凝土；维勃稠度检验适用于维勃稠度在 5～30s，且最大粒径小于 40mm 的新拌混凝土；扩展度检验适用于大流动性的大坍落度混凝土或自密实新拌混凝土。测试新拌混凝土流动性的方法，目前最常用的有坍落度法和维勃稠度法。

（1）**坍落度法**。坍落度法是用来测定新拌混凝土在自重力作用下的流动性，适用于测量塑性混凝土及流动性较大的新拌混凝土，目前被世界各国普遍采用。测定时，将新拌混凝土再次手工拌合均匀后按规定的方法装入混凝土坍落度筒（图 5-10a）内，并按照规定方式插捣，待装满刮平后将坍落度筒垂直向上提起，新拌混凝土因自重力作用而产生坍落，新拌混凝土静止后坍落的高度（以 mm 计）称为坍落度，如图 5-9 所示。坍落度越大，则新拌混凝土的流动性越大。

新拌混凝土有可能出现三种不同的坍落形状：真实的坍落度指新拌混凝土全体坍落而没有任何离析（图 5-10b）；剪切坍落意味着新拌混凝土缺乏黏聚力，容易离析（图 5-10c）；崩溃坍落则表明新拌混凝土质量不好，过于稀薄（图 5-10d）。后两种新拌混凝土都不适宜浇筑。但对于泵送混凝土，某些情况下需要通过掺加高效减水剂，使坍落度达到 200mm 甚至更大，以满足施工要求，这种大流动性的混凝土常表现为如图 5-10（d）所示的坍落形状。

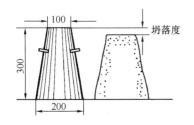

图 5-9　新拌混凝土坍落度
测定（单位：mm）

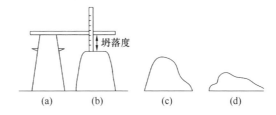

图 5-10　混凝土坍落度的类型
(a) 坍落度筒；(b) 坍落度；(c) 剪切坍落；(d) 崩溃坍落

对于大流动性的新拌混凝土可采用坍落—扩展度试验检验或评价工作性。该试验是在传统的坍落度试验基础上，把新拌混凝土均匀装入坍落度筒内无需插捣，装满刮平后向上提起坍落度筒，同时测定水平扩展度（以 mm 计）和扩展到某一直径（一般为 500mm）时所用的时间 T_{500}，以此来反映新拌混凝土的变形能力和变形速度，主要用于评价自密实混凝土（SCC）。扩展度越大，则混凝土的自流平性与自密实性越高，说明新拌混凝土的黏度越小、流动能力越强。大流动性混凝土坍落—扩展度与坍落度值的范围在 $550\sim$ 650mm 与 $240\sim260$mm，比值范围在 $2.1\sim2.7$。

评定新拌混凝土黏聚性的方法是用插捣棒轻轻敲击已坍落的新拌混凝土锥体的侧面，如新拌混凝土锥体保持整体缓慢、均匀下沉，则表明黏聚性良好；如新拌混凝土锥体突然发生崩塌或出现石子离析，则表明黏聚性差。评定保水性的方法是观察新拌混凝土锥体的底部，如有较多的稀水泥浆或水析出，或因失浆而使集料外露，则说明保水性差；如新拌混凝土锥体的底部没有或仅有少量的水泥浆析出，则说明保水性良好；针对大流动性混凝土，测试完毕混凝土坍落度和扩展度后，静置 $5\sim10$min 后，观察新拌混凝土表层有没有水泥浆体明显析出新拌混凝土、抹刀（或铁锹）翻转新拌混

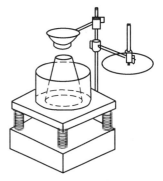

图 5-11　维勃稠度仪

凝土有没有扒底现象等，来判断新拌混凝土的黏聚性和保水性。必要时，需要调整混凝土配合比（砂率或砂石颗粒级配或砂搭配比例等）、混凝土外加剂配方或掺量来调整新拌混凝土的工作性直到满足新工作性的技术要求。

（2）**维勃稠度法**。维勃稠度法用于测定新拌混凝土在机械振动力作用下的流动性，适用于流动性较小（坍落度值小于 10mm）的新拌混凝土。测定时，将新拌混凝土按规定方

法装入坍落度筒内，并将坍落度筒垂直提起，之后将规定的透明有机玻璃圆盘放在新拌混凝土锥体的顶面上（图5-11），然后开启振动台，记录当透明圆盘的底面刚刚被水泥浆所布满时所经历的时间（以s计），称为维勃稠度。维勃稠度越大，则新拌混凝土的流动性越小。该法适用于维勃稠度在5～30s，且最大粒径小于40mm的新拌混凝土。

（3）**新拌混凝土流动性的选择**。新拌混凝土的流动性大，易于施工，但水泥（胶凝材料）用量或混凝土减水剂用量大，且新拌混凝土易产生离析、分层，增大混凝土的干缩变形，从而增大开裂的可能性，并最终影响钢筋混凝土的耐久性。因此，新拌混凝土选择流动性的原则是在满足施工条件及保证密实成型的前提下，应尽可能选择较小的坍落度。将混凝土坍落度和维勃稠度的大小各分为五个流动性级别，见表5-16。

新拌混凝土坍落度和维勃稠度的分级   表 5-16

级别	名称	坍落度（mm）	级别	名称	维勃稠度（s）
S_1	低塑性混凝土	10～40	V_0	超干硬性混凝土	≥31
S_2	塑性混凝土	50～90	V_1	特干硬性混凝土	30～21
S_3	流动性混凝土	100～150	V_2	干硬性混凝土	20～11
S_4	大流动性混凝土	160～210	V_3	半干硬性混凝土	10～6
S_5	—	≥220	V_4	—	5～3

实际工程中选择新拌混凝土的坍落度，要根据构件截面的大小、钢筋的疏密程度、混凝土运输的距离和气候条件等确定。当构件截面较小或钢筋较密时，坍落度应选择大些；而构件截面较大或钢筋较疏时，坍落度可小些。若混凝土从搅拌机出料口至浇筑地点的运输距离较远，特别是预拌混凝土，应考虑运输途中的坍落度损失，则搅拌时的坍落度宜适当大些。当气温较高、空气相对湿度较小时，因水泥水化速度的加快及水分蒸发加速，坍落度损失较大，搅拌时的坍落度亦应选大些。对于泵送混凝土，选择坍落度时，除应考虑上述因素之外，还要考虑其可泵性。若新拌混凝土的坍落度较小，泵送时的摩擦阻力较大，会造成泵送困难，甚至会产生阻塞；若新拌混凝土坍落度过大，新拌混凝土在管道中滞留时间较长，则泌水就多，容易产生集料分层离析而形成阻塞事故。一般情况下当环境温度小于30℃时，混凝土浇筑时的入模坍落度可按表5-17选用。

混凝土浇筑时的入模坍落度   表 5-17

项次	结构种类	坍落度（mm）
1	基础或地面等的垫层、无配筋的大体积结构（挡土墙、基础等）或配筋稀疏的结构	10～30
2	板、梁和大型及中型截面的柱子等	35～50
3	配筋密列的结构（薄壁、斗仓、筒仓、细柱等）	55～70
4	配筋特密的结构	75～90
泵送混凝土	泵送高度＜30m	100～140
	泵送高度 30～60m	140～160
	泵送高度 60～100m	160～180
	泵送高度＞100m	180～200
	200m＜泵送高度＜1000m	220～260

注：1. 本表指采用机械振捣时的坍落度，当采用人工振捣时可适当增大。

2. 对轻集料新拌混凝土，坍落度宜较表中数值减少10～20mm。

5.2.2　影响新拌混凝土工作性的因素

1. 用水量与水胶比

在水胶比不变的情况下，新拌混凝土的单方用水量越多，则水泥浆的数量越多，包裹在砂、石表面的水泥浆层越厚，对砂、石的润滑作用越好，因而新拌混凝土的流动性越大。但用水量过多，即水泥浆的数量过多，施工振捣时会产生流浆、泌水、离析和分层等现象，使新拌混凝土的黏聚性和保水性降低，混凝土的干缩与徐变增加，混凝土的强度和耐久性降低，同时也增加了水泥用量和水化热；用水量过少，即水泥浆数量过少，则不能填满细、粗集料的空隙，且水泥浆的数量不足以包裹集料，润滑作用和黏聚力均较差，因而新拌混凝土的流动性、黏聚性降低，易产生崩塌现象，且使混凝土的强度、耐久性降低。故新拌混凝土的用水量，或水泥浆数量不能过多也不宜过少，应以满足良好的新拌混凝土工作性为准。

水胶比过大时，则水泥浆过稀，会使新拌混凝土黏聚性与保水性显著降低，并产生泌水、离析和分层等现象，从而使混凝土的强度和耐久性显著降低，并使混凝土的干缩和徐变显著增加；水胶比过小时，则水泥浆稠度过大，使新拌混凝土流动性显著降低，并使黏聚性也因新拌混凝土发涩而变差，且在一定施工条件下难以保证混凝土密实成型。故新拌混凝土水胶比应以满足混凝土的强度和耐久性为宜，并且在满足强度和耐久性的前提下，应选择较大的水胶比，以节约水泥用量。实践证明，当砂、碎石的品种和用量一定时，新拌混凝土的流动性主要取决于混凝土用水量。新拌混凝土的用水量一定时，即使水泥用量有所变动（增减 $50\sim100\mathrm{kg/m^3}$），新拌混凝土的流动性也基本上保持不变，此称为混凝土用水量定则。由此可知，混凝土用水量相同时，采用不同的水胶比可以配制出流动性相同而强度不同的混凝土。此法则给混凝土配合比设计带来了很大的方便，混凝土用水量可通过试验确定或根据施工要求及集料特性按表 5-18 选用：

塑性混凝土和干硬性混凝土的用水量（$\mathrm{kg/m^3}$）　　　　表 5-18

新拌混凝土流动性		卵石最大粒径（mm）				碎石最大粒径（mm）			
项目	指标	10	20	31.5	40	16	20	31.5	40
维勃稠度（s）	16～20	175	160	—	145	180	170	—	155
	10～15	180	165	—	150	185	175	—	160
	5～10	185	170	—	155	190	180	—	165
坍落度（mm）	10～30	190	170	160	150	200	185	175	165
	35～50	200	180	170	160	210	195	185	175
	55～70	210	190	180	170	220	205	195	185
	75～90	215	195	185	175	230	215	205	195

注：1. 本表适用于水胶比为 0.4～0.8 的混凝土。水胶比小于 0.4 的混凝土以及采用特殊成型工艺的混凝土应通过试验确定。

2. 用水量采用中砂时的平均取值。采用细砂时，每立方米混凝土用水量可增加 5～10kg；采用粗砂时，则可减少 5～10kg。

3. 对于坍落度大于 90mm 的混凝土，以本表中 90mm 用水量为基准，按照坍落度每增大 20mm，用水量增加 5kg 计算用水量。

4. 掺用各种化学外加剂或矿物掺合料时，用水量应相应调整。

2. 集料的品种、规格与质量

由于集料在混凝土中占据的体积最大，故集料的品种、规格与质量对新拌混凝土的工作性有较大的影响。集料对新拌混凝土工作性的影响因素主要是集料的总表面积、集料的空隙率和集料间的摩擦力，即集料的级配、颗粒形状、表面特征及粒径。卵石和河砂的表面光滑，因而采用卵石、河砂配制混凝土时，新拌混凝土的流动性大于用碎石、山砂和机制砂配制的混凝土。采用粒径粗大、级配良好的粗、细集料时，由于集料的比表面积和空隙率较小，因而新拌混凝土的流动性大，黏聚性及保水性好，但细集料过粗时，会引起黏聚性和保水性下降。采用含泥量、泥块含量、云母含量及针、片状颗粒含量较少的粗、细集料时，新拌混凝土的流动性较大。机制砂中的石粉含量及粒型对新拌混凝土的流动性影响也较大，提高机制砂颗粒圆形度（球形度）是混凝土用集料高品质化的关键。

3. 砂率

砂率（S_P）是指砂用量（m_s）与砂、石（m_g）总用量的质量百分比。砂率表示混凝土中砂、石的组合或配合程度。砂率对粗、细集料总的比表面积和空隙有很大的影响。砂率过大，则粗、细集料总的比表面积和空隙率大，在水泥浆数量一定的前提下，减薄了起润滑集料作用的水泥浆层的厚度，使新拌混凝土的流动性减小，如图 5-12 所示；若砂率过小，则粗、细集料总的空隙率大，新拌混凝土中砂浆量不足，包裹在粗集料表面的砂浆层的厚度过薄，对粗集料的润滑程度和黏聚力不够，甚至不能填满粗集料的空隙，因而砂率过小会降低新拌混凝土的流动性（图 5-12），特别是使新拌混凝土的黏聚性及保水性显著降低，产生离析、分层、流浆及泌水等现象，并对混凝土的其他性能也产生不利的影响。砂率过大或过小时，若要保持新拌混凝土的流动性不变，则须增加水泥浆的数量，即必须增加水泥用量及用水量，这同时会对混凝土的其他性质也造成不利的影响（图 5-13）。

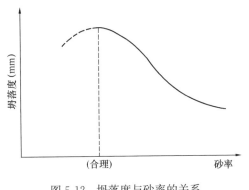

图 5-12　坍落度与砂率的关系
（水和水泥用量一定）

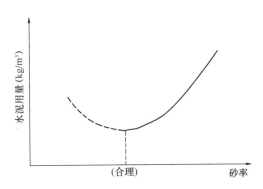

图 5-13　水泥用量与砂率的关系
（达到相同的坍落度）

从图 5-12 和图 5-13 可以看出，配制优良性能的混凝土，砂率既不能过大，又不可过小，最好使用合理砂率。合理砂率使细集料填满粗集料空隙后略有富余，如此可起较好的填充、润滑、保水及黏聚粗集料的作用。因此，合理砂率是在用水量及水泥用量一定的情况下，使新拌混凝土获得最大流动性及良好黏聚性与保水性时，最佳堆聚结构的砂率值；或在保证新拌混凝土具有所要求的流动性及良好的黏聚性与保水性条件下，使用水泥最少的砂率值。

合理砂率与许多因素有关。粗集料的最大粒径较大、级配较好时，因粗集料的空隙率较小，故合理砂率较小；细集料细度模数较大时，由于细集料对粗集料的黏聚力降低，且其保水性也较差，故合理砂率较大。碎石的表面粗糙、棱角多，因而合理砂率较大；水胶比较小时，水泥浆较为黏稠，新拌混凝土的黏聚性及保水性易得到保证，故合理砂率较小。新拌混凝土的流动性较大时，为保证黏聚性及保水性，合理砂率需较大；使用减水剂，特别是引气剂时，黏聚性及保水性易得到保证，故合理砂率较小。

确定或选择砂率的原则是，在保证新拌混凝土的黏聚性及保水性的前提下，应尽量使用较小的砂率，以节约水泥，提高新拌混凝土的流动性。砂率应通过试验确定；当缺乏经验或试验条件时，可根据集料的品种（碎石、卵石）、集料的规格（最大粒径与细度模数）及所采用的水胶比，参考表 5-19 确定。

混凝土砂率选用表（%） 表 5-19

水胶比 (W/C)	卵石最大粒径（mm）			碎石最大粒径（mm）		
	10	20	40	16	20	40
0.40	26～32	25～31	24～30	30～35	29～34	27～32
0.50	30～35	29～34	28～33	33～38	32～37	30～35
0.60	33～38	32～37	31～36	36～41	35～40	33～38
0.70	36～41	35～40	34～39	39～44	38～43	36～41

注：1. 本表数值是天然中砂的选用砂率，对天然细砂或粗砂，可相应地减少或增大砂率。
2. 只用一个单粒级粗集料配制混凝土时，砂率应适当增大。
3. 对薄壁构件，砂率取大值。
4. 本表适用于坍落度为 10～60mm 的新拌混凝土。

4. 混凝土组成材料的影响

水泥对新拌混凝土工作性的影响主要反映在水泥的标准稠度需水量上。不同的水泥品种、细度、矿物组成及混合材特性，其需水量不同。在其他条件一定的情况下，水泥需水量大，配制的新拌混凝土流动性小，但黏聚性和保水性好；采用火山灰水泥时，新拌混凝土的流动性一般比用普通水泥时小；粗矿渣水泥容易使新拌混凝土泌水。水泥颗粒越细，粉体比表面积越大，润湿颗粒表面及吸附在颗粒表面的水分就越多，在其他条件相同时，新拌混凝土的流动性就越小。

坍落度大于 90mm 的混凝土砂率，可经试验确定，也可在表 5-19 的基础上，按坍落度每增大 20mm，砂率增大 1% 的幅度予以调整；坍落度小于 10mm 的混凝土砂率，应通过试验确定。但增大砂率，应注意其带来的抗裂性降低的不利影响。

外加剂对新拌混凝土的工作性有较大影响。在拌制混凝土时，加入减水剂（塑化剂或超塑化剂）或引气剂可明显提高新拌混凝土的流动性，引气剂还可有效地改善新拌混凝土的黏聚性和保水性。掺有需水量较小的粉煤灰或磨细矿渣粉时，新拌混凝土需水量降低，因此在用水量、水胶比相同时可明显改善其流动性。以粉煤灰取代部分砂子，可在保持用水量一定的条件下提高新拌混凝土的流动性。

新拌混凝土的流动性随时间的延长，由于水分的蒸发，泥、石粉及集料的吸水和水泥的水化与凝结，而逐渐变得干稠，流动性逐渐降低，将这种损失称为经时损失。温度越高，水泥的水化越快，水分的蒸发也越快，导致新拌混凝土流动性损失越大，且温度每升高10℃，坍落度下降20～40mm。掺加减水剂时，流动性的损失较大。混凝土泵送施工时更应考虑流动性损失这一因素。拌制好的新拌混凝土一般应在45min内成型完毕，如超过这一时间，应掺加缓凝剂或缓凝减水剂等以延缓凝结时间，保证成型时的施工坍落度。预拌商品混凝土，一般需要将新拌混凝土1h或2h的经时坍落度损失控制在 30～40mm 之内，以满足物流和现场泵送施工的需要。夏期施工时，可以考虑加冰降低拌合用水的温度、降低水泥入库的温度、采取砂石喷水降温、掺加混凝土掺合料以及缓凝性保坍型高效减水剂等措施，确保新拌混凝土流动性损失控制在合理范围，满足工程施工的需要。新拌混凝土坍落度与时间的关系如图 5-14 所示，温度对新拌混凝土坍落度的影响如图 5-15 所示。

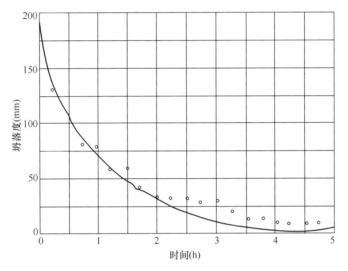

图 5-14   新拌混凝土坍落度与时间的关系
（ $C : S : G = 1 : 2 : 4, W/C = 0.775$ ）

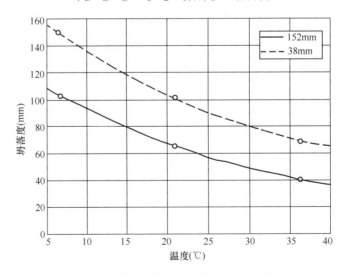

图 5-15   温度对新拌混凝土坍落度的影响
（曲线旁数字为集料最大粒径）

5. 改善新拌混凝土工作性的技术措施

调整新拌混凝土的工作性时，要统筹考虑黏聚性、保水性和流动性，不得调整流动性时，使黏聚性或保水性受到损害，并不得损害混凝土的强度和耐久性。

（1）改善新拌混凝土黏聚性和保水性的技术措施：

1）选用级配良好的粗、细集料，并选用连续级配。

2）适当限制粗集料的最大粒径，避免选用过粗的细集料。

3）适当增大砂率或掺加粉煤灰等矿物掺合料。

4）掺加减水剂和引气剂。

（2）改善新拌混凝土流动性的措施主要有：

1）采用泥及泥块等杂质含量少、级配好的粗、细集料。

2）尽量降低砂率。

3）在上述基础上，如流动性太小，则保持水胶比不变，适当增加水泥用量和用水量；如流动性太大，则保持砂率不变，适当增加砂、石用量。

4）掺加减水剂。

6. 混凝土浇筑后凝结前的性能

混凝土浇筑后至初凝前的时间约 3～15h，此时新拌混凝土呈塑性和半流动状态，由于密度的不同，各组分在自重作用下将产生相对运动。集料与水泥下沉而水分上浮，于是会出现外分层、内分层及泌水、塑性沉降和塑性收缩等现象。这些都会影响硬化后混凝土的性能，应引起足够的重视。

（1）**泌水**。泌水现象往往发生在坍落度较大的混凝土、塑化剂超掺或超缓凝的新拌混凝土中。新拌混凝土在浇筑与捣实以后、凝结之前，表面会出现一层可以观察到的水分，大约为混凝土浇筑高度的 2% 或更大。这些水分蒸发，或由于继续水化被吸回，伴随发生的是混凝土体积的减小。这种现象对混凝土的性能将产生不利影响：首先，顶部或靠近顶部的混凝土因水分很大而形成疏松的水化物结构，常称为浮浆，这对于分层浇筑的柱、桩的连接，或混凝土路面的耐磨性等都十分不利；其次，部分上升的水积存集料和水平钢筋的下方形成水囊，将明显影响硬化混凝土的强度和与钢筋间的黏结力；最后，泌水过程中在混凝土中形成的泌水通道，也会使硬化后的混凝土抗渗性、抗冻性下降。

引起泌水的主要原因是集料的级配不良及缺少 $300 \mu m$ 以下的细颗粒，这可以通过增加砂用量进行弥补；但如果砂粗大或不宜增加砂的用量时，可以采用掺加引气剂、减水剂、保水剂、硅灰或增大粉煤灰用量来减小泌水。施工时采用二次振捣也是减小泌水、避免塑性沉降的有效措施，尤其是对大体积混凝土更为有利。此外，对大体积混凝土和大面积的平板结构，进行多次抹面工作及浇筑后尽快开始养护，也可减少表面塑性收缩裂缝。

（2）**塑性沉降**。混凝土由于泌水会产生整体沉降，浇筑厚度大的混凝土时靠近顶部的新拌混凝土沉降量会更大。如果沉降受到水平钢筋的阻碍，则将在钢筋的上方沿钢筋方向产生塑性沉降裂缝，裂缝从表面深入至钢筋处。

（3）**塑性收缩**。一般情况下，向上运动到达混凝土顶部的泌出水会蒸发掉。如果泌水速度低于蒸发速度，表面混凝土的含水量减小，将会引起塑性状态下的干缩，干缩可能使混凝土表面产生裂缝。这种塑性收缩裂缝与塑性沉降裂缝明显不一样，裂缝细微且没有一定方向性。当混凝土自身温度较高、气候炎热干燥或混凝土厚度较小而面积较大时，很容易出现塑性收缩裂缝。

（4）**含气量**。新拌混凝土中都有一定量的空气，它们是在搅拌过程中混入混凝土的，占其体积的 1.0％左右，称为混凝土的含气量。若掺入外加剂，含气量可能会更大。由于含气量对硬化后混凝土的强度及耐久性有重要影响，所以在试验室和施工现场要对它进行测定与控制。测定混凝土含气量的方法有多种，通常采用压力法。影响含气量的因素包括水泥品种、水胶比、砂颗粒级配、砂率、外加剂、气温、搅拌机的大小及搅拌方式等。

（5）**凝结时间**。混凝土产生凝结的主要原因在于水泥的水化，凝结使新拌混凝土失去流动性。由于和水泥相比，混凝土引入了更多的影响因素，所以，混凝土与所用水泥的凝结时间并不相同。由于判断水泥和新拌混凝土的凝结均采用贯入阻力法，故水化产物在空间填充速率影响了各自的凝结时间，因此，水胶比会明显影响其凝结时间。水胶比越大，凝结时间越长。配制混凝土的水胶比若与测定水泥凝结时间规定的水胶比不同，则两者的凝结时间便有所不同。工程中需要直接测定混凝土的初/终凝时间。由于工程现场的环境温度、混凝土面层湿度及风速，都与试验室有所不同，故两者混凝土的凝结时间是有所差异的。

5.3   硬化混凝土的强度

5.3.1   混凝土的受力破坏特点

由于水化热、干燥收缩及泌水等原因，硬化后的混凝土在受力前就在水泥硬化浆体中存在微裂纹，特别是在集料的表面处存在着部分界面微裂纹。当混凝土受力后，在微裂纹处产生应力集中，使这些微裂纹不断扩展、数量不断增多，并逐渐汇合连通，最终形成若干条可见的裂缝而使混凝土破坏。

通过显微镜观测混凝土的受力破坏过程，表明混凝土的破坏过程可分为四个阶段。混凝土单轴静力受压时变形与荷载关系，如图 5-16 所示。

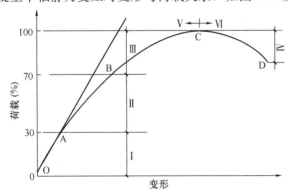

图 5-16   混凝土单轴静力受压时变形与荷载关系
Ⅰ—界面裂缝无明显变化；Ⅱ—界面裂缝增长；
Ⅲ—出现砂浆裂缝和连续裂缝；Ⅳ—连续裂缝快速发展；
Ⅴ—裂缝缓慢增长；Ⅵ—裂缝迅速增长。

第一阶段，当荷载达到"比例极限"（约为极限荷载的 30％）以前，混凝土的应力较小，界面微裂纹无明显的变化（图 5-16 中Ⅰ及图 5-17 中Ⅰ），此时荷载与变形近似为直线关系（图 5-16   OA 段）。

第二阶段，荷载超过"比例极限"（约为极限荷载的 30％～50％）后，界面微裂纹的数量、宽度和长度逐渐增大，但尚无明显的砂浆裂纹（图 5-16 中Ⅱ及图 5-17 中Ⅱ）。此时变形增大的速度大于荷载增大的速度，荷载与变形已不再是直线关系（图 5-16   AB 段）。

第三阶段，当荷载超过"临界荷载"（约为极限荷载的 70%～90%）时，界面裂纹继续产生与扩展，同时开始出现砂浆裂纹，部分界面裂纹汇合（图 5-16 中Ⅲ及图 5-17 中Ⅲ）。此时变形速度明显加快，荷载与变形曲线明显弯曲（图 5-16 BC 段）。

第四阶段，变形进一步加快，混凝土承载能力下降，裂缝体系不稳定。混凝土承载能力下降，荷载减少而变形迅速扩大，以致完全破坏，曲线变形下降而最后结束（图 5-16 CD 段，图 5-17Ⅳ）。

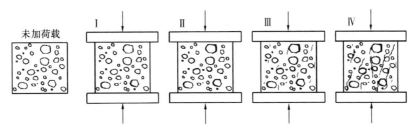

图 5-17 不同受力阶段受力示意图

由此可见，混凝土的受力变形与破坏是混凝土内部微裂纹产生、扩展、汇合的结果，且只有当微裂纹的数量、长度与宽度达到一定程度时，混凝土才会完全破坏。

5.3.2 混凝土的强度

1. 混凝土的立方体抗压强度

混凝土在结构中主要承受压力作用，而且混凝土立方体抗压强度与各种强度及其他性能之间有一定的相关性，因此是衡量混凝土力学性能的主要指标，也是评定混凝土施工质量的重要指标。

按照《混凝土物理力学性能试验方法标准》GB/T 50081—2019 的规定：将新拌混凝土按规定的方法，制作成边长为 150mm 的立方体试件，在标准条件下（温度 20±2℃，相对湿度大于或等于 95%），养护至 28d 龄期，测得的抗压强度值，为混凝土立方体抗压强度，以 f_{cu} 表示，单位为 N/mm² 或 MPa。

制作混凝土试件时，也可根据粗集料最大粒径采用非标准尺寸的试件，如边长为 100mm 或 200mm 的立方体试件。但在计算抗压强度时，需乘以换算系数换算成标准试件的强度值：边长为 100mm 的立方体试件，换算系数为 0.95；边长为 200mm 的立方体试件，换算系数为 1.05。

当混凝土立方体试件在压力机上受压时，在沿加载方向产生纵向压缩变形的同时也产生横向膨胀变形，但压力机的上下压板与试件表面之间的摩擦力，对试件的膨胀变形起着约束作用，常称为环箍效应，如图 5-18 所示。这种环箍效应在一定高度的范围内起作用，离试件的承压面越远，环箍效应越弱。在试件的中部，可以比较自由地横向膨胀，所以试件破坏时其上下部分各呈一个较完整的棱锥体，如图 5-19 所示。因此，试件尺寸较小时，环箍效应的相对作用较大，测得的抗压强度就偏高；反之，试件尺寸较大时，测得的抗压强度就偏低。故对于非标准尺寸试件的抗压强度，应乘以上述的换算系数。

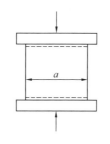
图 5-18　压力机压板对
试件的约束作用

图 5-19　试件破坏后残存
的棱锥体

2. 混凝土的强度等级

按《混凝土结构设计规范（2015 年版）》GB 50010—2010 规定，普通混凝土的强度等级按立方体抗压强度标准值划分。混凝土立方体抗压强度标准值指按标准方法制作和养护的边长为 150mm 的立方体试件，在 28d 龄期，用标准方法测得的抗压强度总体分布中具有不低于 95% 保证率的抗压强度值，以 $f_{cu,k}$ 表示。混凝土强度等级是按混凝土立方体抗压强度标准值划分的，采用符号"C"和立方体抗压强度标准值（单位为 MPa）表示。普通混凝土共划分为 14 个强度等级：C15、C20、C25、C30、C35、C40、C45、C50、C55、C60、C65、C70、C75 和 C80。如 C30 即表示混凝土立方体抗压强度标准值为 $30MPa \leqslant f_{cu,k} < 35MPa$。

C15 的混凝土主要用于垫层、基础、地坪及受力不大的结构；C20～C40 的混凝土主要用于普通混凝土结构的梁、板、柱、承台、屋架、楼梯等；C50～C120 的混凝土主要用于预应力及大跨度结构、耐久性较高的结构及预制构件。

3. 混凝土轴心抗压强度

混凝土轴心抗压强度也称作棱柱体抗压强度，以 f_c 表示。由于在实际工程结构中，混凝土受压构件受力状态更接近于轴压，所以用轴心抗压强度能更好地反映混凝土结构中的实际受力状态。

轴心抗压强度的测定采用 150mm×150mm×300mm 的棱柱体作为标准试件。如有必要，也可采用非标准尺寸的棱柱体试件，但其高度与宽度之比应在 2～3 的范围内。由于试件不受环箍效应的影响，混凝土的轴心抗压强度 f_c 比同截面的立方体抗压强度 f_{cu} 要小。试验表明：在立方体抗压强度 $f_{cu}=10～50MPa$ 的范围内，二者之间的关系约为 $f_c = (0.7～0.8) f_{cu}$。

4. 混凝土的抗拉强度

混凝土属于脆性材料，抗拉强度只有抗压强度的 1/20～1/10，且比值随混凝土抗压强度的提高而减少。在混凝土结构设计中，通常不考虑混凝土承受拉力，但混凝土的抗拉强度与混凝土构件的裂缝有着密切的关系，是混凝土结构设计中确定混凝土抗裂性的重要依据。

用轴向拉伸方向测试时，外力的作用线与试件的轴线不易重合，且试件易被夹坏。《混凝土物理力学性能试验方法标准》GB/T 50081—2019 规定采用劈拉法测定，即采用边长为 150mm 的立方体试件（100mm×100mm×100mm 试件，换算系数为 0.85），如图

5-20 所示进行试验。劈拉强度 f_{ts} 按下式计算：

$$f_{ts} = 2F/\pi A = 0.637F/A \qquad (5-2)$$

式中 f_{ts}——劈拉强度，N；

　　　F——破坏荷载，N；

　　　A——试件受劈面的面积，mm^2。

试验结果表明，混凝土的轴心抗拉强度与劈拉强度的比值约为 0.9。

5. 混凝土的弯拉强度

混凝土的弯拉强度（即抗弯强度、抗折强度），略高于劈拉强度。公路路面、机场跑道路面等以弯拉强度作为主要的设计指标。

弯拉强度采用 150mm×150mm×550mm 的试件，经 28d 标准养护后，按三分点加荷方式测得（图 5-21）。《公路水泥混凝土路面设计规范》JTG D40—2011 按混凝土弯拉强度高低将交通等级分为 3 级，见表 5-20。北京大兴国际机场飞机跑道混凝土 28d 抗折强度按照 5.0~6.0MPa 设计。

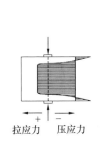

图 5-20　劈裂面垂直方向上
应力的分布示意图

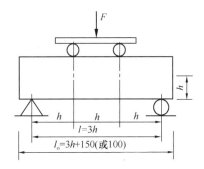

图 5-21　混凝土弯拉
强度试验装置

公路水泥混凝土弯拉强度（JTG D40—2011）　　　　　表 5-20

交通等级	极重、特重、重	中等	轻
混凝土弯拉强度（MPa）	≥5.0	4.5	4.0

5.3.3　影响混凝土强度的因素

1. 水泥的强度等级与水胶比

从混凝土受力破坏过程可知，混凝土的强度主要取决于水泥硬化浆体的强度和界面黏结强度。普通混凝土的强度主要取决于水泥强度等级与水胶比。水泥强度等级越高，水泥硬化浆体的强度越高，对集料的黏结作用也越强。水胶比越大，在水泥硬化浆体内造成的孔隙越多，混凝土的强度越低。在能保证混凝土密实成型的前提下，混凝土的水胶比越小，混凝土强度越高。当水胶比过小时，水泥浆体稠度过大，新拌混凝土流动性很小，有些施工就不能使混凝土密实成型，反而导致强度严重降低。

大量试验表明，在材料相同的条件下，混凝土的抗压强度随水胶比的增加而有规律降低，并近似呈双曲线关系，如图 5-22（a）所示。而混凝土的抗压强度与胶水比（C/W）的关系近似呈直线关系（图 5-22b），这种关系可用下式表示：

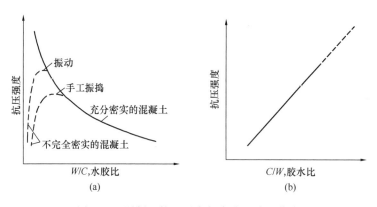

图 5-22　混凝土抗压强度与水胶比关系曲线

$$f_{cu} = \alpha_a f_{ce}(C/W - \alpha_b)$$ (5-3a)

式中　f_{cu}——混凝土 28d 龄期的抗压强度，MPa；

　　　C/W——混凝土的胶水比（水泥与水的质量比）；

　　α_a、α_b——与粗集料有关的回归系数，可通过历史资料统计得到；若无统计资料，可
采用《普通混凝土配合比设计规程》JGJ 55—2011 提供的参数：采用碎石
时 $\alpha_a = 0.53$，$\alpha_b = 0.20$；采用卵石时，$\alpha_a = 0.49$，$\alpha_b = 0.13$。

　　　f_{ce}——实测的经标准养护 28d 的胶凝材料胶砂抗压强度，MPa，有试验条件时应
将水泥与掺合料按预定的掺入比例混合均匀后，按水泥胶砂强度测试方法
测定胶凝材料 28d 抗压强度；无试验条件时，可取

$$f_{ce} = \gamma_f \cdot \gamma_s \cdot \gamma_c \cdot f_{ce,k}$$ (5-3b)

式中　$f_{ce,k}$——水泥强度等级标准值（32.5、42.5 及 52.5），MPa；

　　　γ_c——出厂的水泥强度富余系数，可按表 5-21 选取，建议在 1.0～1.16 范围内选
取；

　　　γ_s——矿渣粉影响系数，可按表 5-24 选取；

　　　γ_f——粉煤灰影响系数，可按表 5-24 选取。

　　式（5-3a）称为混凝土的强度公式，又称为保罗米公式。该式适用于 C60 以下的流动
性较大的混凝土，即适用于低塑性与塑性混凝土，不适用于干硬性混凝土和 C60 以上的
高强混凝土。

水泥强度富余系数 γ_c   表 5-21

水泥强度等级 $f_{ce,k}$（MPa）	富余系数 γ_c
32.5	1.12
42.5	1.16
52.5	1.10

　　利用该公式，可根据所用水泥的强度等级、掺合料种类和掺量、水胶比及集料品种估
计所配制的混凝土标准养护 28d 的强度，或根据要求的 28d 混凝土强度和所用的原材料情

况计算配制混凝土时应采用的水胶比。

粉煤灰影响系数 γ_f 和矿渣粉影响系数 γ_s 表 5-22

掺量（％）	粉煤灰影响系数 γ_f	矿渣粉影响系数 γ_s
0	1.00	1.00
10	0.90～0.95	1.00
20	0.80～0.85	0.95～1.00
30	0.70～0.75	0.90～1.00
40	0.60～0.65	0.80～0.90
50	—	0.70～0.85

注：粉煤灰宜采用 I、II 级并宜取上限值；

矿渣粉采用 S95 时取上限，采用 S105 时，可用上限值加 0.05。

2. 集料的品种、规格与质量

集料本身的强度一般都比水泥硬化浆体强度高（轻集料除外），所以不会直接影响混凝土的强度，但集料的含泥量和泥块含量、有害物质含量、颗粒级配、形状及表面特征等均影响混凝土的强度。若集料含泥量较大，将使集料与水泥硬化浆体的黏结强度显著降低；集料中的有机物质会影响水泥的水化反应，从而影响水泥硬化浆体的强度；颗粒级配影响骨架的强度和集料之间的空隙率；有棱角且三维尺寸相近的颗粒有利于骨架的受力；表面粗糙的集料有利于与水泥硬化浆体的黏结，故用碎石配制的混凝土比用卵石配制的混凝土强度高。在水泥强度等级与水胶比相同的条件下，碎石混凝土的强度往往高于卵石混凝土，特别是在水胶比较小时。如水胶比为 0.40 时，碎石混凝土较卵石混凝土的强度高 20％～35％；而当水胶比为 0.65 时，二者的强度基本上相同。其原因是水胶比小时，界面黏结是主要矛盾，而水胶比大时，水泥硬化浆体强度成为主要矛盾。粒径粗大的集料，可降低用水量及水胶比，有利于提高混凝土的强度。对高强混凝土来说，较小粒径的粗集料可明显改善粗集料与水泥硬化浆体的界面黏结强度，提高混凝土的强度。

3. 养护温度、湿度

混凝土所处环境的湿度与温度，都是影响混凝土强度的重要因素，因为它们都对水泥的水化过程产生影响。

（1）温度。养护温度高，水泥的水化速度快，早期强度高，但普通硅酸盐水泥混凝土与硅酸盐水泥混凝土，高温养护再转入常温养护至 28d，其强度较一直在常温或标准养护温度下养护的强度低 10％～15％；而矿渣硅酸盐水泥以及其他掺活性混合材料多的硅酸盐水泥混凝土，或掺活性矿物掺和料的混凝土，高温养护后，28d 强度可提高 10％～40％。当温度低于 0℃时，水泥水化停止后，混凝土强度停止发展，同时还会受到冻胀破坏作用，严重影响混凝土的早期强度和后期强度。

受冻越早，冻胀破坏作用越大，强度损失越大。因此，应特别防止混凝土早期受冻。当平均气温连续 5d 低于 5℃时，应按规范进入冬期施工。环境温度特别是低温环境，对掺加有粉煤灰和矿渣粉的预拌混凝土的水化进程影响更加显著。冬期施工时，混凝土配合比应及时根据具体环境情况适当提高水泥用量，降低粉煤灰和矿渣粉的掺量，适当降低混凝土坍落度，并注意水化速度减慢，强度增长放缓，延误进度及由于拆模强度低，造成伤亡事故等情况。

混凝土冬期施工早期冻害如图 5-23（a）所示，混凝土受冻后强度发展趋势如图 5-23（b）所示。

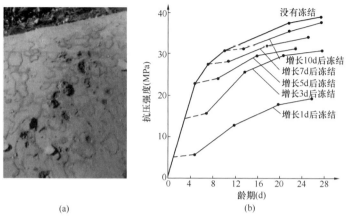

(a)　　　　　　　　　(b)

图 5-23　混凝土冬期施工早期冻害及受冻后强度发展趋势

（a）混凝土冬期施工早期冻害；（b）受冻后强度发展趋势

（2）**湿度**。由于水泥水化的供给水是毛细孔水，因此防止水分从毛细孔中蒸发十分重要；又因大量的自由水会被水泥水化结合或吸附，也要不断提供水分，以保证水泥的正常水化，从而产生更多的水化产物，使混凝土进而密实。环境湿度越高，混凝土的水化程度越高，混凝土的强度也越高。若环境湿度低，则由于水分大量蒸发，使混凝土不能正常水化，严重影响混凝土的强度。受干燥作用的时间越早，造成的失水干缩开裂越严重（因早期混凝土的抗拉强度较低），结构越疏松，混凝土的强度损失越大。混凝土在浇筑后，应根据实际情况，加强养护。硅酸盐水泥、普通硅酸盐水泥、矿渣硅酸盐水泥中，混凝土保湿养护不小于 7d；火山灰质硅酸盐水泥和粉煤灰硅酸盐水泥，掺用缓凝型外加剂或有耐久性要求时，混凝土保湿养护应不小于 14d。高强混凝土、高耐久性混凝土则在成型后须适时覆盖或采取适当的保湿措施。图 5-24（a）所示是常温保湿对混凝土强度的影响。图 5-24（b）是高温保湿对混凝土强度的影响。

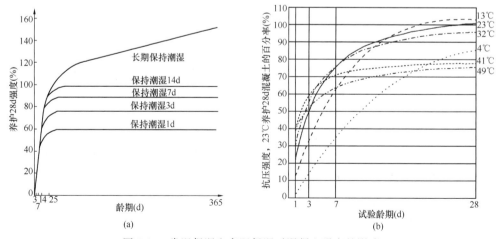

(a)　　　　　　　　　(b)

图 5-24　常温保湿和高温保湿对混凝土强度的影响

（a）常温保湿；（b）高温保湿

4. 龄期

正常养护条件下，混凝土强度随龄期的增长而增大，最初 7~14d 内强度增长较快，28d 以后强度逐渐趋于稳定，故以 28d 强度作为确定混凝土强度等级的依据。但此后几年间强度仍有所增长。尤其对掺加粉煤灰的混凝土，早期强度虽然发展缓慢，后期强度增长却很显著，故水利、海洋工程的混凝土，设计强度等级可按 60d 或 90d 甚至 180d 的龄期取值。普通水泥配制的混凝土，在标准条件养护下，其强度增长与龄期（龄期不小于 3d）成对数关系，在实际工程中，可利用该式根据混凝土的早期强度推算其后期强度：

$$f_n = f_{28} \cdot \lg n / \lg 28 \tag{5-4}$$

式中 f_n——nd 龄期时混凝土的抗压强度，MPa；

f_{28}——28d 龄期时混凝土的抗压强度，MPa；

n——混凝土养护龄期，d，$n \geqslant 3$。

5. 施工方法、施工质量及其控制

采用机械搅拌可使新拌混凝土的质量更加均匀，特别是对水胶比较小的新拌混凝土。采用机械振动成型时，机械振动作用可暂时破坏水泥浆的凝聚结构，降低水泥浆的黏度，从而提高新拌混凝土的流动性，有利于获得致密结构，这对水胶比小的混凝土或流动性小的混凝土尤为显著。

此外，计量的准确性、搅拌时的投料次序与搅拌制度、新拌混凝土的运输与浇筑方式、工程现场人为的随意加水等，都会对入模板时的混凝土工作性造成影响，最终也对混凝土强度有一定的影响。

5.3.4 提高混凝土强度的措施

1. 高强水泥

采用高强度等级水泥，例如 52.5 级水泥，可提高混凝土 28d 强度，早期强度也可获得提高。

2. 小水胶比

水胶比小，硬化后混凝土密实度高，故可显著提高混凝土的强度。通过降低混凝土中单位用水量，从而降低水胶比，可提高混凝土强度。

3. 高效减水剂

高效减水剂可大幅度降低混凝土单位用水量和水胶比，使混凝土的 28d 强度显著提高，并能提高其早期强度。

4. 矿物掺和料

矿物掺和料和高效减水剂复合掺加硅灰、超细矿粉、Ⅰ 级粉煤灰等，可显著提高混凝土强度，特别是硅灰，可大幅度提高混凝土的强度。

5. 优质集料

采用强度高、粒型好、级配好、坚固性好、泥及泥块等有害杂质少，以及针、片状颗粒含量较少的粗、细集料，有利于降低水胶比，提高混凝土的强度。

6. 机械搅拌合振捣

采用机械搅拌和机械振动成型，可进一步降低水胶比，并能保证混凝土密实成型。在小水胶比情况以及干硬性混凝土、小坍落度混凝土条件下，效果尤为显著。

7. 加强养护

加强养护有利于混凝土强度的增长。对于混凝土而言，养护制度可分为：

（1）**自然养护**。当温/湿度均满足混凝土正常凝结硬化时，不采取任何技术措施的养护，即为自然养护；当环境湿度或温度不满足混凝土凝结硬化的条件时进行覆盖保温或洒水保湿的养护，也称为自然养护。

（2）**标准养护**。在 $20\pm2℃$，$RH\geqslant95\%$ 的空气中，对混凝土试件进行 28d 的养护，称为标准养护。

（3）**同条件养护**。在施工现场将试块放置在结构部位并与结构部位进行相同制度的养护，即为同条件养护。

（4）**热养护**。在 40~60℃蒸汽中的养护为低热养护；在 70~90℃的蒸汽中的养护为蒸汽养护；在 176~183℃即 0.8~1.0MPa 压力下蒸汽中的养护为蒸压养护；以上三者均称为湿热养护。而在混凝土试件或结构不与蒸汽接触条件下的热养护为干热养护。

（5）**绝热养护**。为防止大体积混凝土水化热导致的表里温差过大，对其进行的保温隔热养护为绝热养护。

5.4　混凝土的变形性能

混凝土在水化、硬化和服役过程中，由于受物理、化学及力学等其他因素的作用，会产生各种变形。由物理、化学因素引起的变形称为非荷载作用下的变形，包括塑性收缩、化学收缩、碳化收缩、干湿变形及温度变形等；荷载作用下的变形，包括短期荷载作用下的变形和长期荷载作用下的变形。如果混凝土处于自由的非约束状态，那么，这种变形一般不会产生不利影响。但是，实际使用中的混凝土结构总会受到基础、钢筋或相邻构件的牵制而处于不同程度的约束状态，因此，混凝土的变形将会由于约束作用而在内部产生拉应力。当内部拉应力超过混凝土的抗拉强度时，就会引起开裂，产生裂缝。这些裂缝不仅影响混凝土承受设计荷载的能力，而且严重影响混凝土的耐久性和结构安全。

5.4.1　混凝土在非荷载作用下的变形

1. 化学收缩变形

混凝土在水化硬化过程中，由于水泥水化产物的体积小于反应物（水泥与水）的体积，会导致混凝土在硬化时产生收缩，称为化学收缩。普通混凝土的化学收缩是不可恢复的，收缩量随混凝土的硬化龄期的延长而增加，一般在 40d 内逐渐趋向稳定。硅酸盐水泥完全水化后总体积缩减 7%~9%，一般对混凝土的结构没有破坏作用。硬化前宏观体积减小，即系统的体积减小了，但水泥水化产物的体积大于反应物水泥的体积，即随反应的进行，固相体积增加，密实度提高；硬化后宏观体积不变，系统体积缩减后在混凝土内部形成孔隙。

2. 塑性收缩

塑性收缩是新拌混凝土在浇筑后尚未硬化前因混凝土表面水分蒸发而引起的收缩。当新拌混凝土表面水分蒸发速率大于其内部向表面泌水的速率，且水分得不到补充时，混凝土表面就会失水干燥，表面附近湿度梯度增大，从而导致混凝土表面干燥收缩开裂。

高强和高性能混凝土浆骨比较大，尤其是掺有较多矿物掺合料时更是如此。所以高强和高性能混凝土非常容易发生塑性收缩，导致混凝土开裂。

塑性收缩裂缝极少贯穿整个混凝土板，而且通常不会延伸到混凝土板的最下边缘。塑性收缩裂纹的宽度一般为 0.1～2mm，深度为 25～50mm，并且很多裂纹相互平行，间距约为 25～75mm。气温越高、相对湿度越小、风速越大，则产生塑性开裂的时间越早，出现塑性裂缝的数量越多，宽度越大。

若浇筑后的混凝土泌水严重，则可引起混凝土整体沉降，在沉降受阻的部位，如钢筋上方，严重时会在大尺寸粗集料处也产生变形，称为塑性沉降。塑性沉降较大时，可产生塑性沉降裂缝，沉降裂缝一般长度大约为 0.2～2m，宽度为 0.2～2mm，从外观看可分为无规则网络状、稍有规则的斜纹状或反映混凝土布筋情况和混凝土构件截面变化等的规则形状，深度一般为 3～50mm。混凝土断面越深，沉降裂纹越易产生。

3. 干缩湿胀

混凝土在干燥环境中会产生干缩湿胀变形。水泥硬化浆体内吸附水和毛细孔水蒸发时，会引起凝胶体紧缩和毛细孔负压，从而使混凝土产生收缩。当混凝土吸湿时，由于凝胶体表面能压力释放，毛细孔负压减小或消失，而使混凝土产生膨胀。

混凝土在水中硬化时，由于凝胶体中胶体粒子表面的水膜增厚，胶体粒子间的距离增大，混凝土产生微小的膨胀，此种膨胀对混凝土一般没有危害。混凝土在空气中硬化时，首先失去毛细孔水。继续干燥时，则失去吸附水，引起凝胶体紧缩（此部分变形不可恢复）。干缩后的混凝土再遇水时，混凝土的大部分干缩变形可恢复，但约有 30%～50%不可恢复，如图 5-25 所示。混凝土的湿胀变形很小，一般无破坏作用。混凝土的干缩变形对混凝土的危害较大。干缩可使混凝土的表面产生较大的拉应力，而引起开裂，从而使混凝土的抗渗性、抗冻性、抗侵蚀性等降低。

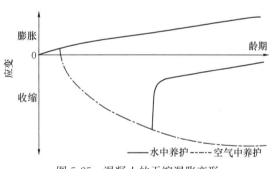

图 5-25 混凝土的干缩湿胀变形

影响混凝土干缩变形的因素主要有：

（1）**水泥用量、细度、品种**。水泥用量越多，水泥硬化浆体含量越多，即浆骨比越大，干燥收缩越大。水泥的细度越大，混凝土的用水量越多，干燥收缩越大。强度等级高的水泥，细度往往较大，故使用高强水泥时混凝土的干燥收缩较大。使用火山灰质硅酸盐水泥时，混凝土的干燥收缩较大；而使用粉煤灰硅酸盐水泥时，混凝土的干燥收缩较小。

② **水胶比**。水胶比越大，混凝土内的毛细孔隙数量会越多，混凝土的干燥收缩则越大。一般用水量每增加 1%，混凝土的干缩率增加 2%～3%。

③ **集料的规格与质量**。来自天然岩石的集料，通常弹性模量高，刚度大，故数量越多，对水泥浆体干燥收缩的限制作用越强，则混凝土干燥收缩越小。集料粒径越大、级配越好，混凝土的干燥收缩越小。集料含泥量及泥块含量越少，水与水泥用量则越少，混凝土的干燥收缩越小。

④ **养护条件**。养护湿度高，养护时间长，则有利于推迟混凝土干燥收缩的产生与发

展，可避免混凝土在早期产生较多的干缩裂纹。采用湿热养护时，由于 C-S-H 凝胶转化为结晶度高的纤维颗粒状产物，可降低混凝土的干缩率。

4. 自收缩

自收缩是由于水泥在极低水胶比时水化，消耗水分，使混凝土内部产生了湿度降低的效应，造成毛细孔压力变小，产生所谓的自干缩现象。

C50 以上的混凝土水胶比相对较低，自收缩大，且主要发生在早期。对未掺缓凝剂的混凝土，从初凝（浇筑后 5～8h）时开始就产生很大的自收缩，特别在浇筑后的 24h 内自收缩速度很快，1d 的自收缩值可以达到 28d 的 50%～60%，往往导致混凝土在硬化期间产生大量微裂缝。水泥细度大、强度高，特别是早期强度高、水化快、水胶比小，以及能加快水泥水化速度的早强剂、促凝剂、膨胀剂等的掺入，都会加剧混凝土的早期自收缩。

5. 温度变形

混凝土亦遵循物理学的热胀冷缩原理，随温度升高或降低而胀缩。对大体积混凝土工程，在凝结硬化初期，由于水泥水化放出的水化热不易散发而聚集在内部，造成混凝土内外温差很大，有时可在 40～50℃以上，温度应力导致混凝土由表及里或由里至表的开裂。为降低混凝土内部的温度，应采用水化热较低的水泥或采用普通硅酸盐水泥加混凝土掺合料；采用最大粒径、较大的粗集料；并应尽量降低水泥用量；在混凝土中埋冷却水管，表面绝热，减小内外温差；还可掺加缓凝剂、矿物掺合料；采用冰屑搅拌、液氮降温；对混凝土合理分仓、跳仓浇筑；分缝、分块、巧妙运用抗与放的原理，增加或减弱约束等技术措施，达到针对温度变形的抗裂防裂目的。

混凝土在正常使用条件下也会随温度的变化而产生热胀冷缩变形。混凝土热膨胀系数约为 $(0.6～1.3)×10^{-5}℃$，即 1m 长的混凝土温度每升降 1℃时可胀缩约 0.01mm。温度变形对大体积混凝土工程、大面积及纵长混凝土结构等极为不利，易使混凝土产生温度裂缝。

对超长混凝土结构及大面积的混凝土工程，应每隔一段长度设置一道伸缩缝。塑性沉降、塑性收缩、自收缩、干缩和温度作用常使混凝土结构产生开裂，应采取积极措施对其控制。

5.4.2　混凝土在荷载作用下的变形

1. 混凝土在短期荷载作用下的变形

（1）**混凝土的弹塑性变形**。混凝土是由砂石集料、水泥硬化浆体、游离水分和气泡组成的不均匀体，而且由于水泥水化引起的化学收缩和物理收缩，在粗集料与砂浆的界面上会形成许多无规律分布的界面微裂缝（也称为界面黏结裂缝）。这就决定了混凝土在受到荷载作用时，既产生可恢复的弹性变形，又产生不可恢复的塑性变形，其应力与应变的关系是非线性的。混凝土在短期荷载作用下的变形大致可分为四个阶段，如图 5-26 所示。

第Ⅰ阶段：当混凝土承受的压应力低于 $30\%f_{cp}$（f_{cp} 为极限应力）时，应力增加速率与应变增加速率比不变，混凝土应力与变形近似为直线关系，而且此时的变形基本可以恢复。混凝土可以近似看作为弹性体。

第Ⅱ阶段：当压应力为 $(30\%～70\%)f_{cp}$ 时，为混凝土塑性变形增加阶段。在混凝土发生弹性变形的同时，混凝土内部的凝胶体间的相互滑移明显增大，使得其塑性变形逐步显现。此时，应变增加的速度超过应力增加的速度，应力-应变曲线逐渐偏离直线而产生左凸右弯式弯曲，即出现弹塑性变形。

第Ⅲ阶段：当压应力约为（70%～100%）f_{cp} 时，为混凝土弹塑性阶段。尤其是当应力增大到 90% f_{cp} 后，凝胶体间的滑移以及砂浆内的微裂，使得变形速率显著大于应力增加速率，横向变形大于纵向变形，应力-应变曲线出现明显的水平向弯曲，混凝土主要表现为塑性变形，而且其表面出现可见裂缝。

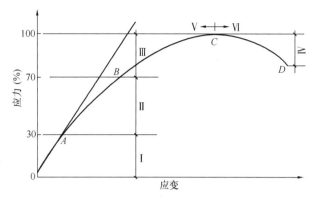

图 5-26　混凝土在短期荷载作用下的变形

第Ⅳ阶段：压应力超过极限应力 f_{cp} 后，混凝土内部的弹性能瞬间转变为开裂的表面能，无论纵向变形还是横向变形均急剧增大，其应力-应变曲线逐渐下降而至最后混凝土破坏。

"Ⅴ←"表示箭头由此向左为应力应变比的"Ⅴ"区域，此时应力施加速率高于应变增长速率；"→Ⅵ"表示箭头由此向右为应力应变比的"Ⅵ"区域，此时应力施加速率低于应变增长速率。

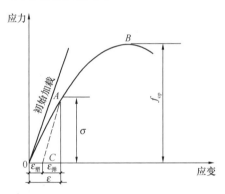

图 5-27　混凝土在压力作用下的应力-应变曲线

（2）混凝土的弹性模量。固体材料线弹性阶段同一方向上的应力与应变之比，叫做弹性模量。混凝土是一种弹塑性材料，在低应力状态下，其应力-应变曲线，接近于直线。随着应力提高，其应力-应变曲线由直线变成上凸曲线，故弹性模量会由高变低。棱柱体混凝土试件在轴压力作用下，既会产生即刻恢复的弹性变形 $\varepsilon_{弹}$，又会产生不可恢复的塑性变形 $\varepsilon_{塑}$，并不完全服从胡克定律，如图 5-27 所示。

实验结果表明，当采用轴压强度 f_{cp} 的 30%～50% 作为实验荷载时，经过 3 次以上加荷-卸荷循环后，其塑性变形会因滞留而殆尽。图 5-28（a）中的混凝土应力-应变曲线 $A'C'$ 段，近似为直线，则此时的应力与应变的比值，可作为混凝土材料测试所得的弹性模量，可用于混凝土、钢筋混凝土及预应力钢筋混凝土的结构设计计算。

实际上，在混凝土应力-应变曲线上，若考虑应力趋近于零时，混凝土的弹性模量就是过坐标原点的混凝土应力-应变曲线上切线斜率，此时弹性模量为 E_0，混凝土线弹性越好，弹性模量值越接近；目前实验所得的混凝土弹性模量值，实际上是设计荷载（σ_a）对应混凝土应力-应变曲线上 a 点及坐标原点的割线斜率，称为割线模量 E_1；当研究混凝土弹塑性应力应变全曲线上任意一点 i 的弹性模量时，实际上应是该点上的切线模量 E_i，如 a 点对应的切线模量即为 E，如图 5-28 所示。

其中：

E_0——原点切线模量；$E_0 = \tan\alpha_0$；

E_1——a 点割线模量；$E_1 = \tan\alpha_1$；

E——a 点切线模量；$E=\tan\alpha$。

混凝土的弹性模量在结构设计中主要用于结构的变形与受力分析。C10～C60 的混凝土，其弹性模量为 $(1.75～4.30)\times10^4\mathrm{MPa}$。

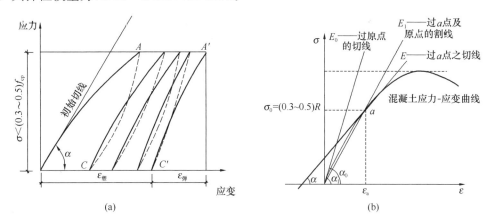

图 5-28   混凝土应力-应变曲线及弹性模量

(a) 混凝土应力-应变曲线；(b) 混凝土的弹性模量

影响混凝土弹性模量的主要因素有：

① 混凝土强度。混凝土的强度越高，则其弹性模量越高。

② 混凝土水泥用量与水胶比。混凝土的水泥用量越少，水胶比越小，粗细集料的用量越多，则混凝土的弹性模量越大。

③ 集料的弹性模量与集料的杂质含量。集料的弹性模量越大，则混凝土的弹性模量越大；集料泥及泥块等杂质含量越少，级配越好，则混凝土的弹性模量越高。

④ 养护和测试时的湿度。混凝土养护和测试时的湿度越高，则测得的弹性模量越高。湿热处理混凝土的弹性模量高于标准养护混凝土的弹性模量。

2. 混凝土在长期荷载作用下的变形——徐变

混凝土在长期不变荷载的作用下，沿作用力方向随时间而产生的变形称为混凝土的徐变。图 5-29 为混凝土的变形与荷载作用时间的关系示意图。混凝土随受荷时间的延长，

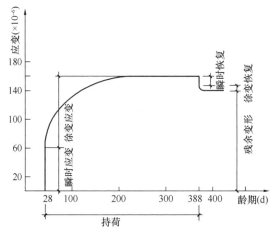

图 5-29   混凝土的变形与荷载作用时间的关系示意图

产生变形，即徐变变形。徐变变形在受力初期增长较快，之后逐渐减慢，2～3 年时才趋于稳定。徐变变形可达瞬时变形的 2～4 倍。普通混凝土的最终徐变为 $(3\sim15)\times10^{-4}$。

卸除荷载后，部分变形瞬时恢复；还有部分变形在卸荷一段时间后逐渐恢复，称为徐变恢复；最后残留的不能恢复的变形称为残余变形。

产生徐变的原因是水泥硬化浆体中，C-S-H 凝胶体发生了相对的黏性流动，以及孔隙空腔内的水在荷载作用下向低压区迁移。

影响混凝土徐变的因素主要有：

① 水泥用量与水胶比。水泥用量越多，水胶比越大，则混凝土中的水泥硬化浆体含量及毛细孔数量越多，混凝土的徐变越大。

② 集料的弹性模量与集料的规格与质量。集料的弹性模量越大，混凝土的徐变越小；集料的级配越好，粒径越大，泥及泥块的含量越少，则混凝土的徐变越小。

③ 养护湿度。养护湿度越高，混凝土的徐变越小。

④ 养护龄期。混凝土受荷载作用时间越早，徐变越大。

徐变可消除混凝土、钢筋混凝土中的应力集中程度，使应力重分配，从而使混凝土结构中局部应力集中得到缓和；在大体积混凝土工程中，可降低或消除一部分由于温度变形所产生的破坏应力；但在预应力混凝土中，徐变将会使钢筋及混凝土的预应力值受到损失。

5.5　混凝土的耐久性

混凝土除应具有设计要求的强度以保证其能安全地承受设计荷载外，还应具有要求的耐久性。耐久性指混凝土结构在外部环境因素和内部不利因素的长期作用下，能保持其良好的使用性能和外观完整性，从而维持混凝土结构的安全性和正常使用的能力。环境因素包括水压渗透作用、冰冻破坏作用、碳化作用、干湿循环引起的风化作用以及酸、碱、盐的侵蚀作用等，内部因素主要指的是碱-集料反应和自身体积的变化。我国在《混凝土结构设计规范（2015 年版）》GB 50010—2010 中，也将混凝土结构的耐久性设计作为一项重要内容，并对耐久性作出了明确的界定和划分了环境类别，见表 5-23。

混凝土结构的环境类别　　　　　　　　　　　　　　　　　　　表 5-23

环境类别		条　　件
一		室内干燥环境，无侵蚀性静水浸没环境
二	a	室内潮湿环境；非严寒和非寒冷地区的露天环境；非严寒和非寒冷地区与无侵蚀性的水或土壤直接接触的环境；严寒与寒冷地区冷冻线以下与无侵蚀性的水或土壤直接接触的环境
	b	干湿交替环境；水位频繁变动环境；严寒和寒冷地区的露天环境；严寒和寒冷地区冰冻线以上与无侵蚀性的水或土壤直接接触的环境
三	a	严寒和寒冷地区冬季水位变动区环境；受除冰盐影响的环境；海风环境
	b	盐渍土环境，受除冰盐作用的环境；海岸环境
四		海水环境
五		受人为或自然的侵蚀性物质影响的环境

5.5.1　混凝土抗渗性

1. 抗渗性

混凝土抗渗性指混凝土抵抗水、油等液体在压力作用下渗透的能力。抗渗性是决定混凝土耐久性的先导性因素，能导致混凝土发生耐久性破坏。

若混凝土抗渗性较差，水及腐蚀介质容易渗入其内部，混凝土就容易受腐蚀或冻融循环破坏，引起钢筋混凝土腐蚀等。因此，对建工、水利、港工、海工、交通等地下结构、隧道、桥墩、水坝、水池、水塔、压力水管等，通常把抗渗性作为最重要的耐久性技术指标。

2. 抗渗性的评定

混凝土的抗渗性用抗渗等级表示。按照标准试验方法，每组采用 6 个上面直径175mm、下底直径185mm、高150mm 的圆台试件，以 6 个试件中有 4 个试件未出现渗水时的最大水压力表示混凝土的抗渗等级，分为 P4、P6、P8、P10、P12 五个等级，即表示混凝土可抵抗 0.4MPa、0.6MPa、0.8MPa、1.0MPa、1.2MPa 的静水压力而不渗水。抗渗等级等于或大于 P6 级的混凝土为抗渗混凝土。在工程设计中应根据《普通混凝土配合比设计规程》JGJ 55—2011 中规定，具有抗渗要求的混凝土，试验要求的抗渗水压力值应比设计值高 0.2MPa。

抗渗试验结果应符合下式要求：

$$P_t \geqslant P/10 + 0.2 \tag{5-5}$$

式中　P_t——6 个试件中 4 个未出现渗水的最大水压力，MPa；

　　　P——设计要求的抗渗等级值。

3. 影响抗渗性的因素

混凝土的抗渗性主要与混凝土的密实度、孔隙率及孔隙结构有关。混凝土中相互连通的孔隙越多，孔径越大，则其抗渗性越差。这些孔隙主要包括：水泥石中多余水分蒸发留下的气孔，水泥浆泌水所形成的毛细孔道，粗集料下方界面聚积的水囊，施工振捣不密实形成的蜂窝、孔洞，混凝土硬化后因干缩或热胀等变形造成的裂缝等。提高混凝土抗渗性需要良好的施工质量和养护条件，此外还应针对以下各项影响因素，采取相应的措施：

（1）水胶比。水胶比和水泥用量是影响混凝土抗渗性的最主要指标。水胶比越大，多余水分蒸发后留下的毛细孔道越多，亦即孔隙率越大，又多为连通孔隙，故混凝土抗渗性越差。特别是当水胶比大于 0.6 时，抗渗性急剧下降。

（2）集料的最大粒径。水胶比相同时，集料最大粒径越大，其混凝土抗渗性越差，胶凝材料与之黏结界面越易产生裂隙，集料下方越易形成孔穴。

（3）水泥品种。采用普通硅酸盐水泥、粉煤灰硅酸盐水泥及火山灰质硅酸盐水泥，对混凝土具有较好的保水性，而矿渣硅酸盐水泥由于矿渣较难粉磨、粒径粗、水泥保水性差容易造成严重的混凝土泌水，泌水孔道会造成混凝土抗渗性下降。

（4）掺合料。活性矿物掺合料，如硅灰、磨细粉煤灰、沸石粉、矿渣粉等掺合料，可以发挥其形态效应、活性效应、微集料效应和界面效应，可提高混凝土的密实度，细化孔隙，从而改善孔结构和集料与水泥石界面的过渡区结构，提高混凝土的抗渗性。

（5）外加剂。减水剂可以通过减水、降低水胶比，改善混凝土工作性，提高混凝土密实性和抗渗性。HPMC 保水剂和引气剂，可以降低混凝土泌水率，提高混凝土黏聚性，提高硬化后的混凝土抗渗性。

（6）**养护方法**。保温保湿养护，可以让混凝土水化越彻底，水化产物增多，提高混凝土密实性。

（7）**龄期**。龄期越长，混凝土水化越彻底，水化产物越多，混凝土密实性越好，抗渗性越好。混凝土的抗渗性是混凝土的一项重要性质，它还直接影响混凝土的抗冻性、抗侵蚀性等其他耐久性。因此，除地下工程、有防水或抗渗要求的工程必须考虑混凝土的抗渗性外，对其他耐久性有要求的工程也应考虑混凝土的抗渗性。

对于有抗渗防腐性能要求的钢筋混凝土，水压法不再适用，目前采用氯离子扩散法，用电通量、氯离子扩散系数等表征混凝土对氯离子渗透的抗渗性。

5.5.2 混凝土抗冻性

1. 混凝土抗冻性

混凝土的抗冻性是指混凝土在水饱和状态下，抵抗冻融循环破坏作用，保持混凝土强度和结构状态的能力。寒冷地区水位变化区遭受冻融循环的室外结构，以及建筑物中寒冷环境（如冷库）的混凝土结构，都要求具有较高的抗冻性。

2. 抗冻性的评定

混凝土的抗冻性以抗冻标号和抗冻等级表示。

（1）**混凝土抗冻标号**。采用慢冻即气冻水融法，在试件养护至 24d 后从标养室中取出，浸泡于 20±2℃的水中至 28d，试验时冰箱达到 -18℃ 开始计时，在 -20～-18℃ 冻超过 4h；再将试块放置于 18～20℃ 水中融化超过 4h，则完成一次冻融循环。按相强度损失不大于 25%，或重量损失不大于 5% 时的最大冻融循环次数，按 D25、D50、D100、D150、D200、D250、D300 和 >D300 八个级别确定受检混凝土抗冻标号。

（2）**混凝土抗冻等级**。采用快冻即水冻水融法，将试件养护至 24d 后从标养室中取出，浸泡于 20±2℃的水中至 28d，试验时将饱水试件放入专用快速冻融试验机的试样盒中，按 -18±2℃ 至 5±2℃ 的温度，在 2～4h 内完成一次冻融循环。按相对动弹性模量损失不大于 60%，或重量损失不大于 5% 时的最大冻融循环次数，按 F50、F100、F150、F200、F250、F300、F350、F400 和 >F400 九个级别确定受检混凝土抗冻等级。

对海洋工程混凝土，亦可采用海水快速即海水冻海水融的冻融方法，检验混凝土抵抗海洋环境冻融循环的能力。

对于路面或桥面混凝土，考虑冬期撒除冰盐，则可以采用单面接触饱和盐水的冻融方式，检验混凝土抵抗盐冻性能。

3. 冻融循环破坏机理

与水接触的混凝土毛细孔，会产生快速吸水作用。当其吸水达到其临界饱和度后，毛细水受冻，结冰后体积膨胀约 9%，形成了静水压力；同时已结冰的孔隙和未结冰孔隙中的浓度差、蒸气压差、过冷水效应等，使得未冻结水向冻结区毛细孔内迁移，这又形成了渗透压。静水压及渗透压联合作用，导致了混凝土毛细孔壁膨胀开裂。

当混凝土再次融化时，已经开裂的裂纹孔隙，又一次被水饱和，则遭受下一次冻结作用时，由于破坏物质水更多，产生的膨胀破坏作用则会更大，冻融循环则会对膨胀破坏愈加恶化，由此造成了混凝土由表及里的剥蚀破坏。

对于海水或盐冻，盐溶液一方面会提高混凝土的吸水能力；另一方面在水冻成冰时，还会有盐结晶膨胀破坏作用，同时盐溶液造成的渗透压，也会导致混凝土盐或盐溶液受冻时，发生更为剧烈的破坏。

4. 影响混凝土抗冻性的主要因素

混凝土的抗冻性与其内部孔结构、水饱和程度、受冻龄期、混凝土的强度等许多因素有关。而混凝土的孔结构及强度又主要取决于其水胶比及是否掺加引气剂等。

（1）**水胶比**。水胶比决定了混凝土毛细孔孔隙率及孔结构。随着水胶比的增大，不仅饱和水的开孔总体积增加，而且平均孔径也增大，因而混凝土的抗冻性则会降低。国内外有关规范均规定了用于不同环境条件下的混凝土最大水胶比及最小水泥用量。

混凝土的水胶比从0.6下降时，其抗冻性能将显著增强。严寒条件下水位变动区的混凝土，必须限定水胶比上限。为使混凝土具有抗冻耐久性，水胶比应不大于0.45。已有研究成果表明，当高效能减水剂使得 $W/C<0.24$ 时，混凝土具有较高的密实度和极高的抗压强度，这会对提高混凝土抗冻性有益。如C80非引气混凝土，抗冻等级可达F800～F1000。

（2）**含气量**。用引气剂在混凝土中引入微小球型气泡，对提高混凝土抗冻性至关重要。这些微小球型气泡通常不吸水，在混凝土受冻时，能作为卸压空间缓解毛细孔水的静水压力。

采用引气剂引入混凝土中的微小球型气泡，除要保证其含气量外，还要保证其气泡直径和其在混凝土中分布的间距，即气泡间隔系数。当混凝土含气量为3%～5%，气泡直径为50～150μm时，气泡间隔系数小于200μm时，混凝土抗冻性能会极其优越。

（3）**混凝土的临界吸水饱和度**。混凝土抗冻性与其孔隙的饱水程度紧密相关。试验研究表明，混凝土吸水饱和度小于91%时，就不会产生静水压力，混凝土不会遭受冻害。故称其为临界吸水饱和度。

在混凝土吸水超过其临界吸水饱和度后，毛细水受冻，水—冰体积膨胀9%，产生静水压力，导致混凝土毛细孔壁膨胀开裂破坏。在混凝土掺加高效能引气剂后，混凝土吸水率就会低于其临界吸水饱和度，故混凝土遭受冻结作用时，混凝土毛细孔系统，不会激起较高的静水压力，故掺加引气剂的混凝土，抗冻性得到提高。抗冻等级可以达到F300～F450。

为提高混凝土的抗冻性，应提高其密实度或改善其孔结构，最有效的方法是采用掺加引气剂、减水剂的混凝土或密实混凝土。采用较低的水胶比，级配好、含泥量及泥块含量少的集料，加强振捣成型和养护，均有利于提高混凝土的抗冻性。

5.5.3 混凝土抗侵蚀性

当混凝土所处的环境中含有侵蚀性介质时，混凝土就会遭受化学侵蚀。环境介质对混凝土的化学侵蚀有软水侵蚀、硫酸盐侵蚀、碳酸侵蚀、一般酸侵蚀、强碱侵蚀等，其侵蚀机理与水泥石的化学侵蚀相同。对于海岸、海洋工程中的混凝土，海水的侵蚀除了硫酸盐侵蚀外，还有反复干湿的物理作用、盐分在混凝土内部的结晶与聚集、海浪的冲击磨损、海水中氯离子对钢筋的锈蚀作用等，都会使混凝土受到侵蚀而破坏。

海水侵蚀中危害最大的是氯离子对钢筋的锈蚀作用。在正常情况下，混凝土中的钢筋不会锈蚀，这是由于钢筋表面的混凝土孔溶液呈高度碱性（pH>13），可使钢筋表面形成致密的氧化膜，即成为钢筋的钝化保护膜。但海水中的氯盐侵入后，氯离子从混凝土表面扩散到钢筋位置并积累到一定浓度时，会使钝化膜破坏（故新拌混凝土中的氯离子浓度应控制在水泥质量的 0.04％以下）。钝化膜破坏后钢筋在水分和氧的参与下发生锈蚀。这种锈蚀作用一方面破坏了混凝土与钢筋之间的黏结，削弱了钢筋的截面面积并使钢筋变脆；另一方面使钢筋保护层的混凝土开裂、剥落，使介质更容易进入混凝土内部，造成侵蚀加剧，最后导致整个结构物破坏。

混凝土的抗侵蚀性主要取决于水泥的品种与混凝土的抗渗性。解决抗侵蚀性最有效的方法是提高混凝土的抗渗性和适量引气，降低水胶比，掺加适量的掺合料，提高混凝土密实度，在混凝土表面涂抹密封性材料也可改善混凝土的抗侵蚀性。

5.5.4 混凝土的中性化

1. 混凝土的中性化（碳化）

空气中的二氧化碳会与混凝土中水泥硬化浆体内的氢氧化钙或水化硅酸钙等作用，生成碳酸钙和水的过程，称为混凝土中性化或碳酸化或碳化。未中性化前的混凝土内含有 10％～20％的氢氧化钙，使毛细孔内水溶液的 pH 值可达到 12.5～13.0。这种强碱环境能使钢筋表面形成一层钝化膜，因而对钢筋腐蚀，具有良好的保护作用。中性化使混凝土的碱度降低，当中性化深度超过钢筋保护层后，钢筋表面的钝化膜被破坏，钢筋将会产生锈蚀。锈蚀的钢筋会产生膨胀作用，使混凝土保护层开裂甚至剥落。混凝土的开裂和剥落又会加速混凝土的中性化和钢筋的锈蚀。因此，中性化的最大危害是使钢筋产生去钝化作用，使钢筋加速腐蚀。

碳化使混凝土产生较大的收缩并使混凝土表面产生微细裂纹，从而降低混凝土的抗拉强度、抗折强度等。但碳化产生的碳酸钙使混凝土的表面更加致密，因而对混凝土的抗压强度有利。总体来讲，碳化对混凝土弊大于利。混凝土的碳化过程是由表及里逐渐进行的过程。混凝土的碳化深度 D（mm）随时间 t（d）的延长而增大，在正常大气中，二者的关系为：$D=at$，其中 a 为碳化速度系数，与混凝土的组成材料及混凝土的密实度等有关。

检测混凝土中性化（碳酸化）深度可采用酚酞溶液测定法，即在混凝土表面凿一个小洞，滴入 1％的酚酞乙醇溶液，已碳化的部分不变色；未碳化部分则呈粉红色。用专用测尺或卡尺，以 mm 计，测量中性化（碳酸化）深度。

2. 影响混凝土碳化速度的因素

（1）**二氧化碳的浓度**。CO_2 浓度高，则混凝土的中性化速度快。例如，室内混凝土的碳化较室外快；铸造车间混凝土的中性化则更快。

（2）**湿度**。若毛细孔中有部分水时，有利于 CO_2 溶解于水，形成 H_2CO_3 从而和 $Ca(OH)_2$ 等发生中和反应；而此时毛细孔又未充满水，便于 CO_2 通过毛细孔向混凝土内部渗入，故 RH 为 50％～70％时，混凝土的碳化速度最快。但若在水泥混凝土凝结硬化初期不加强养护，水泥混凝土表面部分水泥水化程度会很低，若再有细集料带入石灰石粉，在混凝土表面会发生所谓的"假性碳化作用"，即便在很低的相对湿度条件下，混凝土表面碳化深度也会超过 6mm，进而给回弹法测定混凝土抗压强度引入很大的误差。

（3）**水泥品种与掺合料用量**。使用混合材料数量多的硅酸盐水泥或掺合料多的混凝土，由于碱度低，抗碳化能力较差。若在混凝土中大量掺加粉煤灰或石灰石粉，则会导致混凝土表层保水性差，养护不良，则混凝土中性化加速，碳化深度很大。

工程设计中规定，混凝土的砂浆保护层要达到 20～30mm；对腐蚀介质环境中或遭受冻融循环部位的钢筋混凝土，混凝土砂浆保护层厚度可达 50～70mm。

5.5.5　碱-集料反应

1. 碱-集料反应与碱集料破坏

混凝土中的碱 $R_2O = Na_2O + 0.658K_2O$ 与活性集料（活性二氧化硅或活性碳酸盐）发生化学反应，生成碱-硅酸盐凝胶（或碱-碳酸盐凝胶），称为碱-集料反应。

若此时有水存在，则沉积在集料与水泥凝胶体界面的水化产物，会吸水膨胀（约 3 倍以上），从而导致混凝土开裂破坏，称为碱-集料破坏。

我国很多地区存在碱活性集料，如京津地区，经过 30～40 年的认真观察发现，很多工程中出现了显著的碱-集料反应，并产生明显的碱集料破坏。

含有活性氧化硅的矿物有蛋白石、玉髓、鳞石英等，这些矿物常存在于流纹岩、安山岩、凝灰岩等天然岩石中。检验时采用砂浆长度法或混凝土棱柱体法。

2. 碱-集料反应的特点

混凝土内部集料出现反应环；碱集料破坏发生后，混凝土表面产生均匀的网状裂纹，甚至在裂纹附近会出现白色印迹；集料与砂浆界面相互剥离。

碱-集料反应的速度较慢，其危害需要几年、十几年甚至更长时间才逐渐表现出来。因此，在潮湿环境中，一旦采用了碱活性集料和高碱水泥，这种破坏将无法避免和挽救，故将碱-集料破坏称为混凝土的骨癌。

碱-硅酸反应式如下：

$2ROH + nSiO_2 + mH_2O \rightarrow R_2O \cdot nSiO_2 \cdot mH_2O$（碱硅酸凝胶），R 代表 K 或 Na。

3. 混凝土发生碱-集料反应必须同时具备的三个条件

（1）水泥或混凝土中碱含量过高；

（2）集料属于碱-活性集料；

（3）潮湿环境。

4. 防止碱-集料反应的措施

（1）尽量采用非活性集料，对重要工程的混凝土所使用的粗、细集料，应进行碱活性检验，当检验判定该集料有潜在危害时应采取相应的防控措施。

（2）使用碱含量 R_2O 小于 0.60% 的低碱水泥，外加剂带入混凝土中的碱含量不大于 1.0kg/m³，并应控制混凝土总碱含量不大于 3.0kg/m³。

（3）掺加占水泥 30%～40% 的粉煤灰，以期消耗水泥中的碱，遏制碱-集料反应的发生。

（4）建议考虑采用碱-集料反应锂盐抑制剂。

5.5.6 提高混凝土耐久性的措施

尽管引起混凝土抗冻性、抗渗性、抗侵蚀性、抗碳化性等耐久性下降的因素或破坏介质不同，但却均与混凝土所用的水泥品种、原材料的质量以及混凝土的孔隙率、开口孔隙率等有关，提高混凝土耐久性的措施中最重要的是提高混凝土的密实度。一般提高混凝土耐久性的措施有以下方面：

（1）合理选用水泥品种，使其与工程所处的环境相适应。

（2）采用较小的水胶比和保证足够的胶凝材料和水泥用量，以提高混凝土的密实度。混凝土的最大水胶比与最小水泥用量可见表 5-24、表 5-25。

混凝土的最大水胶比（GB 50010—2010）　　　　　表 5-24

环境类别	最大水胶比	最低强度等级	最大氯离子含量（%）	最大碱含量（kg/m³）
一	0.60	C20	0.30	无限制
二 a	0.55	C25	0.20	
二 b	0.50（0.55）	C30（C25）	0.15	3.0
三 a	0.45（0.50）	C35（C30）	0.15	
三 b	0.40	C40	0.10	

注：1. 氯离子含量是氯离子占混凝土中胶凝材料总量的百分比。预应力混凝土中最大氯离子含量为胶凝材料总量的 0.06%。

2. 二 b 和三 a 环境下的混凝土应使用引气剂，混凝土中的含气量应为 4.5%～6.0%。

3. 当使用非碱活性集料时，对混凝土中的碱含量可不作限制。

混凝土中最小水泥用量　　　　　表 5-25

最大水胶比	最小水泥用量（kg/m³）		
	素混凝土	钢筋混凝土	预应力混凝土
0.60	250	280	300
0.55	280	300	300
0.50	320		
≤0.45	330		

（3）选用质量良好、级配合理的砂石集料，并采用合理的砂率，以减小混凝土的孔隙率，进一步提高其密实度。

（4）混凝土中掺用适量的引气剂或减水剂，并掺用优质的矿物掺合料，以改善混凝土内部的孔结构。

（5）加强混凝土施工中的质量控制，确保生产出构造均匀、强度合格且密实度高的混凝土。

（6）加强养护，特别是早期养护。预防混凝土早期的塑性收缩开裂、失水干燥开裂等。

（7）采用机械搅拌和机械振动成型，使混凝土结构密实。

（8）在混凝土表面涂覆防护涂层。硅烷浸渍涂料［化学名称：异丁基（烯）三乙氧基硅烷〕是一种性能优异的渗透型新型混凝土耐久性防护涂料，可以渗透到混凝土 3～10mm 深处形成聚硅氧烷互穿网格结构，分布在混凝土毛细孔内壁，甚至到达较小的毛细孔壁上，与空气及基底中的水分产生化学反应，又聚合形成网状交联结构的硅酮高分子羟基团（类似硅胶体），这些羟基团将与基底和自身缩合，产生胶连、堆积，固化结合在毛细孔的内壁及表面，形成坚韧的防腐渗透斥水层。

大面积施工时建议使用无气喷涂机，施工效率高，可以减少原材料的损耗；小面积施工可使用刷涂或滚涂的方法。硅烷施工后至少保证 24h 内不淋雨，自然风干即可。液体硅烷浸渍剂的活性成分含量为 99%，该产品既可用于新建混凝土结构防护，也可用于旧混凝土建筑的加固维修，能有效抑制各种腐蚀因子对钢筋混凝土结构造成的破坏，显著提高混凝土结构的耐久性和使用寿命。

5.6　混凝土的质量控制与评定

1. 混凝土生产的质量波动与控制

混凝土的生产质量由于受各种因素的作用或影响总是有所波动。引起混凝土质量波动的因素主要有原材料质量的波动，组成材料计量的误差，搅拌时间、振捣条件与时间、养护条件等的波动与变化，以及试验条件和人员的操作差异因素等。

为减小混凝土质量的波动程度，将其控制在小范围内波动，应采取以下措施：

（1）**严格控制各组成材料的质量**。各组成材料的质量均须满足相应的技术规定与要求，且各组成材料的质量与规格应满足工程设计与施工等的要求。

（2）**严格计量**。混凝土各组成原材料的计量误差须满足水泥、矿物掺合料、水、化学外加剂的误差不得超过 2%，粗细集料的误差不得超过 3%，且不得随意改变配合比，并应随时测定砂、石集料的含水率，以保证混凝土配合比的准确性。

（3）**加强施工过程的管理**。采用正确的搅拌与振捣方式，并严格控制搅拌与振捣时间。一般来说，自落式搅拌机最短搅拌时间为 90～150s，强制式搅拌机的最短搅拌时间为 60～120s。检查出机和入模板的坍落度及含气量。应按规定的方式运输，按照最小坍落度施工原则浇筑混凝土，加强对混凝土的振捣、多次抹面管控及早期养护，严格控制养护温度与湿度，做好施工现场混凝土试块的制作和混凝土试块同条件养护和标准养护工作。

（4）**绘制混凝土质量管理图**。可通过绘制质量管理图掌握混凝土质量的波动情况。利用质量管理图分析混凝土质量波动的原因，并采取相应的对策，达到控制混凝土质量的目的。

混凝土的质量控制包括：①初步控制：混凝土生产前对原材料质量的检验与控制和混凝土配合比的合理确定。②生产控制：混凝土生产过程中组成材料的计量控制和混凝土的搅拌、运输、浇筑和养护等工序的控制。③合格控制：混凝土质量的验收，即对混凝土强度或其他技术指标进行检验评定。工程中，采用数理统计方法评定混凝土的质量，并以混凝土抗压强度作为评定和控制其质量的主要指标。

2. 混凝土强度的波动规律——正态分布

在正常生产条件下，混凝土的强度受许多随机因素的作用，即混凝土的强度也是随机变化的，因此可以采用数理统计的方法进行分析、处理和评定。

为掌握混凝土强度波动的规律，对同一种强度等级要求的混凝土进行随机取样，制作 n 组试件（$n \geqslant 25$），测定其 28d 龄期的抗压强度。然后以抗压强度为横坐标，以抗压强度出现的频率作为纵坐标，绘制抗压强度频率分布曲线，如图 5-30 所示。大量试验证明，混凝土的抗压强度频率曲线均接近于正态分布曲线，即混凝土的抗压强度服从正态分布。

正态分布曲线的高峰对应的横坐标为强度平均值，且以强度平均值为对称轴。曲线与横坐标所围成的面积为 100%，即概率的总和为 100%，对称轴两边出现的概率各为 50%。对称轴两侧各有一个拐点，对应于 $f_{cu} - \sigma$，拐点之间曲线向下弯曲，拐点以外曲线向上弯曲。离强度平均值越近，出现的概率越大。正态分布曲线高而窄时，说明混凝土强度的波动较小，即混凝土的施工质量控制较好，如图 5-31 所示。当正态分布曲线矮而宽时，说明混凝土强度的波动较大，即混凝土的施工质量控制较差。

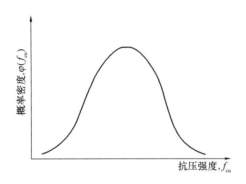

图 5-30　抗压强度频率分布曲线

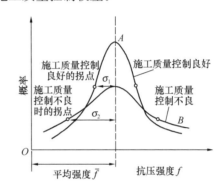

图 5-31　离散程度不同的两条强度分布曲线

3. 强度波动的统计计算

（1）强度的平均值 $m_{f_{cu}}$

混凝土强度的平均值 $m_{f_{cu}}$ 按下式计算：

$$m_{f cu} = \frac{1}{n} \sum_{i=1}^{n} f_{cu,i} \tag{5-6}$$

式中　n——混凝土强度试件的组数；

$f_{cu,i}$——第 i 组混凝土试件的强度值，MPa。

强度平均值只能反映混凝土总体强度水平，即强度数值集中的位置，而不能说明强度波动的大小。

（2）强度标准差 σ

混凝土强度标准差 σ 按下式计算：

$$\sigma = \sqrt{\frac{1}{n-1} \sum_{i=1}^{n} (f_{cu,i} - m_{f_{cu}})^2} \tag{5-7}$$

标准差 σ 又称为均方差，是混凝土强度正态分布曲线上的拐点与强度平均值的距离。它反映了这组强度数据的波动程度，标准差 σ 越小，说明这组强度数据波动越小。标准差 σ 越大，说明这组强度数据离散程度越大，混凝土质量控制水平越差，生产管理水平越低。

（3）变异系数 C_v

混凝土强度的变异系数 C_v 按下式计算：

$$C_v = \sigma / f_{cu} \qquad (5-8)$$

变异系数 C_v 反映这组强度数据相对的波动程度，变异系数 C_v 越小，说明强度越均匀，混凝土质量控制越稳定，生产管理水平越高。

4. 混凝土强度保证率与质量评定

混凝土强度保证率 P（%）指混凝土强度大于设计强度等级值 $f_{cu,k}$ 的概率，即图 5-30 中阴影部分的积分面积。低于强度等级的概率，即不合格率，为图 5-32 中阴影以外的面积。

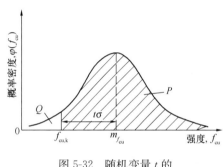

图 5-32　随机变量 t 的
标准正态分布曲线

计算强度保证率 P（t）时，首先计算出概率度系数 t（又称保证率系数），计算式如下：

$$t = \frac{1}{\sigma}(f_{cu} - m_{f_{cu}}) \qquad (5-9)$$

可将混凝土正态分布曲线，转换为随机变量 t 的标准正态分布曲线，如图 5-30 所示。混凝土强度保证率 P（t）（%），由下式表达：

$$P(t) = \int_t^{+\infty} \Phi(t) \mathrm{d}t = \frac{1}{\sqrt{2\pi}} \int_t^{+\infty} e^{\frac{t^2}{2}} \mathrm{d}t \qquad (5-10)$$

实际应用中，当已知 t 值时，可从数理统计书中查得 $P(t)$。不同 t 值对应的保证率 $P(t)$ 见表 5-26。按混凝土强度标准差 σ 及强度保证率 $P(t)$ 评定混凝土的生产质量水平，根据《混凝土质量控制标准》GB 50164—2011，生产单位的混凝土强度标准差要求见表 5-27。

不同 t 值的保证率 $P(t)$　　　　　　　　　　　　　　　表 5-26

t	0.00	−0.524	−0.842	−1.00	−1.04	−1.28	−1.40	−1.60
$P(t)$	0.50	0.70	0.80	0.841	0.85	0.90	0.919	0.945
t	−1.645	−1.80	−2.00	−2.06	−2.33	−2.58	−2.88	−3.00
$P(t)$	0.95	0.964	0.977	0.980	0.990	0.995	0.998	0.999

混凝土强度标准差　　　　　　　　　　　　　　表 5-27

生产单位	标准差 σ（MPa）		
	<C20	C20～C40	≥C45
预拌混凝土搅拌站 预制混凝土构件厂	≤3.0	≤3.5	≤4.0
施工现场搅拌站	≤3.5	≤4.0	≤4.5

5. 混凝土的配制强度

为保证混凝土强度具有 95% 保证率，混凝土的配制强度 $f_{cu,o}$ 必须大于设计要求的强度等级 $f_{cu,k}$。因 $m_{f_{cu}} = f_{cu,k} - t\sigma$，令 $f_{cu,o} = m_{f_{cu}}$，即得：

$$f_{cu,o} = f_{cu,k} - t\sigma \qquad (5-11)$$

式中　$f_{cu,o}$——混凝土的配置强度，MPa；

　　　　$f_{cu,k}$——设计的混凝土立方体抗压强度标准值，MPa；

　　　　t——混凝土概率度系数；

　　　　σ——混凝土强度标准差，MPa。

其中 σ 可由混凝土生产单位的历史统计资料得到，无统计资料时，对于普通混凝土工程可按表 5-27 取值。当保证率 $P(t)=95\%$ 时，对应的概率度系数 $t=-1.645$，因而上式可写为：$f_{cu,o}=f_{cu,k}+1.645\sigma$。

6. 以混凝土抗压强度作为技术指标时，对混凝土工程质量的检验与评定

以抗压强度为技术指标时，可检验及评定混凝土施工质量。这时要对混凝土施工的结构工程，根据设计与施工的要求，考虑①设计强度等级相同；②龄期相同；③生产工艺条件基本相同；④混凝土配合比基本相同来划分验收批。再以验收批为单位，测定验收批试件或构件的抗压强度值，进行统计回归，再验收与评定。

以混凝土抗压强度为技术指标检验评定混凝土工程质量时，可参考《混凝土强度检验评定标准》GB/T 50107—2010。

（1）按统计方法评定：

1）已知前已验收批混凝土抗压强度标准差时的验收。当混凝土的生产条件在较长时间内能保持一致，且同一品种混凝土的强度变异性能保持稳定时，即可认为该检验批的标准差已知。应由连续的 n 组试件组成一个验收批，其强度应同时满足下列要求：

$$m_{f_{cu}} \geqslant f_{cu,k} + 0.7\sigma_0 \tag{5-12}$$

$$f_{cu,min} \geqslant f_{cu,k} - 0.7\sigma_0 \tag{5-13}$$

当混凝土强度等级不高于 C20 时，其强度最小值尚应满足下式要求：

$$f_{cu,min} \geqslant 0.85 f_{cu,k}$$

当混凝土强度等级高于 C20 时，其强度的最小值尚应满足下式要求：

$$f_{cu,min} \geqslant 0.90 f_{cu,k}$$

式中　$m_{f_{cu}}$——同一验收批混凝土立方体抗压强度的平均值，MPa；

　　　$f_{cu,min}$——同一验收批混凝土立方体抗压强度的最小值，MPa；

　　　　σ_0——已知的该验收批混凝土立方体抗压强度的标准差，MPa。

该 σ_0 的取值，要根据跨越时间不得超过 3 个月的前一个检验批内的同一品种混凝土试件强度数据，按下式计算：

$$\sigma_0 = \sqrt{\frac{\sum_{i=1}^{n} f_{cu,i}^2 - n \cdot m_{f_{cu}}^2}{n-1}} \tag{5-14}$$

式中　$\Delta f_{cu,i}$——第 i 批试件立方体抗压强度中最大值与最小值之差；

　　　　n——用以确定验收批混凝土立方体抗压强度标准差的数据总批数，且 $n \geqslant 45$。

σ_0 精确到 0.01N/mm^2；当 σ_0 计算值小于 2.5N/mm^2 时，应取 2.5N/mm^2。

2）标准差未知的统计方法评定。其适用于当混凝土的生产条件在长时间内不能保持一致，且混凝土强度变异性能不能保证稳定，或在前一个检验期内的同一品种没有足够的数据用以确定验收批混凝土立方体抗压强度的标准差时，应由不少于 10 组的试件组成一个验收批，其强度应同时满足下列要求：

$$f_{cu} \geqslant f_{cu,k} + \lambda_1 S_{f_{cu}} \tag{5-15}$$
$$f_{cu,min} \geqslant \lambda_2 f_{cu,k} \tag{5-16}$$

式中　$S_{f_{cu}}$——同一验收批混凝土立方体抗压强度的标准差，按下式计算：

$$S_{f_{cu}} = \sqrt{\frac{1}{n-1}\sum_{i=1}^{n} f_{cu,i}^2 - n m_{f_{cu}}^2} \tag{5-17}$$

λ_1、λ_2——混凝土强度的统计法合格判定系数，按表 5-28 取。

混凝土强度的统计法合格判定系数　　　　　　　　　　表 5-28

试件组数	10~14	15~24	≥25
λ_1	1.15	1.05	0.95
λ_2	0.90	0.85	

（2）按非统计方法评定。工程现场零星生产批量不大的混凝土或预制构件组数小于 10 组。不能按统计方法进行，则必须按非统计方法评定混凝土强度，其强度应同时满足下列要求：

$$f_{cu} \geqslant \lambda_3 f_{cu,k} \tag{5-18}$$
$$f_{cu,min} \geqslant \lambda_4 f_{cu,k} \tag{5-19}$$

式中　λ_3、λ_4——混凝土强度的非统计法合格判定系数，按表 5-29 取。

混凝土强度的非统计法合格判定系数　　　　　　　　表 5-29

混凝土强度等级	<C60	≥C60
λ_3	1.15	1.10
λ_4	0.95	

（3）上述统计或非统计方法，在许多教科书或规范中，被认定为是对混凝土强度的合格性判定。实际上，当取样足够的前提下，测定的混凝土抗压强度平均值，就可完成对混凝土强度等级的判定。而上述方法，实际上是对混凝土工程施工质量的判定。若上述方法判定混凝土工程质量不合格时，对于不合格结构、构件及建筑物实体，必须及时对其结构安全性进行设计复核验算，并根据具体情况进行加固补强或拆除处理。

5.7　普通混凝土配合比设计

普通混凝土配合比设计指通过计算、试验等方法，确定混凝土中各组成材料数量之间的比例关系，确定混凝土中各组分用量的过程。

普通混凝土配合比表示方法：一种是以 1m³ 混凝土中各种材料的质量表示：如水泥 360kg、水 180kg、砂 715kg、石子 1195kg；另外一种是以各项材料相互间的质量比表示，将上面数值换算成质量比为水泥∶砂∶石＝1∶1.99∶3.32；W/C＝0.50。

5.7.1　普通混凝土配合比设计的原则与基本资料及参数

1. 普通混凝土配合比设计的原则

（1）满足工程设计的强度等级要求原则；

（2）满足施工的新拌混凝土工作性要求原则；

（3）满足工程环境的耐久性要求原则；

（4）满足工程的经济性要求原则；

（5）满足环保、双碳控制的可持续发展要求原则。

2. 普通混凝土配合比设计的基本资料

（1）**工程要求与施工水平方面**。为确定混凝土的工作性、强度标准差、集料的最大粒径、配制强度、最大水胶比与最小水泥用量等，必须首先掌握设计要求的强度等级、混凝土工程所处的部位、使用环境条件与所要求的耐久性。

（2）**原材料方面**。为确定用水量、砂率，并最终确定混凝土配合比，必须优化选择水泥品种、强度等级，测定密度等参数；优选粗、细集料的规格（最大粒径或细度模数）、品种，测定近似密度、堆积密度、级配、含水率及杂质与有害物的含量等；检测水质情况；优选矿物掺合料与化学外加剂的品种、性能等。原材料质量应满足相应的规范要求。

（3）**施工和管理资料方面**。施工和管理资料，包括施工泵送还是非泵送，施工入泵（入模板）坍落度，施工管理水平，掌握混凝土构件或混凝土结构的断面尺寸和配筋情况。

3. 普通混凝土配合比设计中的几个基本参数

（1）**浆骨比**。其指混凝土中的胶凝材料浆体体积与砂石集料体积之比，反映粗细集料之空隙是否可以被有效填充；反映粗细集料是否能被有效悬浮。优选的浆骨比可同时保证混凝土工作性以及抗裂性。

（2）**水胶比**。其指水和水泥之比率，决定水泥硬化浆体的密实性，从而决定水泥混凝土的强度和耐久性。

（3）**砂率**。其指细集料—砂占集料—砂、集料—石总量的比率；优选的砂率，能使粗细集料产生良好的搭配，粗集料空隙得以有效填充，粗集料颗粒得到良好的悬浮，对混凝土工作性、黏聚性、保水性、泵送、密实成型以及硬化混凝土的抗裂性，都具有重要的意义。

（4）**混凝土单位用水量**。其指水在水泥混凝土中所占的比率及实际用量。在水胶比不变的情况下，增大混凝土单位用水量实际上就是增加了水泥浆量，对混凝土流动性具有增大的作用；当水泥用量不变的条件下，增大混凝土单位用水量，实际上就是使水泥浆体变稀从而增大水泥浆总量，使得混凝土流动性增大，但强度和耐久性会因水胶比增大而降低。在满足新拌混凝土流动性及黏聚性要求的基础上，混凝土配制尽可能选用较小的用水量。

5.7.2 普通混凝土配合比设计步骤

1. 初步配合比设计

（1）**计算配制强度 $f_{cu,o}$**。当设计强度等级小于 C60 时，配制强度应按下式确定：

$$f_{cu,o} = f_{cu,k} + 1.645\sigma \tag{5-20}$$

式中　$f_{cu,o}$——混凝土配制强度，MPa；

　　　$f_{cu,k}$——混凝土立方体抗压强度标准值，MPa；

　　　σ——混凝土强度标准差，MPa。当无统计资料时，可参考表 5-27 取值。

当设计强度等级不小于 C60 时，配制强度应按下式确定：

$$f_{cu,o} \geqslant 1.15 f_{cu,k} \tag{5-21}$$

（2）**确定水胶比**。确定水胶比的原则是在满足强度和耐久性的前提下，应选择较大的水胶比以节约水泥用量。当混凝土强度等级小于C60级时，混凝土水胶比宜按下式计算：

$$W/C = \alpha_a \, f_{ce} / (f_{cu,o} + \alpha_a \cdot \alpha_b \cdot f_b) \tag{5-22}$$

式中 $f_{cu,o}$——混凝土 28d 龄期的配制强度，MPa；

   W/C——混凝土的水胶比（水与水泥的质量比）；

   α_a、α_b——与粗集料有关的回归系数，可通过历史资料统计得到；若无统计资料，可按《普通混凝土配合比设计规程》JGJ 55—2011 规定采用：粗集料为石时 $\alpha_a=0.53, \alpha_b=0.20$；为卵石时，$\alpha_a=0.49$，$\alpha_b=0.13$；

   f_{ce}——实测的经标准养护 28d 的胶凝材料胶砂抗压强度，MPa。

有试验条件时，应按水泥胶砂强度测试方法测定水泥 28d 抗压强度。无试验条件时，可取

$$f_{ce} = \gamma_c \cdot f_{ce,k} \tag{5-23}$$

式中 $f_{ce,k}$——水泥强度等级标准值（32.5、42.5 及 52.5），MPa；

   γ_c——出厂的水泥强度富余系数，可在 1.0～1.16 范围内选取。

根据混凝土耐久性要求，水胶比不得大于表 5-24 中所规定的最大水胶比，为了同时满足强度和耐久性要求，取两者的较小值作为试验用水胶比。

（3）**确定混凝土单位用水量（W_o）**。混凝土单位用水量要根据施工要求的坍落度和所采用的粗集料特性，按表 5-18 选用。

混凝土单位用水量 W_o 也可以按照下式估算：

$$W_o = 10(T/10 + K)/3 \tag{5-24}$$

式中 T——混凝土坍落度，mm；

   K——系数，取决于粗集料种类与最大粒径，可参考表 5-30 选取。

混凝土单位用水量计算公式中的 K 值　　　　　　　　　表 5-30

系数	碎石				卵石			
	最大粒径（mm）							
	10	20	40	80	10	20	40	80
K	57.5	53.0	48.5	44.0	54.5	50.0	45.5	41.0

注：采用细砂时，表格中数据加 3.0。

（4）**计算并确定水泥用量**。根据前面计算并查表确定的 W/C，再根据上面选定的混凝土单位用水量，可计算出水泥用量：

$$C_o = W_o \cdot C/W \tag{5-25}$$

为保证混凝土耐久性，用上式计算出的水泥用量，必须满足表 5-25 中的最小水泥用量的规定。若上式计算所得的水泥用量，小于最小水泥用量，则要选取表中的最小水泥用量。

（5）**确定砂率**。砂率 S_p 根据集料的技术指标、新拌混凝土性能和施工条件，参考历史资料确定。也可以按照以下规定确定：

1）坍落度小于 10mm 的干硬性混凝土，其砂率应经过试验确定；

2）坍落度为 10～60mm 的混凝土，其砂率可根据粗集料的品种最大公称粒径及水胶比，按照表 5-19 选取。

3）坍落度大于 60mm 的混凝土，其砂率可经试验确定；也可以在表 5-19 的基础上，按照坍落度每增大 20mm，砂率增加 1% 的幅度予以调整。一般泵送混凝土的砂率在 40%～50% 之间，随水胶比（0.30～0.60）的增加而增加。

4）计算法。可以根据砂填充石子空隙并稍有富余，以拨开石子的原则确定。根据这个原理，可以列出计算公式：

$$\beta_s = m_{so}/(m_{so} + m_{go}) \tag{5-26}$$

$$V_{os} = V_{og} P \tag{5-27}$$

$$S_p = \beta \frac{m_{so}}{(m_{so} + m_{go})} = \beta \frac{\rho'_{os} \cdot V_{os}}{\rho'_{os} \cdot V_{os} + \rho'_{og} \cdot V_{og}} = \beta \frac{\rho'_{os} \cdot V_{og} \cdot P'}{\rho'_{os} \cdot V_{og} \cdot P' + \rho'_{og} \cdot V_{og}} = \beta \frac{\rho'_{os} \cdot P'}{\rho'_{os} \cdot P' + \rho'_{og}} \tag{5-28}$$

式中 S_p——砂率，%；

m_{so}、m_{go}——1m³ 混凝土中的砂和石子质量，kg；

V_{os}、V_{og}——1m³ 混凝土中的砂和石子的松散体积，m³；

ρ'_{os}、ρ'_{og}——砂子和碎石的堆积密度，kg/m³；

P'——碎石孔隙率，%；

β——砂浆剩余系数；亦称为拨开系数，一般取 1.1～1.4。

（6）粗集料和细集料用量的确定

1）**体积法**。该法假定混凝土各组成材料的体积（指各材料排开水的体积，即水泥与水以密度计算体积，砂、石以近似密度计算）与新拌混凝土所含的少量空气的体积之和等于新拌混凝土的体积，即等于 1m³ 或 1000L。由此则得到下述方程组：

$$C_o/\rho_c + G_o/\rho_g + S_o/\rho_s + W_o/\rho_w + 10\alpha = 1000 \tag{5-29}$$

$$S_p = S_o/(S_o + G_o) \times 100\% \tag{5-30}$$

式中 G_o、S_o、C_o、W_o——分别为 1m³ 混凝土粗集料用量、细集料用量、水泥用量、单位用水量，kg；

ρ_c、ρ_w、ρ_g、ρ_s——分别为水泥、水的密度，粗集料、细集料近似密度，g/cm³；$\rho_c = 3.1(g/cm³)$；$\rho_s = (2.60～2.70)g/cm³$；$\rho_g = (2.70～2.75)g/cm³$；$\rho_w = 1.0 g/cm³$；

α——混凝土的含气量百分数，%，在不使用引气型化学外加剂时 $\alpha = 1$，使用引气剂时 $\alpha = 3.0～6.0$。

解此方程组，即可按体积法计算出混凝土的砂—细集料 S_o 和石—粗集料 G_o 的用量。至此，混凝土初步配合比按体积法计算完成。

2）**重量法**。重量法又称密度法，此法即假定各原材料用量等于新拌混凝土的重量，或 1m³ 各种原材料重量之和等于新拌混凝土的表观密度。通常新拌混凝土的表观密度变化不大。做混凝土配合比设计计算时，也可先假定新拌混凝土表观密度为 2450kg/m³。则由此得到如下方程组：

$$C_o + G_o + S_o + W_o = \rho_{oh} \tag{5-31}$$

$$S_p = S_o/(S_o + G_o) \times 100\% \tag{5-32}$$

式中　ρ_{oh}——新拌混凝土表观密度，可假定 2450kg/m³。

解此方程组，即可按重量法（或假定表观密度法）算出混凝土的砂—细集料 S_o 和石—粗集料 G_o 的用量。至此，混凝土初步配合比按重量法计算完成，即得到计算出的混凝土初步配合比 $C_o:G_o:S_o:W_o$。

通过以上 6 个步骤，就可以计算出混凝土的初步配合比（以上混凝土配合比的集料均是以干燥状态为基准进行计算的）。

2. 试拌调整

前述混凝土初步配合比，是根据经验公式或规范建议参数计算得到的。计算结果可能会与实际情况存在差异。故须进行试拌检验与配比调整，即通过实测新拌混凝土表观密度 ρ_{oh} 进行校正。

（1）**工作性调整**。试拌时新拌混凝土应用机械或手工拌合均匀，并立刻测试该新拌混凝土的坍落度，观察评判其黏聚性和保水性。若流动性大于要求值，则可保持水胶比不变，降低用水量和水泥用量；或保持砂率不变，适当增加砂石即集料用量。若黏聚性或保水性不合格，则应适当增加砂用量，直至工作性合格。

此时得到经过工作性调整的混凝土配合比 $C_{调1}:W_{调1}:S_{调1}:G_{调1}$。

（2）**强度试验与确定**。在完成工作性调整的基础上，采用工作性调整得到的配合比作为基准，取此基准水胶比 $W_{调1}/C_{调1}$，并以此 ±0.05，即得到 $(W_{调1}/C_{调1}-0.05)$；$W_{调1}/C_{调1}$；$(W_{调1}/C_{调1}+0.05)$ 三个水胶比，拌制三组水胶比不同，而其他材料用量相同的混凝土。经成形、养护，至 28d 测定抗压强度。

再用作图法，表示出不同水胶比的混凝土 28d 抗压强度。选用 28d 抗压强度达到 $f_{cu,o}$ 之最小水胶比值。此水胶比即为强度检验合格的水胶比 $(W/C)_{min}$。

则经过强度检验的混凝土配合比为：

$$C_{调2}=W_{调1}/(W/C)_{min} \tag{5-33}$$

（3）**新拌混凝土表观密度的调整**。经过工作性和强度调整后，新拌混凝土的表观密度应按下式计算：

$$\rho_{c,c}=C_{调2}+W_{调2}+S_{调2}+G_{调2} \tag{5-34}$$

式中　$W_{调2}$——取经工作性调整后配合比中的单位用水量；
　　　$S_{调2}$、$G_{调2}$——取经工作性调整后配合比中的细、粗集料用量。由此则得到经过强度调整的混凝土配合比：$C_{调2}:W_{调2}:S_{调2}:G_{调2}$

然后用混凝土的实测表观密度 $\rho_{c,t}$ 按下式计算混凝土配合比密度校正系数：

$$\delta=(\rho_{c,t}-\rho_{c,c})/\rho_{c,t} \tag{5-35}$$

式中　δ——混凝土配合比密度校正系数；
　　　$\rho_{c,t}$——混凝土的实测表观密度，kg/m³；
　　　$\rho_{c,c}$——混凝土的计算表观密度，kg/m³。

当新拌混凝土表观密度实测值与计算值之差——混凝土配合比密度校正系数不大于 $\pm2\%$ 时，由以上定出的配合比即为设计配合比；若二者之差超过 $\pm2\%$ 时，则须将已定出的混凝土配合比中每项材料用量均乘以校正系数 δ。由此可得到最终确定的试验室配合比 $C_{试}:W_{试}:S_{试}:G_{试}$。

（4）**耐久性试验**。配合比调整后，对氯离子有设计要求的混凝土应进行水溶性氯离子最大含量的核算。对耐久性有设计要求的混凝土应进行相关耐久性试验验证。

3. 确定施工配合比确定

工地的砂、石均含有一定数量的水分，为保证混凝土配合比的准确性，应根据实测的砂子含水率 W_s、石子含水率 W_g，将试验室配合比换算为施工配合比：

$$C_{施} = C_{试} \tag{5-36}$$

$$S_{施} = (1+W_s)S_{试} \tag{5-37}$$

$$G_{施} = (1+W_g)G_{试} \tag{5-38}$$

$$W_{施} = W_{试} - S_{试} \cdot W_s - G_{试} \cdot W_g \tag{5-39}$$

在施工或预拌混凝土搅拌站生产时，应根据集料含水率及颗粒级配的变化，随时做相应的调整，以满足工程施工的质量要求。

5.8 其他品种的混凝土

5.8.1 水泥路面混凝土及道面混凝土

水泥路面混凝土，要受到车辆的碾压、磨耗，因而要求其具有抵抗动载疲劳和耐磨性能。又由于其混凝土结构为板式结构，考虑其受力特征，故其强度指标与普通混凝土有所不同。

1. 道路混凝土配合比设计

（1）**配制强度**。路面混凝土以抗弯拉强度（抗折强度）为设计强度指标。其 28d 抗弯拉配制强度均值 f_c 按照下式计算：

$$f_c = f_r - 1.04C_v + ts \tag{5-40}$$

式中　f_c——28d 抗弯拉配制强度的均值，MPa；

　　　f_r——设计弯拉强度标准值，MPa；

　　　s——抗弯拉强度标准差，MPa，高速及一级公路 $0.25 \leqslant s \leqslant 0.50$，二级、三级公路 $0.45 \leqslant s \leqslant 0.67$；

　　　t——保证率系数，高速公路 $0.39 \sim 0.79$，一级公路 $0.30 \sim 0.59$，二级公路以下 $0.46 \sim 0.19$；

　　　C_v——抗弯拉强度变异系数，见表 5-31。

混凝土抗弯拉强度变异系数　　　　　　　　　　　　表 5-31

施工管理水平	优秀	良好	一般	差
抗弯拉强度变异系数 C_v	<0.10	0.10~0.15	0.15~0.20	>0.20

（2）**水胶比**。根据混凝土粗集料品种、水泥抗折强度和混凝土抗弯拉强度等已知参数，按以下公式计算水胶比 W/C：

针对碎石：　　　　$W/C = 1.5684/(f_{cf,o} + 1.0097 - 0.3595f_{cef}) \tag{5-41}$

针对卵石：　　　　$W/C = 1.2618/(f_{cf,o} + 1.5429 - 0.4709f_{cef}) \tag{5-42}$

式中　f_{cef}——水泥实测 28d 抗折强度，MPa；

　　　$f_{cf,o}$——配制 28d 混凝土抗弯拉强度的均值，MPa；

W/C——水胶比。

公式计算出 W/C 后，查表5-32。最终取（1）满足抗折强度的水胶比与（2）满足表5-32耐久性要求的水胶比二者之最小值。

满足耐久性要求的最大水胶比和最小单位水泥用量　　　　表5-32

公路技术等级		高速公路一级公路	二级公路	三、四级公路
最大水胶比		0.44	0.46	0.48
抗冰冻要求最大水胶比		0.42	0.44	0.46
抗盐冻要求最大水胶比		0.40	0.42	0.44
最小单位水泥用量（kg/m³）	42.5级	300	300	290
	32.5级	310	310	305
抗冰（盐）冻时最小单位水泥用量（kg/m³）	42.5级	320	320	315
	32.5级	330	330	325
掺粉煤灰时最小单位水泥用量（kg/m³）	52.5级	250	250	245
	42.5级	260	260	255
	32.5级	—	—	265

（3）**确定砂率 S_P**。砂率应根据砂的细度模数和粗集料种类，查表5-33取值。

砂的细度模数和粗集料种类与最优砂率关系　　　　表5-33

砂细度模数 M_x		2.2~2.5	2.5~2.8	2.8~3.1	3.1~3.4	3.4~3.7
砂率 S_P（%）	碎石	30~34	32~36	34~38	36~40	38~42
	卵石	28~32	30~34	32~36	34~38	36~40

（4）**单位用水量**。混凝土单位用水量按照如下经验公式计算，其中集料为饱和面干状态。当用粗砂或细砂时，混凝土用水量应及时减少或增加以调整到施工所要求的坍落度。

碎石混凝土：$W_o = 104.97 + 0.309SL + 11.27C/W + 0.61S_P$　　　　（5-43）

卵石混凝土：$W_o = 86.89 + 0.370SL + 11.24C/W + 1.00S_P$　　　　（5-44）

式中　W_o——不掺外加剂与掺合料混凝土的单位用水量，kg/m³；

　　　SL——坍落度，mm，根据粗集料种类由表5-34或表5-35选择适宜的坍落度；

　　　S_P——砂率，%；

　　　C/W——胶水比。

不同粗集料种类混凝土坍落度　　　　表5-34

指标界限	坍落度 SL（mm）	
	卵石混凝土	碎石混凝土
最佳工作性	20~40	25~50
允许波动范围	5~55	10~65
最大单位用水量（kg/m³）	155	160

不同摊铺方式混凝土坍落度及最大单位用水量　　　　　　表 5-35

摊铺方式	轨道摊铺机摊铺		三辊轴机组摊铺		小型机具摊铺	
出机坍落度（mm）	40～60		30～50		10～40	
摊铺坍落度（mm）	20～40		10～30		0～20	
最大单位用水量（kg/m³）	碎石 156	卵石 153	碎石 153	卵石 148	碎石 150	卵石 145

当道路混凝土使用减水剂时，混凝土用水量 $W' = W_o(1 - \beta\%)$，$\beta\%$ 为一定掺量下的混凝土减水剂减水率。

（5）**单位水泥用量的计算与确定**

$$C_o = (C/W)W_o \tag{5-45}$$

式中　C_o——单位水泥用量，kg/m^3。

道路混凝土，应优先选择道路硅酸盐水泥，以提高混凝土抗折强度，路面混凝土水泥用量应参考表 5-32 的要求。

（6）**计算砂（S_o）、石（G_o）用量**

$$C_o + W_o + S_o + G_o = \rho_0 \tag{5-46}$$

$$S_P = S_o / (S_o + G_o) \times 100\% \tag{5-47}$$

式中　S_o——砂单位用量，kg/m^3；

　　　G_o——石单位用量，kg/m^3；

　　　S_P——砂率，%；

　　　ρ_0——欲配制混凝土假设密度，kg/m^3，一般在 2400～2450kg/m^3 之间。

经计算得到的配合比，应验算单位粗集料填充体积率，且不宜小于 70%。

（7）**试配调整工作性，提出基准配合比**

1）**试配检验新拌混凝土的工作性**。按上面计算的初步配合比配制 0.03m^3 的新拌混凝土，测定坍落度，并观察黏聚性和保水性，振实难易程度，如不符合要求，应进行调整，调整时应注意不得减小满足计算弯拉强度及耐久性要求的单位水泥用量，具体调整方法如下：

① 新拌混凝土过稀，坍落度过大，流浆离析时，说明砂石用量不足，保持水胶比和砂率不变，同时增大砂石用量。

② 新拌混凝土过干，坍落度过小，黏聚性不足，说明砂石用量过大，保持水胶比和砂率不变，同时减少砂石用量，或增加水泥浆用量。

③ 新拌混凝土砂浆过多，坍落度合适，振实后表面砂浆较厚时，应降低砂率。

④ 新拌混凝土砂浆量过少，新拌混凝土干涩，坍落度合适时，应增大砂率，或增加水泥浆用量。

2）**含气量检验**。路面混凝土的抗折强度、抗冻性、耐久性和干缩变形量的大小，主要与新拌混凝土的含气量有关。含气量检测应按照《公路工程水泥及水泥混凝土试验规程》JTG 3420—2020 中规定的方法进行检测，含气量应符合表 5-36 要求，如含气量不能满足要求，应适当调整引气剂的用量。

路面混凝土含气量及允许偏差（%）   表 5-36

最大公称粒径（mm）	无抗冻性要求	有抗冻性要求	有抗盐冻要求
19.0	4.0±1.0	5.0±0.5	6.0±0.5
26.5	3.5±1.0	4.5±0.5	5.5±0.5
31.5	3.5±1.0	4.0±0.5	5.0±0.5

3）**新拌混凝土密度检验和配合比调整**。通过试验测得混凝土的实测表观密度 $\rho_{c,t}$ 与混凝土的计算表观密度 $\rho_{c,c}$ 之差的绝对值超过 2% 时，应对初步配合比中的各材料进行调整，调整方法如下：

① 计算调整系数 $\delta = \rho_{c,t}/\rho_{c,c}$；

② 用初步配合比中的各材料数量乘以调整系数 δ：

砂用量：$S'_o = S_o \cdot \delta$

石用量：$G'_o = G_o \cdot \delta$

水泥用量：$C'_o = C_o \cdot \delta$

水用量：$W'_o = W_o \cdot \delta$；

③ 确定基准配合比水泥：水：砂：石 $= C'_o : W_o : S'_o : G'_o$。

4）**测定强度、检测耐久性，确定试验室配合比**

① 以基准配合比，增加和减少水胶比 0.02，再计算两组配合比，按《公路工程水泥及水泥混凝土试验规程》JTG 3420—2020 的规定分别制成三组不同水胶比 150mm×150mm×550mm 的试件测定抗折强度，和 150mm×150mm×150mm 的抗压强度试件作强度校核。

② 标准养护 28d 后，按试验规程要求测定强度。

③ 检验抗折强度是否满足试配强度要求。

④ 检测耐久性：有抗冻性要求的应进行抗冻性检验，严寒地区路面混凝土抗冻标号不宜小于 F250，寒冷地区不宜小于 F200；有抗盐冻要求的还应进行抗盐冻试验；对于高速公路、一级公路有条件还要求进行抗磨性试验。

⑤ 综合分析确定满足工作性、抗折强度、耐久性要求，及经济合理的试验室配合比。

5）**换算施工配合比**

① 施工现场砂、石含水率分别为 W_s% 和 W_g%，按下式计算施工配合比各种材料用量：

砂：$$S = S'_o(1 + W_s\%) \tag{5-48}$$

石：$$G = G'_o(1 + W_g\%) \tag{5-49}$$

水泥：$$C = C'_o \tag{5-50}$$

水：$$W = W'_o - (S'_o \cdot W_s\% + G'_o \cdot W_g\%) \tag{5-51}$$

② 确定施工配合比水泥：水：砂：石 $= C : W : S : G$。

2. 机场道面混凝土

机场道面混凝土的技术要求高于道路混凝土，混凝土 28d 抗折强度为 5.0～6.0MPa，P.O42.5 级普通硅酸盐水泥或者道路硅酸盐水泥用量在 300～330kg/m³，$W/C < 0.45$，采用河砂，细度模数 $M_x = 2.1～2.8$；碎石采用 5～20mm 与 20～40mm 两级配，用水量一般在 130～150kg/m³，施工坍落度不大于 5mm。工程实践表明，为了耐磨抗裂的技术

要求，一般不掺入矿物掺合料，特殊情况下即使掺入矿物掺合料，用量也小于 $50kg/m^3$。混凝土的运输采用 5～20t 自卸平板卡车，采用以排式电动高频振动棒机组振捣为主、平板振动器为辅的振捣方式。采用塑料布或成膜养护剂即时覆盖养护。我国若干典型的机场道面混凝土配合比见表 5-37。

若干典型机场道面混凝土配合比   表 5-37

机场编号	C	W	S	G (5～20) (mm)	G (20～40) (mm)	S_P (%)
1	320	135	648	622	760	32
2	320	140	628	733	733	31
3	320	141	652	555	832	32
4	335	150	629	627	772	32
5	320	140	573	590	855	30
6	330	150	626	532	799	31
7	310	140	630	441	1029	31
8	310	133	617	360	1080	28
9	330	132	524	671	799	26

5.8.2 粉煤灰混凝土

粉煤灰是当代混凝土中应用最普遍的矿物掺合料，其粉体颗粒多为圆球形，表面光滑、级配良好。掺入混凝土后，粉煤灰颗粒均匀分布于水泥浆体中，能有效阻止水泥颗粒间的相互黏结，显著改善混凝土的工作性和泵送性能。粉煤灰中的活性成分与水泥水化产生的氢氧化钙发生反应，所生成的水化产物填充于混凝土的孔隙之中，不仅使密实性增强、强度提高，而且可减少水泥石中氢氧化钙的含量，改善混凝土的抗硫酸盐侵蚀性能和抗软水侵蚀性能。在混凝土中掺入粉煤灰，还可实现降低混凝土的水化热温升，提高大体积混凝土抗裂性；利用工业废料，减轻环境污染；节约水泥，降低工程造价等目的。

粉煤灰混凝土的突出优点是后期性能优越，尤其适用于不受冻的海港工程和早期强度要求不太高的大体积工程，如高层建筑的地下基础、大型设备基础和水工结构工程。水利工程中的大坝混凝土几乎全部掺用粉煤灰，预拌（商品）混凝土搅拌站为了改善混凝土的泵送性能及其他性能，也把粉煤灰作为矿物掺合料。用于混凝土中的粉煤灰，按其质量分为 Ⅰ、Ⅱ、Ⅲ 三个等级。粉煤灰混凝土配合比设计是以未掺粉煤灰的混凝土（称为基准混凝土）配合比为基础进行的，即设计时需首先计算基准混凝土的配合比（C_0、W_0、S_0、G_0），方法同普通混凝土配合比设计。

根据掺用粉煤灰的目的不同，一般有超量取代法、等量取代法和外加法三种方法。

等量取代法：粉煤灰掺量等于所取代的水泥量，其早期强度会有所降低，但随着龄期的增长，粉煤灰的活性效应使其强度逐渐赶上并超过普通混凝土，因此多用于早期强度要求不高的混凝土，如水利工程中的大体积混凝土。

超量取代法：粉煤灰掺量大于所取代的水泥量，多出的粉煤灰取代等体积的砂，取代砂的粉煤灰所获得的强度增强效应，用以补偿粉煤灰取代水泥所降低的早期强度，从而保证粉煤灰混凝土的强度等级。

外加法：又称粉煤灰代砂法，指掺入粉煤灰后水泥用量并不减少，用粉煤灰取代等体积的砂，主要适用于水泥用量较少、工作性较差的低强度等级混凝土。

1. 等量取代法配合比设计

（1）首先计算出基准混凝土的配合比（C_o、W_o、S_o、G_o），方法同普通混凝土配合比设计。

选定与基准混凝土相同或稍低的水胶比 W_o/C_o。

（2）计算水泥用量与粉煤灰用量。根据确定的粉煤灰取代率 β_f（其最大取代率应符合工程相关规范的规定）和基准混凝土的水泥用量 C_o，按下式计算粉煤灰混凝土的粉煤灰用量 FA 和水泥用量 C：

$$FA = S_p \cdot C_o \tag{5-52}$$

$$C = C_o - FA \tag{5-53}$$

（3）计算粉煤灰混凝土用水量：

$$W = W_o \tag{5-54}$$

（4）确定砂率。选用与基准混凝土相同或稍低的砂率：

$$S_p = S_o /(S_o + G_o) \times 100\% \tag{5-55}$$

（5）计算砂石用量 S 和 G：

$$W/\rho_w + C/\rho_c + FA/\rho_{FA} + S/\rho_s + G/\rho_g + 10\alpha = 1000 \tag{5-56}$$

$$S_p = S_o /(S_o + G_o) \times 100\% \tag{5-57}$$

式中 ρ_w、ρ_c、ρ_{FA}、ρ_s、ρ_g 分别为水、水泥、粉煤灰密度，砂和碎石的近似密度（g/cm³）。

（6）1m³ 粉煤灰混凝土中各材料用量为 W、C、FA、S、G。

2. 超量取代法配合比设计

（1）首先计算出基准混凝土的配合比（C_o、W_o、S_o、G_o），方法同普通混凝土配合比设计。确定粉煤灰取代率 δ_p 和超量系数 K_c（应符合表 5-38 的规定）。

粉煤灰超量系数 　　　　　　　　　　　　　　　　　　　　　表 5-38

粉煤灰级别	Ⅰ级	Ⅱ级	Ⅲ级
超量系数（K_c）	1.1～1.4	1.3～1.7	1.5～2.0

（2）确定粉煤灰取代水泥量 Fa、总粉煤灰掺量 FA 和超量部分粉煤灰质量 Fe：

$$Fa = C_o \cdot S_p; \tag{5-58}$$

$$FA = K_c \cdot C_o \cdot S_p \tag{5-59}$$

$$Fe = FA - Fa = (K_c - 1) \cdot C_o \cdot S_p \tag{5-60}$$

（3）计算水泥用量：

$$C = C_o - Fa \tag{5-61}$$

（4）计算粉煤灰超量部分代砂后的砂用量 S：

$$S = S_o - Fe \cdot \rho_{FA} \cdot \rho_s \tag{5-62}$$

（5）1m³ 粉煤灰混凝土中各材料用量为 C、W_o、S、G_o。

3. 外加法配合比设计

（1）首先计算出基准混凝土的配合比（C_o、W_o、S_o、G_o），方法同普通混凝土配合比设计。根据基准配合比选定外加粉煤灰的掺量 β_f。

（2）计算外加粉煤灰质量：

$$FA = C_o \cdot \beta_f \tag{5-63}$$

（3）计算粉煤灰代砂后的砂用量 S：

$$S = S_o - FA \cdot \rho_f \cdot \rho_s \tag{5-64}$$

（4）$1m^3$ 粉煤灰混凝土中各材料用量为 W_o、C_o、FA_o、S_o、G_o。

以上计算的粉煤灰混凝土配合比，需经过试配调整和强度检验，合格后方可用于工程，其过程与普通混凝土相同。

5.8.3 抗渗混凝土

抗渗性混凝土又称防水混凝土，指抗渗性等级不小于 P6 的混凝土，常用的抗渗等级为 P6、P8、P10、P12 等。

抗渗混凝土的配制原则为减少混凝土的孔隙率，特别是开口孔隙率；堵塞连通的毛细孔隙或切断连通的毛细孔，并减少混凝土的开裂；或使毛细孔隙表面具有憎水性。抗渗混凝土的水胶比、胶凝材料总量和砂率见表 5-39。

配制防水混凝土时应将抗渗压力比设计值 P 提高 0.2MPa，抗渗试验结果应满足下式：

$$Pt \geqslant P/10 + 0.2 \tag{5-65}$$

式中 Pt——6 个试件中第 3 个试件开始出现渗水时的最大水压力（MPa）；

P——设计要求的抗渗等级。

抗渗混凝土的水胶比、胶凝材料总量和砂率　　表 5-39

设计抗渗等级	最大水胶比		
	C20～C30	C30 以上	
P6	0.6	0.55	胶凝材料总量≥320kg/m³，砂率 35%～45%
P8～P12	0.55	0.50	
＞P12	0.50	0.45	

1. 普通抗渗混凝土（富水泥浆混凝土）

普通抗渗混凝土主要是通过调整混凝土配合比提高自身密实性和抗渗性。通过采用较小的水胶比、提高胶凝材料用量和砂率，以达到提高砂浆的不透水性，在粗集料周围形成足够数量和良好质量的砂浆包裹层，并使粗集料彼此隔离，有效阻隔沿粗集料相互连通的渗水孔网。配制普通防水混凝土所用的水泥应泌水性小、水化热低，并具有一定的抗侵蚀性。普通防水混凝土的配合比设计，首先应满足抗渗性的要求，同时考虑抗压强度、施工工作性和经济性等方面的要求。必要时还应满足抗侵蚀性、抗冻性和其他特殊要求。

配制混凝土时，应优先采用普通硅酸盐水泥或火山灰质硅酸盐水泥，水泥用量不宜小于 320kg/m³；水胶比不得大于 0.60，砂率不宜小于 35%；粗集料的最大粒径不宜大于 31.5mm，粗集料的含泥量及泥块含量应分别小于 1.0%、0.5%，细集料的含泥量及泥块含量应分别小于 3.0%、1.0%，宜采用矿物掺合料（FA 应在 Ⅱ 级粉煤灰以上）和混凝土减水剂，并应采用级配良好的粗、细集料。

施工时，通过加强搅拌、浇筑、振捣和养护质量控制，采用最小坍落度施工原则以减少混凝土因收缩而开裂的概率。用途主要为地上、地下要求防水抗渗的混凝土工程。

2. 掺外加剂的抗渗混凝土

外加剂防水混凝土，是通过掺加适宜品种和数量的外加剂，改善混凝土内部结构，隔断或堵塞混凝土中的各种孔隙、裂缝及渗水通道，以达到要求抗渗性的混凝土。引气剂（松香热聚物、K12、AOS 等）掺量一般为胶凝材料用量的 $0.01\%\sim0.03\%$，可以使混凝土的含气量达到 $3\%\sim5\%$。密实剂，黄褐色或暗红色液体，主要成分为 Fe^{3+} 和铝盐，掺量一般为胶凝材料用量的 $2\%\sim3\%$。无机铝盐防水剂掺入水泥混凝土后，即与水泥中的水化生成物发生化学反应，生成氢氧化铝和氢氧化铁等不溶于水的胶体物质，同时还能与水泥中的水化铝酸钙作用，生成具有一定膨胀性的复盐硫铝酸钙晶体。这些胶体和晶体物质堵塞和填充了水泥混凝土在硬化过程中形成的毛细通道和孔隙，从而提高了水泥混凝土的密实性，达到防水抗渗的目的。

3. 掺膨胀剂的抗渗混凝土

掺加膨胀剂或直接用膨胀水泥配制的混凝土称为膨胀混凝土。

为克服普通水泥混凝土因水泥石的收缩、干燥收缩等开裂的问题，可采用掺加膨胀剂或直接用膨胀水泥配制混凝土，这种混凝土称为膨胀混凝土。该混凝土在凝结硬化过程中能形成大量钙矾石，从而产生一定量的体积膨胀，当膨胀变形受到来自外部的约束或钢筋的内部约束时，就会在混凝土中产生 $0.2\sim0.7MPa$ 的预压应力，使混凝土的抗裂性和抗渗性得到增强。膨胀剂的掺量一般为胶凝材料用量的 $6\%\sim15\%$，常用的膨胀剂有：

（1）以硫铝酸钙、明矾石和石膏为膨胀组分的膨胀剂 UEA。

（2）以高铝水泥熟料、明矾石和石膏为膨胀组分的铝酸盐膨胀剂 AEA。

（3）以氧化钙、天然明矾石和石膏为膨胀组分的复合膨胀剂等。

使用膨胀剂配制混凝土时的注意事项：

（1）应根据使用要求选择合适的膨胀值和膨胀剂掺量。

（2）膨胀混凝土应有最低限度的强度值和合适的膨胀速度。

（3）长期与水接触时，必须保证后期膨胀稳定性。

（4）膨胀混凝土的养护是影响其质量的关键环节，一般分为预养和水养两个阶段。预养的主要目的是使混凝土获得一定的早期强度，使之成为水养期发生膨胀时的结晶骨架，为发挥膨胀性能创造条件。一般在混凝土浇筑后 $8\sim14h$ 即混凝土终凝后就开始浇水养护，水养期不宜少于 $14d$。

抗渗混凝土的适用范围：广泛应用于贮水池、水塔，尤其是隧道衬砌、涵洞框架结构、建筑及地下防水工程用混凝土的抗裂防水；混凝土承台、桥墩、无砟轨道现浇混凝土道床板、混凝土底座及其他混凝土结构的抗渗密实；适用于工业与民用建筑的屋面、地面、墙面、厨房、卫生间、地下室等防水工程；尤其适用于各种水池、游泳池、地下仓库、人防工程、地铁、隧道等建筑物防潮、防水工程。

5.8.4　轻混凝土

随着建筑节能技术要求的不断提高以及高层、大跨度结构的发展，对材料的性能相应地有了更高的要求，因而轻混凝土得到快速发展。轻混凝土按原料与生产方法的不同可分为轻集料混凝土、多孔混凝土和大孔混凝土。

1. 轻集料混凝土

用轻粗集料、轻砂（或普通砂）、水泥和水配制而成的，其干表观密度不大于 1950kg/m³ 的混凝土称为轻集料混凝土。采用轻砂作细集料的轻集料混凝土称为全轻混凝土，采用普通砂或部分轻砂作细集料的轻集料混凝土称为砂轻混凝土。

轻集料混凝土常以轻粗集料的名称命名，有时也将轻细集料的名称写在轻粗集料后，如浮石混凝土、粉煤灰陶粒混凝土、陶粒珍珠岩混凝土等。

按用途，轻集料混凝土分为保温轻集料混凝土、结构保温轻集料混凝土和结构轻集料混凝土，相应的强度等级与密度见表 5-40。

轻集料混凝土的强度等级与密度 　　　　　　　　表 5-40

类 别 名 称	混凝土强度等级的合理范围	混凝土密度的合理范围（kg/m³）	用 途
保温轻集料混凝土	LC5.0	≤800	主要用于保温围护
结构保温轻集料混凝土	LC5.0、LC7.5、LC10、LC15	800～1400	主要用于既承重又保温的围护结构
结构轻集料混凝土	LC15、LC20、LC25、LC30、LC35、LC40、LC45、LC50、LC55、LC60	1400～1900	主要用于承重构件或构筑物

（1）轻集料

1）**轻集料的分类与品种**。轻集料可分为轻粗集料和轻细集料。凡粒径大于 5mm、堆积密度小于 1000kg/m³ 的轻质集料，称为轻粗集料；凡粒径不大于 5mm、堆积密度小于 1200kg/m³ 的轻质集料，称为轻细集料（或轻砂）。轻集料内部含有大量孔隙，属于多孔结构。

轻粗集料按其粒型可分为**圆球形**、**普通型**和**碎石型**。

轻集料按来源分为三类：

① **天然轻集料**。其指火山爆发等形成的天然多孔岩石，经加工而成的轻集料，如浮石、火山渣及其轻砂。

② **工业废料轻集料**。其指以工业废料为原料，经加工而成的轻集料，如粉煤灰陶粒、自燃煤矸石、膨胀矿渣珠、炉渣及其轻砂。

③ **人造轻集料**。其指以地方材料为原料，经加工而成的轻集料，如页岩陶粒、黏土陶粒、膨胀珍珠岩及其轻砂。

陶粒的生产工艺流程：原料粉碎和粉磨→原料配比→原料搅拌→制粒（圆盘式或对辊挤压式）→整形筛选→回转长窑烧结→冷却→圆筒筛筛分→装袋。

生产陶粒的原料主要有粉煤灰、黏土、页岩、城市水道污泥、煤矸石等，粉煤灰污泥陶粒采用粉煤灰、污泥和黏土配料。粉煤灰储存在钢板圆库内，由仓下的刚性叶轮给料机卸出后，经皮带秤计量后，送入双轴搅拌机；进厂的污泥堆在防雨棚中，存放一段时间蒸发部分水分后，被铲车送入污泥料仓，经仓下的螺旋输送机计量后也送入双轴搅拌机；进厂的黏土经板式喂料机送入辊齿式破碎机，破碎后经计量也进入双轴搅拌机。粉煤灰、污泥和黏土在双轴搅拌机内进行充分的搅拌，混合均匀后，送到陈化堆场。陈化 15～20d 后，被铲车送到双轴搅拌机打散和搅拌，然后送入对辊造粒机，造出的颗粒状料球由皮带输送机送入整形筛分机，圆整处理后，小颗粒被筛出，合格的颗粒球被送入回转窑。随着回转窑的旋转，逐步向窑头方向移动，水分得到烘干后，进入回转焙烧窑。随着温度的升高，物料内部发生化学变化，生成的气体使物料变得蓬松，在烧成带 1050～1200℃ 温度下，颗粒表面出现液相，使物料内部的气孔被封闭起来，形成内部具有微细气孔结构和表面有一层硬壳包裹的表观密度大约 500kg/m³ 的建筑陶粒。烧制出的陶粒成品落入冷却机冷却后，再由回转筛分成 5mm、15mm、25mm 三种规格的成品，各自存放在堆场，装袋后入库。

2）**轻集料技术要求**。其主要包括堆积密度、颗粒级配、筒压强度和吸水率四项，同时对耐久性、体积安定性和有害杂质含量也有一定要求。

① **堆积密度**。轻粗集料按其堆积密度（kg/m³）分为 200、300、400、500、600、700、800、900、1000、1100 及 1200 十一个密度等级；轻细集料按其堆积密度（kg/m³）分为 500、600、700、800、900、1000、1100 及 1200 八个密度等级。

② **最大粒径与颗粒级配**。轻集料粒径越大，强度越低。因此，保温及结构保温轻集料混凝土用轻集料，其最大粒径不宜大于 40mm；结构轻集料混凝土用轻集料，其最大粒径不宜大于 20mm。轻粗集料的级配应符合《轻集料及其试验方法 第 1 部分：轻集料》GB/T 17431.1—2010 中规定。

③ **筒压强度与强度等级**。轻集料混凝土的强度与轻粗集料本身的强度、砂浆强度及轻粗集料与砂浆界面的黏结强度有关。在一定的范围内，随着砂浆强度的增加，轻集料混凝土的强度也随之增长，轻粗集料不影响轻集料混凝土的强度；当砂浆强度进一步增长时，轻集料混凝土的强度增长不大，甚至不再增长，这主要是由于轻粗集料本身的强度较小，妨碍了轻集料混凝土强度的进一步提高。

轻粗集料的强度采用"筒压法"测定。它是将粒径为 10～20mm 烘干的轻集料装入 ϕ115mm×100mm 的带底圆筒内，上面加上 ϕ113mm×70mm 的冲压模，取冲压模被压入深度为 20mm 时的压力值，除以承压面积（10000mm²），即为轻集料的筒压强度值。

筒压强度是一项间接反映轻粗集料强度的指标，并没有反映出轻集料在混凝土中的真实强度，因此，轻粗集料的强度还采用强度等级表示。轻粗集料的强度等级是将轻粗集料按规定试验方法配制的轻集料混凝土合理强度的上限值。表 5-41 为轻粗集料筒压强度及强度标号的对应关系。

轻粗集料筒压强度及强度等级限值　　　　　　　　　　表 5-41

轻粗集料种类	堆积密度等级 （kg/m³）	筒压强度（MPa）		强度等级（MPa）
		普通轻粗集料	高强轻粗集料	
人造 轻集料	200	≥0.2	—	—
	300	≥0.5	—	—
	400	≥1.0	—	—
	500	≥1.5	—	—
	600	≥2.0	4.0	25
	700	≥3.0	5.0	30
	800	≥4.0	6.0	35
	900	≥5.0	6.5	40

④**吸水率**。轻集料的吸水率较普通集料大。吸水速度快，1h 吸水率可达 24h 吸水率的 $62\%\sim94\%$；同时，由于毛细管的吸附作用，释放水的速度却很慢。一般情况下，轻集料的吸水性显著影响轻集料新拌混凝土的工作性和水泥浆的水胶比以及硬化后轻集料混凝土的强度。轻集料的堆积密度越小，吸水率越大。表 5-42 为不同密度等级的轻粗集料的吸水率限值。

不同密度等级的轻粗集料的吸水率限值 表 5-42

轻粗集料种类	密度等级（kg/m³）	1h 吸水率（%）
人造轻集料工业废渣轻集料	200	≤30
	300	≤25
	400	≤20
	500	≤15
	$600\sim1200$	≤10
人造轻集料中的烧结工艺生产的粉煤灰陶粒	$600\sim900$	≤20
天然轻集料	$600\sim1200$	—

（2）轻集料混凝土的性质

1）**工作性**。影响轻集料混凝土工作性的因素同普通混凝土相似，但轻集料对工作性有很大的影响。由于轻集料会吸收混凝土拌合料中的水分，即总用水量中有一部分未起润滑和提高流动性的作用，将这部分被轻集料吸收的水量称为附加用水量，其余部分称为净用水量。标准规定，附加用水量为轻集料 1h 的吸水量，轻集料混凝土的水胶比用净水胶比表示，即净用水量与水泥用量的比值。轻集料混凝土的流动性主要取决于净用水量和减水剂用量。轻集料混凝土工作性也受砂率的影响，轻集料混凝土的砂率用体积砂率表示，分为密实体积砂率（即细集料的自然状态体积占粗、细集料自然状态体积之和的百分率）、松散体积砂率（即细集料的堆积体积占粗、细集料堆积体积之和的百分率）。轻集料混凝土的砂率一般高于普通混凝土。当采用易破碎的轻砂时（如膨胀珍珠岩），砂率明显较高，且粗、细集料的总体积（两者堆积体积之和）也较大。采用普通砂时，流动性较高，且可提高轻集料混凝土的强度，降低干缩与徐变变形，但会明显增大其绝干表观密度，并降低其保温性。

2）**抗压强度**。轻集料混凝土的强度等级用 LC 和抗压强度标准值表示，划分有 LC5.0、LC7.5、LC10、LC15、LC20、LC25、LC30、LC35、LC40、LC45、LC50、LC55 及 LC60 等级别。轻集料的品种多、性能差异大。因此，影响轻集料混凝土强度的因素也较为复杂，主要为水泥强度、净水胶比和轻粗集料本身的强度。

轻集料表面粗糙或多孔，具有吸水与返水特性，即在搅拌与成型过程中能降低粗集料周围的水胶比，在后期则向水泥石持续提供水泥水化用水，对混凝土起自养护作用。因而使轻集料与水泥石的界面黏结强度显著提高，界面不再是最薄弱环节。采用某种轻集料配制混凝土时，当水泥石强度较低时，裂纹首先在水泥石中产生；随着水泥石强度的提高，当两者接近时，裂纹几乎同时在水泥石和轻粗集料中产生；进一步再提高水泥石强度，裂纹首先在轻粗集料中产生。因此，轻集料混凝土的强度随着水泥石强度的提高而提高，但提高到某一强度值即轻粗集料的强度等级后，即使再提高水泥石强度，由于受轻粗集料强度的限制，轻集料混凝土的强度提高甚微。

在水泥用量和水泥石强度一定时，轻集料混凝土的强度随着轻集料本身强度的降低而降低。轻集料用量越多、堆积密度越小、粒径越大，则轻集料混凝土强度越低。轻集料混凝土的表观密度越小，强度越低。轻集料混凝土的水泥用量与强度有着密切的关系。水泥用量过少不利于强度的提高，过多则增加轻集料混凝土的表观密度和收缩，且强度也不再提高。

3）**轻集料混凝土的其他性质**。轻集料混凝土按绝干表观密度，划分为 600、700、800、900、1000、1100、1200、1300、1400、1500、1600、1700、1800、1900kg/m³ 十四个等级，轻集料混凝土的弹性模量为同强度等级混凝土的 50%～70%。即轻集料混凝土的刚度小，变形较大，但这一特征有利于改善建筑物的抗震性能和抵抗动荷载的作用。增加混凝土组分中普通砂的含量，可以提高轻集料混凝土的弹性模量。轻集料混凝土的收缩和徐变约比普通混凝土相应大 20%～50% 和 30%～60%，热膨胀系数比普通混凝土小20%左右。轻集料混凝土的导热系数较小，具有较好的保温能力，适合用作围护材料或结构保温材料。轻集料混凝土的导热系数主要与其表观密度有关，表观密度为 600～1900kg/m³ 时，导热系数为 0.23～1.01W/(m·K)。

轻集料混凝土的净水胶比小，加之轻集料对水泥的自养护作用，使水泥石的密实度高，水泥石与轻集料界面的黏结良好，因而轻集料混凝土的耐久性较同强度等级的普通混凝土高。但强度等级低的，特别是采用炉渣、煤矸石配制的轻集料混凝土抗冻性相对较差。需要指出的是，人造轻集料及轻集料混凝土的价格虽高于普通砂、石和普通混凝土，但其自重小，保温隔热性好，可降低基础造价、建筑能耗、材料运输量等，因而也能取得较好的经济效益和社会效益。

与普通混凝土相比，轻集料混凝土具有轻质、高强、抗震性好、保温隔热性好及耐久性优等特点，可应用于各种土木工程中，尤其适用于高层建筑、高架桥与大跨度桥梁、水工工程、海洋工程；高寒及炎热地区、软土地基区、地震多发区、碱-集料反应多发区、受化学介质侵蚀地区的土木工程及某些遭受腐蚀破坏建筑的加固、修复与扩建改造工程。

（3）**轻集料混凝土配合比设计**。轻集料混凝土配合比设计大多是参考普通混凝土配合比设计方法，并考虑轻集料及轻集料混凝土的特点，依据经验和通过试验试配确定的。轻集料混凝土配合比设计的基本要求，除要满足工作性、强度、耐久性、设计要求的干表观密度及经济性外，有时还要满足其他性能，如导热系数、弹性模量等。配合比设计前，首先须根据设计要求的强度等级、表观密度和用途，确定粗、细集料的品种、堆积密度和轻粗集料的最大粒径。轻集料混凝土的水胶比以净水胶比表示。净水胶比为不包括集料 1h 吸水量在内的净用水量与水泥用量之比。

设计全轻混凝土时，以总水胶比表示。总水胶比包括轻集料 1h 吸水量在内的总用水量与水泥量之比。因轻集料易上浮，不易搅拌均匀，应采用强制式搅拌机，且搅拌时间要比普通混凝土略长一些。轻集料混凝土在气温 5℃ 以上的季节施工时，可根据工程需要，对轻粗集料进行预湿处理（浸泡 1～2h 后，捞出沥水后单独存放，及时使用），这样拌制的新拌混凝土的工作性和水胶比比较稳定。

轻集料混凝土配合比设计依据《轻骨料混凝土应用技术标准》JGJ 12—2019 中规定。设计步骤如下：

1）确定配制强度 $f_{cu,o}$

$$f_{cu,o} \geqslant f_{cu,k} + 1.645\sigma \qquad (5-66)$$

式中　$f_{cu,o}$——轻集料混凝土的配制强度，MPa；

　　　$f_{cu,k}$——轻集料混凝土立方体抗压强度标准值，MPa；

　　　σ——轻集料混凝土强度标准差，MPa。

σ 应按统计资料确定（$n \geqslant 25$），无统计资料时，强度标准差按照表 5-43 取值。

强度标准差 σ　　　　　　　　　　　　　表 5-43

混凝土强度等级	σ（MPa）
<LC20	4.0
LC20～LC35	5.0
>LC35	6.0

2）轻集料混凝土中水泥用量的选择

轻集料混凝土中水泥用量的选择，按照表 5-44 选用。

轻集料混凝土中水泥用量（kg/m³）　　　　　　　　　　　　　表 5-44

混凝土配制强度（MPa）	轻骨料密度等级						
	400	500	600	700	800	900	1000
<5	260～320	250～300	230～280	—	—	—	—
5～7.5	280～360	260～340	240～320	220～300	—	—	—
7.5～10	—	280～370	260～350	240～320	—	—	—
10～15	—	—	280～350	260～340	240～330	—	—
15～20	—	—	300～400	280～380	270～370	260～360	250～350
20～25	—	—	330～400	320～390	310～380	300～370	
25～30	—	—	380～450	360～430	360～430	350～420	
30～40	—	—	420～500	390～490	380～480	370～470	
40～50	—	—	—	430～530	420～520	410～510	
50～60	—	—	—	450～550	440～540	430～530	

注：1. 表格中加粗数字为 P·O42.5 级水泥；非加粗数字为 P·O32.5 级水泥。

　　2. 表格中下限值适用于圆球形和普通型轻粗集料；上限值适用于碎石型轻粗集料或全轻混凝土。

　　3. 最高水泥用量不宜超过 550kg/m³。

3）具有抗冻要求的轻集料混凝土，其配合比设计中的水胶比，以净水胶比表示。轻集料混凝土最大净水胶比和最小胶凝材料用量应符合表 5-45 规定。

轻集料混凝土最大净水胶比和最小胶凝材料用量　　　　　　　　　　　　　表 5-45

设计抗冻等级	最大净水胶比		最小胶凝材料用量（kg/m³）
	无引气剂时	掺引气剂时	
F50	0.5	0.56	320
F100	0.45	0.53	340
F150	0.4	0.5	360
F200	—	0.5	360

4）轻集料混凝土净用水量根据稠度（坍落度或维勃稠度）和施工要求，按照表 5-46 选择。

轻集料混凝土的净用水量　　　　　　　　　　表 5-46

轻骨料混凝土成型方式	拌合物性能要求		净用水量（kg/m³）
	维勃稠度（s）	坍落度（mm）	
振动加压成型	10-20	—	45-140
振动台成型	5-10	0-10	140-160
振动棒或平板振动器振实		30-80	160-180
机械振捣	—	150-200	140-170
钢筋密集机械振捣	—	≥200	145-180

5）轻集料混凝土的砂率。轻集料混凝土的砂率可按照表 5-47 选用，当采用松散体积法设计混凝土配合比时，表中数据为松散体积砂率；当采用绝对体积法设计混凝土配合比时，表中数据为绝对体积砂率。

轻集料混凝土的砂率　　　　　　　　　　表 5-47

轻集料混凝土用途	集料品种	砂率（%）
预制构件	轻砂	35～50
	普通砂	30～40
现浇混凝土	轻砂	40～55
	普通砂	35～45

注：1. 当采用圆球形轻粗集料时，砂率取表中数值下限；当采用碎石型轻粗集料时，砂率取表中数值上限。

2. 当混合使用轻砂和普通砂作集料时，砂率宜取中间值，宜按照轻砂和普通砂的比例插入法计算。

6）当采用松散体积法设计轻集料混凝土配合比时，粗细集料松散堆积的总体积可按表 5-48 选用。

粗细集料松散堆积的总体积　　　　　　　　　　表 5-48

轻粗集料粒型	细集料品种	粗细集料松散堆积的总体积（m³）
圆球形	轻砂	1.25～1.50
	普通砂	1.10～1.40
碎石型	轻砂	1.35～1.65
	普通砂	1.15～1.60

7）当粉煤灰作混凝土掺合料时，粉煤灰取代水泥的百分率和超量系数的选择，应按《粉煤灰混凝土应用技术规范》GB/T 50146—2014 的有关规定执行。

8）配合比的计算与调整。

① **松散体积法**。砂轻混凝土和全轻混凝土宜采用松散体积法进行配合比计算。粗细集料用量均以干燥状态为基准。具体配合比设计步骤如下：

（a）根据设计要求的轻集料混凝土的强度等级、混凝土的用途，确定粗细集料的种类和粗集料的最大粒径。

（b）测定粗集料的堆积密度、筒压强度和 1h 吸水率，并测定细集料的堆积密度。

(c) 计算混凝土配制强度。

(d) 根据表 5-44 选择水泥用量。

(e) 根据混凝土施工稠度的要求，根据表 5-46 选择轻集料混凝土净用水量。

(f) 根据混凝土用途，按照表 5-47 选取松散体积砂率。

(g) 根据粗细集料的类型，按照表 5-48 选用粗细集料松散堆积总体积；并按下式计算每立方米轻集料混凝土中的粗细集料用量：

$$V_s = V_t \cdot S_p \tag{5-67}$$

$$m_s = V_s \cdot \rho_{1s} \tag{5-68}$$

$$V_a = V_t - V_s \tag{5-69}$$

$$m_a = V_a \cdot \rho_{1a} \tag{5-70}$$

式中　V_s、V_a、V_t——每立方米细集料、粗集料、粗细集料的松散体积，m^3；

m_s、m_a——细集料和粗集料用量，kg/m^3；

S_p——体积砂率，%；

ρ_{1s}、ρ_{1a}——细集料和粗集料的松散堆积密度，kg/m^3。

(h) 计算总用水量

$$m_w = m_{w净} + m_{w附加}(kg) \tag{5-71}$$

附加用水量为轻粗集料的吸水量和轻砂集料的吸水量。生产实际中，轻粗集料一般预先浸泡吸水、沥水处理后再利用，故可不考虑轻粗集料的吸水量。

(i) 按照下式计算混凝土干表观密度，并与设计要求的干表观密度进行对比，如其误差大于 2%，则应按下式重新调整和计算配合比：

$$\rho_{cd} = 1.15m_c + m_s + m_a \tag{5-72}$$

式中　ρ_{cd}——轻集料混凝土干表观密度，kg/m^3；

m_c、m_s、m_a——轻集料混凝土中的水泥、细集料和粗集料用量，kg/m^3。

② 采用体积法计算。砂轻混凝土也可采用绝对体积法计算，应按下列步骤进行：

(a) 根据设计要求的轻集料混凝土的强度等级、密度和混凝土的用途，确定粗细集料的种类和粗集料的最大粒径。

(b) 测定粗集料的堆积密度、颗粒表观密度、筒压强度和 1h 吸水率，并测定细集料的堆积密度和相对密度。

(c) 计算混凝土试配强度。

(d) 根据表 5-44 选择水泥用量。

(e) 根据混凝土施工稠度的要求，按照表 5-46 选择轻集料混凝土净用水量。

(f) 根据混凝土用途，按照表 5-47 选取松散体积砂率。

(g) 按下列公式计算粗、细集料的用量。

$$V_s = \left[1 - \left(\frac{m_c}{\rho_c} + \frac{m_{wn}}{\rho_w}\right)/1000\right] \cdot \rho_s \tag{5-73}$$

$$m_s = V_s \cdot \rho_s \tag{5-74}$$

$$V_a = \left[1 - \left(\frac{m_c}{\rho_c} + \frac{m_{wn}}{\rho_w} + \frac{m_s}{\rho_s}\right)/1000\right] \tag{5-75}$$

$$m_a = V_a \cdot \rho_{ap}$$

式中　V_s——每立方米混凝土的细集料绝对体积，m^3；

$\quad\quad m_c$——每立方米混凝土的水泥用量，kg；

$\quad\quad m_{wn}$——每立方米混凝土的净用水量，kg/m^3；

$\quad\quad m_s$——每立方米混凝土中的细集料用量，kg/m^3；

$\quad\quad \rho_c$——水泥的相对密度，可取 $\rho_c=2.9\sim3.1g/cm^3$；

$\quad\quad \rho_w$——水的密度，可取 $\rho_c=1.0g/cm^3$；

$\quad\quad V_a$——每立方米混凝土的轻粗集料绝对体积，m^3；

$\quad\quad \rho_s$——细集料密度，采用普通砂时，为砂的相对密度，可取 $\rho_s=2.6g/cm^3$；

$\quad\quad\quad\quad$ 采用轻砂时，为轻砂的颗粒表观密度，g/cm^3；

$\quad\quad \rho_{ap}$——轻粗集料的颗粒表观密度，kg/m^3。

（h）计算总用水量。

$$m_w = m_{w净} + m_{w附加}(kg) \tag{5-76}$$

附加用水量为轻粗集料的吸水量和轻砂集料的吸水量。生产实际中，轻粗集料一般预先浸泡吸水、沥水处理后再利用，故可不考虑轻粗集料的吸水量。

（i）按照下式计算混凝土干表观密度，并与设计要求的干表观密度进行对比，如其误差大于 2%，则应按下式重新调整和计算配合比。

$$\rho_{cd} = 1.15m_c + m_s + m_a \tag{5-77}$$

式中　$\quad \rho_{cd}$——轻集料混凝土干表观密度，kg/m^3；

m_c、m_s、m_a——轻集料混凝土中的水泥、细集料和粗集料用量，kg/m^3。

③ 粉煤灰轻集料混凝土配合比计算如下：

（a）基准轻集料混凝土的配合比计算。

（b）粉煤灰取代水泥率，一般取 15%～20%。粉煤灰一般用Ⅰ或Ⅱ级粉煤灰。

（c）根据基准混凝土水泥用量（m_{co}）和选用的粉煤灰取代水泥百分率（δ_c），按下式计算粉煤灰轻集料混凝土的水泥用量（m_c）：

$$m_c = m_{co}(1-\delta_c) \tag{5-78}$$

（d）根据所用粉煤灰级别和混凝土的强度等级，粉煤灰的超量系数（k_c）可在 1.2～2.0 范围内选取，并按下式计算粉煤灰掺量（m_f）：

$$m_f = k_c(m_{co}-m_c) \tag{5-79}$$

（e）分别计算每立方米粉煤灰轻集料混凝土中水泥、粉煤灰和集料的绝对体积。按粉煤灰超出水泥的体积，扣除同体积的集料用量。

（f）用水量保持与基准混凝土相同，通过试配，以符合稠度要求调整用水量。

（g）配合比的调整和校正。

9）配合比的检验与调整

（1）以上述配合比为基础，再选取与之相差 10% 的两个相邻的水泥用量，用水量不变，砂率可作适当调整，分别拌制三组混凝土。测定新拌混凝土的流动性，调整用水量直到流动性合格。之后测三组拌合料的湿表观密度，并制成试块。标准养护 28d 后，测定混凝土抗压强度和干表观密度。以能达到设计要求的混凝土确定强度和绝干表观密度，以具有最小水泥用量的配合比作为选定的配合比。

（2）根据实测新拌混凝土的湿表观密度，计算混凝土配合比密度校正系数 $\delta = \rho_{0t}/\rho_{0c}$。

对选定配合比中的各材料用量分别乘以混凝土配合比密度校正系数,即得轻集料混凝土的试验室配合比。施工配合比必须考虑各材料的表面含水率。

10) 轻集料混凝土施工中应注意的问题。轻集料混凝土宜采用强制式搅拌机搅拌,且搅拌时间应较普通混凝土略长,但不宜过长,以防较多的轻集料被搅碎而影响混凝土的强度和表观密度。由于轻集料轻质、表面粗糙,故轻集料新拌混凝土在外观上较为干稠,且坍落度也较小。但在振动条件下,流动性较好,施工时应防止因外观判断错误而随意增加净用水量。轻集料混凝土的坍落度损失较大,拌合料应在搅拌后的 45min 内成型完毕。成型时为防止轻集料上浮造成分层、离析,宜采用加压振捣,且振动时间不宜过长,否则会引起新拌混凝土产生严重的分层、离析。浇筑成型后应及时覆盖并洒水养护,以防止表面失水太快而产生网状裂缝。

实现轻集料混凝土的泵送,需要采取综合措施:轻粗集料的粒径尽量小,一般在 5~16mm,级配良好,生产混凝土之前,把轻粗集料充分浸泡沥水后备用;提高砂率到 45%~55% 之间;掺加常规的混凝土泵送剂;混凝土外加剂里面增加增黏增稠组分;掺加聚丙烯纤维或玄武岩纤维有利于陶粒混凝土的泵送施工。

轻集料混凝土的表观密度比普通混凝土减少 1/4~1/3,隔热性能改善,可使结构尺寸减小,增加使用面积,降低基础工程费用和材料运输费用,其综合效益良好。轻集料混凝土适用范围:高层和多层建筑、软土地基、大跨度结构、抗震结构、要求节能的建筑、旧建筑的加层等。

2. 多孔混凝土

多孔混凝土是内部均匀分布着大量细小的气泡、不含集料(或仅含少量轻细集料)的轻混凝土。多孔混凝土孔隙率可高达 85%,表观密度为 300~1200kg/m³,热导率为 0.081~0.29W/(m·K),兼有结构和保温隔热功能。容易切割,易于施工,可制成砌块墙板屋面板及保温制品,广泛应用于工业与民用建筑工程中。根据气孔产生的方法不同,多孔混凝土分为加气混凝土和泡沫混凝土。目前,墙体材料中除了烧结多孔砖以外,加气混凝土砌块应用较多。

(1) **加气混凝土**。加气混凝土是由磨细的硅质材料(石英砂、粉煤灰、矿渣、尾矿粉、页岩等)、钙质材料(少量水泥、生石灰等)、发气剂(磨细的铝粉或双氧水)和水等经搅拌、倒入箱体模具浇筑、发泡、静停、切割和压蒸养护(185~200℃,1.2~1.5MPa 下养护 4~6h)而得的多孔混凝土,属硅酸盐混凝土制品。其成孔是因为发气剂(铝粉)在料浆中与氢氧化钙发生反应,放出氢气,形成气泡,使浆体形成多孔结构,反应式如下:

$$2Al + 3Ca(OH)_2 + 6H_2O \longrightarrow 3CaO \cdot Al_2O_3 \cdot 6H_2O + 3H_2 \uparrow$$

加气混凝土砌块的表观密度一般为 500~700kg/m³,抗压强度为 3.0~6.0MPa,导热系数为 0.12~0.20W/(m·K)。用量最大的为 500 级(即 $\rho_0 = 500\text{kg/m}^3$),其抗压强度为 3.0~4.0MPa,导热系数为 0.12W/(m·K)。加气混凝土可钉、刨,施工方便。由于加气混凝土砌块吸水率大、强度低,抗冻性较差,且与砂浆的黏结强度低,故砌筑或抹面时,须专门配制砌筑抹面砂浆,内外墙面须采取加挂钢丝网和耐碱玻璃纤维网或聚丙烯纤维网饰面防护措施。此外,加气混凝土板材不宜用于高温、高湿或化学侵蚀环境。

(2) **泡沫混凝土**。泡沫混凝土是将水泥浆和泡沫拌合后,经硬化而得的多孔混凝土。

泡沫由泡沫剂通过机械方式（搅拌或喷吹）而得。常用泡沫剂有松香皂泡沫剂和水解血泡沫剂。松香皂泡沫剂是烧碱加水，溶入松香粉熬成松香皂，再加入动物胶液而成。水解血泡沫剂由新鲜畜血加苛性钠、盐酸、硫酸亚铁及水制成。上述泡沫剂使用时用水稀释，经机械方式处理即成稳定泡沫。泡沫混凝土可采用自然养护，但常采用蒸汽或压蒸养护。自然养护的泡沫混凝土，水泥强度等级不宜低于32.5；蒸汽或压蒸养护泡沫混凝土常采用钙质材料（如石灰等）和硅质材料（如粉煤灰、煤渣、砂等）部分或全部代替水泥，如石灰—水泥—砂泡沫混凝土、粉煤灰泡沫混凝土。泡沫混凝土的性能及应用，基本上与加气混凝土相同。泡沫混凝土还可以在施工现场直接浇筑，用作屋面保温层。常用泡沫混凝土的干表观密度为 $400\sim600kg/m^3$。作为建筑节能材料，泡沫混凝土被广泛应用于屋顶保温隔热层、地暖工程、室内外垫层、室内外保温、非承重墙体、新型节能砖、抗震、隔声、坑道回填、夹芯构件等建筑工程领域。

水泥—粉煤灰—泡沫—水原料体系的泡沫混凝土常用的配合比：42.5级普通硅酸盐水泥或硫铝酸盐水泥为 $300\sim600kg/m^3$，粉煤灰掺量占水泥用量的 $0\sim20\%$（等量取代），水胶比为 $0.28\sim0.50$，发泡剂适量，液体减水剂掺量为胶凝材料用量的 $1.5\%\sim2\%$。

泡沫混凝土现浇墙体，是近年来的一个热点领域，主要特点：

1) **机械化高效的施工**。发泡剂发泡与水泥基浆体混合、泵体输送一体化，垂直输送120m，水平输送800m，一般的建筑物只需一两个工作点即可完成整栋楼的墙体浇筑工程，有 $25m^3/h$ 的浇筑能力，按每天10h计，则每天可完成近 $2000m^2$ 的墙体浇筑。

2) **免拆模板技术**。免拆模板技术免去了烦琐的支模拆模工序，提高了墙体表面的平整度。浇筑后的墙体龙骨及墙板与浇筑的发泡混凝土连为一体，整体效果及墙体表面质量极佳，免去墙体抹灰工序，可直接进行上泥、贴瓷砖等墙体表面装饰处理。

3) **重量轻**。传统建筑都是厚墙、肥梁、自重大。常用泡沫混凝土的干表观密度为 $300\sim600kg/m^3$，相当于黏土砖的 $1/10\sim1/3$，普通混凝土的 $1/10\sim1/5$，因而采用泡沫混凝土作墙体材料可以显著减轻建筑物自重，增加楼层高度，降低基础造价10%左右。

4) **保温性能好**。减薄墙体，节约使用面积10%，由于泡沫混凝土内部含有大量气泡和微孔，因而有良好的绝热性等。导热率通常为 $0.09\sim0.17W/(m\cdot K)$，其隔热保温效果比普通混凝土高数倍。20cm的泡沫混凝土外墙，其保温效果相当于49cm的黏土砖外墙。

3. 大孔混凝土

大孔混凝土是以粒径相近的粗集料、水泥和水等配制而成的混凝土，也称为无砂大孔混凝土，包括不用砂的无砂大孔混凝土和为提高强度而加入少量砂的少砂大孔混凝土。大孔混凝土水泥浆只起包裹粗集料的表面和胶结粗集料的作用，而不是填充粗集料的空隙。

大孔混凝土的表观密度和强度与集料的品种和级配有很大的关系。采用轻粗集料配制时，表观密度一般为 $800\sim1500kg/m^3$，抗压强度为 $1.5\sim7.5MPa$；采用普通粗集料配制时，表观密度一般为 $1500\sim1950kg/m^3$，抗压强度为 $3.5\sim30MPa$；采用单一粒级粗集料配制的大孔混凝土较混合粒级的大孔混凝土的表观密度小、强度低，但均质性好，保温性好。大孔混凝土导热系数较小，吸湿性较小，收缩较普通混凝土小 $30\%\sim50\%$，抗冻性可达 $F15\sim F25$，水泥用量仅 $200\sim450kg/m^3$。

大孔混凝土主要用于透水混凝土铺设路面地坪，也用于现浇墙体等。南方地区主要使用普通集料大孔混凝土，北方地区则多使用轻集料大孔混凝土。用于海绵城市建设的典型的 C20～C30 级透水混凝土路面地坪配合比：42.5 级水泥 350～450kg/m³，水 135～150kg/m³，底层用粒径 5～10mm 的普通碎石 1450～1550kg/m³（面层普通碎石粒径 3～5mm），减水剂 7.0～9.0kg/m³，聚合物增强剂 10.0～15.0kg/m³，面层透水混凝土需要的无机化合物颜料（红色、绿色、黄色等）8～12kg/m³，施工坍落度 30～50mm。透水混凝土的施工主要是摊铺、夯平。摊铺比较简单，人工和机械施工彩色透水混凝土道面均可。夯平要注意使用低频振动器，避免集料之间过于密实而降低透水性。透水混凝土的初凝时间为 2h 左右，注意随时检查坍落度。在铺摊时可设置胀缝条，以 25m² 界限，避免以后切缝，也更加美观。透水混凝土的保养：透水混凝土建议覆膜保养 15d，洒水保湿养护至少 7d，洒水养护时要注意禁止使用高压水枪直接冲击路面。设置禁止行走标志，以防行人通行。

5.8.5 预拌混凝土与泵送混凝土

1. 预拌混凝土（Pre-mixed concrete）

预拌混凝土指水泥、集料、水及根据需要掺入的外加剂、矿物掺合料等组分按一定比例，在混凝土搅拌站经计量、拌制后，采用运输车在规定时间内运至使用地点的新拌混凝土。可出售或购买的预拌混凝土称为商品混凝土。如有必要，可在运送至卸料地点前再次加入适量减水剂等外加剂进行搅拌。预拌混凝土是由设备相对优良（如双卧轴强制式搅拌机）的固定式搅拌站拌制的，其自动计量、拌合等工艺优于现场搅拌设备，因而混凝土的质量相对较高，并且材料浪费少，对环境影响小。

预拌混凝土分为常规品 A 和特制品 B，特制品 B 包括高强混凝土、纤维混凝土、自密实混凝土、轻集料混凝土及重混凝土等。常规品 A 指强度等级为 C10～C55 的普通预拌混凝土。坍落度大于 80mm 的新拌混凝土需采用混凝土搅拌运输车运送，运输途中搅拌筒应保持 3～5r/min 的低转速，卸料前应以中、高速旋转搅拌筒使混凝土拌合均匀；坍落度小于 80mm 的新拌混凝土可使用翻斗车或平板卡车运送，并应保证运送容器不漏浆，内壁光滑平整，易于卸料，并具有覆盖设施。

2. 泵送混凝土

坍落度大于 100mm 的预拌混凝土，可以实现混凝土的泵送施工。泵送混凝土一般是在坍落度为 70～90mm、砂率为 40%～50% 的基准混凝土中掺入泵送剂（或塑化剂）而获得的，泵送剂可采用同掺法或后掺法加入。泵送混凝土应具有良好的流动性、黏聚性和保水性，在泵压力作用下也不应产生离析和泌水，否则将会堵塞混凝土输送管道。初始坍落度、泵压下的坍落度损失和压力泌水率是影响新拌混凝土可泵性的重要指标。30m 以下泵送高度时，坍落度应在 100～160mm；泵送高度在 100m 以上时，坍落度应在 180～220mm；10s 时的相对压力泌水率 S10 不宜超过 40%。

在钢筋混凝土工程中，粗集料的粒径不得大于混凝土结构截面最小尺寸的 1/4，并不得大于钢筋最小净距的 3/4；对于混凝土实心板，其最大粒径不宜大于板厚的 1/3，并不得超过 40mm。最大粒径与输送管径之比，当泵送高度在 50m 以下时，碎石不宜大于 1:3.0，卵石不宜大于 1:2.5；泵送高度在 50～100m 时，碎石不宜大于 1:4.0，卵石不宜大于 1:3.0；泵送高度在 100m 以上时，碎石不宜大于 1:5.0，卵石不宜大于 1:

4.0。粗集料应选用连续级配（各级累计筛余量应尽量落在级配区的中间值附近），且粗集料的针片状含量应小于10%；细集料宜采用中砂，级配应符合Ⅱ区，且通过0.315mm筛孔上的颗粒含量不应少于15%。

配制泵送混凝土时，一般应加入泵送剂（塑化剂）和矿物掺合料，水胶比不宜大于0.60，水泥基胶凝材料用量不宜低于300kg/m³，砂率宜为40%～50%，此外，新拌混凝土的含气量应控制在2.5%～4.5%。泵送施工时应充分考虑混凝土的运距和新拌混凝土坍落度经时损失，以保证能够顺利卸料、泵送、浇筑和成型。

超高泵送混凝土技术，一般是指泵送高度超过200m的现代混凝土泵送技术。超高泵送混凝土技术是一项综合技术，包含混凝土制备技术、泵送参数计算、泵送设备选定与调试、泵管布设和泵送过程控制等内容。通过原材料优选、配合比优化设计和工艺措施，使制备的混凝土具有较好的工作性，新拌混凝土的工作性良好，无离析泌水，泵送坍落度为180～240mm，混凝土坍落度经时损失不宜大于20mm/h，混凝土倒置坍落筒排空时间宜小于10s。泵送高度超过300m的，坍落扩展度宜大于550mm；泵送高度超过400m的，坍落扩展度宜大于600mm；泵送高度超过500m的，坍落扩展度宜大于650mm；泵送高度超过600m的，坍落扩展度宜大于700mm，基本上接近自流平混凝土（SCC）的性能。

泵送设备的选定应参照《混凝土泵送施工技术规程》JGJ/T 10—2011中规定的技术要求，首先要进行泵送参数的验算，包括混凝土输送泵的型号和泵送能力、水平管压力损失、垂直管压力损失、特殊管的压力损失和泵送效率等。对泵送设备与泵管的要求为：

（1）宜选用大功率、超高压的S阀结构混凝土泵，其混凝土出口压力满足超高层混凝土泵送阻力要求。

（2）应选配耐高压、高耐磨的混凝土输送管道。

（3）应选配耐高压管卡及其密封件。

（4）应采用高耐磨的S管阀与眼镜板等配件。

（5）混凝土泵基础必须浇筑坚固并固定牢固，以承受巨大的反作用力，混凝土出口布管应有利于减轻泵头承载。

（6）输送泵管的地面水平管折算长度不宜小于垂直管长度的1/5，且不宜小于15m。

（7）输送泵管应采用承托支架固定，承托支架必须与结构牢固连接，下部高压区应设置专门支架或混凝土结构，以承受管道重量及泵送时的冲击力。

（8）在泵机出口附近设置耐高压的液压或电动截止阀。

泵送施工的过程控制要求很严，应对到场的混凝土进行坍落度、扩展度和含气量的检测，根据需要对混凝土入泵温度和环境温度进行监测，如出现不正常情况，及时采取应对措施；泵送过程中，要实时检查泵车的压力变化，泵管有无渗水、漏浆情况以及各连接件的状况等，发现问题及时处理。泵送施工控制要求为：

（1）合理组织，连续施工，避免中断。

（2）严格控制混凝土流动性及其经时变化值。

（3）根据泵送高度适当延长初凝时间。

（4）严格控制高压条件下的混凝土泌水率。

（5）采取保温或冷却措施控制管道温度，防止混凝土摩擦、日照等因素引起管道过热。

(6) 弯道等易磨损部位应设置加强安全措施。

(7) 泵管清洗时应妥善回收管内混凝土，避免污染或材料浪费。泵送和清洗过程中产生的废弃混凝土，应按预先确定的处理方法和场所，及时进行妥善处理，并不得将其用于浇筑结构构件。

5.8.6 高强混凝土、高性能混凝土、超高性能混凝土

1. 高强混凝土（High strength concrete，HSC）

混凝土强度等级不小于 C60 的混凝土称为高强混凝土。高强混凝土主要用于高层、大跨、桥梁等建筑的混凝土结构以及薄壁混凝土结构、预制构件等。目前我国已经在实际工程中应用了 C130 强度等级的混凝土。

由于水泥用量相对较大，故新拌高强混凝土水化热高；温度裂缝和干缩开裂比较容易产生；由于强度较高，变形较小，拉压比降低，故高强混凝土脆性增大。高强混凝土的密实度很高，因而其抗渗性、抗冻性、抗侵蚀性等耐久性均有所提高。

配制高强混凝土原则：①应优先选用高于 42.5 级的硅酸盐或普通硅酸盐水泥；②选用高效减水剂；③粗集料 $D_{max} \leqslant 25mm$；集料压碎指标不大于 10%。④细集料采用颗粒形态良好的细度模数为 2.5～3.0 的优质河砂中砂，且级配为 Ⅱ 区，含泥量不大于 1.0%。此外粗、细集料其他有害物质含量应满足相应规范要求；⑤掺加硅灰、Ⅰ 级粉煤灰、优质超细矿粉等。

根据经验，建议水泥用量不宜超过 550kg/m³；为控制胶骨比，胶凝材料总量不宜超过 600kg/m³；C80 以上的高强混凝土或大流动性的高强混凝土，宜加 5%～10% 的硅灰；高强混凝土的水胶比一般小于 0.4，砂率应小于 35%，泵送与自密实高强混凝土砂率则宜小于 40%。高强混凝土施工时，务必做好养护。

2. 高性能混凝土（High performance concrete，HPC）

高性能混凝土具有优良的工作性、适于工程设计要求的强度等级、满足工程环境耐久性、超高性价比、绿色环保减碳减排和可持续发展综合性能的混凝土。

全世界水泥混凝土科学家，在不断丰富高性能混凝土概念的同时，经过实践认为，实现混凝土的高性能，可探索的途径如下：

(1) 采用高效性能复合外加剂的技术路线，可实现低水胶比，进而实现最优工作性。

(2) 优化浆骨比，使之靠近 35%：65%，以期保证胶凝材料浆体对细集料的悬浮。

(3) 选择 $S_p = 38\% \sim 45\%$，以保证砂浆对粗集料的悬浮，并防止浇筑振捣成型时分层现象产生；防止凝结硬化过程中混凝土开裂。

(4) 根据经验或试验，优化掺和料的品种和比例，确定掺配数量，并与外加剂相互协调，保证工作性、强度和耐久性综合性能并控制水化放热、内部温升、温度裂缝等问题。

(5) 根据性价比原则，优化成本与性能之间的关系。

高性能混凝土多用于超高层建筑柱、墙和大跨度梁，可以减小构件截面尺寸，增大使用面积和空间，并达到更高的耐久性。

3. 超高性能混凝土（Ultra-high performance concrete，UHPC）

超高性能混凝土也称为**活性粉末混凝土**，是一种超高强（抗压强度为 120～800MPa）、高韧性（抗折强度为 18～35MPa）、超高耐久性（DF＝100%）的新型水泥基混凝土材料。

目前超高性能混凝土在全球范围内，得到了广泛的试用，在我国过街天桥、大跨钢桥面铺装、高铁电器箱盖板、建筑物表皮等工程领域，得到了应用。

在遵循最大堆积密度理论原则下，通过精心设计各原材料颗粒级配的前提下，采用 0.2～0.4mm 的石英砂为集料，通过掺加高效减水剂极大地降低水胶比至 0.14～0.27；通过掺加膨胀剂类物质，极大地遏制干缩变形；通过掺加钢纤维增强韧性和抗裂性，使之达到抗压强度 200～800MPa，抗弯强度 18～35MPa；韧性较普通混凝土提高 250 倍的一种组成材料颗粒的级配达到最大堆积密度的水泥基复合材料。

超高性能混凝土的水胶比一般不大于 0.22；胶凝材料总量一般为 700～1000kg/m³。超高性能混凝土宜掺加抗拉强度不小于 2000MPa，体积掺量不小于 1.0% 的高强微细钢纤维；宜采用聚羧酸系高性能减水剂。

5.8.7   自密实混凝土

1. 自密实混凝土

自密实混凝土指在自身重力作用下，能够流动、密实，即使存在致密钢筋也能完全自行通过，有效填充模板，并且不需要附加振动成型的新拌混凝土。

一般地，该新拌混凝土坍落度约为 240mm；坍落扩展度为 550～750mm；通常可泵送施工。

2. 自密实混凝土技术要求

由于采用高效减水剂，能在保证大流动性的同时，减少其单位用水量。因而具有高强、高抗渗性及高耐久性。为保证自密实混凝土具有高流动性、高抗离析性和高保塑性，须掺加复合型高效泵送剂等专用外加剂；同时优选粗细集料粒型，优选粗细集料级配，优化砂率；严控含泥量，在优化矿物掺和料的基础上，控制胶凝材料总用量在 450～550kg/m³ 范围内；粗集料 $D_{max} \leqslant 19mm$，针片状含量不大于 10%，空隙率不大于 40%，粗集料用量按松散体积计在 0.5～0.6m³ 为宜；同时宜采用中砂，细集料不大于 0.315mm 的颗粒含量大于 15%；砂率在 45%～52%；用水量不大于 175kg/m³。寻求胶骨比、砂率、用水量及外加剂协同作用效果，确保大流动，不离析，无分层，抗缩裂。

3. 自密实混凝土的配合比设计要点

可采用普通混凝土的配比设计方法，但需要更加强调试配试拌。在 SCC 配制中主要应采取以下措施：

（1）借助以聚羧酸或萘系、氨基磺酸盐系高效减水剂为主要组分的外加剂，可对水泥粒子产生强烈的分散作用，并阻止分散粒子凝聚，高效减水剂的减水率应不小于 25%，并应具有一定的保塑功能。掺入的外加剂的主要要求有：①与水泥的相容性好；②减水率大；③缓凝、保塑；④保水性好，需加 HPMC 1～3kg/t；⑤加入少部分的消泡剂 1～2kg/t。

（2）掺加适量矿物掺合料能调节混凝土的流变性能，提高塑性黏度，同时提高新拌混凝土中的浆骨比，改善混凝土工作性，使混凝土匀质性得到改善，并减少粗细集料颗粒之间的摩擦力，提高混凝土的通阻能力。

（3）掺入适量混凝土膨胀剂，可提高混凝土的自密性及防止混凝土硬化后产生收缩裂缝，提高混凝土抗裂能力，同时提高混凝土黏聚性，改善混凝土外观质量。

（4）适当增加砂率和控制粗集料粒径不大于 19mm，以减少遇到阻力时浆骨分离的可能，增加新拌混凝土的抗离析稳定性。

（5）在配制强度等级较低的自密实混凝土时可适当使用增黏剂以增加新拌混凝土的黏度。

（6）按结构耐久性及施工工艺要求，选择掺合料品种，取代水泥量和引气剂品种及用量。

（7）配制自密实混凝土应首先确定混凝土配制强度、水胶比、用水量、砂率、粉煤灰、膨胀剂等主要参数，通过绝对体积法计算配合比，再经过混凝土性能试验、强度检验，反复调整各原材料参数来确定最终的混凝土配合比。

（8）自密实混凝土配合比的突出特点是：高砂率、低水胶比、高矿物掺合料掺量以及高效减水、增塑、保水外加剂。

4. 自密实混凝土的工作性

自密实混凝土的工作性除前述的坍落度、坍落扩展度（图 5-34）和 J 环扩展度（图 5-37）、倒坍落度筒和 V 形槽漏斗（图 5-33）流下时间和流动时间 T50 外，还包括间隙通过性（通过钢筋间隙的性质）、抗离析性，通过 L 形仪或 U 形箱检测性能，其示意图如图 5-35、图 5-36 所示。自密实混凝土的填充性、间隙通过性、抗离析性应满足表 5-49 的要求。

图 5-33　10L 混凝土 V 形槽漏斗　　　图 5-34　混凝土塌落度测试仪器

图 5-35　自密实混凝土 L 形仪　　图 5-36　自密实混凝土 U 形仪　　图 5-37　J 环扩展度测试仪

自密实混凝土可显著改善施工条件，减少工人劳动量，且施工效率高、工期短，主要用于高层建筑、大型建筑等的基础、楼板、墙板及地下工程。自密实混凝土特别适合用于配筋密集、混凝土浇筑或振捣困难的部位。但是，由于自密实混凝土粗集料用量一般相对较少（≤1000kg/m³），故弹性模量相对于普通混凝土而言稍低，干燥收缩较大，易产生有害裂缝而造成钢筋混凝土结构耐久性下降。掺用减缩剂或微膨胀剂有利于减少新拌混凝土的收缩，加强早期保湿养护等措施可预防或减少自收缩引起的裂缝。

自密实混凝土工作性能指标（CCES02—2004）　　　　　　　　　表 5-49

检测性能	测试方法	测试值	工作性级别指标要求		检测性能
填充性	坍落扩展度（SF）	坍落扩展度（SF）	SF1	550mm≤SF≤650mm	
			SF2	660mm≤SF≤750mm	
			SF3	760mm≤SF≤850mm	
	T50	扩展时间	vs	2s≤T50≤5s	
间隙通过性	J 环扩展度	坍落扩展度与有环条件下扩展度差值	PA1	25mm≤PA1≤50mm	
			PA2	0≤PA2≤25mm	
抗离析性	筛析法	浮浆百分比	SR1	≤20%	
			SR2	≤15%	
	跳桌法	离析率	f_m	≤10%	

注：1. 对于密集配筋构件或厚度小于100mm 的混凝土加固工程，新拌混凝土工作性指标按Ⅰ级指标要求。

　　2. 对于钢筋最小间距超过粗集料最大粒径 5 倍的混凝土构件或钢管混凝土构件，新拌混凝土工作性指标按Ⅱ级指标要求。

5.8.8 喷射混凝土

1. 喷射混凝土

喷射混凝土是利用压缩空气，将配制好的新拌混凝土通过管道高速喷射到受喷面（模板、旧建筑物等）上凝结硬化而成的一种混凝土。喷射混凝土一般须掺加速凝剂。液体速凝剂（主要成分为偏铝酸盐和胺类）的掺量一般为水泥用量的 4.0%～6.0%。粉体速凝剂，其主要成分为铝氧熟料（即铝矾土、纯碱、生石灰按比例烧制成的熟料）经磨细而制成，掺量一般为水泥用量的 3.0%～7.0%。我国常用的速凝剂是无机盐类，主要型号有红星Ⅰ型、711 型、782 型等。红星Ⅰ型速凝剂是由铝氧熟料（主要成分是铝酸钠）、碳酸钠、生石灰按质量 1：1：0.5 的比例配制而成的一种粉状物，适宜掺量为水泥质量的2.5%～4.0%；711 型速凝剂由铝氧熟料与无水石膏按质量比 3：1 配合粉末而成，适宜掺量为水泥质量的 3.0%～5.0%；782 型混凝土由矾泥、铝氧熟料、生石灰配制而成，适宜掺量为 5.0%～7.0%。

速凝剂掺入混凝土后，能控制混凝土在 5min 内初凝，10min 内终凝。1h 就可产生强度，1d 强度比普通混凝土提高 2～3 倍。但后期强度会下降，28d 强度约为不掺时的80%～90%。

2. 速凝早强作用机理

喷射混凝土在速凝剂的作用下，会使水泥中的石膏变成 Na_2SO_4，失去缓凝作用，从而促使 C_3A 迅速水化，并在溶液中析出其水化产物晶体，导致水泥浆迅速凝固。

喷射混凝土按喷射方式可分为干喷法和湿喷法。干喷法是将混凝土原料干拌均匀后，利用压缩空气输送至喷射机喷嘴处，再在喷嘴处加水后喷出。速凝剂可掺入干拌合物中，或掺入水中或用水机速凝剂。干喷法设备简单，但喷射时空气中粉尘含量高，施工条件恶劣，且混凝土的喷射回弹率高。湿喷法是将新拌混凝土利用压缩空气输送至喷射机喷嘴处，在喷嘴处加入掺有速凝剂的水剂后喷出。湿喷法的设备较为复杂，但喷射时空气中粉尘含量少，回弹率较小（5%～10%）。喷射混凝土宜选用普通硅酸盐水泥，并选用级配好的粗、细集料，粗集料的最大粒径应与喷射机管道内径相匹配且不应超过 19mm，细集料应为中砂。优选的速凝剂能使混凝土在几分钟内就凝结，以增加一次喷射的厚度，并能减少回弹率。此外，还能提高混凝土的早期强度，不使后期强度降低。为改善混凝土的性能，还可在喷射混凝土中掺加减水剂、引气剂等。

3. 喷射混凝土性能

喷射混凝土的抗压强度为 25～40MPa，抗拉强度为 2.0～2.5MPa。由于高速喷射于基层材料上，因而混凝土与基层材料能紧密地黏结在一起，故喷射混凝土与基层材料的黏结强度高，其可接近于混凝土的抗拉强度。喷射混凝土具有较高的抗渗性（0.7MPa 以上）和良好的抗冻性（F200 以上）。为提高喷射混凝土的抗渗性，可加入 5% 左右的硅灰；为提高喷射混凝土的抗裂性，可加入体积率 1% 的钢纤维。喷射混凝土主要用于隧道工程、地下工程等隧道内衬、支护、边坡、坝堤等岩体工程的护面，薄壁与薄壳工程，修补与加固工程等。

5.8.9 耐火混凝土与耐热混凝土

能长期经受高温（高于 1300℃）作用，并能保持所要求的物理力学性能的混凝土称为耐火混凝土。通常将在 200～900℃ 使用，且能保持所需的物理力学性能和体积稳定性的混凝土称为耐热混凝土。耐火混凝土和耐热混凝土由适当的胶凝材料、耐火的粗、细集料及水等组成。

1. 硅酸盐水泥耐火混凝土与耐热混凝土

硅酸盐水泥耐火混凝土与耐热混凝土由普通硅酸盐水泥或矿渣硅酸盐水泥为胶凝材料，以玄武岩、重矿渣、黏土砖、铝矾土熟料、铬铁矿、烧结镁砂等耐热材料为粗、细集料，并以磨细的烧黏土、砖粉、石英砂等作为耐热掺合料，加入适量水配制而成。耐热掺合料中的氧化硅和氧化铝在高温下可与氧化钙作用，生成稳定的无水硅酸盐和铝酸盐，提高了混凝土的耐热性。其极限使用温度为 900～1200℃。

2. 铝酸盐水泥耐火混凝土与耐热混凝土

铝酸盐水泥耐火混凝土与耐热混凝土由高铝水泥或低钙铝酸盐水泥，耐火掺合料，耐火粗、细集料及水等配制而成。这类水泥石在 300～400℃ 时，强度急剧降低，但残留强度保持不变，当温度达到 1100℃ 后，水泥石中的化学结合水全部脱出而烧结成陶瓷材料，强度又重新提高。其极限使用温度为 1300℃。

3. 水玻璃耐火混凝土与耐热混凝土

水玻璃耐火混凝土与耐热混凝土由水玻璃、氟硅酸钠、耐火掺合料、耐火集料等配制而成。所用的掺合料和耐火粗、细集料与硅酸盐水泥耐火混凝土和耐热混凝土基本相同。其极限使用温度为 1200℃。

4. 磷酸盐耐火混凝土与耐热混凝土

磷酸盐耐火混凝土与耐热混凝土由磷酸铝或磷酸为胶凝材料，铝矾土熟料为粗、细集料，磨细铝矾土为掺合料，按一定比例配制而成。磷酸盐耐火混凝土具有耐火度高、高温强度及韧性高、耐磨性好等特点，其极限使用温度为 $1500 \sim 1700℃$。

5.8.10　耐酸混凝土

常用的耐酸混凝土为水玻璃耐酸混凝土。水玻璃耐酸混凝土由水玻璃、氟硅酸钠促硬剂、耐酸粉料及耐酸粗、细集料等配制而成。常用的耐酸粉料为石英粉、安山岩粉、辉绿岩粉、铸石粉、耐酸陶瓷粉等；常用的耐酸粗、细集料为石英岩、辉绿岩、安山岩、玄武岩、铸石等。市场上销售的耐酸水泥是掺有一定比例氟硅酸钠的石英粉，使用时必须用水玻璃拌制。

水玻璃耐酸混凝土的配合比一般为水玻璃：耐酸粉料：耐酸细集料：耐酸粗集料＝$0.6 \sim 0.7：1：1：1.5 \sim 2.0$，氟硅酸钠的掺量为 $12\% \sim 15\%$。水玻璃耐酸混凝土可抵抗除氢氟酸、$300℃$ 以上的磷酸、高级脂肪酸以外的所有中等浓度以上的无机酸和有机酸以及绝大多数的酸性气体。由于水玻璃混凝土的耐水性较差，因而水玻璃混凝土的耐稀酸腐蚀性较差，为弥补这一缺陷，可在使用前用中等浓度以上酸对水玻璃混凝土进行酸洗数次，或用中等浓度酸浸泡水玻璃混凝土。耐酸混凝土也可使用沥青、硫黄、合成树脂等配制。

5.8.11　纤维增强混凝土

纤维增强混凝土（简称纤维混凝土）指掺有纤维材料的混凝土，也称水泥基纤维复合材料。纤维均匀分布于混凝土中或按一定排列方式分布于混凝土中，从而起提高混凝土的抗拉强度或冲击韧性的作用。常用的高弹性模量纤维有钢纤维、玄武岩纤维、玻璃纤维、石棉、碳纤维等，高弹性模量纤维在混凝土中可起提高混凝土抗拉强度、刚度及承担动荷载能力的作用。常用的低弹性模量纤维有尼龙纤维、聚丙烯纤维以及其他合成纤维或植物纤维，低弹性模量纤维在混凝土凝结硬化过程中能起限制混凝土早期塑性开裂的作用，但在硬化后混凝土中则不能起提高强度的作用，而只起提高混凝土韧性以及降低高温下爆裂的作用。纤维的弹性模量越高，其增强效果越好。纤维的直径越小，与水泥石的黏结力越强，故玻璃纤维和石棉（直径小于 $10\mu m$）的增强效果远远高于钢纤维（直径约 $0.35 \sim 0.75mm$）。短切纤维的长径比（纤维的长度与直径的比值）是一项重要参数，长径比太大不利于搅拌和成型，太小则不能充分发挥纤维的增强作用（易将纤维拔出）。钢纤维的长径比宜为 $50 \sim 80$，钢纤维长度与粗集料最大粒径的比宜为 $2.0 \sim 3.5$，且粗集料的最大粒径不宜超过 $19mm$。玻璃纤维通常制成玻璃纤维网、布，使用时采用人工或机械铺设；或将玻璃纤维制成连续无捻纤维，使用时采用喷射法施工。

普通水泥混凝土的极限拉伸率低，一般仅为 $0.01\% \sim 0.20\%$，而聚丙烯纤维的拉伸率则高达 $15\% \sim 18\%$，混凝土中掺量为 $0.8 \sim 1.2kg/m^3$ 的聚丙烯纤维，均匀散布于混凝土中不仅可阻止集料的下沉，改善工作性及泌水，减少离析，而且能有效地承受因混凝土收缩而产生的拉应变，延缓或阻止混凝土内部微裂缝及表面宏观裂缝的发生发展，提高混凝土的抗渗性。掺入体积掺率为 1% 的聚丙烯纤维，可使混凝土的收缩率降低约 75%；掺入体积掺率为 0.05% 的聚丙烯纤维在 1.2MPa 的水压作用下与同强度（28d 龄期）未掺聚丙烯纤维混凝土比较，抗渗性能提高 70%。

有关耐火试验表明，在混凝土中掺入低熔点纤维（直径 0.1mm，长 120mm，掺量 $4kg/m^3$）具有良好的耐火前景，这样的纤维混凝土柱经过标准耐火试验几乎观察不到破坏，说明低熔点纤维能防止混凝土爆裂。

玻璃纤维主要用于配制玻璃纤维水泥或砂浆（GFRC 或 GRC），而较少用于配制玻璃纤维混凝土（GRC）。普通玻璃纤维的抗碱腐蚀能力差，因而在玻璃纤维水泥中须使用抗碱玻璃纤维和低碱度的硫铝酸盐水泥。玻璃纤维水泥中纤维的体积掺量一般为 4.5%～5.0%，水胶比为 0.5～0.6。玻璃纤维水泥的抗折破坏强度可达 20MPa。玻璃纤维水泥主要用于护墙板、复合墙板的面板、波形瓦等。

钢纤维混凝土（SFRC 或 SRC）是纤维混凝土中用量最大的一种，有时也使用钢纤维砂浆。常用钢纤维的长度为 20～40mm，长径比为 60～80，掺量按体积计一般为 0.5%～2.0%。钢纤维混凝土的胶凝材料用量一般为 400～500kg/m³，砂率一般为 38%～60%，水胶比为 0.25～0.50，为节约水泥和改善工作性，应掺加高效减水剂和混凝土掺合料。混凝土掺入钢纤维后，抗拉强度和抗弯强度可提高 1.5～2.5 倍；冲击韧性提高 5～10 倍；抗压强度提高不大，同时使混凝土的抗裂性、抗冻性等也有所提高。在体积掺量为 0.5%～2.0% 时，钢纤维的加入几乎不影响新拌混凝土初始的坍落度、扩展度以及坍落度经时损失，这个特点对泵送钢纤维混凝土非常有利。钢纤维混凝土主要用于薄板与薄壁结构、公路路面、机场跑道、桩头等有耐磨、抗冲击、抗裂性等要求的部位或构件，也可用于坝体、坡体等的护面。采用喷射施工技术，可为表面不规则或坡度很陡的山岩岸坡及隧洞等提供良好的加固保护层。

5.8.12 聚合物混凝土

普通混凝土的最大缺陷是抗拉强度、抗裂性、耐酸碱腐蚀性以及其他耐久性较差，聚合物混凝土则在很大程度上克服了上述缺陷。

1. 聚合物水泥混凝土

聚合物水泥混凝土是由水泥、聚合物、粗细集料加水拌合而成的混凝土。聚合物通常以乳液形式掺入，常用的为聚醋酸乙烯乳液、橡胶乳液、聚丙烯酸酯乳液等。聚合物乳液的掺量一般为 5%～25%，使用时应加入消泡剂。聚合物的固化与水泥的水化同时进行。聚合物使水泥石与集料的界面黏结得到显著改善，并增加了混凝土的密实度，因而聚合物混凝土的抗拉强度、抗折强度、抗渗性、抗冻性、抗碳化性、抗冲击性、耐磨性、抗侵蚀性等较普通混凝土均有明显的改善。聚合物混凝土价格昂贵，主要用于耐久性要求高的路面、机场跑道、某些工业厂房的地面以及混凝土结构的修补等。

2. 聚合物浸渍混凝土

聚合物浸渍混凝土是将聚合物单体浸入已硬化的混凝土中，再利用加热或辐射等方法使渗入混凝土孔隙内的有机单体聚合，使聚合物与混凝土结合成一个整体。

所用单体主要有甲基丙烯酸甲酯、苯乙烯、醋酸乙烯、乙烯、丙烯腈等，此外还需加入引发剂或交联剂等助剂。为增加浸渍效果，浸渍前可对混凝土进行抽真空处理。聚合物能有效填充混凝土表面的裂缝、大孔、毛细孔及部分微细孔隙。因此，聚合物浸渍混凝土具有极高的抗渗性，并具有优良的抗冻性、抗冲击性、耐腐蚀性、耐磨性。其抗压强度可达 200MPa，抗拉强度可在 10MPa 以上。聚合物浸渍混凝土主要用于高强、高耐久性的特殊结构，如高压输气管、高压输液管、核反应堆、海洋工程等。

3. 聚合物胶结混凝土

聚合物胶结混凝土又称树脂混凝土，由合成树脂、粉料、粗细集料配制而成。其通常用环氧树脂、聚酯树脂、聚甲基丙烯酸甲酯等作为交接物。聚合物胶结混凝土的抗压强度为 60～100MPa、抗折强度为 20～40MPa，耐腐蚀性很高，但成本也很高。因而聚合物胶结混凝土主要用于耐腐蚀等特殊工程，或用于修补工程。

胶粘石透水路面由天然彩色砂或石子与高耐候有机硅改性聚氨酯树脂经特殊工艺制作而成，具有坚固美观、色泽天然炫丽、不易褪色的特点，是一种新颖的艺术景观铺装材料。而且胶粘石透水路面具有较好的生态、透水、透气及防滑功能且环保无毒、无辐射、无环境污染、是一种会呼吸的生态地面。胶粘剂由环氧树脂胶与固化剂双组分组成，按产品说明要求混合使用。胶粘剂搅拌均匀后，慢慢倒入一定数量的水洗石中。石和胶水的调配，一般根据碎石粒径大小采用，胶水：石质量比例为 1：(20～35) 或 1：(14～20)，并根据实际情况而定。胶水和石要搅拌均匀，让每一颗石充分被胶水包裹。将搅拌好的聚合物石粒料倒入施工区域，将拌合料摊铺在作业面，用涂有脱模剂的铝合金耙尺初步摊平，然后用不锈钢镘刀压平抹光，局部缺失部分须人工填补至整个面层，呈均匀平整状态。

5.8.13　水下不分散混凝土

传统的水下混凝土施工方法通常有两类：一类是先围堰后排水，混凝土的施工与陆地相同，存在先期工程量大、工程造价高、工期长等缺点。另一类是利用专用施工机具把混凝土和环境水隔开，将新拌混凝土直接送至水下工程部位，主要有导管法、预填集料灌浆法、模袋法、开底容器法等。常规浇筑水下混凝土的关键是尽量隔断混凝土与水的接触，但这将使施工工艺变得复杂，工期变长，工程成本显著增加，况且也难以保证水中混凝土的质量。水下不分散混凝土是在普通混凝土中掺入以纤维素系列或丙烯系列水溶性高分子物质为主要成分的絮凝剂。该外加剂的作用主要是使混凝土具有黏稠性，提高新拌混凝土的黏聚力，从而抑制水下施工时水泥和集料分散，保证混凝土在水中自由下落时抗离析、抗分散。水下不分散混凝土技术填补了普通混凝土水下施工的不足和缺陷，显著简化了水下混凝土的施工工艺，促进了水下混凝土施工技术的发展。

1. 水下不分散混凝土的性能

(1) **高抗分散性**。水下不分散混凝土由于保水性好，具有高抗分散性，即使在水中自由落下，也很少出现由于水洗作用而导致材料分离的现象。由于抗分散性好，水下不分散混凝土水下强度与陆上强度相比相差小，故可不排水施工。

(2) **自流平性与填充性**。水下不分散混凝土黏稠，富有塑性，即使在水下水平流动的情况下，也可得到浇筑均匀的混凝土，坍落度在 200mm 以上，其黏稠性也很好。一般情况下，1h 内还可保持流动能力，满足施工要求。由于具有优良的自流平性与填充性，故可在密布的钢筋之间、骨架及模板的缝隙内依靠自重填充。

(3) **保水性与整体性**。由于水下不分散混凝土中的高分子长链在溶胀过程中能吸收大量的游离水，以及高分子的网络中封闭了一部分自由水，水下不分散混凝土很少出现泌水和浮浆现象。由于水下不分散混凝土不易离析，不但可提高施工的可易性和可泵性，还可提高混凝土与钢筋的握裹强度和层间的黏结强度。

（4）**安全性**。由于水下不分散混凝土具有良好的抗水洗能力，因此水泥很少流失，不污染施工水，为环保型产品，而且目前所生产出的絮凝剂经生物安全检验为无毒产品，因此可用于一切水下工程。

2. 水下不分散外加剂的特点

（1）絮凝剂为固体粉剂，按导管法（或泵接导管）和吊罐法施工时，推荐掺量为 $11\sim13kg/m^3$；泵车直接施工时，推荐掺量为 $12\sim14kg/m^3$。在流速较快的动水环境下使用时，可增加絮凝剂掺量，但最高不超过 $20kg/m^3$。在水泥净浆中絮凝剂掺量为胶凝材料总量的 $2.0\%\sim3.0\%$；在砂浆中掺量为胶凝材料总量的 $2.5\%\sim3.0\%$。

（2）混凝土每立方米用水量一般在 $210\sim230kg/m^3$，另掺减水剂并不能明显降低每立方米用水量。对于强度等级较高的混凝土，一般通过增加胶凝材料总量提高混凝土强度。

（3）宜采用同掺法，与水泥、砂石同时加入搅拌机内。搅拌机宜采用强制式搅拌机，一般搅拌 90s，若采用自落式搅拌机，搅拌时间应适当延长。不可溶解使用。

（4）正常情况下无需掺加减水剂，如有需要，可掺加标准型聚羧酸减水剂（不掺加引气和缓凝组分）。

（5）掺加掺合料（粉煤灰或矿粉）会显著降低混凝土早期强度，延长凝结时间。水温低于 15℃时不推荐掺加。当需要使用掺合料代替水泥时，其替代量不宜超过 20%。

（6）水泥优先采用 P·O42.5 或 P·Ⅱ42.5 硅酸盐水泥，C40 以上混凝土推荐采用 52.5 级硅酸盐水泥。考虑水下无法振捣情况下的自密实、自流平要求，胶凝材料总量宜在 $420\sim500kg/m^3$。

（7）水下不分散混凝土中集料宜采用中粗砂。石子粒径一般采用 $5\sim25mm$，最大也可采用 $5\sim31.5mm$。砂率一般为 $38\%\sim46\%$。

（8）水下不分散混凝土流动性应以坍落扩展度值作为衡量基准，坍落扩展度值选择可按如下推荐值：导管法施工 $420\sim480mm$，泵送法施工 $420\sim500mm$，吊罐法施工 $350\sim450mm$。采用泵和导管施工的最优坍落扩展度范围为 $440\sim500mm$。可以振捣时，流动性应根据要求控制在合理范围内。

（9）絮凝剂和引气剂相容性良好，掺加引气剂后，可配制 D400 抗冻融混凝土。

水下不分散混凝土可用于沉井封底、围堰、沉箱、抛石灌浆、水下连续墙浇筑、水下基础找平及填充、RC 板等水下大面积无施工缝工程、大口径灌注桩、码头、大坝、水库修补、排水口防水冲击补强底板、水下承台、海堤护岸、护坡、封桩堵漏以及普通混凝土较难施工的水下工程。

5.8.14　3D 打印混凝土

3D 打印混凝土技术是在 3D 打印技术的基础上发展起来的，应用于混凝土施工的新技术，其主要工作原理是将配置好的混凝土浆体通过挤出装置，在三维软件的控制下，按照预先设置好的打印程序，由喷嘴挤出进行打印，最终得到设计的混凝土构件。3D 打印混凝土技术在打印过程中，无需传统混凝土成型过程中的支模过程，是一种最新的混凝土无模成型技术。2012 年，英国拉夫堡大学的研究者研发出新型的混凝土 3D 打印技术，

3D打印机械在计算机软件的控制下，使用具有高度可控制的挤压性水泥基浆体材料，完成精确定位混凝土面板和墙体中孔洞的打印，实现了超复杂的大尺寸建筑构件的设计制作，为外形独特的混凝土建筑打开了一扇大门。3D打印混凝土技术，在美国、英国、法国、德国与中国等，都开展了相关技术研究，目前已有3D打印的混凝土构件、雕塑、家具、桥梁乃至房屋问世。

5.8.15　防辐射混凝土

自然界中有一些化学元素，具有天然的辐射性，如镭、钍、铀等。其他无机非金属类矿物，经过高温急冷作用后，其原子核外电子随温度降低后向原子核外电子内层轨道回迁时，也会产生一定的辐射作用。

由于α、β、γ、X以及中子射线，都具有对人体比较强的辐射伤害作用，因而，在城市生活或工业生产中，都要对其加强屏蔽、阻隔及防护。对于α、β射线，绝大多数材料都具有屏蔽和阻隔的作用；而对γ、X及中子射线，只能用厚重的材料进行有效的屏蔽和阻隔。

防辐射混凝土又称屏蔽混凝土。其表观密度较大，对γ射线、X射线或中子辐射具有屏蔽能力，不易被放射线穿透。胶凝材料一般采用水化热较低的硅酸盐水泥，或高铝水泥、钡水泥、镁氧水泥等特种水泥，用重晶石、磁铁矿、褐铁矿、废铁块等作骨料。加入含有硼、镉、锂等的物质，可以减弱中子流的穿透强度。防辐射混凝土依靠重质物质而产生阻隔、屏蔽和防护，故其表观密度很大，可达$2700\sim7000kg/m^3$。由于其特殊的防辐射作用，现已广泛应用于原子能反应堆、粒子加速器，以及工业、农业和科研部门的放射性同位素设备的防护。

防辐射混凝土不同于普通水泥混凝土，不但表观密度大，含结合水多，而且要求导热系数较高（使局部的温度升高最小）、热膨胀系数低（使由于温度升高而产生的应变最小）、干燥收缩率小（使温差应变最小），还要求混凝土具有良好的均质性，不允许有空洞、裂缝等缺陷，具有一定的结构强度和耐火性。

5.8.16　装饰混凝土

装饰混凝土指具有一定颜色、质感、线型或花饰的、结构与饰面结合的混凝土墙体或构件。装饰混凝土可分为清水混凝土和露集料混凝土两类。

1. 清水混凝土

清水混凝土指混凝土及钢筋混凝土的脱模板面或浇筑成型面表面，未经过修饰装饰的具有艺术效果的混凝土。严格地说，清水混凝土不是一种特殊类型的混凝土材料，而具有线角规整、面体精致、色彩艺术、质地个性、纹案精巧、洁净细腻的混凝土结构表面的施工效果。

混凝土或钢筋混凝土，一次性浇筑成型，不做任何二次修饰，从原材料开始，到模板、施工等，遵从建筑师的艺术理念，进行系统性的材料和施工设计，由此体现的是材料最本质之美，混凝土材料个性之美，以混凝土特有的古朴简约的语言，做出叩击灵魂般诗意的表达，凝聚精神和物质的和谐统一，达到完美的情感交流的境界，是清水混凝土最核心的追求。

所以，控制原材料的均匀稳定，精心设计混凝土配合比，保证新拌混凝土流动性、黏聚性及保水性同时最佳，进行好的施工进度控制，保证混凝土以最佳状态入模，进行恰到好处的振捣、收面、压光、养护，进行每一个精心的操作，是生产优质清水混凝土的技术保障。

目前清水混凝土也渐渐采用涂料、再饰面，或用手工及机具做出线型、花饰、质感，如抹刮、滚压、用麻布袋或塑料网做出花饰，或将清水混凝土制作成格构 PC 等，作为建筑物外墙装饰的表皮。

2. 露集料混凝土

该混凝土是在浇筑后或硬化后，通过各种手段使混凝土的集料外露，达到一定装饰效果。

（1）**混凝土浇筑后终凝前露集料工艺**。该工艺既适用于现浇混凝土，又适用于预制混凝土。主要做法有水洗法、酸洗法、缓凝剂法。缓凝剂法是在浇筑混凝土前，于底模上涂刷缓凝剂或铺放涂有缓凝剂的纸。当混凝土已达到拆模强度，即进行拆模，但在缓凝剂作用下，混凝土表层水泥浆不硬化，用水冲洗去掉水泥浆露出集料。如果要在浇筑后混凝土表面露集料，也可以铺贴涂有缓凝剂的纸。

（2）**混凝土硬化后露集料工艺**。该工艺主要做法有水磨、凿剁、喷砂、抛球等。抛球法的主要设备是抛球机，混凝土制品以 1.5～2.0m/min 的速度通过抛球室，抛球机以 65～80m/s 的线速度抛出铁球，击掉混凝土表面的砂浆，露出集料。

思考题

1. 混凝土细集料由河砂改为机制砂，混凝土性能会有何种变化？

2. 何谓集料的级配？怎样判断集料的级配？级配良好的集料配置的混凝土工作性如何？

3. 两种细集料细度模数相同，其级配是否相同？两种集料级配相同，其细度模数是否相同？为什么？

第 2 篇
铺筑和砌筑材料

6.1 建筑石材的种类

建筑石材（Building stone）指用于土木工程砌筑或装饰的石材。建筑石材应兼备强度及可加工性，装饰性及安全性，方可广泛应用在土木工程中。

建筑用天然石材由构成地球表面地壳的岩石，经开采后切割加工而成。从微观及物质的基本面而言，岩石为矿物之集合体，天然石材之矿物组成与岩理可决定其物理化学性质。而所谓岩理指组成岩石矿物颗粒的大小、形状、排列方式及结合方式，其中当然也包括它们胶结组成的特性。我们可以由矿物组成与岩理判断石材之种类，一般而言，根据岩石生成的方式，可将其分为火成岩、沉积岩及变质岩。

1. 火成岩（Igneous Rock）

火成岩亦称"岩浆岩"，是岩浆侵入地壳或喷出地表后冷凝而成的岩石，是组成地壳的主要岩石，又分侵入岩和喷出岩两种。前者由于在地下深处冷凝，故结晶好，矿物成分一般肉眼即可辨认，常为块状构造，按其侵入部位深度的不同，分深成岩和浅成岩；后者为岩浆突然喷出地表，在温度、压力突变的条件下形成，矿物不易结晶，常具隐晶质或玻璃质结构，一般矿物肉眼较难辨认。常见的岩浆岩有花岗石、花岗斑石、流纹岩、正长石、闪长石、安山石、辉长岩和玄武岩等。

2. 沉积岩（Sedimentary Rock）

沉积岩又称为水成岩，是风化的岩石颗粒，经大气、水流、冰川的搬运，到一定地点沉积下来，即受到机械沉积、化学沉积及生物沉积作用，再受到地质高压成岩作用而形成的岩石。在地球表面，有75％的岩石是沉积岩，但如果从地球表面到16km深的整个岩石圈算，沉积岩只占总体积的5％。沉积岩主要包括石灰岩、砂岩、页岩等。

3. 变质岩（Metamorphic Rock）

变质岩是某种岩石在高温、高压和矿物质的混合作用下，经再结晶或其他变化而形成的另一种岩石。

6.2 石材技术性质

1. 表观密度

石材的密度和其化学组成与孔隙率相关。常用的石材孔隙率通常较小，表观密度在 $2500\sim3100kg/cm^3$；孔隙率高的石材，表观密度较小，为 $500\sim1800kg/cm^3$；重晶石或铁矿石等致密沉重的岩石，表观密度可高于 $3400kg/cm^3$。

2. 吸水率

孔隙率和孔结构决定了建筑石材的吸水率。按吸水率大小，建筑石材可分为低吸水性石材，吸水率低于 0.5%，如花岗石等；中吸水性石材，吸水率在 $0.5\%\sim3.0\%$，如页岩、石灰石、砂岩等；高吸水性石材，吸水率可达 15.0%，如多孔石灰岩、珊瑚砂等。

3. 耐水性

石材的化学组成和成岩特性及加工过程，决定了建筑石材的耐水性。石材的耐水性用软化系数 K 表示，即吸水饱和状态下的石材试件的抗压强度与干燥状态下的石材试件的抗压强度之比，$K=f_湿/f_干$。按耐水性高低，可将建筑石材分为高耐水性石材 $K\geqslant0.90$；中耐水性石材 $0.70\leqslant K<0.90$；低耐水性石材 $K<0.70$。用于长期浸没水下的工程结构中的建筑石材，软化系数 $K\geqslant0.85$ 较好。

4. 抗压强度

建筑石材按抗压强度划分强度等级。建筑石材的强度取决于岩石的矿物组成、结构及构造。其抗压强度试件尺寸为：$50mm\times50mm\times50mm$；按饱水抗压强度的 3 块试件平均值，可将建筑石材划分为 MU100、MU80、MU60、MU50、MU40、MU30、MU20 7 个强度等级。

5. 硬度及耐磨性

石材硬度按莫氏硬度可分为十度，见表 6-1。

莫氏硬度分级   表 6-1

硬度	1	2	3	4	5
石材	滑石	石膏	方解石（大理石）	萤石	磷灰石
硬度	6	7	8	9	10
石材	长石（花岗石）	石英（花岗石）	黄玉	刚玉	金刚石

建筑石材的耐磨性是其抵抗其他物质的摩擦、撞击等综合作用的能力。石材的密度、硬度和其耐磨性密切相关。密度大、硬度高的石材，其耐磨性强。建筑石材的耐磨性可用磨损度和磨耗度表示：磨损度以其单位面积上的磨耗量表示；磨耗度以其单位质量的磨耗量表示。

6. 建筑石材的放射性

建筑石材按天然放射性核素（镭-226、钍-232、钾-40）的放射性、比活度及外照射指数的限值分为 A、B、C 三类：A 类产品的产销与使用范围不受限制；B 类产品不可用于室内，但可用于室外；C 类产品只可用于一切建筑物的外饰面及远离人群的工程。

放射性水平超过限值的花岗石和大理石，其中的镭、钍等放射元素衰变过程中将产生天然放射性气体——氡。氡是一种无色、无味、感官不能觉察的气体。特别易在通风不良的地方集聚，可导致血液、呼吸道及肺部发生病变。故在应用该类建筑石材的环境中，打开居室门窗，促进室内空气流通，使氡稀释，可达到减少辐射污染的目的。

7. 建筑石材的其他性质

建筑石材与木材相比，热导率较高。与黏土专类材料相比，由于花岗石类岩石中各类造岩矿物的热膨胀系数不同，受热后变形不一，故将产生明显的内应力，会导致崩裂破坏作用；又由于其他如石膏、石灰石、含水黏土类岩石的受热分解作用，故其耐火性较差。低吸水性岩石，抗冻性良好；而高吸水性岩石，抗冻性差，不宜用于浸水饱和的受冻工程环境中。

6.3 建筑石材的应用

从古至今，建筑石材如料石、石板、碎石、石粉或石雕，在土木工程中得到应用。工程上常把砂岩、石灰石、花岗石等，经人工斩凿琢磨或机械加工，制成相对规则的六面体，称之为料石。表面不经加工或略经加工的称之为**毛料石**；表面凹凸相对尺寸不大于20mm的被称为粗料石；表面凹凸相对尺寸不大于10mm的被称为半细料石；表面凹凸相对尺寸不大于2mm的被称为细料石。

1. 铺筑砌筑材料

建筑石材如石柱、石梁、料石或楔形券石，被广泛应用于土木建筑工程中，可做成道路路面、石桥、渡槽、码头、堤岸或石材建筑。著名的威尼斯广场及哈尔滨中央大街路面、赵州桥、洛阳桥、帕特农神庙、马丘比丘建筑遗址、金字塔等都是举世闻名的石材建筑。

2. 饰面石板

（1）**花岗石**。工程上常说的花岗石，其实指以花岗石为代表的一类装饰石材，如花岗石、辉绿岩、辉长岩、玄武岩、橄榄岩等。它们以石英、长石为主要成岩矿物，整体常呈均粒状结构，表面呈细碎、中等花纹，故称为花岗石。

花岗石中SiO_2的含量不小于60%，属酸性石材，耐酸、抗风化、耐久性好，使用寿命长。花岗石所含的SiO_2常以石英晶体形式存在，高温下会发生晶型转变，因体积膨胀而开裂，故不耐火。

烧毛花岗石板材主要用于大型公共建筑外饰面；粗面和细面板材常用于室外地面、墙面、柱面、勒脚、基座、台阶；镜面板材主要用于台阶、室内地面、墙面、柱面、台面等。

（2）**天然大理石板材**。工程上所说的大理石是广义上的，包括大理石、白云岩、钙质砂岩、玄武岩等。狭义的大理石主要成分为碳酸盐矿物。

天然大理石由石灰石经变质而成，质地更密实，抗压强度更高、吸水率更低。其质地较软，属碱性中硬石材，它易加工、开光性好，常被制成抛光板材。其色调丰富、材质细腻，有些图案精美，极富装饰性。

大理石的成分有CaO、MgO、SiO_2等，其中CaO和MgO的总量占50%以上，故大理石属碱性石材。在大气中长期受硫化物及水汽形成的酸雨作用，大理石容易发生腐蚀，造成表面强度降低、变色掉粉，失去光泽，影响其装饰性能。所以除少数大理石，如汉白玉、艾叶青等质纯、杂质少、比较稳定、耐久的板材品种可用于室外，绝大多数大理石板材只宜用于室内。

天然大理石板材是装饰工程的常用饰面材料，一般用于宾馆、展览馆、剧院、商场、图书馆、机场、车站、办公楼、住宅等工程的室内墙面、柱面、服务台、栏板、电梯间门口等部位。由于其耐磨性相对较差，虽也可用于室内地面，但不宜用于人流较多场所的地面。由于大理石耐酸腐蚀能力较差，除个别品种外，一般只用于室内。

（3）**青石板材**。青石板材属于沉积岩类（砂岩），主要成分为石灰石、白云石。随着岩石深埋条件的不同和其他杂质（如铜、铁、锰、镍等金属氧化物）的混入，形成多种色彩。青石板材质地密实、强度中等、易于加工，可采用简单工艺凿割成薄板或条形材。青石板材是理想的建筑装饰材料，用于建筑物墙裙、地坪铺贴以及庭院栏杆（板）、台阶等，具有古建筑的独特风格。

常用青石板材的色泽为豆青色、深豆青及青色带灰白结晶颗粒等多种。青石板材根据加工工艺的不同分为粗毛面板、细毛面板和剁斧板等多种，还可根据建筑意图加工成光面（磨光）板。

（4）**人造饰面石材**。人造饰面石材是采用无机或有机胶凝材料作为胶粘剂，以天然砂、碎石、石粉或工业渣等为粗、细填充料，经成型、固化、表面处理而成的一种人造材料。它一般具有质量轻、强度大、厚度薄、色泽鲜艳、花色繁多、装饰性好、耐腐蚀、耐污染、便于施工、价格较低的特点。按照所用材料和制造工艺不同，可把人造饰面石材分为水泥型人造石材、聚酯型人造石材、复合型人造石材、烧结型人造石材和微晶玻璃型人造石材。其中聚酯型人造石材和微晶玻璃型人造石材是目前应用较多的品种。人造饰面石材适用于室内外墙面、地面、柱面、台面等。

3. 石雕或景观石

人们常将石材雕琢成城市雕塑作品，应用于建筑或建筑环境装饰工程中，如埃及胡夫金字塔前的斯芬克斯狮身人面像、我国人民英雄纪念碑的浮雕。也将一些天然或人工的石材如太湖石、灵璧石、昆石、英石、剑石、松皮石等，甚至毛石、卵石、碎石等经过人工堆叠或镶嵌，形成假山石景，装饰图案，来装饰建筑环境空间。

思考题

1. 何谓建筑石材，具体包括哪几种类型？
2. 建筑石材的技术性能指标都包括哪些？
3. 建筑石材的应用范围是什么？

黏土砖是建筑用的人造小型块材，也被称为烧结砖。实心黏土砖是世界上最古老的建筑材料之一，我国从陕西秦始皇陵到北京长城，它传承了中华民族几千年的建筑文明史。至今，黏土砖仍是各国人民衷爱的建筑材料。

黏土砖是黏土经过 950～1050℃焙烧而成的产品，故称为**烧成制品**。

按颜色分为：**红砖；青砖**。

按孔洞率分：**实心砖**（无孔洞或孔洞率小于 25％的砖）；**多孔砖**（孔洞率等于或大于 25％，孔的尺寸小而数量多的砖，常用于承重部位，强度等级较高）；**空心砖**（孔洞率等于或大于 40％，孔的尺寸大而数量少的砖，常用于非承重部位，强度等级偏低）。

实心砖和多孔砖多用于承重结构墙体，空心砖多用于非承重结构墙体。

黏土砖以黏土（包括页岩、煤矸石等粉料）为主要原料，经泥料处理、成型、干燥和焙烧而成。中国在春秋战国时期陆续创制了方形砖和长形砖，秦汉时期制砖的技术和生产规模、质量和花式品种都有显著发展，世称"秦砖汉瓦"。普通砖的尺寸为 240mm×115mm×53mm，按抗压强度（N/mm²）的大小分为 MU30、MU25、MU20、MU15、MU10、MU7.5 六个强度等级。

黏土砖就地取材，价格便宜，经久耐用，还有防火、隔热、隔声、吸潮等优点，在土木建筑工程中使用广泛。废碎砖块还可作混凝土的集料。为改进普通黏土砖块小、自重大、耗土多的缺点，其正向轻质、高强度、空心、大块的方向发展。灰砂砖以适当比例的石灰和石英砂、砂或细砂岩，经磨细、加水拌合、半干法压制成型并经蒸压养护而成。粉煤灰砖以粉煤灰为主要原料，掺入煤矸石粉或黏土等胶结材料，经配料、成型、干燥和焙烧而成，可充分利用工业废渣，节约燃料。

第 7 章

黏土砖及砌块

7.1　黏土烧成制品

1. 黏土

黏土由黏土矿物组成。常见的主要黏土矿物有：高岭石，蒙脱石，水云母等。除此之外，黏土中还含有石英、长石、碳酸盐、铁质矿物及有机质等杂质。黏土的颗粒组成直接影响其可塑性。可塑性是黏土的重要特性，它决定了制品成型性能。黏土中含有粗细不同的颗粒，其中极细（＜0.05mm）的片状颗粒，使黏土获得极高的可塑性。这种颗粒称作黏土物质，含量越多，可塑性越高。

黏土的种类（通常按其杂质含量，耐火度及用途不同）：

（1）**高岭土**（$Al_2O_3 \cdot 2SiO_2 \cdot 2H_2O$）：亦称为瓷土。纯净的高岭土中不含氧化铁等染色杂质，焙烧后呈白色。耐火度为 1730～1770℃，多用于制造瓷器。

（2）**耐火黏土**（火泥）：杂质含量小于 10％，焙烧后呈淡黄至黄色。耐火度在 1580℃以上，是生产、耐火、耐酸陶瓷的原料。

（3）**难熔黏土**（陶土）：杂质含量为 10％～15％，焙烧后呈淡灰，淡黄至红色，耐火度为 1350～1580℃，是生产地砖、外墙面砖及精陶制品的原料。

（4）**易熔黏土**（砖土，砂质黏土）：杂质含量高达 25％。耐火度低于 1350℃，是生产黏土砖瓦及粗陶制品的原料。当其在氧化气氛中焙烧时，因高价氧化铁的存在而呈红色。在还原气氛中焙烧时，因低价氧化铁的存在而呈青色或青灰色。

2. 其他黏土砖原料

（1）**页岩**。页岩中含有大量黏土矿物，可用来代替黏土生产烧土制品。

（2）**煤矸石**。煤矸石是煤炭开采和巷道掘进所排放的含碳废料。其化学成分波动较大，适合作烧土制品的是热值相对较高的黏土质煤矸石。煤矸石中所含的 FeS 为有害杂质，燃烧时会向大气中排放 SO_2，故煤矸石含硫量应限制在 10％以下。

（3）**粉煤灰**。粘煤灰用电厂排出的粉煤灰作烧土制品的原料，可代替部分黏土。通常为了改善粉煤灰的可塑性，需加入适量黏土。

7.2　黏土烧结原理

1. 黏土的烧制过程

（1）**黏土的焙烧**。黏土所含的自由水分随温度升高或焙烧时间延长而逐渐蒸发，至110℃时，自由水分完全排出，成为完全干燥的黏土。500～700℃时，其中的有机物燃烧殆尽，黏土矿物及其他矿物的结晶水大部分已经脱出，随后黏土矿物会发生分解。750～1050℃时，已分解出的各种氧化物将重新结合生成硅酸盐矿物。与此同时，黏土中的易熔化合物开始形成液相，包裹未熔颗粒，并填充颗粒之间的空隙，冷却后便转变为固相结合的固体**陶土制品**——陶或劣质砖瓦；在 1200～1400℃，随着熔融液相数量的增加，制品中的开口孔隙减少，吸水率降低，结晶作用不断加强，强度、耐水性及抗冻性能提高，形成**炻质制品**或**瓷质制品**——砖、水缸、瓷器材料；若在黏土中加入助熔物质，或在石英中加入 Na_2CO_3 时烧至熔融，最后得到**熔融制品**——陶瓷釉料、玻璃。

（2）**焙烧气氛**。当黏土在窑炉中焙烧时为氧化气氛，因黏土中的 Fe 会生成 Fe_2O_3 而使砖呈红色，如烧制红砖；而在氧化气氛中烧透之后，若采取封窑窨水，窑内高温使水变成水蒸气，从而起阻隔空气的作用，则在缺氧（还原气氛）闷窑的情况下，黏土中的 Fe 将会被还原成青灰色氧化亚铁（FeO），如烧制青砖。青砖在抵抗氧化、水软化、大气侵蚀等风化方面性能优于同温度烧成的红砖。但高温烧成的红砖，其液相量增多，结构固化作用强，综合性能与青砖相比难分伯仲。

（3）**焙烧温度**。如果焙烧温度过高或时间过长，则焙烧的黏土过火。过火烧成的黏土砖的特点为色深、声脆、烧制变形大等。如果焙烧温度过低或时间不足，则焙烧的黏土欠火，欠火烧成黏土砖或陶器的特点为色浅、敲击声哑、强度低、吸水率大、耐久性差等。

（4）**焙烧制度**。按照焙烧方法的不同，烧结黏土砖可分为内燃砖和外燃砖。

将煤炭只用于外投煤，作为燃料烧制的砖称为外燃砖。

而生产中可将煤渣、含碳量高的粉煤灰及煤矸石等工业废料掺入制坯的黏土中烧制的砖称为内燃砖。当砖焙烧到一定温度时，废渣中的碳也在干坯体内燃烧，因此可以节省大量的燃料和 5％～10％ 的黏土原料。内燃砖燃烧均匀，表观密度小，导热系数低，且强度可提高约 20％。

2. 烧土制品生产工艺简介

烧结普通砖或空心砖的工艺流程为：坯料调制→成型→干燥→焙烧→制品。烧结饰面烧土制品（饰面陶瓷）的工艺流程为：坯料调制→成型→干燥→上釉→焙烧→制品。也有的制品工艺流程是在成型、干燥后先第一次焙烧（素烧），然后上釉后再烧第二次（釉烧）。

焙烧工艺如下：

连续式：隧道窑或轮窑中，将装窑、预热、焙烧、冷却、出窑等过程同步进行，生产效率较高。

间歇式：在农村中的立式土窑则属间歇式生产。有的制品在焙烧时要放在匣钵内，防止温度不均和窑内气流对制品外观的影响。

（1）**坯料调制**。坯料调制是要破坏原料的原始结构，粉碎大块原料，剔除有害杂质，按适当组分调配原料再加入适量水分拌合，制成均匀的适合成型的坯料。

（2）**制品成型**。坯料经成型制成一定形状、尺寸后称为生坯，其成型方法有：

1）塑性法：用可塑性良好的坯料，含水率为 1％～25％，将坯料用挤泥机挤出一定断面尺寸的泥条，切割后获得制品的形状适合成型烧结普通砖、多孔砖及空心砖。

2）模压法（半干压或干压法）：半干压法为 8％～12％，干压法为 4％～6％，可塑性差的坯料，在压力机上成型。有时可不经干燥直接进行焙烧，黏土平瓦、外墙面砖及地砖多用此法成型。

3）注浆法：坯料呈泥浆状，原料为黏土时，其含水率可高达 40％。将坯料注入模型中成型，模型吸收水分，坯料变干获得制品的形状。此法适合成型形状复杂或薄壁制品，如卫生陶瓷、内墙面砖等。

（3）**生坯干燥**。生坯的含水率必须降至 8％～10％ 才能入窑焙烧，因此要进行干燥。通常可采用自然干燥（在露天阴干，再在阳光下晒干），人工干燥（利用焙烧窑余热，在室内进行）的方式，干燥生坯。干燥过程中应防止生坯脱水过快或不均匀脱水，避免在此阶段因干燥产生裂缝。

（4）**焙烧**。当生产多孔制品时，烧成温度宜控制在稍高于开始烧结温度（约为900～950℃），为使其既具有相当的强度，又有足够的孔隙率。当生产密实制品时，烧成温度控制在略低于其烧结极限（耐火度），使所得制品密实而又不软化坍落流动变形。

1) 欠火：因烧成温度过低或时间过短，坯料未能达到烧结状态的制品颜色较浅，呈黄皮或黑心，敲击声哑，孔隙率很大，强度低，耐久性差。

2) 过火：因烧成温度过高使坯体坍落流动变形的制品颜色较深，外形有弯曲变形或压陷，黏底等质量问题。但过火制品敲击声脆（呈金属声），较密实，强度高，耐久性好。烧制的坯体按其致密程度可分为：瓷器，炻器（如地面砖、锦砖），陶器（如排水陶管），土器（如烧结砖、瓦）。

（5）**上釉**。坯体表面作上釉处理：提高制品的强度和化学稳定性，并获得洁净美观的效果。釉料：熔融温度低，易形成玻璃态的材料，通过掺加颜料可形成各种艳丽色彩。上釉方法（两种）：在干燥后的生坯上施以釉料，然后焙烧，如内墙面砖、琉璃瓦上的釉层；在制品焙烧的最后阶段，在窑的燃烧室内投入食盐，其蒸气被制品表面吸收生成易熔物，从而形成釉层，如陶土排水管上的釉层。

7.3   烧结砖

1. 烧结普通砖

（1）**烧结普通砖尺寸**。根据《烧结普通砖》GB/T 5101—2017 的规定，烧结普通砖按其主要原料分为黏土砖（N）、页岩砖（Y）、煤矸石砖（M）、粉煤灰砖（F）、建筑渣土砖（Z）、淤泥砖（U）、污泥砖（W）、固体废弃物（G）。

烧结普通砖的规格为 240mm×115mm×53mm 的立方体。在烧结普通砖砌体中，灰缝为 10mm，则每 4 块砖长，8 块砖宽或 16 块砖厚可砌筑 1m³ 砌体。1m³ 砌体需用标准黏土砖 512 块。

（2）**烧结普通砖技术要求**。烧结普通砖的技术要求包括：尺寸偏差、外观质量、强度、抗风化性能、泛霜、石灰爆裂等，并划分为不同强度等级和合格品及不合格品两个质量等级。

1) **泛霜**。泛霜也称为返碱、泛碱、泛白、盐结晶。实际上是黏土砖中未固结的可溶盐，如钠盐、钾盐、硫酸盐、氯盐或砌筑砂浆中的各类可溶盐或挡土墙土壤中的可溶盐，通过水分迁移至黏土砖表面，水分蒸发后留下盐结晶。

控制原料不含可溶盐或提高烧成温度，形成更好的固相结合，或产生更多的液相量，是防止黏土砖泛霜的关键。

2) **石灰爆裂**。黏土砖原料若以各种原因混进石灰石颗粒，在黏土砖烧成时，石灰石被烧成石灰 CaO，则在黏土砖烧成后遇水，石灰变成 $Ca(OH)_2$，由于体积膨胀造成的黏土砖局部爆裂，成为黏土砖的石灰爆裂。石灰爆裂后，黏土砖表面可见崩裂剥蚀坑，在剥蚀坑深处，明显可见白色物质。

控制原料不得混进石灰石颗粒，是防止黏土砖石灰爆裂的诀窍。

3) **风化**。在使用中，经水浸劈裂、干湿循环、霜冻冰冻以及盐结晶等多重因素综合作用，黏土砖会产生酥、脆、碎、裂、剥落等现象，称之为黏土砖的风化。我国的东北、西北及华北地区采用抗冻试验评价黏土砖抗风化性能，其他地区采用沸煮法评定黏土砖抗风化性。

优选原料、优质烧成、使用保持干燥，防止接触腐蚀介质等，能有效防止黏土砖风化。抗风化性好的优质烧结青砖，使用得当，可耐久几年；优质红砖亦可耐久几百年。

烧结普通砖根据 10 块试样抗压强度的试验结果，分为五个强度等级（表 7-1），不符合为不合格品。

烧结普通砖的抗压强度（MPa）　　表 7-1

强度等级	抗压强度平均值 f，$\geqslant$	变异系数$\leqslant$0.21	变异系数$>$0.21
		抗压强度标准值 f_k，$\geqslant$	单块最小抗压强度值 f_{min}
MU30	30.0	22.0	25.0
MU25	25.0	18.0	22.0
MU20	20.0	14.0	16.0
MU15	15.0	10.0	12.0
MU10	10.0	6.5	7.5

2. 烧结普通砖的应用

烧结普通砖具有较高的抗压强度和较好的建筑性能（如保温隔热、隔声和耐久性），主要用于砌筑建筑工程的承重墙体，柱、拱、烟囱、沟道，基础等，有时也用于小型水利工程，如闸墩，涵管，渡槽，挡土墙等。砂浆性质对砖砌体强度的影响是在砌筑前，必须预先将砖进行吸水润湿，原因是砖的吸水率大，一般为 15%～20%。烧结普通砖的表观密度为 1800～1900kg/m³，孔隙率为 30%～35%，吸水率为 8%～16%，热导率为 0.78W/(m·K)。

3. 烧结多孔砖

烧结多孔砖的孔洞率不大于 25%，为大面有孔的直角六面体，孔多而小，孔洞垂直于受压面。砖的主要规格有 KM 型：190mm×190mm×90mm 及 KP 型：240mm×115mm×90mm（图 7-1）。《烧结多孔砖和多孔砌块》GB 13544—2011 规定，根据抗压强度，烧结多孔砖分为 MU30、MU25、MU20、MU15、MU10 五个强度等级，见表 7-2。

烧结多孔砖的抗压强度（MPa）　　表 7-2

强度等级	抗压强度平均值 f，$\geqslant$	抗压强度标准值 f_k，$\geqslant$
MU30	30.0	22.0
MU25	25.0	18.0
MU20	20.0	14.0
MU15	15.0	10.0
MU10	10.0	6.5

根据砖的尺寸偏差、外观质量、强度等级和物理性能（冻融、泛霜、石灰爆裂、吸水率等）分为合格品及不合格品两个质量等级。烧结多孔砖的孔洞率在 25% 以上，表观密

度约为 1400kg/m³。常被用于砌筑六层以下的承重墙。

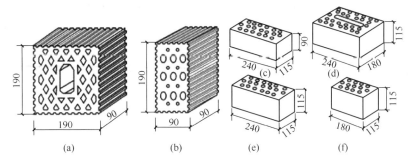

图 7-1　烧结多孔砖的孔型及分类
（a）KM1 型；（b）KM1 型配砖；（c）KP1 型；
（d）KP2 型；（e）、（f）KP2 型配砖

烧结多孔砖的优点： 烧结多孔砖可使建筑物自重减轻 30％左右，节约黏土 20％～30％，节省燃料 10％～20％，墙体施工工效提高 40％，并改善砖的隔热隔声性能。

烧结多孔砖的缺点： 烧结多孔砖的生产工艺与普通烧结砖相同，但由于坯体有孔洞，增加了成型的难度，因而对原料的可塑性要求很高。

4. 烧结空心砖

烧结空心砖又简称空心砖，是指以页岩，煤矸石或粉煤灰、黏土为主要原料，经焙烧而成的，具有孔洞率大于 40％的烧结砖。

烧结空心砖的外形尺寸，长度为 390mm、290mm、240mm、190mm，宽度为 240mm、190mm、180mm、175mm、140mm、115mm，高度为 190mm、90mm。由两两相对的顶面、大面及条面组成直角六面体，在中部开设至少两个均匀排列的条孔，条孔之间由肋相隔，条孔与大面、条面平行，其间为外壁，条孔的两开口分别位于两顶面上，在所述的条孔与条面之间分别开设若干孔径较小的边排孔，边排孔与其相邻的边排孔或相邻的条孔之间为肋。

很多国家都尝试烧制大型烧结空心砖。德国的设备和技术，可生产 600mm×365mm×300mm 规模的大型烧结空心砖，并生产配套的特种砌筑砂浆。同时，烧结空心砖的长度、宽度、高度可根据模数或建筑师及客户的订货生产。大型烧结空心砖及其砌筑如图 7-2所示。

与烧结多孔砖相比，烧结空心砖孔洞率更高，并可节约原材料资源，节约烧制生产能耗，减少碳排放量及污染物排放量。同时烧结空心砖产品质轻高强，保温、隔声、降噪性能好，运输、砌筑效率高，可降低地基基础结构造价等。通常在相同的热工性能要求下，用空心砖砌筑的墙体厚度比用实心砖砌筑的墙体减薄半砖左右。

采取钢筋混凝土圈梁及构造柱后进行巧妙设计，能够有效改善烧结空心砖、烧结多孔砖、各类砌块等所制成建筑的抗震性能，尤其可使大型烧结空心砖在全球范围内的中低层建筑中，得到更为广泛的应用。

5. 限黏禁实

2004 年，我国人均耕地资源不到世界平均水平的 40％，但因城乡建房烧制黏土砖，一年竟要损毁良田 70 万亩。我国耕地面积仅占国土面积的 10％多一点，其中分布在丘

陵、高原的中低产田占 66%，且有 40% 的干旱、半干旱耕地存在不同程度的退化。2003 年，全国人均耕地资源只有 1.43 亩，其中 30% 的县、市人均耕地面积已低于联合国规定的人均 0.8 亩的警戒线。然而，由于种种原因，我国目前仍是世界上少数几个以实心黏土砖作为主要墙体材料的国家之一。

在我国，墙体材料约占整个房屋建筑材料的 70%，其中黏土砖在墙材中仍居主导地位，生产实心黏土砖所需的黏土资源更属可耕地中较优质的黏土，因此，其对土地资源的破坏可见一斑。据统计，目前全国尚有砖

图 7-2 大型空心砖及其砌筑

瓦企业 9 万多家，占地超过 500 万多亩，每年生产的黏土砖约 6000 亿块，耗用黏土资源 13 亿 m^3，按平均挖土深 3m 折算，相当于每年毁田约 70 万亩。如在"天府之国"——成都，仍有黏土砖瓦厂 300 多家，年生产能力超 30 亿块，占用、抛荒的优质农田达 2.6 万亩。

为转变这一严重浪费土地资源的传统烧制方式，国务院早在 2000 年前就颁布了禁止使用实心黏土砖的要求。

从 2005 年开始，我国先在全国中心城市实行了禁止使用实心黏土砖的计划；然后逐步扩大"禁实城市"的数量；进而再开展限制使用黏土砖的计划。

7.4 青砖及金砖

1. 青砖

青砖属于烧结黏土砖。天然的黏土中常常会含有 Fe_2O_3，在氧化气氛中，烧成的黏土砖根据原料含铁量不同、烧成温度不同，一般分为淡黄、褐色、咖啡色等。古代的砖窑烧成温度偏低，在 700~900℃烧成的黏土中，液相量相对较少，Fe_2O_3 未被液相硅酸盐物质固化包裹，故遇水较易形成 $Fe(OH)_3$ 而软化、风化。

在烧制青砖时，当窑内达到适宜的温度和时间后，采用封窑窨水工艺，使黏土中的铁形成 FeO 或 Fe_3O_4，烧制成青色或青灰色的青砖。与相同的较低温度烧制的红砖相比，青砖其他性能和红砖相差不大，但其耐水及耐风化特性优异。

由于青砖当时手工制坯，烧成的青砖尺寸误差较大，故常采用"砍砖"，即"磨砖对缝"工艺，进行砌筑。如此完成的砌体，灰缝工整平直，宽度可达 0.1mm，堪称我国古代精工细作之典范。

2. 金砖

金砖又称御窑金砖，是砖窑烧制的中国传统珍品，是曾专供宫殿等重要建筑使用的一种高质量的铺地方砖（图 7-3）。

因其质地坚实细腻，敲之有金磬之声，故称金砖。由于旧时技术保密原因，各家烧砖技术互不通传，故没有确定技法。金砖多采用苏州地区"黏而不散，粉而不沙"的湖泥，

一般用萝过筛，取用细泥；为消除生泥易裂，去其"土性"，故存放于露天泥池中而经自然陈化；根据原泥不同，陈化期1年至3年不等；此期间采用倒池、人或牛踩练等方式陈化练泥，使之陈化均化；再经人工踩踏成坯制成长宽约2.2m、2.0m、1.7m、1.4m（1尺＝333mm）等5～6种规格，最大可达1000mm，厚70mm的砖坯，经180～210d以上的自然风干后码窑烧制；烧制时，用茅草树叶、谷壳糠皮先烧15d，以期缓慢熏烧干燥；再用纤细树枝、粗树枝烧15d，以期缓慢加温；再用片材、木桩、整材烧30～120d，最后再用松枝烧40d；然后用泥封窑门风洞，窑上撒砂覆盖后"窨水"，6000块砖窑窨水总量约120t；使窑中形成还原气氛，使得Fe_2O_3在高温缺氧的窑内环境下转化为FeO或Fe_3O_4，则烧成青灰色的青砖，以抵抗风化或水的侵蚀。烧制后的青砖要经过已经失传的工艺进行冲水打磨，精细地打磨可使之成为镜面。为使之憎水，将打磨完毕的青砖再用桐油浸泡3个月，然后再晾晒或入窑焙烧。如此三番两次，得到尺寸规整、光亮油润、平滑细腻、憎水性良好的金砖（图7-4）。

图7-3   具有勒名章款的金砖   图7-4   勒名的细料金砖

铺地后再用生桐油涂浸，则金砖地面工整精致、沉重稳定、油润光亮、不潮不凉、不朽不腐、光洁不滑，尤其是低弹性模量，使得人走上去似木地板般轻柔舒适，且无木地板的震颤及噪声，应用效果极佳。

为保证金砖质量，曾规定以2000块为一批次抽检2块，折断勘察内部孔隙及烧成情况；不合格则再双倍抽取检验，若再有1块不合格，则判定废弃此整窑金砖。

7.5   砌块

建筑中作为砌筑材料的砌块，可分为实心砌块和空心砌块，如加气混凝土实心砌块、空心普通混凝土砌块。

砌块还可以按材料分类，如混凝土砌块、炉渣砌块、粉煤灰砌块、陶粒混凝土砌块等。

混凝土砌块，一般采用C20～C25强度等级的混凝土。混凝土砌块可有多种块型孔型，有长方体、正方体、多变形体等形体；也可设置成单孔、双孔、三孔及四孔型等空心砌块；还可设置成单排孔、双排孔的排孔类型；孔型可为方孔、长方孔、圆孔等。为砌筑方便，也可设置盲孔型、半盲孔型、和全明孔型空心砌块。一般的混凝土空心砌块，肋的壁厚为25～35mm。

　　砌块作为房屋墙体的砌筑材料，在二战后的欧洲，对于利用城市建筑垃圾，快速进行城市建筑，曾经得到重要的作用而被全世界各个国家和地区广泛应用。但从其保温节能、砌筑效率、建筑结构特性等角度看，在现代绿色节能建筑中，有逐渐被大型节能复合墙板或大型烧结空心砖取代的可能。

思考题

　　1. 烧结普通砖的技术要求主要有哪几项？标准砖的尺寸规格是多少？砌筑 $1m^3$ 砌体，大约需要多少块标准砖？

　　2. 烧结普通转的强度等级与质量等级是如何划分的？

　　3. 何谓烧结多孔砖？何谓烧结空心砖？

　　4. 什么是红砖、青砖、金砖？

　　5. 烧结普通砖的泛霜和石灰爆裂对砌筑工程有何影响？

　　6. 试说明烧结普通砖耐久性的内容。

　　7. 古人为何烧制青砖？欠火砖为何不宜作铺地砖？

　　8. 目前所用的墙体材料有哪几类？为什么要进行墙体材料改革？墙体材料的发展方向是什么？

　　9. 加气混凝土砌块砌筑为何常采用专用砌筑砂浆？思考在加气混凝土墙面抹灰要注意什么问题。

土木工程材料的生产中离不开无机胶凝材料，水泥是主要的无机水硬性胶凝材料。无机气硬性胶凝材料指只能在空气中硬化，也只能在空气中保持或继续发展其强度的胶凝材料。石灰、石膏、水玻璃、菱苦土（镁质胶凝材料）等属于无机气硬性胶凝材料，其中石灰、石膏是最常用的无机气硬性胶凝材料。

8.1　石灰

石灰是使用最早的无机气硬性胶凝材料之一。由于生产石灰的原料广泛，工艺简单，成本低廉，所以至今仍被广泛应用于土木工程中。

1. 石灰的生产

生产石灰的主要原料是以碳酸钙（$CaCO_3$）为主要成分的天然岩石——石灰岩，还可以利用化学工业副产品，如：用碳化钙（CaC_2）制取乙炔时所产生的电石渣，其主要成分是氢氧化钙，即消石灰（或称熟石灰）；或者用氨碱法制碱所得的残渣，其主要成分为碳酸钙。

将石灰岩进行煅烧，即可得到以氧化钙（CaO）为主要成分的生石灰，其分解反应如下：

$$CaCO_3 \xrightarrow{900℃} \underset{（生石灰）}{CaO} + CO_2 \uparrow$$

生石灰呈白色或灰白色块状及粉末状。由于石灰岩中常含有一些碳酸镁（$MgCO_3$），因而生石灰中还含有次要成分氧化镁（MgO）。根据 MgO 含量的多少，生石灰被分为钙质石灰（$MgO \leqslant 5\%$）和镁质石灰（$MgO > 5\%$）。生石灰质量与其氧化钙和氧化镁的含量有很大关系。另外，生石灰的质量还与煅烧条件（煅烧温度和煅烧时间）有直接关系。碳酸钙的分解温度从 900℃ 左右开始，实际生产中，为加速其分解过程，煅烧温度常提高到 1000～1100℃。煅烧过程对石灰质量的主要影响是：煅烧温度过低或煅烧时间不足，将使生石灰中残留有未分解的石灰岩核心，这部分石灰称为**欠火石灰**。欠火石灰降低了生石灰的有效成分含量，使质量等级降低；若煅烧温度过高或煅烧时间过久，将产生**过火石灰**，过火石灰质地密实，且表面常为黏土熔融玻璃质膜层所包覆，故熟化很慢。使用这种生石灰时，必须要采用熟化方法，将含有过火石灰的生石灰消化，以免对建筑物造成过火石灰延时水化的膨胀爆裂破坏。

将块状生石灰经过磨细可得生石灰粉；将块状生石灰洒水消化可得消石灰粉；将块状生石灰加水浸泡陈伏，可得石灰膏。

2. 生石灰的水化

（1）**水化过程及其特点**。块状生石灰加水后，即迅速水化生成氢氧化钙，亦称消石灰，并放出大量的热，这个过程称为生石灰的水化。由于其可消解过火石灰的破坏作用，故此反应也称为"消化反应"；又因该反应是放热反应，故又称此过程为"熟化"。其反应式如下：

$$CaO + H_2O \longrightarrow Ca(OH)_2 + 64.8kJ$$

上述过程有两个显著特点：

1）**放热量大**。生石灰水化时最初 1h 放出的热量是半水石膏水化 1h 放出热量的 10倍，是普通硅酸盐水泥水化 1d 放出热量的 9倍。因此，生石灰具有强烈的水化能力，其放热量、放热速度都比其他胶凝材料大得多。

2）**体积增大**。成分较纯并煅烧适宜的生石灰，水化成消石灰后，体积可增大 1～2.5倍。

（2）**水化方法**

1）**喷淋水化法**。生石灰中均匀加入 70% 左右的水（理论值为 31.2%），便得到颗粒细小、分散的消石灰粉。工地调制消石灰粉时，常采用喷淋水化法，即每堆放 0.5m 高的生石灰块，淋 60%～80% 的水，再堆放再淋，使之成粉且不结团为止。

2）**灰池水化法**。调制灰浆常在化灰池和储灰坑中进行。将生石灰和水加入化灰池中，水化时应控制温度，防止过高或过低。如果温度过高而水量又不足，易使形成的 Ca(OH)$_2$ 凝聚在 CaO 周围，妨碍继续水化，若温度达 547℃ 时水化反应还会逆向进行，Ca(OH)$_2$ 又分解为 CaO 和 H$_2$O。对于水化慢的石灰，加水应少而慢，保持较高温度，促使水化较快完成。水化后的浆体和部分未水化的细颗粒通过筛网流入储灰坑中，而大块的欠火石灰和过火石灰则予以清除。为了进一步消除过火石灰在使用中造成的危害（因为过火石灰水化很慢，若石灰已经硬化，过火石灰再开始水化，使得原体积膨胀，引起隆起或开裂），石灰浆应在储灰坑中"陈伏"1～2周。"陈伏"期间，石灰浆表面应保持一层水分，与空气隔绝，以免石灰浆表面碳化。石灰浆在储灰坑中沉淀并除去上层水分后，称为石灰膏。1kg 石灰块可熟化成表观密度为 1300～1400kg/m³、体积为 1.5～3L 的石灰膏。

3. 消石灰的硬化

石灰浆在空气中逐渐硬化，是由下面两个同时进行的过程完成的。

（1）**结晶过程**。石灰浆中的主要成分是 Ca(OH)$_2$ 和 H$_2$O，随着游离水的蒸发，氢氧化钙逐渐从饱和溶液中结晶出来。

（2）**碳化过程**。结晶出来的氢氧化钙与空气中的二氧化碳化合生成碳酸钙晶体，释放出水分并被蒸发：

$$Ca(OH)_2 + CO_2 + nH_2O = CaCO_3 + (n+1)H_2O$$

碳化过程实际是二氧化碳与水形成碳酸，然后与氢氧化钙反应生成碳酸钙硬壳的过程。这个过程不但受空气中 CO_2 浓度影响，而且与材料含水多少有关：若材料处于干燥状态，则这种碳化反应几乎停止。其次，碳化作用发生后，由于形成的碳酸钙硬壳阻碍水分进一步向外蒸发及 CO_2 进一步向内渗透，所以，这种硬化过程十分缓慢。石灰浆体硬化后，表层为碳酸钙晶体，内部为 $Ca(OH)_2$ 晶体，硬化后的石灰是由两种不同晶体组成的。

4. 石灰的技术性质

（1）**石灰的技术标准**。生石灰按照加工情况分为建筑生石灰与建筑生石灰粉，按照化学成分分为钙质石灰与镁质石灰两类，每类又分成若干等级。按照《建筑生石灰》JC/T 479—2013，建筑生石灰的分类、化学成分与物理性质见表 8-1 及表 8-2。

建筑生石灰的分类（JC/T 479—2013）　　　　　　　　　　表 8-1

类别	名称	代号
钙质石灰	钙质石灰 90	CL 90
	钙质石灰 85	CL 85
	钙质石灰 75	CL 75
镁质石灰	镁质石灰 85	ML 85
	镁质石灰 80	ML 80

建筑生石灰的化学成分与物理性质（JC/T 479—2013）　　　　　　表 8-2

名称	CaO+MgO (%)	MgO (%)	CO_2 (%)	SO_3 (%)	产浆量 (L/kg)	细度	
						0.2mm 筛余量（%）	90 μm 筛余量（%）
CL 90−Q CL 90-QP	≥90	≤5	≤4	≤2	≥2.6 —	— ≤2	— ≤7
CL 85-Q CL 85-QP	≥85	≤5	≤7	≤2	≥2.6	— ≤2	— ≤7
CL 75-Q CL 75-QP	≥75	≤5	≤12	≤2	≥2.6	— ≤2	— ≤7
ML 85-Q ML 85-QP	≥85	>5	≤7	≤2	—	— ≤2	— ≤7
ML 80-Q ML 80-QP	≥80	>5	≤7	≤2	—	— ≤7	≤7

注：Q 表示生石灰块；QP 表示生石灰粉。

根据《建筑消石灰》JC/T 481—2013 规定，将消石灰分为钙质消石灰和镁质消石灰两类，每类又分成若干等级。建筑消石灰的分类、化学成分与物理性质见表 8-3 及表 8-4。

建筑消石灰的分类（JC/T 481—2013）　　　　表 8-3

类别	名称	代号
钙质消石灰	钙质消石灰 90	HCL 90
	钙质消石灰 85	HCL 85
	钙质消石灰 75	HCL 75
镁质消石灰	镁质消石灰 85	HML 85
	镁质消石灰 80	HML 80

建筑消石灰的化学成分与物理性质（JC/T 481—2013）　　　　表 8-4

名称	$CaO+MgO$ (%)	MgO (%)	SO_3 (%)	游离水 (%)	细度（筛余量）		安定性
					0.2mm (%)	90 μm (%)	
HCL 90	≥90	≤5	≤2	≤2	≤2	≤7	合格
HCL 85	≥85	≤5	≤2	≤2	≤2	≤7	
HCL 75	≥75	≤5	≤2	≤2	≤2	≤7	
HML 85	≥85	>5	≤2	≤2	≤2	≤7	
HML 80	≥80	>5	≤2	≤2	≤2	≤7	

（2）石灰的技术性质

1）**可塑性好**。生石灰熟化为石灰浆时，能形成颗粒极细（直径约为 $1\mu m$）的呈胶体分散状态的氢氧化钙粒子，表面吸附一层厚的水膜，使其可塑性明显改善。利用这一性质，在水泥砂浆中掺入一定量的石灰膏，可使砂浆的可塑性显著提高。

2）**硬化慢、强度低**。从石灰浆体的硬化过程中可以看出，由于空气中二氧化碳稀薄（一般达 0.03%），碳化甚为缓慢。同时，硬化后强度也不高，灰砂比为 1∶3 的石灰砂浆 28d 抗压强度通常小于 0.5MPa。

3）**耐水性差**。若石灰浆体尚未硬化，就处于潮湿环境中，由于石灰浆中的水分不能蒸发，则其硬化停止；若已硬化的石灰，长期受潮或受水浸泡，则由于 $Ca(OH)_2$ 不断溶于水，会使已硬化的石灰强度降低直至造成结构溃散。因此，石灰不宜用于潮湿环境及易受水浸泡的部位。

4）**收缩大**。石灰浆体硬化过程中要蒸发大量水分而引起显著收缩，所以除调成石灰乳作薄层涂刷外，不宜单独使用。工程应用时，常在石灰中掺入砂、麻刀、纸筋等材料，以减少收缩并增加抗拉强度。

5. 石灰的应用

全球各国使用石灰的历史超过 3000 年。公元前 8 世纪古希腊人已将石灰用于建筑中，我国也在公元前 7 世纪开始使用石灰。由于石灰的原料分布广，生产工艺简单，成本低廉。所以其至今为止，仍然是用途广泛的建筑材料。石灰有生石灰和熟石灰（即消石灰），按其氧化镁含量（以 5% 为限）又可分为钙质石灰和镁质石灰。石灰具有较强的碱性，在常温下，能与玻璃态的活性氧化硅或活性氧化铝反应，生成有水硬性的产物，产生胶结。因此，石灰还是建筑材料工业中重要的原材料。目前在建筑工程中，石灰的使用主要包括以下几种类型：

（1）拌制**灰土**或三合土。将消石灰粉或磨细生石灰粉和黏土按一定比例拌合均匀而成灰土，经夯实而用。石灰比例为灰土总重的 10%～30%，即 1:9 灰土、2:8 灰土及3:7 灰土。若石灰用量过高，则其强度和耐水性降低。若将消石灰粉或磨细生石灰粉、黏土和集料（砂、碎砖块、炉渣等）按一定比例混合均匀即为三合土，亦作夯实之用。灰土和三合土广泛用作建筑物的基础、路面或地面的垫层。在夯实的条件下，黏土中的 SiO_2 和 Al_2O_3 与 $Ca(OH)_2$ 会吸收孔隙中的水分，发生水化反应，生成了具有水硬性的水化硅酸钙和水化铝酸钙，故其强度和耐水性远高于石灰或黏土。

（2）配制**混合砂浆**和**石灰砂浆**。熟化并"陈伏"好的石灰膏和水泥、砂配制而成的砂浆叫做**混合砂浆**，它是目前用量最大、用途最广的砌筑砂浆；石灰膏和砂配制而成的砂浆叫作**石灰砂浆**，石灰膏和麻刀或纸筋配制成的膏体叫作麻刀灰或纸筋灰，它们广泛用于内墙、顶棚的抹面工程中。随着科学技术的发展，在建筑工程中已大量应用磨细生石灰（将块状生石灰破碎、磨细并包装成袋的生石灰粉）代替石灰膏和消石灰粉配制灰土或砂浆。

（3）生产**硅酸盐制品**。石灰是生产硅酸盐混凝土及其制品的主要原料之一。以石灰和硅质材料（如石英砂、粉煤灰、矿渣等）为原料，加水拌合，经成型、蒸压处理等工序而成的建筑材料统称为蒸压硅酸盐制品。

（4）生产**石灰碳化制品**。用工业窑炉中的含有 CO_2 的气体，对石灰制品进行碳化养护，得到以碳酸钙为主要胶结物的建筑制品。这对固碳及双碳控制具有积极的作用。随着墙体材料改革的不断推进，硅酸盐砖、硅酸盐混凝土砌块及其他硅酸盐制品在墙体砌筑材料中应用逐渐增加。

6. 石灰的储存和运输

块状生石灰放置太久，会吸收空气中水分自动消解成消石灰粉，再与空气中二氧化碳作用形成碳酸钙而失去胶凝能力。所以储存生石灰，不但要防止受潮，而且不宜久存，最好运到后即水化成石灰浆，变储存期为"陈伏"期。另外，生石灰受潮水化要放出大量的热，体积膨胀；形成石灰浆时，碱性很高，pH＞13，所以，储存和运输生石灰时，应注意安全，防止腐蚀皮肤，灼伤眼睛。

8.2 石膏

石膏胶凝材料是以硫酸钙为主要成分的无机气硬性胶凝材料。由于石膏胶凝材料及其制品具有许多优良的性质，原料来源丰富，生产能耗低，因而在建筑工程中得到广泛应用。目前，常用的石膏胶凝材料有建筑石膏、高强石膏、无水石膏水泥等。

1. 石膏胶凝材料的生产

生产石膏胶凝材料的原料有天然二水石膏、天然无水石膏和化工石膏等。

天然二水石膏（即天然石膏矿，又称**软石膏**或**生石膏**）的主要成分为含两个结晶水的硫酸钙（$CaSO_4 \cdot 2H_2O$），其中 CaO 占 32.6%，SO_3 占 46.5%，H_2O 占 20.9%。**天然无水石膏**是以无水硫酸钙（$CaSO_4$）为主要成分的沉积岩，又称硬石膏，它结晶紧密，质地较硬，仅用于生产无水石膏水泥。除天然石膏外，在化工生产中产生的一些含有 $CaSO_4 \cdot 2H_2O$ 或 $CaSO_4 \cdot 2H_2O$ 与 $CaSO_4$ 的废渣或副产品，称之为**化工石膏**，如火电厂烟气脱硫产生的脱硫石膏，使用磷灰石制造磷酸过程中产生的磷石膏，使用萤石制造氟化氢过程中产生的氟石膏等。化学石膏也是石膏生产的重要原料，利用化工石膏时应注意添加适量石灰石或石灰中和其中的酸性成分后再使用。使用化工石膏作为建筑石膏的原料，可扩大石膏的来源，变废为宝，达到综合利用工业固体废弃物的目的。

石膏胶凝材料，通常是将二水石膏在不同温度和压力下煅烧或压蒸，再经磨细制得的。同一原料，煅烧条件不同，得到的石膏品种不同，其结构、性质也不同。生产过程中的反应式如下：

$$CaSO_4 \cdot 2H_2O \ 煅烧 \begin{cases} 干燥空 \\ 气常压 \begin{cases} \xrightarrow{110\sim170℃} CaSO_4 \cdot \frac{1}{2}H_2O + 1\frac{1}{2}H_2O \ (\beta 型) \\ \xrightarrow{320\sim360℃} CaSO_4 \ Ⅲ \ (可溶) \\ \xrightarrow{400\sim750℃} CaSO_4 \ Ⅱ \ (不溶) \\ \xrightarrow{800℃以上} CaSO_4 \ Ⅰ \ (高温煅烧) \end{cases} \\ 压蒸条件 \xrightarrow[13大气压]{124℃} CaSO_4 \cdot \frac{1}{2}H_2O + 1\frac{1}{2}H_2O \ (\alpha 型) \end{cases}$$

半水石膏有 α 型和 β 型两个品种。将 α 型半水石膏磨细得到的石膏粉，称为**高强度石膏**。将 β 型半水石膏磨细得到的石膏粉，称为**建筑石膏**。如粉磨得更细则称为**模型石膏**。α 型和 β 型半水石膏在微观结构上相似，但作为胶凝材料，其宏观性质相差很大。高强度石膏晶体粗大，比表面积小，调成可塑性浆体时需水量（35%～45%）只是建筑石膏需水量的一半。所以高强度石膏硬化后密实而强度高，可用于室内高级抹灰、装饰制品和石膏板的原料。掺入防水剂，可制成高强度防水石膏，用于潮湿环境中。

由上述看到，在干燥空气常压条件下继续升温煅烧，各温度下呈现出不同的无水石膏，其性质由可溶过渡到不溶。对于不溶的石膏（硬石膏），掺入适量激发剂（如石灰等）混合磨细即得无水石膏水泥，其强度可达5～30MPa，用于制造石膏板和其他制品及灰浆等。石膏品种繁多，建筑上应用最广的仍为建筑石膏。

2. 建筑石膏的凝结硬化

建筑石膏加水后成为可塑性浆体，经过一系列物理化学变化，逐渐发展成为坚硬的固体。建筑石膏加水后很快溶解并进行水化反应：

$$CaSO_4 \cdot \frac{1}{2}H_2O + 1\frac{1}{2}H_2O = CaSO_4 \cdot 2H_2O$$

因为水化反应的生成物二水石膏在溶液中的溶解度（20℃为2.05g/L溶液）比半水石膏的溶解度（20℃为8.16g/L溶液）小得多，因此，对二水石膏来说溶液就成了过饱和溶液。所以，二水石膏以胶体微粒迅速自水析出。由于二水石膏的析出，破坏了半水石膏溶解的平衡状态，使半水石膏进一步溶解和水化，以补偿由于二水石膏析晶在溶液中减少的 $CaSO_4$ 含量。如此循环进行，直到半水石膏安全水化为止。浆体中的自由水分因水化和蒸发而逐渐减少，二水石膏胶体微粒数量则不断增加，而这些微粒比原来的半水石膏粒子要小得多，微粒总表面积增加，需要更多水分包裹，所以，浆体稠度逐渐增大，以致失去可塑性，这个过程称为**凝结**。其后，胶体微粒逐渐凝聚成为晶体，晶体不断长大，并彼此连生、交错，形成结晶结构网，浆体固化，强度不断增大，直至完全干燥，这个过程称为**硬化**（图 8-1）。

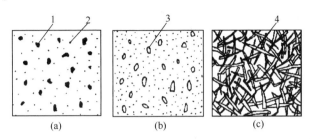

图 8-1 建筑石膏凝结硬化示意图

（a）胶化；（b）结晶开始；（c）晶体生长交错

1—半水石膏；2—二水石膏胶体微粒；3—二水石膏晶体；4—交错晶体

3. 建筑石膏的技术性质

（1）建筑石膏的绿色属性：①原材料开采不毁田，不消耗土壤；②材料加工低能耗，加工温度不超高 170℃，碳排放量较低；③加工产品不排放废气、废水、废渣；④产品无毒、无重金属离子释放、无放射性；⑤产品技术性能良好，洁白细腻、保温隔热，具有呼吸作用及良好的装饰性；⑥产品废弃后可回收再生，或能快速降解。

（2）建筑石膏的技术标准。纯净的建筑石膏为白色粉末，密度为 $2.60 \sim 2.75 \mathrm{g/cm^3}$，堆积密度为 $800 \sim 1000 \mathrm{kg/m^3}$。《建筑石膏》GB/T 9776—2008 规定：建筑石膏按照其强度、细度、凝结时间分为三个等级，见表 8-5。

建筑石膏的物理力学性能要求（GB/T 9776—2008）　　　　表 8-5

物理力学性能		3.0 级	2.0 级	1.6 级
2h 强度 （MPa）	抗折强度≥	3.0	2.0	1.6
	抗压强度≥	6.0	4.0	3.0
细度	0.2mm 方孔筛筛余（%）≤	10.0	10.0	10.0
凝结时间 （min）	初凝时间≥	3		
	终凝时间≤	30		

（3）建筑石膏其他技术性质：

1）**凝结硬化快**。建筑石膏加水拌合后的数分钟内，便开始失去可塑性，这对成型带来一定的困难。如要降低它的凝结硬化速度，可掺入缓凝剂，使半水石膏溶解度降低，或者降低其溶解速度，使水化过程延长。常用的缓凝剂是硼砂、柠檬酸、亚硫酸盐纸浆废液、动物胶等（骨胶、皮胶），其中硼砂缓凝剂效果较好，用量为石膏质量的 0.1%～0.5%。

2）**微膨胀性**。建筑石膏浆体在凝结硬化初期体积产生微膨胀（膨胀量约为 0.5%～1%），这一性质使石膏胶凝材料在使用中不会产生裂纹。因此建筑石膏装饰制品，形体饱满密实，表面光滑细腻。

3）**多孔性**。建筑石膏水化时理论需水量为石膏质量的 18.6%，为了使石膏浆体具有必要的可塑性，往往要加入 60%～80% 的水，这些多余的自由水蒸发后留下许多孔隙

（约占总体积的 $50\%\sim60\%$），因此，石膏制品具有表观密度小、绝热性好、吸声性强等优点。但它的强度较低，吸水率较大，抗渗性差。

4）**隔火作用**。建筑石膏硬化后的主要成分是 $CaSO_4\cdot2H_2O$，它含有 21% 左右的结晶水。其毛细孔隙中含有一定量的孔隙吸附水。当受到高温作用时，吸附水蒸发，结晶水脱出，吸收热量较大，避免局部环境温度升高；并在表面上产生一层水蒸气幕，阻止了火势蔓延；本身是无机物，自身不燃烧，气体不助燃；同时其热传导能力低，不易快速传播热量，故可起很好的隔火作用。

5）**耐水性、抗冻性**。建筑石膏硬化后具有很强的吸湿性，在潮湿条件下，晶体粒子间的黏结力减弱，强度显著降低；遇水则因二水石膏晶体溶解而引起破坏；吸水受冻后，将因孔隙中水分结冰而崩裂。所以建筑石膏的耐水性及抗冻性都较差。

4. 建筑石膏的应用

建筑石膏在建筑工程中可用作室内抹灰、粉刷、制造各种建筑制品以及水泥原料中的缓凝剂和激发剂。

（1）**石膏砂浆及粉刷石膏**。以建筑石膏为基料加水、砂拌合成的石膏砂浆，用于室内抹灰时，因其热容量大、吸湿性大、能够调节室内温、湿度，使之经常保持均衡，给人以舒适感。粉刷石膏就是在石膏中掺加可优化抹灰性能的辅助材料及外加剂等配制而成的一种新型内墙抹灰材料。按用途可分为：面层粉刷石膏（M），底层粉刷石膏（D）和保温层粉刷石膏（W）三类。这种新型抹灰材料既具有建筑石膏快硬早强、黏结力强、体积稳定性好、吸湿、吸声、防火、光滑、洁白美观的优点，又从根本上克服了水泥砂浆易产生的裂缝、空鼓现象，不仅可在水泥砂浆和混合砂浆上罩面，也可在混凝土墙、板、顶棚等光滑基底上罩面，质密细腻，省工，省时，工效高。

（2）**建筑石膏制品**。建筑石膏除了作抹灰材料外，还可制作石膏制品，如石膏板、石膏砌块，它们有着广阔的应用前景。

石膏板是以建筑石膏为主要原料经制浆、浇筑、凝固、切断、烘干而制成的一种轻质板材。其辅助材料有发泡剂、促凝剂、缓凝剂、纤维类物质等。目前我国生产的石膏板有纸面石膏板、空心石膏条板、装饰石膏板、嵌装式装饰石膏板。石膏板的特性如下：

1）**质轻、强度较高**。石膏板的表观密度较小，一般只有 $900kg/m^3$，用它作墙体可减少建筑物自重，有利于建筑物抗震。例如，厚度为 20mm 的复合石膏板，每平方米墙重只有 $30\sim40kg$，是砖墙重量的 1/5。纸面石膏板的抗弯强度可为 8MPa 左右，能满足作隔墙和饰面的要求。

2）**尺寸稳定、装饰性好**。石膏板的变形很小，因此板的尺寸稳定。装饰石膏板因本身具有的浮雕等图案起装饰效果。

3）**具有调节室内湿度的功能**。由于石膏板的孔隙率大、开口孔隙多，所以透水和透气性较高，当室内湿度大时，石膏板可以吸湿；当空气干燥时，石膏板又可放出一部分水分，起调节室内湿度的作用。

4）调整石膏板的厚度、孔洞大小、孔洞距离、空气层厚度，可制成适应不同频率的吸声板，用于影剧院、礼堂等公共场所的墙面、顶棚，兼有吸声及装饰的双重功能。

（3）石膏板的最大缺点是耐水性差，其软化系数只有 $0.2\sim0.3$，若用于外墙和浴室等潮湿环境中时，可掺入各种防水剂，或者在石膏板表面用经过化学处理的防水纸粘贴、涂刷防水涂料，以提高耐水性。

石膏砌块作为轻质建筑砌块品种之一，其功能优异，施工方便，节能节土，防火隔热，保护环境，符合当代绿色建筑发展趋势，是墙体材料中性能独特、别具一格的绿色建材制品。石膏砌块是以建筑石膏粉加水拌合，经浇筑成型，凝结硬化而成的一种轻质墙体材料，根据所用原料和生产工艺不同，石膏建筑砌块分为石膏实心砌块、石膏空心砌块和轻质石膏砌块三种类型。石膏砌块的特性如下：

1) **质轻、易施工**。用于轻型非承重隔墙的石膏砌块，表观密度为 $800 \sim 1100 \mathrm{kg/m^3}$，能有效减轻建筑物自重，并增加房屋有效使用面积。石膏砌块外形尺寸稳定，表面平整光滑，具有锯、刨、钉、钻、开挖沟槽、预埋管线等良好的加工性。可直接采用砌筑方法，简便快捷，施工效率高。

2) **优良的防火性**。石膏砌块与纸面石膏板、纤维石膏板墙体相比，厚度相当时，其防火等级远大于其墙体的防火等级，为不燃建筑材料。

3) **保温隔声性**。石膏硬化后呈多孔结构，其导热系数为黏土砖的 1/3，普通水泥混凝土的 1/5 和石材的 1/6，80mm 厚的石膏砌块隔墙，其隔声指数为 34dB。

思考题

1. 从硬化过程及硬化产物角度说明石膏及石灰属于气硬性胶凝材料。
2. 何谓半水石膏？二水石膏？软石膏？硬石膏？α 型石膏？β 型石膏？高强度石膏？
3. 以石膏为例说明何谓绿色建筑材料。
4. 何谓石灰的淋灰？何谓石灰的陈伏？何谓石灰的消化？磨细生石灰是否需要消化处理？
5. 石灰硬化体本身不耐水，但石灰土多年后具有一定的耐水性，主要是什么原因？

9.1　预制构件的概念

1. 混凝土预制构件

混凝土预制构件是在工厂中通过标准化、机械化方式加工生产的混凝土部件。其主要组成材料为混凝土、钢筋、预埋件、保温材料等。由于构件在工厂内机械化加工生产，构件质量及精度可控，且受环境制约较小。采用构件预制建造，且有节能减排、减噪降尘、减员增效、缩短工期等诸多优势。混凝土预制构件，包括梁、板、柱及建筑装修配件等。

混凝土构件预制工艺是在工厂或工地预先加工制作建筑物或构筑物的混凝土部件的工艺。采用混凝土预制构件进行装配化施工，具有节约劳动力、克服季节影响、便于常年施工等优点。推广使用预制混凝土构件，是实现建筑工业化的重要途径之一。

2. 发展简史

19 世纪末至 20 世纪初，混凝土预制构件就曾少量地用于构筑给水排水管道、制造砌块和建筑板材。第二次世界大战后，欧洲一些国家为解决房荒和技术工人不足的困难，发展了装配式钢筋混凝土结构。苏联为推广预制装配式建筑，建立了一批专业化的混凝土预制构件厂。随着建筑工业化的发展，东欧以及西方一些工业发达国家，相继出现了按照不同建筑体系生产全套混凝土构件的工厂，同时混凝土预制构件的生产技术也有了新的发展。

1953 年，中国在长春兴建了第一个附属企业性质的混凝土预制构件厂。

1956 年在北京建成了中国第一个永久性专业化工厂——北京市第一建筑构件厂（图 9-1）。

随后，全国各地也普遍建立了这类工厂。其中，综合性建筑构件厂根据建筑工地的需要，生产多品种的产品。专业性建筑构件厂选择一种或数种产品组织大批量生产，作为商品，供应市场。

混凝土预制构件的品种多样，有用于工业建筑的柱子、

图 9-1   北京市第一建筑构件厂

基础梁、吊车梁、屋面梁、桁架、屋面板、天沟、天窗架、墙板、多层厂房的花篮梁和楼板等；有用于民用建筑的基桩、楼板、过梁、阳台、楼梯、内外墙板、框架梁柱、屋面檐口板、装修件等。

目前有些工厂，还可以生产整间房屋的盒子结构，其室内装修和卫生设备的安装均在工厂内完成，然后作为产品运到工地吊装。

在中国浙江、江苏等地，用先张法冷拔低碳钢丝生产的各种预应力混凝土板、梁类构件，由于重量轻、价格低，可以代替紧缺的木材，是具有中国特色的、有广阔发展前途的商品构件。

3. 混凝土预制构件的基本工艺

（1）**成型工艺**。构件成型在经过制备、组装、清理并涂刷过隔离剂的模板内安装钢筋和预埋件后，即可进行构件的成型。成型工艺主要有以下几种：

1）**平模机组流水工艺及特点**。生产线一般建在厂房内，适合生产板类构件，如民用建筑的楼板、墙板、阳台板、楼梯段，工业建筑的屋面板等。在模内布筋后，用吊车将模板吊至指定工位，利用浇灌机往模内浇筑混凝土，经振动梁（或振动台）振动成型后，再用吊车将模板连同成型好的构件送去养护。这种工艺的特点是主要机械设备相对固定，模板借助吊车的吊运，在移动过程中完成构件的成型。

2）**平模传送流水工艺及特点**。生产线一般建在厂房内，适合生产较大型的板类构件，如大楼板、内外墙板等。在生产线上，按工艺要求依次设置若干操作工位。模板自身装有行走轮或借助辊道传送，不需吊车即可移动，在沿生产线行走过程中完成各道工序，然后将已成型的构件连同钢模送进养护窑。这种工艺机械化程度较高，生产效率也高，可连续循环作业，便于实现自动化生产。平模传送流水工艺有两种布局，一是将养护窑建在和作业线平行的一侧，构成平面循环；二是将作业线设在养护窑的顶部，形成立体循环。

3）**固定平模工艺及特点**。该工艺中模板固定不动，在一个位置上完成构件成型的各道工序。较先进的生产线设置有各种机械如混凝土浇灌机、振动器、抹面机等。这种工艺一般采用上振动成型、热模养护。当构件达到起吊强度时脱模，也可借助专用机械使模板倾斜，然后用吊车将构件脱模。

4）**立模工艺及特点**。其是模板垂直使用，并具有多种功能的工艺。模板是箱体，腔内可通入蒸汽，侧模装有振动设备。从模板上方分层浇筑混凝土后，即可分层振动成型。与平模工艺比较，可节约生产用地、提高生产效率，而且构件的两个表面同样平整，通常用于生产外形比较简单而又要求两面平整的构件，如内墙板、楼梯段等。立模通常成组合使用，称成组立模，可同时生产多块构件。每块立模板均装有行走轮。能以上悬或下行方式作水平移动，以满足拆模、清模、布筋、支模等工序的操作需要。

5）**长线台座工艺及特点**。该工艺适用于露天生产厚度较小的构件和先张法预应力钢筋混凝土构件（见预应力混凝土结构），如空心楼板、槽形板、T形板、双T板、工形板、小桩、小柱等。台座一般长 100～180m，用混凝土或钢筋混凝土浇筑而成。在台座上，传统的做法是按构件的种类和规格现支模板进行构件的单层或叠层生产，或采用快速脱模的方法生产较大的梁、柱类构件。20 世纪 70 年代中期，长线台座工艺发展了两种新设备——拉模和挤压机。辅助设备有张拉钢丝的卷扬机、龙门式起重机、混凝土输送车、混凝土切割机等。钢丝经张拉后，使用拉模在台座上生产空心楼板、桩、桁条等构件。拉模装配简易，可减轻工人劳动强度，并节约木材。拉模因无需昂贵的切割锯片，在中国已广泛采用。挤压机的类型很多，主要用于生产空心楼板、小梁、柱等构件。挤压机安放在预应力钢丝上，以每分钟 1～2m 的速度沿台座纵向行进，边滑行边浇筑边振动加压，形成一条混凝土板带，然后按构件要求的长度切割成材。这种工艺具有投资少、设备简单、生产效率高等优点，已在中国部分省市采用。

6）**压力成型工艺及特点**。压力成型工艺是混凝土预制构件工艺的新发展，特点是不用振动成型，可以消除噪声。如荷兰、德国、美国采用的滚压法，混凝土用浇灌机灌入钢模后，用滚压机碾实，经过压缩的板材进入隧道窑内养护。又如英国采用大型滚压机生产墙板的压轧法等。

（2）**养护工艺**。构件养护是为了使已成型的混凝土构件尽快获得脱模强度，以加速模板周转，提高劳动生产率、增加产量，需要采取加速混凝土硬化的养护措施。常用的构件养护方法及其他加速混凝土硬化的措施有以下几种：

1）**蒸汽养护**。其分常压、高压、无压三类，以常压蒸汽养护应用最广。在常压蒸汽养护中，又按养护设施的构造分为：

① **养护坑（池）**。其主要用于平模机组流水工艺。由于构造简单、易于管理、对构件的适应性强，是主要的加速养护方式。它的缺点是坑内上下温差大、养护周期长、蒸汽耗量大。

② **立式养护窑**。1964 年使用于苏联。1970 年后，中国也相继建了立窑。窑内分顶升和下降两行，成型后的制品入窑后，在窑内一侧层层顶升，同时处于顶部的构件通过横移车移至另一侧，层层下降，利用高温蒸汽向上、低温空气向下流动的原理，使窑内自然形成升温、恒温、降温三个区段。立窑具有节省车间面积、便于连续作业、蒸汽耗量少等优点，但设备投资较大，维修不便。

③ **水平隧道窑和平模传送流水工艺配套使用**。构件从窑的一端进入，通过升温、恒温、降温三个区段后，从另一端推出。其优点是便于进行连续流水作业，但三个区段不易分隔，温、湿度不易控制，窑门不易封闭，蒸汽有外溢现象。

④ **折线形隧道窑**。这种养护窑具有立窑和平窑的优点，在升温和降温区段是倾斜的，而恒温区段是水平的，可以保证三个养护区段的温度差别。窑的两端开口处也不外溢蒸汽。中国已推广使用。

2）**热模养护**。将底模和侧模做成加热空腔，通入蒸汽或热空气，对构件进行养护。可用于固定或移动的钢模，也可用于长线台座。成组立模也属于热模养护型。

3）**太阳能养护**。其为用于露天作业的养护方法。当构件成型后，用聚氯乙烯薄膜或聚酯玻璃钢等材料制成的养护罩将产品罩上，靠太阳的辐射能对构件进行养护。养护周期比自然养护可缩短 1/3～2/3，并可节省能源和养护用水，因此已在日照期较长的地区推广使用。

4）**新的养护方法**。近年来，世界各国研制和推广一些新的加速混凝土硬化的方法，较常见的有热拌混凝土和掺加早强剂。此外，还有利用热空气、热油、热水等进行养护的方法。对于有特殊养护要求的预制混凝土制品，则可采用蒸汽＋蒸压养护的方法，如 C80 高强混凝土管桩；自然养护—蒸汽养护—浸水养护的复合养护方法，如高铁钢筋混凝土轨道板。

（3）**成品堆放**。构件经养护后，绝大多数都需在成品场作短期储存。在混凝土预制厂，对成品场的要求是：地基平整坚实、场内道路畅通、配有必要的起重和运输设备。起重设备通常用龙门式起重机、桥式起重机、塔式起重机、履带式起重机、轮胎式起重机等。运输设备除卡车外，一些预制厂还设计了多种专用车辆，既可供厂内运输成品使用，也可将成品运出工厂，送往建筑工地。

（4）**质量检验**。质量检验贯穿生产的全过程，主要包括以下 6 个环节：

① 砂、石、水、水泥、钢材、外加剂等材料检验；

② 模具的检验；

③ 钢筋加工过程及其半成品、成品和预埋件的检验；

④ 混凝土搅拌及构件成型工艺过程检验；

⑤ 养护后的构件检验，并对合格品加检验标记；

⑥ 成品出厂前检验。

尽管部分混凝土构件正在被一些新型建筑材料所代替，但是混凝土预制构件仍被大量采用，并向轻质、高强、大跨度、多功能方向发展。在城市建设中，由于推行工业化建筑体系，对混凝土构件的品种、质量和数量都会提出更高的要求。因此，产品设计必须和工艺设计相结合，使混凝土预制构件在实现标准化的同时，做到品种的多样化，设计和生产出多品种多功能的产品（如既可作墙、柱，又可作为楼板使用；既是结构构件，又具有装饰效果等），以满足经济建设不断发展和人民生活水平不断提高的需要。

4. 混凝土预制构件的主要类型

目前，混凝土预制构件可按结构形式分为水平构件和竖向构件，其中水平构件包括预制叠合板、预制空调板、预制阳台板、预制楼梯板、预制梁等；竖向构件包括预制楼梯隔墙板、预制内墙板、预制外墙板（预制外墙飘窗）、预制女儿墙、预制 PCF 板、预制柱等。预制构件可按照成型时混凝土浇筑次数分为一次浇筑成型混凝土构件和二次浇筑成型混凝土构件，其中一次浇筑成型混凝土构件包括预制叠合板、预制阳台板、预制空调板、预制内墙板、预制楼梯、预制梁、预制柱等；二次浇筑成型混凝土构件包括预制外墙板（保温装饰一体化外墙板）、预制女儿墙、预制 PCF 板等。

（1）**预制叠合板**：建筑物中，预制和现浇混凝土相结合的一种楼板结构形式。预制叠合楼板（厚度一般 50～80mm）与上部现浇混凝土层（厚度 60～90mm）结合成一个整体，共同工作。叠合板采用环形生产线一次浇筑成型，表面机械拉毛，进蒸养窑养护，循环流水作业。模板一边采用螺栓固定，其他边可采用磁盒固定。出筋部位需涂刷超缓凝剂，拆模后高压水冲洗成粗糙面。

（2）**预制空调板**：建筑物外立面悬挑出来放置空调室外机的平台。预制空调板通过预留负弯矩筋伸入主体结构后浇层，浇筑成整体。

（3）**预制阳台板**：突出建筑物外立面悬挑的构件。按照构件形式分为叠合板式阳台、全预制板式阳台、全预制梁式阳台，按照建筑做法分为封闭式阳台和开敞式阳台。预制阳台板通过预留埋件焊接及钢筋锚入主体结构后浇筑层进行有效连接。

（4）**预制楼梯板**：楼梯间使用的混凝土预制构件，一般为清水构件，不再进行二次装修，代替了传统现浇结构楼梯，一般由梯段板、两端支撑段及休息平台段组成。其按形式一般可分为双跑楼梯和剪刀式单跑楼梯。楼梯采用立式生产，分层下料振捣，附着式振动器配合振动棒。工业化生产比现浇楼梯质量好，外形精度高，棱角清晰。

（5）**预制楼梯隔墙板**：指剪刀楼梯中间起隔离作用的维护竖向构件，与剪刀楼梯同时配套进行安装。

（6）**预制内墙板**：装配整体式建筑中，作为承重内隔墙的预制构件，上下层预制内墙板的钢筋也是采用套筒灌浆连接的。内墙板之间水平钢筋采用整体式接缝连接。采用环形生产线一次浇筑成型，预埋安装可采用磁性底座，但应避免振捣时产生位移。经养护后，表面人工抹光。蒸养拆模后翻板机辅助起吊。

（7）**预制外墙板（预制外墙飘窗）**：主要指装配整体式建筑结构中，作为承重的外墙板，上下层外墙板主筋采用灌浆套筒连接，相邻预制外墙板之间采用整体接缝式现浇连接。预制外墙板分为外叶装饰层、中间夹芯保温层及内叶承重结构层。此外还有带飘窗的外墙板。预制外墙板采用反打工艺，固定台座法生产，分层浇筑混凝土，采取原地罩苫布蒸养，翻板机辅助起吊。其中，预制混凝土夹芯复合保温外墙板先浇外叶墙，铺保温板，再浇内叶墙，两层混凝土墙板通过保温连接件相连，中间夹有轻质高效保温材料，具有承重、围护、保温、隔热、隔声、装饰等功能。内层混凝土是结构层，外层是装饰层，可根据不同的建筑风格做成不同的样式，如清水混凝土、彩色混凝土、面砖饰面、石材饰面等。预制混凝土飘窗采取反打工艺，同反打夹芯复合保温外墙板，飘窗上下板及主墙一同预制。飘窗模板加工需严格按模板图制作，一次浇筑成型。

（8）**预制女儿墙**：主要指装配整体式建筑结构中，作为承重的外墙板。上下层外墙板主筋采用灌浆套筒连接，相邻预制女儿板之间采用整体接缝式现浇连接。预制女儿墙板分外叶装饰层、中间夹芯保温层及内叶承重结构层。

（9）**预制 PCF 板**：即预制混凝土剪力墙外墙模，一般由外叶装饰层及中间夹芯保温层组成。在构件安装后，通过预留连接件将内叶结构层与 PCF 板浇筑连接在一起。

（10）**预制梁**：梁类构件采用工厂生产，现场安装，预制梁通过外露钢筋、埋件等进行二次浇筑连接。

（11）**预制柱**：柱类构件采用工厂生产，现场安装，上下层预制柱竖向钢筋通过灌浆套筒连接。

（12）**其他预制构件**：一般包括将外墙装饰挂板等作为围护结构使用的构件及作为装饰性使用的预制构件，此外，还有地下管廊、输水管道、高铁轨道板、预应力钢筋混凝土管桩、预应力钢筋混凝土电杆等构件类型。

9.2 建筑工业化及装配化概念

1. 建筑工业化

建筑工业化，指通过现代化的制造、运输、安装和科学管理的生产方式，代替传统建筑业中分散的、低水平的、低效率的手工业生产方式。它的主要标志是建筑设计标准化、构配件生产工厂化、施工机械化和组织管理科学化，并逐步采用现代科学技术的新成果，以提高劳动生产率，加快建设速度，降低工程成本，提高工程质量。

2. 建筑装配化

（1）**装配式建筑**。装配式建筑是用预制部品部件在工地装配而成的建筑，其特征为标准化设计（即模数标准化，这是大工业生产的前提）、工厂化生产（高空的事情地面做，危险的事情的机器做，室外的事情室内做）、装配化施工、一体化装修、信息化管理、智能化管理和应用等，主要包括装配式混凝土结构、钢结构和现代木结构等建造方式。

（2）**装配式建筑的优越性**。发展装配式建筑减少资源能源消耗，节水、节材、节能环保效果明显，据测算，装配式建筑项目可节能 80％，混凝土可节约 45％，木材可节约 65％，建筑使用面积可增加 8％，极大地减少了建筑垃圾和施工污水的排放量。此外，装配式建筑较传统建筑方式，可有效抑制施工扬尘的产生，在减少雾霾之苦的同时，增加有效施工时间，减少雾霾天气工地被迫停工的不利影响。

装配式建筑的特点如下：

① 大量的建筑部品由车间生产加工完成，构件种类主要有：外墙板、内墙板、叠合板、阳台、空调板、楼梯、预制梁、预制柱等。

② 现场大量的装配作业，比原始现浇作业大幅减少。

③ 采用建筑、装修一体化设计、施工，理想状态是装修可随主体施工同步进行。

④ 设计的标准化和管理的信息化，构件越标准，生产效率越高，相应的构件成本就会下降，配合工厂的数字化管理，整个装配式建筑的性价比会越高。

⑤ 符合绿色建筑的要求。

⑥ 节能环保。

3. 装配式建筑的类型

（1）**砌块建筑**。严格地说，砌块建筑，就是装配式建筑。但目前，我国的装配式建筑，几乎不承认砌块建筑属于装配式建筑。

（2）**板材建筑**。其由预制的大型内外墙板、楼板和屋面板等板材装配而成，又称大板建筑。它是工业化体系建筑中全装配式建筑的主要类型。

板材建筑可以减轻结构重量，提高劳动生产率，扩大建筑的使用面积和防震能力。板材建筑的内墙板多为钢筋混凝土的实心板或空心板；外墙板多为带有保温层的钢筋混凝土复合板，也可用轻集料混凝土、泡沫混凝土或大孔混凝土等制成带有外饰面的墙板。

建筑内的设备常采用集中的室内管道配件或盒式卫生间等，以提高装配化的程度。大板建筑的关键问题是节点设计。在结构上应保证构件连接的整体性（板材之间的连接方法主要有焊接、螺栓连接、套筒连接和后浇混凝土整体连接）。

在防水构造上要妥善解决外墙板接缝的防水，以及楼缝、角部的热工处理等问题。大板建筑的主要缺点是对建筑物造型和布局有较大的制约性；小开间横向承重的大板建筑内部分隔缺少灵活性（纵墙式、内柱式和大跨度楼板式的内部可灵活分隔）。

（3）**盒式建筑**。其是从板材建筑的基础上发展起来的一种装配式建筑。这种建筑工厂化的程度很高，现场安装快。一般不但在工厂完成盒子的结构部分，而且内部装修和设备也都安装好，甚至可连家具、地毯等一概安装齐全。盒子在吊装完成、接好管线后即可使用。盒式建筑的装配形式有：

1）全盒式，完全由承重盒子重叠组成建筑。

2）板材盒式，将小开间的厨房、卫生间或楼梯间等做成承重盒子，再与墙板和楼板等组成建筑。

3）核心体盒式，以承重的卫生间盒子作为核心体，再用楼板、墙板或骨架组成建筑。

4）骨架盒式，用轻质材料制成的许多住宅单元或单间式盒子，支承在承重骨架上形成建筑。也用轻质材料制成包括设备和管道的卫生间盒子，安置在其他结构形式的建筑内。盒子建筑工业化程度较高，但投资大，运输不便，且需用重型吊装设备，因此，未来可能会得到更为广泛的应用。

（4）**骨架板材建筑**。其由预制的骨架和板材组成。其承重结构一般有两种形式：一种是由柱、梁组成承重框架，再搁置楼板和非承重的内外墙板的框架结构体系；另一种是柱子和楼板组成承重的板柱结构体系，内外墙板是非承重的。承重骨架一般多为重型的钢筋混凝土结构，也有采用钢和木做成骨架和板材组合，常用于轻型装配式建筑中。骨架板材建筑结构合理，可以减轻建筑物的自重，内部分隔灵活，适用于多层和高层的建筑。

钢筋混凝土框架结构体系的骨架板材建筑有全装配式、预制和现浇相结合的装配整体式两种。保证这类建筑的结构具有足够刚度和整体性的关键是构件连接。柱与基础、柱与梁、梁与梁、梁与板等的节点连接，应根据结构的需要和施工条件，通过计算进行设计和选择。节点连接的方法，常见的有榫接法、焊接法、牛腿搁置法和留筋现浇成整体的叠合法等。

板柱结构体系的骨架板材建筑是方形或接近方形的预制楼板同预制柱子组合的结构系统。楼板多数为四角支在柱子上；也有在楼板接缝处留槽，从柱子预留孔中穿钢筋，张拉后灌混凝土。

（5）**升板升层建筑**。其是板柱结构体系的一种，但施工方法有所不同。这种建筑是在底层混凝土地面上重复浇筑各层楼板和屋面板，竖立预制钢筋混凝土柱子，以柱为导杆，用放在柱子上的油压千斤顶把楼板和屋面板提升到设计高度，加以固定。外墙可用砖墙、砌块墙、预制外墙板、轻质组合墙板或幕墙等；也可以在提升楼板时提升滑动模板、浇筑外墙。升板建筑施工时大量操作在地面进行，减少高空作业和垂直运输，节约模板和脚手架，并可减少施工现场面积。升板建筑多采用无梁楼板或双向密肋楼板，楼板同柱子连接节点常采用后浇柱帽或采用承重销、剪力块等无柱帽节点。升板建筑一般柱距较大，楼板承载力也较强，多用作商场、仓库、工厂和多层车库等。

升层建筑是在升板建筑每层的楼板还在地面时先安装好内外预制墙体，一起提升的建筑。升层建筑可以加快施工速度，比较适用于场地受限制的地方。

思考题

1. 何谓预制构件？混凝土预制构件的基本制作工艺是什么？
2. 何谓装配式建筑？与传统建筑相比有何特点？
3. 装配式建筑在当代建筑系统中，具有哪些优势？
4. 思考如何提高套管连接方式的可靠性。
5. 如何按 BIM 原理形成装配式建筑的工业化生产模式？

沥青是一种以碳氢化合物为主的褐色或黑褐色的天然或石化类物质。沥青在土木工程建设中，可作为有机胶凝材料以及防水、防潮、防渗、防腐等功能材料，得到了广泛的应用。

沥青可分为地沥青（包括天然沥青——湖沥青、石油沥青）、焦油沥青（包括煤沥青、页岩沥青）和复合沥青（环氧沥青及各类改性沥青）。

沥青混合料是一种采用沥青及各种复合沥青作为胶结材料，并与矿粉、石屑或碎石、纤维等拌合而成的沥青基复合材料，亦称为沥青混凝土。其主要用途为铺筑公路沥青路面、机场道面、桥面等。

以往我国常用石油沥青和少量的煤沥青，改革开放以来，湖沥青和环氧沥青得到了越来越多的应用。

10.1　沥青材料

10.1.1　石油沥青

石油沥青是原油经蒸馏炼制提炼出各种轻质油（如汽油、柴油等）及润滑油后的残留物，或再经加工而得的产品，可呈固体、半固体或黏性液体，颜色为黑褐色或褐色。

1. 石油沥青的组成与结构

石油沥青是由许多高分子碳氢化合物及其非金属（主要为氧、硫、氮等）衍生物组成的复杂混合物。因为沥青的化学组成复杂，对组成进行分析很困难，同时化学组成还不能反映沥青物理性质的差异。因此一般不作沥青的化学分析，只从使用角度，将沥青中化学成分及性质极为接近，并且与物理力学性质有一定关系的成分，划分为若干个组，这些组即称为组分。在沥青中各组分含量的变化，直接影响沥青的技术性质。沥青中各组分的主要特性如下：

（1）**油分**。石油沥青中淡黄色至红褐色的油状液体，是分子量和密度最小的组分。分子量为 $500 \sim 700$；密度为 $0.7 \sim 1.0 \text{g/cm}^3$。油分经 $170℃$ 以上长时间加热后可挥发。油分赋予沥青以流动性。

（2）**树脂**。其亦称为沥青脂胶，石油沥青中黄色至黑褐色黏稠状物质，分子量为 600～1000；密度为 1.0～1.1g/cm³。沥青脂胶赋予沥青以良好的黏结力、塑性和流动性。由于树脂中含有少量的酸性树脂，即地沥青酸和地沥青酸酐，是沥青中的表面活性物质。它改善了石油沥青对碱性矿物表面的浸润性，提高了对碳酸盐类岩石的黏附力，为石油沥青乳化提供了可能。

（3）**地沥青质**。其亦称为沥青质，是石油沥青中深褐色至黑色固体粉末，分子量比树脂更大（1000 以上），密度大于 1.0g/cm³，不溶于酒精、正戊烷，但溶于三氯甲烷和二硫化碳，染色力强，对光的敏感性强，感光后就不能溶解。地沥青质是决定石油沥青温度敏感性、黏性的重要组成部分，其含量越多，则软化点越高，黏性越大，即越硬脆。

另外，石油沥青中还含 2%～3% 的沥青碳和似碳物，为无定形的黑色固体粉末，是在高温裂化、过度加热或深度氧化过程中脱氢而生成的，是石油沥青中分子量最大的，它能降低石油沥青的黏结力。

石油沥青中还含有蜡，它会降低石油沥青的黏结性和塑性，同时对温度特别敏感（即温度稳定性差），所以蜡是石油沥青的有害成分。蜡存在于石油沥青的油分中，它们都是烷烃，油和蜡的区别在于物理状态不同，一般讲，油是液体烷烃，蜡为固态烷烃（片状、带状或针状晶体）。采用氯盐（如 $AlCl_3$、$FeCl_3$、$ZnCl_2$ 等）处理法、高温吹氧法、减压蒸提法和溶剂脱蜡法等处理多蜡石油沥青，其性质可以得到改善。如多蜡沥青经高温吹氧处理，蜡被氧化和蒸发，从而提高了石油沥青的软化点，降低了针入度，使之达到使用要求。

2. 石油沥青的胶体结构

在石油沥青中，油分、树脂和地沥青质是石油沥青中的三个主要组分。

油分和树脂可以互相溶解，树脂能浸润地沥青质，而在地沥青质的超细颗粒表面形成树脂薄膜。所以石油沥青的结构是以地沥青质为核心，周围吸附部分树脂和油分，构成胶团，无数胶团分散在油分中而形成胶体结构。

在这个分散体系中，分散相为吸附部分树脂的地沥青质，分散介质为溶有树脂的油分。在胶体结构中，从地沥青质到油分是均匀地逐步递变的，并无明显界面。石油沥青中性质随各组分数量比例的不同而变化。当油分和树脂较多时，胶团外膜较厚，胶团之间相对运动较自由。这种胶体结构的石油沥青，称为溶胶型石油沥青。溶胶型石油沥青的特点是，流动性和塑性较好，开裂后自行愈合能力较强，而对温度的敏感性强，即对温度的稳定性较差，温度过高会流淌。

当油分和树脂含量较少时，胶团外膜较薄，胶团靠近聚集，相互吸引力增大，胶团间相互移动比较困难。这种胶体结构的石油沥青称为凝胶型石油沥青。凝胶型石油沥青的特点是，弹性和黏性较高，温度敏感性较小，开裂后自行愈合能力较差，流动性和塑性较低。

当地沥青质不如凝胶型石油沥青中的多，而胶团间靠得又较近，相互间有一定的吸引力，形成一种介于溶胶型和凝胶型二者之间的结构，称为溶-凝胶型结构。溶-凝胶型石油沥青的性质也介于溶胶型和凝胶型二者之间。溶胶型、溶-凝胶型及凝胶型石油沥青的胶体结构示意图如图 10-1 所示。

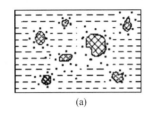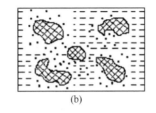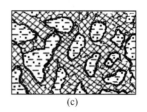

图 10-1　石油沥青胶体结构示意图
(a) 溶胶型；(b) 溶-凝胶型；(c) 凝胶型

3. 石油沥青的技术性质

(1) **防水性**。石油沥青是憎水性材料，几乎完全不溶于水，而且本身构造致密，加之它与矿物材料表面有很好的黏结力，能紧密黏附于矿物材料表面，同时，它还具有一定的塑性，能适应材料或构件的变形，所以石油沥青具有良好的防水性，故广泛用作土木工程的防潮、防水材料。

(2) **黏滞性**（黏性）。石油沥青的黏滞性是反映沥青材料内部阻碍其相对流动的一种特性，以绝对黏度表示，是沥青性质的重要指标之一。各种石油沥青的黏滞性变化范围很大，黏滞性的大小与组分及温度有关。地沥青质含量较高，同时又有适量树脂，而油分含量较少时，则黏滞性较大。在一定温度范围内，当温度升高时，则黏滞性随之降低，反之则随之增大。绝对黏度的测定方法因材而异，并较为复杂。工程上常用相对黏度（条件黏度）表示。测定相对黏度的主要方法是用标准黏度计和针入度仪。对于黏稠石油沥青的相对黏度是用针入度仪测定的针入度表示的。它反映石油沥青抵抗剪切变形的能力。针入度值越小，表明黏度越大。

黏稠沥青的针入度是在温度 25℃ 条件下，以标准针上的质量为 100g 时，经历时间 5s 贯入试样中的深度，以 1/10mm 为单位表示。

液体沥青或稀释沥青的相对黏度，可用标准黏度计测定的标准黏度表示。标准黏度是在规定温度（20℃、25℃、30℃或60℃）、规定直径（3mm、5mm 或 10mm）的孔口流出 $50cm^3$ 沥青时所需的秒数，常用符号 "$CdtT$" 表示，d 为流孔直径，t 为试样温度，T 为流出 $50cm^3$ 沥青的时间。

(3) **塑性**。其指石油沥青在外力作用时产生变形而不破坏，除去外力后，则仍保持变形后形状的性质。它是沥青性质的重要指标之一。石油沥青的塑性与其组分有关。石油沥青中树脂含量较多，且其他组分含量又适当时，则塑性较大。影响沥青塑性的因素有温度和沥青膜层厚度，温度升高，则塑性增大，膜层越厚则塑性越高。反之，膜层越薄，则塑性越差，当膜层薄至 $1\mu m$，塑性近于消失，即接近于弹性。在常温下，塑性较好的沥青在产生裂缝时，也可能由于特有的黏塑性而自行愈合。故塑性还反映了沥青开裂后的自愈能力。

沥青之所以能制造出性能良好的柔性防水材料，很大程度上取决于沥青的塑性。沥青的塑性对冲击振动荷载有一定吸收能力，并能减少摩擦时的噪声，故沥青是一种优良的道路路面材料。

沥青的塑性用延度表示。延度越大，塑性越好。沥青延度是把沥青试样制成∞字形标准试模（中间最小截面积 1cm²）在规定速度（5cm/min）和规定温度（25℃）下拉断时的伸长，以 cm 为单位表示。

（4）**温度敏感性**。其指石油沥青的结构与特性随温度变化而变化的性能。因沥青是一种高分子非晶态热塑性物质，故没有一定的熔点。当温度升高时，沥青由固态或半固态逐渐软化，使沥青分子之间发生相对滑动，此时沥青就像液体一样发生了黏性流动，称为黏流态。与此相反，当温度降低时又逐渐由黏流态凝固为固态（或称高弹态），甚至变硬变脆（像玻璃一样硬脆称作玻璃态）。在此过程中，反映了沥青随温度升降其黏滞性和塑性乃至韧性的变化。在相同的温度变化间隔里，各种沥青黏滞性、塑性、韧性的变化幅度不会相同，工程要求沥青随温度变化而产生的黏滞性、塑性、韧性变化幅度应较小，即温度敏感性应较小。

土木工程宜选用温度敏感性较小的沥青，所以温度敏感性是沥青性质的重要指标之一。通常石油沥青中地沥青质含量较多，在一定程度上能够减小其高温温度敏感性。在工程使用时往往加入滑石粉、石灰石粉或其他矿物填料来减小其高温温度敏感性。沥青中含蜡量较多时，则会增大高温温度敏感性，当温度不太高（60℃左右）时就发生流淌；在温度较低时又易变硬开裂。沥青软化点是反映沥青的高温温度敏感性的重要指标。由于沥青材料从固态至液态有一定的变态间隔，故规定其中某一状态作为从固态转到黏流态（或某一规定状态）的起点，相应的温度称为沥青软化点。

沥青软化点测定。测定软化点方法很多，我国采用环球法测定：预先把融化的沥青试样装入规定尺寸的铜环（$\phi=16mm$，$h=6mm$）内，试样上放置一标准钢球（$\phi=9.5mm$，$m=3.5g$），再装入浸有水的软化点测定仪上。以规定的升温速度 5℃/min 加热，使沥青软化并垂落，当垂落达到规定距离 25.4mm 时，其环境温度（℃）即为其软化点。

温度降低时，沥青容易硬脆。各种沥青在相同低温的条件下，其硬脆的程度也不相同。硬脆程度大的，其低温温度敏感性更大。在相对寒冷或严寒地区，低温温度敏感性增大的沥青材料，会更容易出现沥青材料因为疲劳作用而在低温下开裂、脆断等破坏现象。尤其在老化后，这种低温温度敏感性对工程会带来更加不利的影响。沥青的脆化点是反映沥青的低温温度敏感性的重要指标，也称为脆点。

沥青脆化点的测定：在（41±0.05mm）×（20±0.2mm）×（0.15±0.02mm）的 70 号弹簧钢平整无锈的钢薄片上，称取 0.4±0.01g 被测沥青，加热后使沥青流满或被拨涂于薄钢片整个表面，再加热，使之出现光滑的沥青膜层。在不同温度下，将约 41mm 的薄钢片试件在 1min 时间内弯曲至 35±0.2mm 并复原，若试验至某个温度下，沥青膜层出现了第一条裂纹。则此温度即为该沥青的**脆化点**，简称脆点。

（5）**大气稳定性**。其亦称为抗老化性。**老化**指有机材料在阳光、空气、水分、冷热交替及时间、空间及环境综合作用下，其组分或结构发生变化，从而导致其性能劣化的现象。

在工程环境中，沥青中各组分会不断递变。低分子量物质将逐步转变成高分子量物质，即油分和树脂逐渐减少，地沥青质相应增多。试验发现，树脂转变为地沥青质比油分变为树脂的速度快很多（约 50%）。因此，石油沥青随着时间的延长而流动性和塑性逐渐减小，硬脆性逐渐增大，直至龟裂或自然脆断，这个过程称为石油沥青的"老化"。

石油沥青的大气稳定性常以蒸发损失和蒸发后针入度比评定。其测定方法是：先测定沥青试样的重量及其针入度，然后将试样置于加热损失试验专用的烘箱中，在 160℃下蒸发 5h，待冷却后再测定其重量及针入度。计算蒸发损失重量占原重量的百分数，称为蒸发损失；计算蒸发后针入度占原针入度的百分数，称为蒸发后针入度比。蒸发损失百分数越小和蒸发后针入度比越大，则表示大气稳定性越高，"老化"越慢。

此外，为评定沥青的品质和保证施工安全，还应当了解石油沥青的溶解度、闪点和燃点。溶解度指石油沥青在三氯乙烯、四氯化碳或苯中溶解的百分率，以表示石油沥青中有效物质的含量，即纯净程度。那些不溶解的物质会降低沥青的性能（如黏性等），应把不溶物视为有害物质（如沥青碳或似碳物）而加以限制。

（6）**闪点**。其也称闪火点，指加热沥青时，挥发出的可燃气体和空气的混合物，在规定条件下与火焰接触，初次闪火（有蓝色闪光）时的沥青温度（℃）。

（7）**燃点**。其亦称着火点，指加热沥青时，挥发出的可燃气体和空气的混合物，在规定条件下与火焰接触，能持续燃烧 5s 以上时的沥青温度（℃）。

石油沥青燃点温度比闪点温度约高 10℃。地沥青质组分多，沥青燃点与闪点的温度相差较多；液体沥青由于轻质成分较多，闪点和燃点的温度相差很小。

闪点和燃点是沥青火灾或爆炸的临界温度，是沥青施工加热时的安全性控制温度。

4. 石油沥青的技术标准及选用

石油沥青按用途分为建筑石油沥青、道路石油沥青和普通石油沥青三种。在土木工程中使用的主要是建筑石油沥青和道路石油沥青。

（1）**建筑石油沥青**。建筑石油沥青按针入度指标划分牌号，每一牌号的沥青还应保证相应的延度、软化点、溶解度、蒸发损失、蒸发后针入度比、闪点等。建筑石油沥青的技术标准列于表 10-1 中。建筑石油沥青针入度较小（黏性较大），软化点较高（耐热性较好），但延度较小（塑性较小），主要用于制造油纸、油毡、防水涂料和沥青嵌缝膏。它们绝大部分用于屋面及地下防水、沟槽防水防腐蚀及管道防腐等工程。在屋面防水工程中制成的沥青胶膜较厚，增大了对温度的敏感性。同时黑色沥青表面又是良好的吸热体，一般同一地区的沥青屋面的表面温度比其他材料的都高，据高温季节测试，沥青屋面达到的表面温度比当地最高气温高 25～30℃；为避免夏季流淌，一般屋面用沥青材料的软化点还应比本地区屋面最高温度高 20℃以上。在地下防水工程中，沥青所经历的温度变化不大，为了使沥青防水层有较长的使用年限，宜选用牌号较高的沥青材料。

（2）**道路石油沥青**。按道路的交通量，道路石油沥青分为重交通道路石油沥青和中、轻交通道路石油沥青。重交通道路石油沥青主要用于高速公路、一级公路路面、机场道面及重要的城市道路路面等工程。按《重交通道路石油沥青》GB/T 15180—2010，重交通道路石油沥青分为 AH-130、AH-110、AH-90、AH-70、AH-50 和 AH-30 六个牌号，各牌号的技术标准见表 10-2。除石油沥青规定的有关指标外，延度的温度为 15℃，大气温定性采用薄膜烘箱试验，并规定了蜡含量的要求。

道路石油沥青和建筑石油沥青技术标准   表 10-1

质量指标	道路石油沥青 （NB/SH/T 0522—2010）					建筑石油沥青 （GB/T 494—2010）		
	200 号	180 号	140 号	100 号	60 号	40 号	30 号	10 号
针入度（25℃，100g，5s） （1/10mm）	200～300	150～200	110～150	80～110	50～80	36～50	26～35	10～25
延度（25℃）（cm），≥	20	100	100	90	70	3.5	2.5	1.5
软化点（℃）	30～45	35～45	38～48	42～52	45～55	>60	>75	>95
溶解度（%），≥	99	99	99	99	99	99	99	99
闪点（开口）（℃），≥	180	200	230	230	230	260		
蒸发后针入度比（%）， ≥	50	60		—	—	65		
蒸发损失（%），≤	1	1	1	—	—	1		
薄膜烘箱试验 质量变化（%） 针入度比（%） 延度（25℃）（cm）	— — —			报告 报告 报告		— — —	— — —	— — —

注：如25℃延度达不到，15℃延度达到时，也认为是合格的

重交通道路石油沥青技术标准   表 10-2

项目	质量指标						试验方法
	AH-130	AH-110	AH-90	AH-70	AH-50	AH-30	
针入度（25℃，100g，5s） （1/10mm）	120～140	100～120	80～100	60～80	40～60	20～40	GB/T 4509
延度（15℃）（cm），≥	100	100	100	100	80	报告[a]	GB/T 4508
软化点（℃）	38～51	40～53	42～55	44～57	45～58	50～65	GB/T 4507
溶解度（%），≥	99.0	99.0	99.0	99.0	99.0	99.0	GB/T 11148
闪点（开口杯法）（℃）， ≥	230				260		GB/T 267
密度（25℃）（kg/m³）	报告						GB/T 8928
蜡含量（质量分数）（%）， ≤	3.0						GB/T 0425
薄膜烘箱试验（163℃，5h）							GB/T 5304
质量变化（%），≤	1.3	1.2	1.0	0.8	0.6	0.5	GB/T 5304
针入度比（%），≥	45	48	50	55	58	60	GB/T 4509
延度（15℃）（cm），≥	100	50	40	30	报告[a]	报告[a]	GB/T 4508

[a] 报告应为实测值。

中、轻交通道路石油沥青主要用于一般的道路路面、车间地面等工程。按《道路石油沥青》NB/SH/T 0522—2010，道路石油沥青分为 60 号，100 号，140 号，180 号和 200 号五个牌号，各牌号的技术要求见表 10-1。道路沥青的牌号较多，选用时应根据地区气候条件、施工季节气温、路面类型、施工方法等按有关标准选用。道路石油沥青还可作密封材料和胶粘剂以及沥青涂料等。此时一般选用黏性较大和软化点较高的道路石油沥青，如 A-60 甲。

（3）**沥青的掺配**。某一种牌号的石油沥青往往不能满足工程技术要求，因此需用不同牌号沥青进行掺配。在进行掺配时，为了不使掺配后的沥青胶体结构破坏，应选用表面张力相近和化学性质相似的沥青。试验证明同产源的沥青容易保证掺配后的沥青胶体结构的均匀性。所谓同产源指同属石油沥青，或同属煤沥青（或煤焦油）。两种沥青掺配的比例可用下式估算：

$$Q_1 = [(T_2 - T)/(T_2 - T_1)] \times 100\% \tag{10-1}$$
$$Q_2 = 100\% - Q_1 \tag{10-2}$$

式中　Q_1——较软沥青用量，%；

Q_2——较硬沥青用量，%；

T——掺配后的沥青软化点，℃；

T_1——较软沥青软化点，℃；

T_2——较硬沥青软化点，℃。

例如：某工程需要用软化点为 85℃的石油沥青，现有 10 号及 60 号两种，应如何掺配以满足工程需要？由试验测得，10 号石油沥青软化点为 95℃；60 号石油沥青软化点为 45℃。估算掺配用量：

60 号石油沥青用量（%）=（95℃−85℃）/（95℃−45℃）×100%=20%

10 号石油沥青用量（%）=100%−20%=80%

根据估算的掺配比例和在其邻近的比例（5%～10%）进行试配（混合熬制均匀），测定掺配后沥青的软化点，然后绘制"掺配比-软化点"曲线，即可从曲线上确定所要求的掺配比例。同样地，可采用针入度指标按上法进行估算及试配。石油沥青过于黏稠需要进行稀释，通常可以采用石油产品系统的轻质油类，如汽油、煤油和柴油等。

10.1.2　煤焦油简介

煤焦油是生产焦炭和煤气的副产物，它大部分用于化工，而小部分用于制作建筑防水材料和铺筑道路路面。烟煤在密闭设备中加热干馏，此时烟煤中挥发物质气化逸出，冷却后仍为气体的可作煤气，冷凝下来的液体除去氨及苯后，即为煤焦油。因为干馏温度不同，生产出来的煤焦油品质也不同。炼焦及制煤气时干馏温度约 800～1300℃，这样得到的为高温煤焦油；当低温（600℃以下）干馏时，所得到的为低温煤焦油。高温煤焦油含碳较多，密度较大，含有多量的芳香族碳氢化合物，工程性质较好。低温煤焦油含碳少，密度较小，含芳香族碳氢化合物少，主要含蜡族、环烷族及不饱和碳氢化合物，还含较多的酚类，工程性质较差，故多用高温煤焦油制作焦油类建筑防水材料，或煤沥青，或作为改性材料。煤沥青是将煤焦油再进行蒸馏，蒸去水分和所有的轻油及部分中油、重油和蒽油后所得的残渣。各种油的分馏温度为：170℃以下——轻油；170～270℃——中油；270

～300℃——重油；300～360℃——蒽油。有的残渣太硬还可加入蒽油调整其性质，使所生产的煤沥青便于使用。

与石油沥青相比，由于两者的成分不同，煤沥青有如下特点：

（1）由固态或黏稠态转变为黏流态（或液态）的温度间隔较小，夏天易软化流淌，而冬天易脆裂，即温度敏感性较大。

（2）含挥发性成分和化学稳定性差的成分较多，在热、阳光、氧气等长期综合作用下，煤沥青的组成变化较大，易硬脆，故大气稳定性较差。

（3）含有较多的游离碳，塑性较差，容易因变形而开裂。

（4）因含有蒽、酚等，故有毒性和臭味，防腐能力较好，适用于木材的防腐处理。

（5）因含表面活性物质较多，与矿料表面的黏附力较好。

10.1.3 改性石油沥青

在土木工程中使用的沥青应具有一定的物理性质和黏附性。在低温条件下应有弹性和塑性；在高温条件下要有足够的强度和稳定性；在加工和使用条件下具有抗"老化"能力；还应与各种矿料和结构表面有较强的黏附力；以及对变形的适应性和耐疲劳性。通常，石油加工厂加工制备的沥青不一定能全面满足这些要求，为此，常用橡胶、树脂和矿物填料等改性。橡胶、树脂和矿物填料等统称为石油沥青的改性材料。

1. 橡胶改性沥青

橡胶是沥青的重要改性材料，它和沥青有较好的混溶性，并能使沥青具有橡胶的很多优点，如高温变形性小，低温柔性好。由于橡胶的品种不同，掺入的方法也有所不同，而各种橡胶改性沥青的性能也有差异。现将常用的几种分述如下。

（1）**氯丁橡胶改性沥青**。沥青中掺入氯丁橡胶后，可使其气密性、低温柔性、耐化学腐蚀性、耐气候性等得到大幅改善。氯丁橡胶改性沥青的生产方法有溶剂法和水乳法。溶剂法是先将氯丁橡胶溶于一定的溶剂中形成溶液，然后掺入沥青中，混合均匀即成为氯丁橡胶改性沥青。水乳法是将橡胶和石油沥青分别制成乳液，再混合均匀即可使用。氯丁橡胶改性沥青可用于路面的稀浆封层及制作密封材料和涂料等。

（2）**丁基橡胶改性沥青**。丁基橡胶改性沥青的配制方法与氯丁橡胶改性沥青类似，而且较简单一些。将丁基橡胶碾切成小片，于搅拌条件下把小片加到100℃的溶剂中（不得超过110℃），制成浓溶液。同时将沥青加热脱水熔化成液体状沥青。通常在100℃左右把两种液体按比例混合搅拌均匀进行浓缩15～20min，达到要求性能指标。丁基橡胶在混合物中的含量一般为2%～4%。同样也可以分别将丁基橡胶和沥青制备成乳液，然后再按比例把两种乳液混合即可。丁基橡胶改性沥青具有优异的耐分解性，并有较好的低温抗裂性能和耐热性能，多用于道路路面工程与制作密封材料和涂料。

（3）**热塑性弹性体（SBS）改性沥青**。SBS是苯乙烯-丁二烯嵌段共聚物，它兼有橡胶和树脂的特性，常温下具有橡胶的弹性，高温下又能像树脂那样熔融流动，成为可塑的材料。SBS改性沥青具有良好的耐高温性、优异的低温柔性和耐疲劳性，是目前应用最成功和用量最大的一种改性沥青。SBS改性沥青可采用胶体磨法或高速剪切法生产，SBS的掺量一般为3%～10%，主要用于制作防水卷材和铺筑高等级公路路面等。

（4）**再生橡胶改性沥青**。再生胶掺入沥青中以后，同样可大幅提高沥青的气密性，低温柔性，耐光、热、臭氧性，耐气候性。再生橡胶改性沥青材料的制备是先将废旧橡胶加工成 1.5mm 以下的颗粒，然后与沥青混合，经加热搅拌脱硫，就能得到具有一定弹性、塑性和黏结力良好的再生橡胶改性沥青材料。废旧橡胶的掺量视需要而定，一般为 3%～15%。再生橡胶改性沥青可以制成卷材、片材、密封材料、胶粘剂和涂料等，随着科学技术的发展，加工方法的改进，各种新品种的制品将会不断增多。

2. 树脂改性沥青

用树脂改性沥青，可以改进沥青的耐寒性、耐热性、黏结性和不透气性。由于石油沥青中含芳香性化合物很少，故树脂和石油沥青的相容性较差，而且可用的树脂品种也较少，常用的树脂有古马隆树脂、聚乙烯、乙烯-乙酸乙烯共聚物（EVA），无规聚丙烯APP 等。

（1）**古马隆树脂改性沥青**。古马隆树脂又名香豆桐树脂，呈黏稠液体或固体状，浅黄色至黑色，易溶于氯化烃、酯类、硝基苯等，为热塑性树脂。将沥青加热熔化脱水，在 150～160℃情况下，把古马隆树脂放入熔化的沥青中，并不断搅拌，再把温度升至 185～190℃，保持一定时间，使之充分混合均匀，即得到古马隆树脂改性沥青。树脂掺量约 40%。这种沥青的黏性较大。

（2）**聚乙烯树脂改性沥青**。在沥青中掺入 5%～10% 的低密度聚乙烯，采用胶体磨法或高速剪切法即可制得聚乙烯树脂改性沥青。聚乙烯树脂改性沥青的耐高温性和耐疲劳性有显著改善，低温柔性也有所改善。一般认为，聚乙烯树脂与多蜡沥青的相容性较好，对多蜡沥青的改性效果较好。此外，用乙烯-乙酸乙烯共聚物（EVA）、无规聚丙烯（APP）也常用来改善沥青性能，制成的改性沥青具有良好的弹塑性、耐高温性和抗老化性，多用于防水卷材、密封材料和防水涂料等。

3. 橡胶和树脂改性沥青

橡胶和树脂同时用于改善沥青的性质，使沥青同时具有橡胶和树脂的特性。且树脂比橡胶便宜，橡胶和树脂又有较好的混溶性，故效果较好。橡胶、树脂和沥青在加热熔融状态下，沥青与高分子聚合物之间发生相互侵入和扩散，沥青分子填充在聚合物大分子的间隙内，同时聚合物分子的某些链节扩散进入沥青分子中，形成凝聚的网状混合结构，故可以得到较优良的性能。配制时，采用的原材料品种、配比、制作工艺不同，可以得到很多性能各异的产品，主要有卷、片材，密封材料，防水涂料等。

4. 矿物填充料

为了提高沥青的黏结能力和耐热性，降低沥青的温度敏感性，经常加入一定数量的矿物填充料，其称为改性沥青。

（1）**矿物填充料的品种**。常用的矿物填充料大多是粉状的和纤维状的，主要有滑石粉、石灰石粉、硅藻土和石棉等。

滑石粉主要化学成分是含水硅酸镁（$3MgO \cdot 4SiO_2 \cdot H_2O$），亲油性好（憎水），易被沥青润湿，可直接混入沥青中，以提高沥青的机械强度和抗老化性能，可用于具有耐酸、耐碱、耐热和绝缘性能的沥青制品中。石灰石粉主要成分为碳酸钙，属亲水性的岩石，但其亲水程度比石英粉弱，而最重要的是石灰石粉与沥青有较强的物理吸附力和化学吸附力，故是较好的矿物填充料。硅藻土是软质多孔而轻的材料，易磨成细粉，耐酸性强，是制作轻质、绝热、吸声的沥青制品的主要填料。膨胀珍珠岩粉有类似的作用，故也

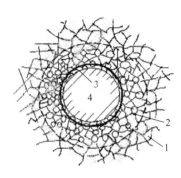

图 10-2　沥青与矿粉
相互作用的结构
1—自由沥青；2—结构沥青；
3—钙质薄膜；4—矿粉颗粒

可作这类沥青制品的矿物填充料。石棉绒或石棉粉的主要组成为钠、钙、镁、铁的硅酸盐，呈纤维状，富有弹性，具有耐酸、耐碱和耐热性能，是热和电的不良导体，内部有很多微孔，吸油（沥青）量大，掺入后可提高沥青的抗拉强度和热稳定性。此外，白云石粉、磨细砂、粉煤灰、水泥、高岭土粉、白垩粉等也可作沥青的矿物填充料。

（2）**矿物填充料的作用机理**。沥青中掺入矿物填充料后，能被沥青包裹形成稳定的混合物。一要沥青能润湿矿物填充料；二要沥青与矿物填充料之间具有较强的吸附力，并不为水所剥离。一般由共价键或分子键结合的矿物属憎水性即亲油性的，如滑石粉等，对沥青的亲合力大于对水的亲合力，故滑石粉颗粒表面所包裹的沥青即使在水中也不会被水所剥离。另外，由离子键结合的矿物如碳酸盐、硅酸盐等，属亲水性矿物，即有憎油性。但是，因沥青中含有酸性树脂，它是一种表面活性物质，能够与矿物颗粒表面产生较强的物理吸附作用。如石灰石粉颗粒表面上的钙离子和碳酸根离子，对树脂的活性基团有较大的吸附力，还能与沥青酸或环烷酸发生化学反应形成不溶于水的沥青酸钙或环烷酸钙，产生化学吸附力，故石灰石粉与沥青也可形成稳定的混合物。从以上分析可以认为，由于沥青对矿物填充料的润湿和吸附作用，沥青可能呈单分子状排列在矿物颗粒（或纤维）表面，形成结合力牢固的沥青薄膜，有的将它称为结构沥青（图 10-2）。结构沥青具有较高的黏性和耐热性等。因此，沥青中掺入的矿物填充料的数量要适当，以形成恰当的结构沥青膜层。

10.2　沥青混合料的组成与性质

沥青混合料是一种黏-弹-塑性材料，具有良好的力学性能，一定的高温稳定性和低温柔性，修筑路面不需设置接缝，行车较舒适。而且，施工方便、速度快，能及时开放交通，并可再生利用。因此，其是高等级道路修筑中的一种主要路面材料。沥青混合料是由矿料（粗集料、细集料和填料）与沥青拌合而成的混合料。通常，它包括沥青混凝土混合料和沥青碎（砾）石混合料两类。沥青混合料按集料的最大粒径，分为特粗式、粗粒式、中粒式、细粒式和砂粒式沥青混合料；按矿料级配，分为密级配沥青混合料、半开级配沥青混合料、开级配沥青混合料和间断级配沥青混合料；按施工条件，分为热拌热铺沥青混合料、热拌冷铺沥青混合料和冷拌冷铺沥青混合料。

10.2.1　沥青混合料的组成结构

沥青混合料是由沥青、粗细集料和矿粉按一定比例拌合而成的一种复合材料。按矿质骨架的结构状况，其组成结构分为以下三个类型。

1. 悬浮密实结构

当采用连续密级配矿质混合料与沥青组成的沥青混合料时，矿料由大到小形成连续级配的密实混合料，形成悬浮密实结构。由于粗集料的数量较少，细集料的数量较多，较大颗粒被小一档颗粒挤开，使粗集料以悬浮状态存在于细集料之间（图 10-3a、d），这种结构的沥青混合料虽然密实度和强度较高，但稳定性较差。

2. 骨架空隙结构

当采用连续开级配矿质混合料与沥青组成的沥青混合料时，粗集料较多，彼此紧密相接，细集料的数量较少，不足以充分填充空隙，形成骨架空隙结构（图 10-3b、e）。沥青碎石混合料多属此类型。这种结构的沥青混合料，粗骨料能充分形成骨架，骨料之间的嵌挤力和内摩阻力起重要作用。因此，这种沥青混合料受沥青材料性质的变化影响较小，因而热稳定性较好，但沥青与矿料的黏结力较小、空隙率大、耐久性较差。

3. 骨架密实结构

采用间断级配矿质混合料与沥青组成的沥青混合料时，是综合以上两种结构之长的一种结构，即骨架密实结构。它既有一定数量的粗骨料形成骨架，又根据粗集料空隙的多少加入细集料，形成较高的密实度（图 10-3c、f）。这种结构的沥青混合料的密实度、强度和稳定性都较好，是一种较理想的结构类型。

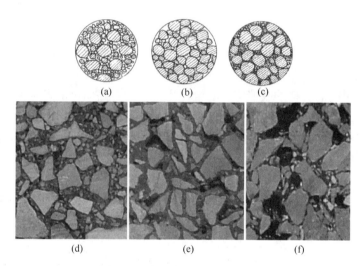

图 10-3　沥青混合料组成结构示意图
（a、d）悬浮密实结构；（b、e）骨架空隙结构；（c、f）骨架密实结构

10. 2. 2　沥青混合料的技术性质

沥青混合料作为沥青路面的面层材料，承受车辆行驶反复荷载和气候因素的作用，而胶凝材料沥青具有黏-弹-塑性的特点，因此，沥青混合料应具有抗高温变形、抗低温脆裂、抗滑、耐久等技术性质以及施工和易性。

1. 高温稳定性

沥青混合料的高温稳定性指在高温条件下，沥青混合料承受多次重复荷载作用而不发生过大的累积塑性变形的能力。高温稳定性良好的沥青混合料在车轮引起的垂直力和水平力的综合作用下，能抵抗高温的作用，保持稳定而不产生车辙和波浪等破坏现象。沥青混合料的高温稳定性，通常采用高温强度与稳定性作为主要技术指标。常用的测试评定方法有：马歇尔试验法、无侧限抗压强度试验法、史密斯三轴试验法等。马歇尔试验法比较简便，既可以用于混合料的配合比设计，也便于工地现场质量检验，因而得到了广泛应用，我国国家标准也采用了这一方法。但该方法仅适用于热拌沥青混合料。尽管马歇尔试验方法简便，但多年的实践和研究认为，马歇尔试验用于混合料配合比设计决定沥青用量和施工质量控制，并不能正确地反映沥青混合料的抗车辙能力，因此，在《沥青路面施工及验收规范》GB 50092—1996 中规定：对用于高速公路、一级公路和城市快速路等沥青路面的上面层和中面层的沥青混凝土混合料，在进行配合比设计时，应通过车辙试验对抗车辙能力进行检验。

马歇尔试验：通常测定的是马歇尔稳定度和流值，马歇尔稳定度指标准尺寸试件在规定温度和加荷速度下，在马歇尔仪中的最大破坏荷载（kN）；流值是达到最大破坏荷重时试件的垂直变形（0.1mm）。

车辙试验：测定的是动稳定度，沥青混合料的动稳定度指标准试件在规定温度下，一定荷载的试验车轮在同一轨迹上，在一定时间内反复行走（形成一定的车辙深度）产生 1mm 变形所需的行走次数（次/mm）。

2. 低温抗裂性

沥青混合料不仅应具备高温的稳定性，同时，还要具有低温的抗裂性，以保证路面在低温时不产生裂缝。沥青混合料是黏-弹-塑性材料，其物理性质随温度变化会有很大变化。当温度较低时，沥青混合料表现为弹性性质，变形能力大幅降低。在外部荷载产生的应力和温度下降引起的材料的收缩应力联合作用下，沥青路面可能发生断裂，产生低温裂缝。沥青混合料的低温开裂是由混合料的低温脆化、低温收缩和温度疲劳引起的。混合料的低温脆化一般用不同温度下的弯拉破坏试验评定；低温收缩可采用低温收缩试验评定；而温度疲劳则可以用低频疲劳试验评定。

3. 耐久性

沥青混合料在路面中，长期受自然因素（阳光、热、水分等）的作用，为使路面具有较长的使用年限，必须具有较好的耐久性。沥青混合料的耐久性与组成材料的性质和配合比有密切关系。首先，沥青在大气因素作用下，组分会产生转化，油分减少，沥青质增加，使沥青的塑性逐渐减小，脆性增加，路面的使用品质下降。其次，以耐久性考虑，沥青混合料应有较高的密实度和较小的空隙率，但是，空隙率过小，将影响沥青混合料的高温稳定性，因此，在我国的有关规范中，对空隙率和饱和度均提出了要求。目前，沥青混合料耐久性常用浸水马歇尔试验或真空饱水马歇尔试验评价。

4. 抗滑性

随着现代交通车速不断提高，对沥青路面的抗滑性提出了更高的要求。沥青路面的抗滑性能与集料的表面结构（粗糙度）、级配组成、沥青用量等因素有关。为保证抗滑性能，面层集料应选用质地坚硬具有棱角的碎石，通常采用玄武岩。采取适当增大集料粒径、减少沥青用量及控制沥青的含蜡量等措施，均可提高路面的抗滑性。

5. 施工和易性

沥青混合料应具备良好的施工和易性，使混合料易于拌合、摊铺和碾压施工。影响施工和易性的因素很多，如气温、施工机械条件及混合料性质等。从混合料的材料性质看，影响施工和易性的是混合料的级配和沥青用量。如粗、细集粒的颗粒大小相差过大，缺乏中间尺寸的颗粒，混合料容易分层层积；如细集料太少，沥青层不容易均匀地留在粗颗粒表面；如细集料过多，则使拌合困难；如沥青用量过少，或矿粉用量过多时，混合料容易出现疏松现象，不易压实；如沥青用量过多，或矿粉质量不好，则混合料容易黏结成块，不易摊铺。

若采用特种沥青混合料或沥青混凝土，则应注意其特殊的施工特性，注意其浇筑、碾压、养护与交通开放的特性。

总之，沥青混合料或沥青混凝土特别适合于道路路面或桥梁桥面的铺装。新铺设的沥青混合料路面平整无缝，减震降噪，可满足车辆高速行驶的舒适性；沥青混合料摩擦系数较大，可满足车辆的加速或刹车的安全性；多数沥青混合料的碾压铺装工艺，可满足交通即时开放性要求；沥青混合料的防水、防腐性能，可满足化雪除冰，保证路面耐久性及冬季车辆行驶安全；沥青混合料分段施工、方便修补、废料回收再生的特点也适合于各国交通道路工程环境。

10.3 沥青混合料的配合比设计

沥青混合料配合比设计的主要思路就是要根据工程特性对沥青混合料组成材料的技术要求，确定沥青混合料的类型；选择沥青混合料的各种原材料；选择集料的级配组合；经试验及计算确定最佳沥青用量，从而得到满足工程技术性经济性要求的沥青混合料配合比。

10.3.1 沥青混合料的技术性质

沥青混合料的技术性质随着混合料的组成材料的性质、配合比和制备工艺等因素的差异而改变。因此制备沥青混合料时，应严格控制其组成材料的质量。

1. 沥青材料

不同型号的沥青材料，具有不同的技术指标，适用于不同等级、不同类型的路面，在选择沥青材料的时候，要考虑气候条件、交通量、施工方法等情况，寒冷地区宜选用稠度较小，延度较大的沥青，以免冬季裂缝；较热地区选用稠度较大，软化点高的沥青，以免夏季泛油，发软。一般路面的上层宜用较稠的沥青，下层和连接层宜用较稀的沥青。

2. 粗集料

沥青混合料的粗集料要求洁净、干燥、无风化、无杂质，并且具有足够的强度和耐磨性。一般选用高强、碱性的岩石轧制成接近于立方体、表面粗糙、具有棱角的颗粒。沥青混合料对粗集料的级配不单独提出要求，只要求它与细集料、矿粉组成的矿质混合料能符合相应的沥青混合料的矿料级配范围（表 10-3）。每种混合料按空隙率分为Ⅰ型（空隙率为 3%～6%）和Ⅱ型（空隙率为 6%～10%）两种。一种粗集料不能满足要求时，可用两种以上不同级配的粗集料掺合使用。

3. 细集料

沥青混合料的细集料可根据当地条件及混合料级配要求选用天然砂或人工砂，在缺少砂的地区，也可用石屑代替。细集料含泥量不大于 3%。

沥青混合料矿料级配范围

表 10-3

| 材料种类 | 级配类型 | 通过下列筛孔（方孔筛，mm）的质量百分率（%） | | | | | | | | | | | | | | |
		53.0	37.5	31.5	26.5	19.0	16.0	13.2	9.5	4.75	2.36	1.18	0.6	0.3	0.15	0.075
密级配沥青混凝土	AC-25 粗粒式			100	90~100	75~90	65~83	57~76	45~65	24~52	16~42	12~33	8~24	5~17	4~13	3~7
	AC-20 中粒式				100	90~100	78~92	62~80	50~72	26~56	16~44	8~24	5~17	4~13	3~7	3~7
	AC-16 中粒式					100	90~100	78~92	62~80	34~62	20~48	13~36	9~26	7~18	5~14	4~8
	AC-13 细粒式						100	90~100	68~85	38~68	24~50	15~38	10~28	7~20	5~15	4~8
	AC-10 细粒式							100	90~100	45~75	30~58	20~44	13~32	9~23	6~16	4~8
	AC-5 砂粒式								100	90~100	55~75	35~55	20~40	12~28	7~18	5~10
沥青玛蹄脂碎石	SMA-20 中粒式				100	90~100	72~92	62~82	40~55	18~30	13~22	12~20	10~16	9~14	3~13	8~12
	SMA-16 中粒式					100	90~100	65~85	45~65	20~32	15~24	14~22	12~18	10~15	3~14	8~12
	SMA-13 细粒式						100	90~100	50~75	20~34	15~26	14~24	12~20	10~16	3~15	8~12
	SMA-10 细粒式							100	90~100	28~60	20~32	14~26	12~22	10~18	9~16	8~13
开级配排水式磨耗层	OGFC-16 中粒式					100	90~100	70~90	45~70	12~30	10~22	6~18	4~15	3~12	3~8	2~6
	OGFC-13 细粒式						100	90~100	60~80	12~30	10~22	6~18	4~15	3~12	3~8	2~6
	OGFC-10 细粒式							100	90~100	50~70	10~22	6~18	4~15	3~12	3~8	2~6
密级配沥青稳定碎石	ATB-40 特粗式	100	90~100	75~92	65~85	49~71	43~63	37~57	30~50	20~40	15~32	10~25	8~18	5~14	3~10	2~6
	ATB-30 粗粒式		100	90~100	70~90	53~72	44~66	39~60	31~51	20~40	15~32	10~25	8~18	5~14	3~10	2~6
	ATB-25 粗粒式			100	90~100	60~80	48~68	42~62	32~52	20~40	15~32	10~25	8~18	5~14	3~10	2~6
半开级配沥青稳定碎石	AM-20 中粒式				100	90~100	60~85	50~75	40~65	15~40	5~22	2~16	1~12	0~10	0~8	0~5
	AM-16 中粒式					100	90~100	60~85	45~68	18~40	6~25	3~18	1~14	0~10	0~8	0~5
	AM-13 细粒式						100	90~100	50~80	20~45	8~28	4~20	2~16	0~10	0~8	0~6
	AM-10 细粒式							100	90~100	35~65	10~35	5~22	2~16	0~12	0~9	0~6
开级配沥青稳定碎石	ATPB-40 特粗式	100	70~100	65~90	55~85	43~75	32~70	20~65	12~50	0~3	0~3	0~3	0~3	0~3	0~3	0~3
	ATPB-30 粗粒式		100	80~100	70~95	53~85	36~80	26~75	14~60	0~3	0~3	0~3	0~3	0~3	0~3	0~3
	ATPB-25 粗粒式			100	80~100	60~100	45~90	30~82	16~70	0~3	0~3	0~3	0~3	0~3	0~3	0~3

4. 矿粉

矿粉是由石灰岩或岩浆岩中的碱性岩石磨制而成的，也可以利用工业粉末、废料、粉煤灰等代替，但用量不宜超过矿料总量的 2%。其中粉煤灰的用量不宜超过填料总量的 50%，粉煤灰的烧失量小于 12%，塑性指数小于 4%。矿粉密度应不小于 $2.50g/cm^3$，通过 0.075mm 筛孔的应不小于 75%，亲水系数（即矿粉在水中体积与在煤油中的体积之比）小于 1。矿粉应干燥、不含泥土杂质和团块、含水率不大于 1%。

10.3.2 沥青混合料配合比设计

沥青混合料配合比设计通常按下列两步进行：首先选择矿质混合料的配合比例，使矿质混合料的级配符合规范的要求，即石料、砂、矿粉应有适当的配合比例；然后确定矿质混合料与沥青的用量比例，即最佳沥青用量。在混合料中，沥青用量波动 2.5%～6.0% 的范围可使沥青混合料的热稳定性等技术性质变化很大。在确定矿质混合料配合比例后，通过稳定度、流值、空隙率、饱和度等试验数值选择出最佳沥青用量。

1. 确定混合料类型及级配范围

根据沥青混合料使用的公路等级、路面类型、结构层次、气候条件及工程其他要求，确定沥青混合料类型，并根据《公路沥青路面施工技术规范》JTG F 40—2004 中沥青技术指标（表 10-3）选择沥青混合料级配范围；测定矿料的密度、吸水率、筛分情况和沥青的密度；采用图解法或数解法求出已知级配的粗集料、细集料和矿粉之间的比例关系或用量。

2. 确定最佳沥青用量

按前述确定的矿料配合比，根据规范推荐范围选择一相对略低的沥青用量，并按 0.5% 的间隔递增，以马歇尔试验法为基础，配制五大组混合料试件。通过进行密实度、稳定度和流值等试验，最终优化确定最佳沥青用量。

3. 设计举例

某路线修筑沥青混凝土高速公路路面层，试计算矿质混合料的组成，用马歇尔试验法确定最佳沥青用量。

(1) 设计原始资料：

1) 路面结构：高速公路沥青混凝土面层。

2) 气候条件：属于温和地区。

3) 路面型式：三层式沥青混凝土路面上面层。

4) 混合料制备条件及施工设备：工厂拌合、摊铺机铺筑、压路机碾压。

5) 材料的技术性能。

① 沥青材料：沥青采用进口优质沥青，符合 AH-70 指标，其技术指标见表 10-4。

沥青技术指标　　　　　　　　　　　　　　　　表 10-4

15℃时密度 (g·cm⁻³)	针入度 (0.1mm), (25℃, 100g, 5s)	延度 (cm), (5cm/min, 15℃)	软化点 (℃)
1.033	74.3	>100	46.0

② 粗集料：采用玄武岩，1 号料（19.0～13.2mm）密度为 $2.92g/cm^3$，2 号料（13.2～4.75mm）密度为 $2.86g/cm^3$，与沥青的黏附情况评定为 5 级。其他各项技术指标见表 10-5。

粗集料技术指标　　　　　　　表 10-5

压碎值（%）	磨耗值（洛杉矶法）（%）	针片状颗粒含量（%）	磨光值（PSV）	吸水率（%）
14.7	17.6	10.5	45.0	1.0

③ 细集料：石屑采用玄武岩，其近似密度为 $2.81g/cm^3$，砂子近似密度为 $2.63g/cm^3$。

④ 矿粉：密度为 $2.67g/cm^3$，含水量为 0.8%。矿质集料的级配见表 10-6。

矿质集料级配　　　　　　　　表 10-6

原材料	通过下列筛孔（mm）的质量（%）										
	19.0	16.0	13.2	9.5	4.75	2.38	1.18	0.6	0.3	0.15	0.075
1 号碎石	100	90.3	42.2	5.0	1.4	0.3	0	—	—	—	—
2 号碎石	—	—	100	88.7	29.0	6.8	3.0	2.2	1.6	0	—
石屑	—	—	—	100	99.2	78.5	38.1	29.8	20.0	18.1	8.7
砂	—	—	—	100	98.6	94.2	76.5	52.8	29.3	5.8	0.5
矿粉								100	99.2	95.9	80.0

（2）设计要求：

1）确定各种矿质集料的用量比例。

2）用马歇尔试验确定最佳沥青用量。

【解】矿质混合料级配组成的确定

（1）由原始资料可知，沥青混合料用于高速公路三层式沥青混凝土上面层，依据有关标准，沥青混合料类型可选用 AC-16。参照表 10-3 的要求，中粒式 AC-16 Ⅰ 型沥青混凝土的矿质混合料级配范围见表 10-7。

矿质混合料级配范围　　　　　　　表 10-7

级配类型	通过下列筛孔（mm）的质量，%										
	19.0	16.0	13.2	9.5	4.75	2.38	1.18	0.6	0.3	0.15	0.075
AC-16 Ⅰ	100	90～100	78～92	62～80	34～62	20～48	13～36	9～26	7～18	5～14	4～8

（2）根据矿质集料的筛分结果及《沥青路面施工及验收规范》GB 50092—1996 的有关规定，采用图解法或试算法求出矿质集料的比例关系，并进行调整，使合成级配尽量接近要求级配范围中值。经调整后的矿质混合料合成级配计算列于表 10-8。

矿质混合料合成级配计算表　　　　　　表 10-8

设计矿质混合料配合比，%	通过下列筛孔（mm）的质量，%										
	19.0	16.0	13.2	9.5	4.75	2.38	1.18	0.6	0.3	0.15	0.075
1 号碎石，30	30	27.1	12.7	1.5	0.4	0.1	0				
2 号碎石，25	25	25	25	22.2	7.3	1.7	0.8	0.6	0.4	0	
石屑，22	22	22	22	22	21.8	17.3	8.4	6.6	4.4	4.0	1.9
砂，17	17	17	17	17	16.8	16.0	13.0	9.0	5.0	1.0	0.1
矿粉，6	6	6	6	6	6	6	6	6	5.8	4.8

续表

设计矿质混合料配合比,%	通过下列筛孔（mm）的质量,%										
	19.0	16.0	13.2	9.5	4.75	2.38	1.18	0.6	0.3	0.15	0.075
合成级配	100	97.1	82.7	68.7	52.3	41.1	28.2	22.2	15.8	10.8	6.8
要求级配	100	95~100	75~90	58~78	42~63	32~50	22~37	16~28	11~21	7~15	4~8
级配中值	100	97.5	82.5	68.0	52.5	41.0	29.5	22.0	16.0	11.0	6.0

由此可得出矿质混合料的组成为：1 号碎石 30%；2 号碎石 25%；石屑 22%；砂 17%；矿粉 6%。

（3）沥青最佳用量的确定

1）按上述计算所得的矿质集料级配和表 10-8 推荐的沥青用量范围，中粒式沥青混凝土（AC-16，Ⅰ）的沥青用量为 4.0%～6.0%，采用 0.5% 的间隔变化，配制 5 组沥青用量分别为 4.0%、4.5%、5.0%、5.5%、6.0% 的马歇尔试件。

试件拌制温度为 140℃，试件成型温度为 130℃，采用击实仪两面各击实 75 次。成型试件经 24h 后，进行各项试验。以沥青用量为横坐标，以实测密度、空隙率、饱和度、稳定度、流值为纵坐标，画出沥青用量和它们之间的关系曲线，如图 10-4 所示。

2）从图 10-4 确定密度最大值对应的沥青用量 a_1，稳定度最大值对应的沥青用量 a_2，规定空隙率范围中值对应的沥青用量 a_3，并以 a_1、a_2、a_3 平均值作为最佳沥青用量的初始值 OAC_1。

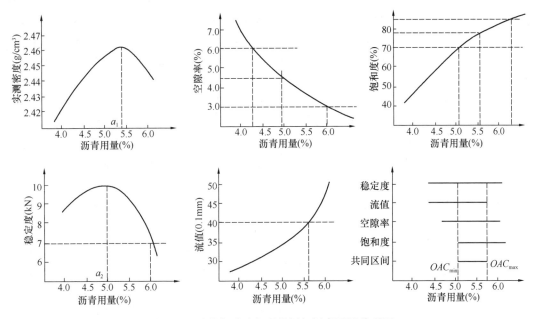

图 10-4　马歇尔试验各项指标与沥青用量关系图

从图中可得出，a_1=5.4%，a_2=4.9%，a_3=4.9%。则：
$$OAC_1 = (a_1 + a_2 + a_3)/3 = (5.4\% + 4.9\% + 4.9\%)/3 = 5.07\%$$

根据《沥青路面施工及验收规范》GB 50092—1996，对高速公路用 Ⅰ 型沥青混合料，稳定度大于 7.5kN，流值在 20～40（0.1mm）之间，空隙率为 3%～6%，饱和度为 70%

～85％，分别确定各关系曲线上沥青用量的范围，取其共同部分，可得：

$$OAC_{min}=5.05\%$$

$$OAC_{max}=5.70\%$$

$$OAC_2=(OAC_{min}+OAC_{max})/2=5.38\%$$

考虑高速公路所处的气候条件属温和地区，为防止车辙，则 OAC 的取值在 OAC_2 与 OAC_{min} 的范围内选取，结合工程经验取 $OAC=5.2\%$。

（4）按最佳沥青用量 5.2％，制作马歇尔试件，进行浸水马歇尔试验，测得的试验结果为：密度 2.46g/cm³，空隙率 3.8％，饱和度 72.0％，马歇尔稳定度 9.6kN，浸水马歇尔稳定度 7.8kN，残留稳定度 81％，符合规定要求（＞75％）。

（5）按最佳沥青用量 5.2％制作车辙试验试件，测定其动稳定度，其结果大于 800 次/mm，符合规定要求。

按上述试验和计算结果，最终确定沥青用量：5.2％。

10.4   其他沥青混合料

10.4.1   浇注式沥青混合料

1. 浇注式沥青混合料

18 世纪初，天然沥青被大规模用来铺装道路路面。当时将天然沥青粉碎后与石料在高温条件下拌合，由于沥青与细集料含量特别多且是高温铺筑，因此呈流淌状态，故称此为浇注式沥青混合料。早期的浇注式沥青混合料实际是一种沥青胶砂，起源于德国，英国、法国以及地中海沿岸的国家，被称为沥青玛琋脂；日本称之为高温拌合式摊铺沥青混合料；英国为提高这种路面的抗滑性，在浇筑时趁热撒上预拌沥青碎石，经碾压使碎石嵌入，故又称为热压式沥青混合料。

浇注式沥青混合料是采用硬质沥青（通常用岩沥青或湖沥青和道路沥青配合使用），添加高剂量矿粉、集料，在 220℃ 以上的高温环境中，经过长时间的拌合，配制而成的一种既黏稠又有良好流动性的沥青混合料。浇筑后不需要压路机碾压。

2. 浇注式沥青混合料的应用

浇注式沥青混合料属于悬浮密级配沥青混合料。它用的结合料一般为普通沥青、特立尼达湖（TLA）沥青或二者的混合物以及改性沥青。沥青用量很高（7％～10％）。矿质集料中矿粉含量为 20％～30％，沥青混合料拌合温度很高（200～240℃）。因此，浇注式沥青混合料具有矿粉含量高、沥青含量高和拌合温度高的"三高"特点。由于浇注式沥青混合料密实不透水，耐久性好，同时又有极好的黏韧性，适应变形能力强，与钢桥面板变形有很好的一致性，因此特别适用于大、中型桥梁，尤其是大跨度的钢桥桥面的铺装。国外最早采用特立尼达湖沥青浇注式沥青混合料的桥面铺装是 1929 年修建的苏丹尼罗河大桥。随后又有英国亨伯尔大桥、法国诺曼底大桥、瑞典霍加库斯藤大桥、丹麦大贝尔特东桥、日本明石海峡大桥和多多罗大桥等。我国江苏江阴长江大桥、山东胜利黄河大桥、上海东海大桥、重庆菜园坝长江大桥、重庆嘉华大桥、台湾新东大桥以及香港青马大桥等均采用了浇注式沥青混合料桥面铺装。

目前浇注式沥青混合料在欧洲还应用于大型停车场和城市人行街道等市政工程中。有些国家将其用作地铁站台铺面及平顶屋面防水层、水坝坝体防渗层等。我国曾在一些水电站和水库工程中用于修建沥青混合料心墙、斜墙和坝体表层防渗层。另外，浇注式沥青混合料具有超薄层铺装的可能，作为防止反射裂缝的中间夹层，具有良好的应力吸收作用。

10.4.2 环氧沥青混合料

1. 环氧沥青

环氧沥青是一种由环氧树脂、固化剂与基质沥青经复杂的化学改性所得的混合物。用环氧沥青配制的环氧沥青混合料，具有非常好的抗车辙、抗剥落、耐久、耐化学腐蚀和抗裂等性能，因此广泛应用于使用条件恶劣的场合。在国内主要应用于钢桥面铺装。

环氧沥青混合料具有：

（1）很高的强度，其马歇尔稳定度是一般沥青混合料的 3～5 倍，还有很好的耐疲劳性能和良好的耐腐蚀性；

（2）铺装层材料变形特性好，能尽量追随钢板的伸缩或弯曲变形；

（3）热稳定性好，高温时不发生推移和车辙等永久变形；

（4）抗裂性好，低温时不易脆化和开裂；

（5）铺装层对钢桥面板变形有良好的一致性；

（6）防水性能好，混合料沥青含量高，环氧沥青黏结性好，集料较细（最大公称粒径 13.2mm），属于密集型混合料，能阻止水分渗透到桥面钢板，防止钢板锈蚀；

（7）环氧沥青重量轻，铺装层面较薄，降低了对钢桥的静荷载；

（8）环氧沥青铺装层单价较高（目前环氧沥青部分美国进口，部分国产），但其使用寿命极长，可延长维修周期，大幅降低维护费用。

2. 环氧沥青混合料的应用

环氧沥青混合料对拌制技术、施工温度、设备等条件要求极高；铺装养护的时间很长，一般在 28～45d 后才可开放交通；而且价格也高于其他种类沥青混合料。

与浇注式沥青混合料相比，环氧沥青混合料在世界各地的钢桥面铺装工程中，应用更加广泛：最早从 20 世纪 30 年代应用于美国金门桥，此后美国维拉扎诺大桥以及我国南京长江二桥、南京长江三桥、武汉长江二桥、武汉白沙洲大桥、武汉阳逻长江大桥、东海杭州湾跨海大桥等。天津海河富民桥地处北方地区，第一次采用了国产环氧沥青混合料进行钢桥面铺装施工。实践证明环氧沥青混合料铺装的钢桥面，使用性能良好，尤其在耐久性方面，与普通沥青混合料相比，显示出了更加优良的技术性能。

思考题

1. 从石油沥青的主要组分说明石油沥青三大指标与组分之间的关系。
2. 如何改善石油沥青的稠度、黏结力、变形、耐热性等性质？并说明改善措施的原因。
3. 某工程需石油沥青 40t，要求软化点为 75℃。现有 A-60 甲和 10 号石油沥青，测得它们的软化点分别为 49℃ 和 96℃，问这两种石油沥青如何掺配？
4. 试述石油沥青的胶体结构，并据此说明石油沥青各组分的相对比例对其性能的影响。

5. 石油沥青为什么会老化？如何延缓其老化？

6. 何谓沥青混合料？沥青混合料与沥青碎石有什么区别？

7. 沥青混合料的组成结构有哪几种类型？它们各有何特点？

8. 试述沥青混合料应具备的主要技术性能，并说明沥青混合料高温稳定性的评定方法。

9. 在热拌沥青合料配合比设计时，沥青最佳用量（OAC）是怎样确定的？

10. 为何浇注式沥青混合料强调其"三高"？

11. 环氧沥青混合料有何技术经济特性？

第 3 篇
建筑功能材料

防水材料指能够防止雨水、地下水以及其他建筑环境中压力、非压力水的水分等侵入建筑材料，进而抵抗水透过建筑材料或对建筑材料及结构造成破坏的一种特殊功能材料。防水材料是建筑工程中重要的建筑材料之一。

防水材料的质量直接影响建筑物的使用功能，故其性能优劣与建筑物的使用寿命紧密相连。建筑物中需要进行防水处理的部位主要有屋面、墙面、地面、地下室、厨房和卫生间等。其他建筑结构中如水池、涵洞、隧道、桥面、码头、港口及海洋结构中，也根据设计要求，需要进行防水。

尽管防水材料品种繁多，防水工艺技术发展飞快，但由于水分子直径极其微小，同时水分子又是极性分子，故至今很多工程的防水效果仍不尽如人意。传统的防水材料和现代的防水技术，正随着工业革命的步伐，在不断发展进步。

依据防水材料的外观或形态，防水材料一般分为防水卷材、防水涂料、密封材料和防水剂四大种类。这四大类防水材料根据其组成不同，构造各异，又可分为上百个品种，使防水材料由低档到中、高档，向品种多样化、技术系列化不断地迈进。

11.1 建筑防水材料

11.1.1 建筑防水的基本概念

1. 防水防潮对材料耐水性的要求

防水防潮材料考虑工程应用时，其耐水性的技术指标，要比结构材料更加丰富。防水防潮材料被水浸润后其性能应基本不变，在压力水作用下应具有不吸水、不透水、不软化、不流淌、不脆化、不老化、不吸水膨胀且不与被黏结面脱离等技术特性。其憎水性及防水性应经久不变。

2. 温度稳定性

温度稳定性指在高温下不流淌、不滑动、不起泡、不脱落；低温下不脱落、不脆裂、不碎裂的性能，即在一定温度变化下保持原有性能的能力。其常用耐热度、耐热性、低温脆化点等技术指标表示。

3. 机械强度、延伸性和抗断裂性

机械强度、延伸性和抗断裂性指防水材料应承受一定荷载、应力或在一定变形的条件下不断裂的性能。常用拉力、拉伸强度和断裂伸长率等指标表示。

4. 柔韧性

柔韧性指在相对低温条件下，可保持其良好塑性的性能。防水卷材柔韧，则易于施工，不易脆裂。柔韧性常用柔度、低温弯折性等技术指标表示。

5. 大气稳定性

大气稳定性指在阳光、空气、冷热交替、臭氧、酸雨以及其他化学侵蚀介质等因素的长期综合作用下，抵抗侵蚀劣化的能力，亦称为老化，常用耐老化性、热老化保持率等技术指标表示。

6. 自愈性

沥青类建筑防水材料，在其未老化之前，具有对其已开裂部位进行自我修复、产生裂纹愈合的能力，称为自愈性。掺入粉煤灰的硅酸盐水泥混凝土，在潮湿的养护条件下，对于施工初期的微细裂纹，也具有一定的自愈性。

7. 建筑物的防水等级

根据《屋面工程技术规范》GB 50345—2012 中 3.0.5 条中的相关规定，屋面防水等级可根据防水设计使用年限分为两个等级：Ⅰ级、Ⅱ级。其中Ⅰ级对应重要建筑和高层建筑，采用两道防水设防，Ⅱ级对应一般建筑，采用一道防水设防。

根据《地下工程防水技术规范》GB 50108—2008 中 3.2.1 条中的相关规定，地下工程防水等级分为四个等级，其中一级：不允许渗水，结构表面无湿渍；二级：不允许漏水，结构表面可有少量湿渍，且湿渍总面积不大于总防水面积的 0.1%，单个湿渍面积不大于 $0.1m^2$，任意$100m^2$ 防水面积不超过 2 处；三级：有少量漏水点，不得有线流和漏泥砂；四级：有漏水点，不得有线流和漏泥砂。

相对于住宅使用权 70 年，重要工程使用寿命 100 年而言，建筑防水的设计使用年限及等级，相对较低。说明建筑防水材料和建筑防水技术，还不能满足现代建筑工程的需要。对于高效耐久的防水材料和技术，均应大力开发推进。

8. 建筑防水技术分类

建筑防水材料必须和防水技术相结合，才能达到相对较好的防水效果。

（1）**刚性防水**：对建筑物地面、建筑物屋面等，采用高密实度且无裂的防水钢筋混凝土、防水砂浆，构建刚性防水层，而实现防水的技术，如北京毛主席纪念堂的自密实抗裂防水钢筋混凝土屋面板防水技术。

（2）**柔性防水**：采用各类有机材料制成的防水卷材，通过单层或多层粘贴而实现的防水技术，如常规采用的住宅屋面卷材防水技术。

（3）**特种材料防水**：采用多层镀膜彩钢板、ETFE 薄膜、钢化玻璃、钛合金薄板等实现防水的技术，如中国国家大剧院的钛合金＋钢化玻璃幕墙防水技术；中国国家体育场水立方的 ETFE 薄膜防水技术。

（4）**综合技术防水**：采用多种材料组合，实现防水的技术。如地铁盾构板＋橡胶密封圈的地铁隧道防水技术。

11.1.2　防水材料的分类

1. 沥青

沥青是一种黏稠的、黑色的能够以固体、液体或半固体形态存在的，由高分子碳氢化合物及其非金属衍生物组成的结构复杂的混合物。可分为天然沥青、石油沥青、煤沥青和页岩沥青等。由于其具有良好的憎水基团以及黏结力、变形能力，故其具有极其优良的防水防潮特性。沥青的基本性质及其更广泛的工程应用，见本书第 2 篇第 10 章。

2. 橡胶

橡胶是一种高弹性的有机高分子无定型聚合物。它在室温下，具有可逆变形性，即能够在外力的作用下，发生很大的变形；当外力解除后，能恢复原来的形状。

（1）橡胶分为**天然橡胶**和**合成橡胶**。天然橡胶是由天然橡胶树割胶流淌出的胶汁，经过凝固、干燥后而制得。合成橡胶又称为合成弹性体，是由人工合成的高弹性聚合物，是三大合成材料之一，与合成树脂（或塑料）、合成纤维构成了化工合成材料家族。

（2）**合成橡胶**是由丁二烯、苯乙烯、丙烯腈、异丁烯、氯丁二烯等多种单体，在引发剂作用下，经聚合而成的，品种多样的高分子化合物。聚合工艺有乳液聚合、溶液聚合、悬浮聚合、本体聚合四种。

（3）天然橡胶和合成橡胶产品，都具有优良的水密气密性，故可用于飞机、汽车、摩托车、轮式拖拉机的轮胎以及各类防水防潮工程中。无论天然橡胶还是合成橡胶，都具有良好的弹性以及耐温、耐水、耐潮、耐磨、耐老化、耐腐蚀或耐油等性能。合成橡胶成本低廉，但拉伸效果比较差，抗撕裂强度以及机械性能也比天然橡胶差。

（4）合成橡胶分类

① 按成品状态分类，可分为液体橡胶（如端羟基聚丁二烯）、固体橡胶、乳胶和粉末橡胶等。

② 按形成过程分类，可分为热塑性橡胶（如可反复加工成型的三嵌段热塑性丁苯橡胶）、硫化型橡胶（需经硫化才能制得成品，大多数合成橡胶属此类）。

③ 按生胶填充的其他非橡胶成分分类，可分为充油母胶、充炭黑母胶和充木质素母胶。

④ 按使用特性分类，可分为通用型橡胶和特种橡胶两大类。通用型橡胶指可以部分或全部代替天然橡胶使用的合成橡胶，如丁苯橡胶、异戊橡胶、顺丁橡胶等，主要用于制造各种轮胎及一般工业橡胶制品。通用型橡胶的需求量大，是合成橡胶的主要品种。特种橡胶指具有耐高温、耐油、耐臭氧、耐老化和高气密性等特点的橡胶，常用的有硅橡胶、各种氟橡胶、聚硫橡胶、氯醇橡胶、丁腈橡胶、聚丙烯酸酯橡胶、聚氨酯橡胶和丁基橡胶等，主要用于要求某种特性的特殊场合。

重要的品种有丁苯橡胶、丁腈橡胶、丁基橡胶、氯丁橡胶、聚硫橡胶、聚氨酯橡胶、聚丙烯酸酯橡胶、氯磺化聚乙烯橡胶、硅橡胶、氟橡胶、顺丁橡胶、异戊橡胶和乙丙橡胶等。

3. 塑料

塑料是由合成树脂及填料、增塑剂、稳定剂、润滑剂、色料等添加剂共混而组成的一种高分子混合物。它是以单体为主要物质，经加聚或缩聚反应聚合而使之固化的高分子化合物结构。其形变能力中等，介于纤维和橡胶之间。

（1）塑料可通过注塑成型或模压成型。所有的塑料，在未固化聚合前，都具有非常好的可塑性，可塑造成各种形状的产品或器物。

（2）塑料可分为**热塑性塑料**和**热固性塑料**。热塑性塑料可再次加热，反复多次重塑成型；热固性塑料，一旦完成加热固化，就确定了形状，不可再次加热塑性成型。

（3）塑料密度小，比强度高，在常温下柔韧可变形性好，耐酸、碱、盐类介质腐蚀，电绝缘但不屏蔽无线电波，防水防潮，装饰性好。

（4）与无机或金属材料相比，变形大，刚度小，低温脆性大。

（5）耐热性差，大多数易燃且燃烧剧烈、放热量高、释放大量浓烟，个别释放剧毒气体。

（6）除聚四氟乙烯外，绝大多数塑料耐老化性能差。

（7）塑料制造应用及降解后残存的"微塑料"颗粒，可小至 $1\mu m$ 以下，能散布在江河湖海甚至土壤及地表浅层地下水中，对人及动物有可能产生不可预计的危害。故有环保人士倡导发明新型材料，以期替代塑料，从而防止对人及动物的灭绝性的危害。

4. 其他材料

为解决建筑物渗水，世界各地的人们，从古至今，充分利用天然资源或工业产品，将茅草、树叶、树皮、海草、木板、泥土、石板、天然沥青砂或铁瓦、黏土瓦、玻璃、钢化玻璃、中空玻璃、水泥混凝土板、大型复合彩钢板、钛钢板、聚碳酸酯板、ETFE 膜结构等诸多材料用于防水，都取得了一定的使用效果。

11.1.3　建筑防水卷材

防水卷材是建筑工程防水材料的重要品种之一。最初的防水卷材，就是沥青油毡。由于沥青的耐冷热耐老化性能不能满足工程环境及耐久性的需要，故**改性沥青防水卷材**以其优越的性能，逐步取代了未经改性的沥青油毡。同时，树脂基的防水卷材、橡胶基的防水卷材，也得到了开发和应用。改性沥青基的防水卷材，也将其纸胎逐步改为玻璃纤维布胎、合成纤维布胎、麻布胎等。树脂与橡胶共混防水卷材，也应运而生。故防水卷材的品种较多，性能各异。但无论何种防水卷材，要满足建筑防水工程的要求，均需具备以下性能：

1. **耐水性**：即在水的作用下和被水浸润后其性能基本不变，在水的压力下具有不透水性。

2. **温度稳定性**：即在高温下不流淌、不起泡、不滑动；低温下不脆裂的性能，亦可认为是在一定温度变化下保持原有性能的能力。

3. **机械强度**：延伸性和抗断裂性，即在承受建筑结构允许范围内荷载应力和变形条件下不断裂的性能。

4. **低温柔性**：防水材料特别要求具有低温柔性，保证易于施工、不脆裂。

5. **大气稳定性**：即在阳光、热、氧气及其他化学侵蚀介质、微生物侵蚀介质等因素的长期综合作用下抵抗老化、侵蚀的能力。

1. 石油沥青防水卷材

（1）**沥青防水卷材的发展及应用**

① **沥青油毡**。沥青油毡是将沥青浸涂在胎体之上，再撒布隔离剂而形成的防水卷材。

最初按原纸型号将其划分为 200 号、350 号、500 号，并区分**石油沥青基油毡**和**煤沥青基油毡**。同时，胎纸表面有沥青涂层者，称为**油毡**；无沥青涂层仅有被浸渍胎纸者，称为**油纸**。后来根据沥青浸涂量由小到大，将其划分成Ⅰ型、Ⅱ型、Ⅲ型。

② **SBS 改性沥青防水卷材**。SBS 即苯乙烯-丁二烯嵌段共聚物，称为**热塑性弹性体**。将石油沥青和热塑性弹性体（SBS）浸涂胎体，并以细砂或聚乙烯膜覆盖而得的卷材，称为 SBS 改性沥青防水卷材。其特点为耐低温、硬脆性较好。

③**APP 改性沥青防水卷材**。以聚酯毡或玻纤毡为胎基，无规聚丙烯（APP）或聚烯烃类聚合物（APAO、APO）改性沥青为浸涂层，两面覆以隔离材料制成的防水卷材，聚酯胎卷材厚度分为 3mm 和 4mm 与 SBS 改性沥青防水卷材相比，APP 改性沥青防水卷材具有更好的耐高温性能，更适宜用于炎热地区。

（2）**常见石油沥青防水卷材的特点、适用范围及施工工艺**

石油沥青防水卷材分为石油沥青纸胎油毡、石油沥青玻璃布胎油毡、石油沥青玻纤胎油毡、石油沥青麻布胎油毡及石油沥青锡箔胎油毡等。常见石油沥青防水卷材的特点、适用范围及施工工艺见表 11-1。

常见石油沥青防水卷材的特点、适用范围及施工工艺　　　　　表 11-1

卷材名称	特点	适用范围	施工工艺
石油沥青纸胎油毡	是我国传统的防水材料，目前在屋面工程中仍占主导地位。其低温柔性差，防水层耐用年限较短，但价格较低	三毡四油、二毡三油叠层铺设的屋面工程	热玛瑞脂、冷玛瑞脂粘贴施工
石油沥青玻璃布油毡	抗拉强度高，胎体不易腐烂，材料柔韧性好，耐久性比纸胎油毡提高一倍以上	用作纸胎油毡的增强附加层和突出部位的防水层	热玛瑞脂、冷玛瑞脂粘贴施工
石油沥青玻纤胎油毡	有良好的耐水性、耐腐蚀性和耐久性，柔韧性也优于纸胎油毡	用作屋面或地下防水工程	热玛瑞脂、冷玛瑞脂粘贴施工
石油沥青麻布胎油毡	抗拉强度高，耐水性好，但胎体材料易腐蚀	用作屋面增强附加层	热玛瑞脂、冷玛瑞脂粘贴施工
石油沥青锡箔胎油毡	有很高的阻隔蒸汽渗透的能力，防水功能好，且具有一定的抗拉强度	与带孔玻纤毡配合或单独使用，宜用于隔汽层	热玛瑞脂粘贴
SBS 改性沥青防水卷材	耐低温性能明显得到改善　低温柔韧性和耐久性明显得到提高	适于寒冷地区　适于结构变形频繁的建筑	冷作施工或热熔铺贴
APP 改性沥青防水卷材	耐高温特性明显得到改善　耐紫外线等老化性能得到提高	适于炎热地区　适于紫外线强烈地区	冷作施工或热熔铺贴

（3）**屋面防水工程中石油沥青防水卷材的适用范围**

对于屋面防水工程，根据《屋面工程质量验收规范》GB 50207—2012 的规定，石油沥青防水卷材仅适用于屋面防水等级为Ⅲ级和Ⅳ级的屋面防水工程。对于防水等级为Ⅲ级的屋面，宜采用三层油毡、四遍沥青胶的"三毡四油"防水构造；对于防水等级为Ⅳ级的屋面，宜采用二层油毡、三遍沥青胶的"二毡三油"防水构造。

（4）**石油沥青防水卷材的物理性能。**

石油沥青防水卷材的物理性能应符合表 11-2 要求。

石油沥青防水卷材的物理性能（GB 50207—2012）　　　　表 11-2

项目	性 能 要 求	
	350 号	500 号
纵向拉力（25℃+2℃）（N）	≥340	≥440
耐热度（85℃+2℃，2h）	不流淌，无集中性气泡	
柔度（18℃+2℃）	绕 φ20mm 圆棒无裂纹	绕 φ25mm 圆棒无裂纹
不透水性	≥0.10	≥0.15
	≥30	≥30

2. 合成高分子卷材

合成高分子防水卷材是以合成橡胶、合成树脂（塑料）或两者的共混料，再加入硫化剂、防老化剂等助剂和填充料，经过密炼、拉片、挤出或压延成型等工序而制成的，可卷曲的片状防水卷材。

（1）**常用的合成高分子防水卷材**

1）**聚氯乙烯（PVC）防水卷材**：以聚氯乙烯树脂为主要原料，掺加填充料、多种改性剂、经混炼、压延或挤出、分卷包装而成的塑料防水卷材。

2）**三元乙丙（EPDM）橡胶防水卷材**：以三元乙丙橡胶为主要原料，掺加填充料、多种改性剂、经密炼、拉片、过滤、压延或挤出成型、硫化、分卷包装而成的防水卷材。

因为三元乙丙橡胶防水卷材分子结构中无双键结构，故其受到阳光、紫外线作用时，主链上极不容易断键断链，因而具有优良的耐候性、耐臭氧性、耐热性及耐老化性能。其拉伸强度高，$f \geqslant 7.0$MPa；断裂伸长率大，$A \geqslant 450\%$；脆化温度低，$t \leqslant -40℃$；使用寿命长，大于 20 年。

3）**氯化聚乙烯-橡胶共混防水卷材**：是以氯化聚乙烯和合成橡胶共混物为主要原料，掺加填充料、多种改性剂、经素炼、混炼、过滤、压延或挤出成型、硫化、分卷包装而成的防水卷材。该类防水卷材，特别适于寒冷地区、变形较大的建筑防水工程。

此外，还有再生胶、三元丁橡胶、三元乙丙橡胶-聚乙烯共混防水卷材等防水材料。

与沥青类防水卷材相比，合成高分子防水卷材性能指标较高，如优异的弹性和抗拉强度，使卷材对基层变形的适应性增强；优异的耐候性能，使卷材在正常的维护条件下，使用年限更长，可减少维修、翻新的费用。常见合成高分子防水卷材的特点、适用范围及施工工艺，见表 11-3。

常见合成高分子防水卷材的特点、适用范围及施工工艺　　　　表 11-3

卷材名称	特点	适用范围	施工工艺
三元乙丙橡胶防水卷材	防水性能优异，耐候性好，耐臭氧化、耐化学腐蚀性、弹性和抗拉强度大，对基层变形开裂的适应性强，重量轻，使用范围广，寿命长，但价格高，黏结材料尚需配套完善	防水要求高、防水层耐用年限要求长的工业与民用建筑，单层或复合使用	冷粘法或自粘法

续表

卷材名称	特点	适用范围	施工工艺
丁基橡胶防水卷材	有较好的耐候性、耐油性、抗拉强度和延伸率，耐低温性能稍低于三元乙丙橡胶防水卷材	单层或复合使用于要求较高的防水工程	冷粘法施工
氯化聚乙烯防水卷材	具有良好的耐候、耐臭氧、耐热老化、耐油、耐化学腐蚀及抗撕裂的性能	单层或复合作用宜用于紫外线强的炎热地区	冷粘法施工
氯磺化聚乙烯防水卷材	延伸率较大、弹性较好，适应基层变形，耐高、低温性能好，耐腐蚀性能好，有很好的难燃性	适合于有腐蚀介质影响及在寒冷地区的防水工程	冷粘法施工
聚氯乙烯防水卷材	有较高的拉伸和撕裂强度，延伸率较大，耐老化性能好，原材料丰富，价格便宜，容易黏结	单层或复合使用于外露或有保护层的防水工程	冷粘法或热风焊接法施工
氯化聚乙烯-橡胶共混防水卷材	不但具有氯化聚乙烯特有的高强度和优异的耐臭氧、耐老化性能，而且具有橡胶所特有的高弹性、高延伸性以及良好的低温柔性	单层或复合使用，尤宜用于寒冷地区或变形较大的防水工程	冷粘法施工
三元乙丙橡胶-聚乙烯共混防水卷材	是热塑性弹性材料，有良好的耐臭氧和耐老化性能，使用寿命长，低温柔性好，可在负温条件下施工	单层或复合适用于外露防水屋面，宜在寒冷地区使用	冷粘法施工

（2）**屋面防水工程中的应用**。对于屋面防水工程，根据《屋面工程质量验收规范》GB 50207—2012 的规定，合成高分子防水卷材适用于防水等级为Ⅰ级、Ⅱ级和Ⅲ级的屋面防水工程。

（3）**合成高分子防水卷材的物理性能**。合成高分子防水卷材的物理性能，见表 11-4。卷材厚度选用应符合表 11-5 的规定。

合成高分子防水卷材的物理性能（GB 50207—2012）　　表 11-4

项目		性能要求			
		硫化橡胶类	非硫化橡胶类	树脂类	纤维增强类
断裂拉伸强度（MPa）		≥6	≥3	≥10	≥9
扯断伸长率（%）		≥400	≥200	≥200	≥10
低温弯折（℃）		−30	−20	−20	−20
不透水性	压力（MPa）	≥0.3	≥0.2	≥0.3	≥0.3
	保持时间（min）	≥30			
加热收缩率（%）		<1.2	<2.0	<2.0	<1.0
热老化保持率（80℃，168h）	断裂拉伸强度	≥80%			
	扯断伸长率	≥70%			

卷材厚度选用表（GB 50207—2012）   表 11-5

屋面防水等级	设防道数	合成高分子防水卷材	高聚物改性沥青防水卷材	石油沥青防水卷材
Ⅰ级	三道或以上	≥1.5mm	≥3mm	—
Ⅱ级	二道设防	≥1.2mm	≥3mm	—
Ⅲ级	一道设防	≥1.2mm	≥4mm	三毡四油
Ⅳ级	一道设防	—	—	二毡三油

3. 高聚物改性沥青防水卷材

高聚物改性沥青防水卷材是以合成高分子聚合物改性沥青为涂盖层，纤维织物或纤维毡为胎体，粉状、粒状、片状或薄膜材料为覆面材料制成的可卷曲片状防水材料。

（1）**常见高聚物改性沥青防水卷材的特点、适用范围及施工工艺**。高聚物改性沥青防水卷材克服了传统沥青防水卷材温度稳定性差、延伸率小的不足，具有高温不流淌、低温不脆裂、拉伸强度高、延伸率较大等优异性能，且价格适中，在我国属中高档防水卷材。常见的有 SBS 改性沥青防水卷材、APP 改性沥青防水卷材、PVC 改性焦油沥青防水卷材、再生胶改性沥青防水卷材等。此类防水卷材按厚度可分为 2mm、3mm、4mm、5mm 等规格，一般单层铺设，也可复合使用。根据不同卷材可采用热熔法、冷粘法、自粘法施工。常见高聚物改性沥青防水卷材的特点、适用范围及施工工艺，见表 11-6。

常见高聚物改性沥青防水卷材的特点、适用范围及施工工艺   表 11-6

卷材名称	特点	适用范围	施工工艺
SBS 改性沥青防水卷材	材料耐高温、低温性能有明显提高，卷材的弹性和耐疲劳性有明显改善	单层铺设的屋面防水工程或复合使用，适合于寒冷地区和结构变形频繁的建筑	冷施工铺贴或热熔铺贴
APP 改性沥青防水卷材	具有良好的强度、延伸性、耐热性、耐紫外线照射及耐老化性能	单层铺设，适合于紫外线辐射强烈及炎热地区屋面使用	热熔法或冷粘法铺设
PVC 改性焦油沥青防水卷材	有良好的耐热及耐低温性能，最低开卷温度为−18℃	有利于在冬季零下温度下施工	可热作业亦可冷施工
再生胶改性沥青防水卷材	有一定的延伸性，且低温柔性较好，有一定的防腐蚀能力，价格低廉，属低档防水卷材	变形较大或档次较低的防水工程	热沥青粘贴
废橡胶粉改性沥青防水卷材	比普通石油沥青纸胎油毡的抗拉强度、低温柔性均明显改善	叠层适用于一般屋面防水工程，宜在寒冷地区使用	热沥青粘贴

（2）**屋面防水工程中高聚物改性沥青防水卷材的适用范围**。对于屋面防水工程，根据《屋面工程质量验收规范》GB 50207—2012 的规定，高聚物改性防水卷材适用于防水等级为Ⅰ级、Ⅱ级和Ⅲ级的屋面防水工程。

（3）**高聚物改性沥青防水卷材物理性能**。高聚物改性沥青防水卷材物理性能，见表 11-7。卷材厚度选用应符合表 11-5 的规定。

高聚物改性沥青防水卷材物理性能 表 11-7

项目	性能要求		
	聚酯毡胎体	聚酯毡胎体	聚酯毡胎体
拉力（N/50mm）	≥450	纵向≥350 横向≥250	≥100
延伸率（%）	最大拉力时，≥30	—	断裂时，≥200
耐热度（℃，2h）	SBS 改性沥青防水卷材 90，APP 改性沥青防水卷材 110 无滑动、流淌、滴落		改性沥青聚乙烯胎 防水卷材 90 无流淌、无起泡
低温柔度（℃）	SBS 卷材-18，APP 卷材-5，PEE 卷材-10。 3mm 厚 $r=15mm$；4mm 厚 $r=25mm$；3s 弯 180°，无裂纹		

项目		性能要求		
		聚酯毡胎体	玻纤胎体	聚乙烯胎体
不透 水性	压力（MPa）	≥0.3	≥0.2	≥0.3
	保持时间（min）	≥30		

11.2 建筑防水涂料

防水涂料是一种流态或半流态物质，涂布在基层表面，经溶剂、水分挥发或各组分间的化学反应，形成有一定弹性和一定厚度的连续薄膜，使基层表面与水隔绝，起防水、防潮作用。

防水涂料固化成膜后的防水涂膜具有良好的防水性能，特别适合于各种复杂、不规则部位的防水，能形成无接缝的完整防水膜。它大多采用冷施工，不必加热熬制，既减少了环境污染，改善了劳动条件，又便于施工操作，加快了施工进度。此外，涂布的防水涂料既是防水层的主体，又是胶粘剂，因而施工质量容易保证，维修也较简单。因此，防水涂料广泛适用于工业与民用建筑的屋面防水工程、地下室防水工程和地面防潮、防渗等。但是，防水涂料须采用刷子或刮板等逐层涂刷（刮），故防水膜的厚度较难保持均匀一致。

防水涂料按液态类型可分为溶剂型、水乳型和反应型三种；按成膜物质的主要成分可分为沥青类、高聚物改性沥青类和合成高分子类。

1. 防水涂料的性能

防水涂料的品种很多，各品种之间的性能差异很大，但无论何种防水涂料，要满足防水工程的要求，必须具备以下性能：

（1）**固体含量**。其指防水涂料中所含固体比例。由于涂料涂刷后靠其中的固体成分形成涂膜，因此，固体含量与成膜厚度及涂膜质量密切相关。

（2）**耐热度**。其指防水涂料成膜后的防水薄膜在高温下不发生软化变形、不流淌的性能。它反映防水涂膜的耐高温性能。

（3）**柔性**。其指防水涂料成膜后的膜层在低温下保持柔韧的性能。它反映防水涂料在低温下的施工和使用性能。

（4）**不透水性**。其指防水涂料在一定水压（静水压或动水压）和一定时间内不出现渗漏的性能。它是防水涂料满足防水功能要求的主要质量指标。

（5）**延伸性**。其指防水涂膜适应基层变形的能力。防水涂料成膜后必须具有一定的延伸性，以适应由于温差、干湿等因素造成的基层变形，保证防水效果。

2. 防水涂料的选用

防水涂料的使用应考虑建筑的特点、环境条件和使用条件等因素，结合防水涂料的特点和性能指标选择。

（1）**沥青基防水涂料**。其指以沥青为基料配制而成的水乳型或溶剂型防水涂料。这类涂料对沥青基本没有改性或改性作用不大，有石灰乳化沥青、膨润土沥青乳液和水性石棉沥青防水涂料等，主要适用于Ⅲ级和Ⅳ级防水等级的工业与民用建筑屋面、混凝土地下室和卫生间防水工程。

（2）**高聚物改性沥青防水涂料**。其指以沥青为基料，用合成高分子聚合物进行改性，制成的水乳型或溶剂型防水涂料。这类涂料在柔韧性、抗裂性、拉伸强度、耐高/低温性能、使用寿命等方面比沥青基防水涂料有很大的改善。品种有再生胶改性沥青防水涂料、水乳型氯丁橡胶沥青防水涂料、SBS改性沥青防水涂料等，适用于Ⅱ、Ⅲ、Ⅳ级防水等级的屋面、地面、混凝土地下室和卫生间等的防水工程。高聚物改性沥青防水涂料物理性能，应符合表11-8的要求。涂膜厚度选用，应符合表11-9的规定。

（3）**合成高分子防水涂料**。其指以合成橡胶或合成树脂为主要成膜物质制成的单组分或多组分的防水涂料。这类涂料具有高弹性、高耐久性及优良的耐高/低温性能，品种有聚氨酯防水涂料、丙烯酸酯防水涂料、聚合物水泥涂料和有机硅憎水剂等。合成高分子防水涂料物理性能要符合表11-10的要求，涂膜厚度选用应符合表11-9的规定。

高聚物改性沥青防水涂料物理性能（GB 50207—2012）   **表 11-8**

项　目		性能要求
固体含量（%）		≥43
耐热度（80℃，5h）		无流淌、起泡和滑动
柔性（−10℃）		3mm厚，绕φ20mm圆棒无裂纹、无断裂
不透水性	压力（MPa）	≥0.1
	保持时间（min）	≥30
延伸［20±2℃拉伸(mm)］		≥4.5

涂膜厚度选用表（GB 50207—2012）　　　表 11-9

屋面防水等级	设防道数	高聚物改性沥青防水涂料	合成高分子防水涂料
Ⅰ级	三道或以上	—	≥1.5mm
Ⅱ级	二道设防	≥3mm	≥1.5mm
Ⅲ级	一道设防	≥3mm	≥2.0mm
Ⅳ级	一道设防	≥2mm	—

合成高分子防水涂料的物理性能（GB 50207—2012）　　　表 11-10

项目		性能要求		
		反应固化型	挥发固化型	聚合物水泥涂料
固体含量（%）		≥94	≥65	≥65
拉伸强度（MPa）		≥1.65	≥1.5	≥1.2
断裂延伸率（%）		≥350	≥300	≥200
柔性（℃）		−30，弯折无裂纹	−20，弯折无裂纹	−10，绕 ϕ10mm 圆棒无裂纹
不透水性	压力（MPa）	≥0.3		
	保持时间（min）	≥30		

（4）**聚氨酯防水涂料**。其分为单组分和双组分两种。双组分的聚氨酯防水涂料由 A 组分（预聚体）、B 组分（交联剂及填充料等）组成，使用时按比例混合均匀后涂刷在基层材料的表面上，经交联成为整体弹性涂膜。单组分的聚氨酯防水涂料可直接使用，涂刷后吸收空气中的水蒸气而产生交联。聚氨酯防水涂料弹性高、延伸率大、耐高/低温性好、耐油及耐腐蚀性强，涂膜没有接缝，能适应任何复杂形状的基层，使用寿命为 10～15 年，主要用于屋面、地下建筑、卫生间、水池、游泳池、地下管道等的防水工程。

（5）**丙烯酸酯防水涂料**。其是以丙烯酸酯树脂乳液为主，加入适量的填充料、颜料等配制而成的水乳型防水涂料。丙烯酸酯防水涂料具有耐高/低温性好、不透水性强、无毒、操作简单等优点，可在各种复杂的基层表面上施工，并具有白色、多种浅色、黑色等，使用寿命为 10～15 年。丙烯酸酯防水涂料的缺点是延伸率较小。丙烯酸酯防水涂料广泛用于外墙防水装饰及各种彩色防水层。

（6）**有机硅憎水剂**。其是由甲基硅醇钠或乙基硅醇钠等为主要原料而制成的防水涂料。有机硅憎水剂在固化后形成一层肉眼觉察不到的透明薄膜层，该薄膜层具有优良的憎水性和透气性，并对建筑材料的表面起防污染、防风化等作用。有机硅憎水剂主要用于混凝土、砖、石材等多孔无机材料的表面，常用于外墙或外墙装饰材料的罩面涂层，起防水、防止沾污作用。其使用寿命为 3～7 年。

在生产或配制防水建筑材料时也可将有机硅憎水剂作为一种组成材料掺入，如在配制防水砂浆或防水石膏时即可掺入有机硅憎水剂，从而使砂浆或石膏具有憎水性。

11.3　建筑密封材料

建筑密封材料指嵌入建筑物缝隙、门窗四周、玻璃镶嵌部位以及由于开裂产生的裂缝，能承受位移且能达到气密、水密目的的材料，又称嵌缝材料。密封材料有良好的黏结性、耐老化和对高、低温度的适应性，能长期经受被黏结构件的收缩与振动而不破坏。

1. 密封材料的分类

密封材料分为定型密封材料（密封条和压条等）和不定型密封材料（密封膏或嵌缝膏等）两类。不定型密封材料按原材料及其性能可分为塑性密封膏、弹塑性密封膏、弹性密封膏。

2. 合成高分子密封材料

以合成高分子材料为主体，加入适量化学助剂、填充料和着色剂，经过特定生产工艺而制成的膏状密封材料。主要品种有沥青嵌缝油膏、丙烯酸类密封膏、聚氯乙烯接缝膏和塑料油膏、硅酮密封膏、聚氨酯密封膏等。

（1）**沥青嵌缝油膏**。其是以石油沥青为基料，加入改性材料、稀释剂及填充料混合制成的密封膏。改性材料有废橡胶粉和硫化鱼油；稀释剂有松焦油、松节重油和机油；填充料有石棉绒和滑石粉等。沥青嵌缝油膏主要用作屋面、墙面、沟和槽的防水嵌缝材料。使用沥青嵌缝油膏嵌缝时，缝内应洁净干燥，先刷涂冷底子油一道，待其干燥后即嵌填油膏。油膏表面可加石油沥青、油毡、砂浆、塑料为覆盖层。

（2）**丙烯酸类密封膏**。其由丙烯酸树脂掺入增塑剂、分散剂、碳酸钙、增量剂等配制而成，有溶剂型和水乳型两种，通常为水乳型。丙烯酸类密封膏不产生污渍，抗紫外线性能优良，延伸率很好，耐老化性能良好，属于中等价格及性能的产品。

丙烯酸类密封膏主要用于屋面、墙板、门、窗嵌缝，但它的耐水性能不算太好，所以不宜用于经常泡在水中的工程，不宜用于水池、污水处理厂、灌溉系统、堤坝等水下接缝中。丙烯酸类密封膏一般在常温下用挤枪嵌填于各种清洁、干燥的缝内。为节省材料，缝宽不宜太大，一般为9~15mm。

（3）**聚氯乙烯接缝膏和塑料油膏**。聚氯乙烯接缝膏是以煤焦油和聚氯乙烯（PVC）树脂粉为基料，按一定比例加入增塑剂、稳定剂及填充料等，在140℃温度下塑化而成的膏状密封材料，简称PVC接缝膏。

塑料油膏是用废旧聚氯乙烯（PVC）塑料代替聚氯乙烯树脂粉，其他原料和生产方法同聚氯乙烯接缝膏。塑料油膏成本较低。PVC接缝膏和塑料油膏有良好的黏结性、防水性、弹塑性，耐热、耐寒、耐腐蚀和抗老化性能也较好。其可以热用，也可以冷用。热用时，将聚氯乙烯接缝膏或塑料油膏用文火加热，加热温度不得超过140℃，达到塑化状态后，应立即浇灌于清洁干燥的缝隙或接头等部位。冷用时，加溶剂稀释。

这种油膏适用于各种屋面嵌缝或表面涂布，作为防水层，也可用于水渠、管道等接缝，用于工业厂房自防水屋面嵌缝、大型墙板嵌缝等的效果也好。

（4）**硅酮密封膏**。硅酮密封膏是以聚硅氧烷为主要成分的单组分（Ⅰ）和多组分（Ⅱ）室温固化的建筑密封材料。目前大多数为单组分系统，它以硅氧烷聚合物为主体，加入硫化剂、硫化促进剂以及增强填料组成。硅酮密封膏具有优异的耐热、耐寒性和良好的耐候性；与各种材料都有较好的黏结性能；耐拉伸，压缩疲劳性强，耐水性好。

根据《硅酮和改性硅酮建筑密封胶》GB/T 14683—2017的规定，硅酮建筑密封膏分为F类和Gn、Gw类。其中，F类为建筑接缝用密封膏，适用于预制混凝土墙板、水泥板、大理石板的外墙接缝，混凝土和金属框架的黏结，卫生间和公路接缝的防水密封等；Gn类为镶装玻璃用密封膏，主要用于镶嵌玻璃和建筑门、窗的密封；Gw类用于建筑幕墙非结构性装配。Gn、Gw 类不适用于中空玻璃。

单组分硅酮密封膏是在隔绝空气的条件下将各组分混合均匀后装于密闭包装筒中；施工后，密封膏借助空气中的水分进行交联作用，形成橡胶弹性体。

（5）**聚氨酯密封膏**。聚氨酯密封膏一般用双组分配制，甲组分是含有异氰酸酯基的预聚体，乙组分含有多羟基的固化剂与增塑剂、填充料、稀释剂等。使用时，将甲乙两组分按比例混合，经固化反应成弹性体。

聚氨酯密封膏的弹性、黏结性及耐气候老化性能特别好，与混凝土的黏结性也很好，同时不需要打底。所以聚氨酯密封材料可以作屋面、墙面的水平或垂直接缝，尤其适用于游泳池工程。它还是公路及机场跑道的补缝、接缝的好材料，也可用于玻璃、金属材料的嵌缝。

思考题

1. 何为 SBS 改性沥青？
2. 何为 APP 改性沥青？
3. 何为三元乙丙橡胶？
4. 选择屋面防水卷材要考虑哪些因素？
5. 说明老化和自愈性有何种关联性。

12.1 保温隔热的基本概念

建筑保温隔热材料是防止住宅、生产车间、公共建筑及各种热工设备中热量传递的材料，也称为绝热材料。它具有质轻、多孔、层状或纤维状的特点，不仅可以满足人们对居住和办公环境的舒适性要求，还有显著的保温节能效果。

1. 表征材料保温隔热性能的主要参数

传热学理论认为，能量可以热的方式传导，其传导方式主要有三种：导热、对流、辐射。

热可以通过材料导热的方式、通过材料内部粗大孔洞对流方式，或通过相对高温的表面辐射的方式，进行传导。

材料传导热量的能力称为导热性，可用热导率（也称导热率）表示。

（1）**热导率**。即在稳定传热条件下，1m 厚的材料，两侧表面的温度差为 1℃（或 K），在 1h 内，通过 $1m^2$ 表面积传递的热量，也称为导热系数。其单位为 W/(m·K)，此处的 K 可用℃代替。可按下式表达：

$$\lambda = Q \cdot d/(T_1 - T_2)A \cdot t \qquad (12\text{-}1)$$

式中　λ——材料的热导率，W/(m·K)；

Q——传导的热量，J；

A——材料的传热面积，m^2；

t——传热时间，h；

$T_1 - T_2$——材料两侧的温度差，K；

d——材料的厚度，m。

λ 值越小，说明该材料导热能力越低，隔热保温能力越好。绝大多数建筑材料的热导率在 0.029～3.49W/(m·K) 之间，热导率值小于 0.175W/(m·K) 的材料称为绝热材料。

热导率反映了材料传导热量的能力，是建筑材料最重要的热工性能参数之一，与建筑能耗、室内环境及其他热湿过程密切相关。需要注意的是，热导率与材料所处的环境温度和湿度等因素相关，所以即使同一种材料，其热导率也并不是常数。

（2）**传热系数**。其指在稳定传热条件下，围护结构两侧空气温差为 1℃（或 K），单位时间通过单位面积传递的热量，单位是 W/(m²·K)，此处 K 可用℃代替。

$$K = Q/(T_1 - T_2)A \cdot t \tag{12-2}$$

热导率的定义规定了导热材料的厚度，而传热系数没有。热导率反映的是材料本身的热工性能，而传热系数是包含了墙体的所有构造层次和两侧空气边界层在内的，它表征了墙体保温系统的热工性能，反映了围护结构整体传热过程的强弱。传热系数不仅和材料有关，还和围护结构的构造相关，传热系数的减少将明显地降低建筑能耗。

（3）**热阻**。若以热流强度 q 表示垂直于热流方向的单位时间内通过单位面积的热流量，则：

$$q = (T_1 - T_2)\lambda/d \tag{12-3}$$

在热工计算中，将 d/λ 称为材料的热阻，用 R 来表示，单位是 m²·K/W。

则上式可改写成：

$$q = (T_1 - T_2)/R \tag{12-4}$$

热阻 R 是传热系数 K 的倒数，即 $R=1/K$。热阻 R 可用来说明材料层阻止热流通过的能力，围护结构的热阻 R 值越大，或传热系数 K 值越小，其绝热性能越好，同样温差条件下，通过材料层的热量越少。

2. 材料的保温隔热机理

传热学理论认为，热量的传导方式主要有三种：导热、对流和辐射。保温隔热材料按其作用机理分为多孔型、纤维型和反射型。

（1）**多孔型**。多孔材料的传热方式较密实材料传热略为复杂。通常当热量 Q 从材料的高温面向低温面传递时，以固相物质为媒介导热。但当传热过程达到气孔后，传热路径则可能会一分为二，一条路径仍然通过固相为媒介，但要绕行传递导热；因此时固体已被气泡分隔，故其传热方向会发生变化，传热路线要大幅度增加，传递速度因此而减慢。另一条路径是以气孔内的空气为媒介，通过气孔空气传热，由于密闭空气的热导率远小于固体的热导率，热量通过气孔导热的热阻较大，导热能力大减。进而在固体媒介路径延长和空气媒介热导率降低的双重作用下达到了保温和隔热的目的。

（2）**纤维型**。纤维型绝热材料的绝热机理，基本上和多孔材料的情况相似。保温隔热材料使用的纤维的热导率，通常比固体材料的热导率小，故添加纤维后，作用和气孔的作用大致相同，也使得热量在固体媒介中的导热路径增加，明显减缓了传热速度和导热能力。但值得注意的是，纤维型保温隔热材料，在不同方向上的导热能力不同，平行纤维的方向上热导率较高，垂直纤维的方向上热导率较低。故导热以及保温隔热性能，随纤维方向而异。

（3）**反射型**。反射型的保温隔热材料，主要靠其材料表面的热反射能力，实现保温隔热。镜面的高反射率材料，可使大部分辐射而来的热量被反射掉，故而被吸收的热量减少，从而达到了保温隔热的目的。材料的反射率越大，材料的保温隔热性能越好。

12.2　保温隔热材料的性能

1. 热导率

材料的热导率与材料的元素种类，物质组成，微观结构，宏观构造以及材料的含水状态，环境温、湿度及热流方向等有关。

（1）**元素种类**。原子序数相对较大的金属元素及其合金，热导率较大。

（2）**物质构成**。金属材料热导率最大，非金属次之，液体较小，而气体更小。金属键类材料，热导率大；离子键类材料，热导率次之；共价键类材料，热导率较小；真空状态，热导率最小。同一种材料，内部结构不同时，热导率也差别很大。

（3）**微观结构**。呈晶体结构的材料热导率最大，微晶结构次之，而玻璃体结构最小。但对于多孔的绝热材料来说，由于孔隙率高，气体对热导率的影响将起主要作用，而固体部分的结构无论是微晶结构或玻璃体结构，对其热导率几乎没有影响。

（3）**结构构造**。材料的孔隙率越大，热导率就越小。在孔隙率相同的条件下，孔隙尺寸越大，热导率越大；封闭孔比相互连通孔导热性差。若材料为层状结构，则具有保温隔热层的构造，在穿越隔层方向，热导率较小。

（4）**表观密度**。表观密度小的材料，因其孔隙率大，气孔含量多，干燥的空气热导率极低，故其热导率小。但对于表观密度很小的材料，特别是纤维状材料（如超细玻璃纤维），当其表观密度低于某一极限值时，互相连通的孔隙就会大幅增多，导致对流作用加强，热导率反而会增大。因此，这类材料存在一个最佳表观密度，即在这个表观密度界限下热导率最小。

（5）**湿度**。吸水后或受潮的材料，热导率会显著增大。在多孔材料中，水分在孔隙中的蒸汽扩散作用和水分子直接导热作用，会使水的热导率比空气的热导率大 20 倍左右；水结成了冰后热导率又增大约 50 倍，最终导致吸水后或受潮后的材料，热导率大幅度升高，保温隔热能力显著降低。故使用保温隔热材料时，应注意防水防潮。

（6）**温度**。从材料传热学角度看，热量在固体材料中，是靠固体材料的分子热运动、固体材料中空隙内空气分子热运动以及孔壁热辐射作用而实现热传导的。因而，随着温度的升高，分子热运动和热辐射作用加强，故材料基体温度的升高，会增大材料的热导率。但这种影响，当温度在 $0 \sim 50 ℃$ 范围内时并不显著，只有对处于相对更高温或 $0℃$ 下的材料，才要考虑温度对热传导的影响。

（7）**热流方向**。对于各向异性的材料，尤其是纤维质或层状的材料，当热流的方向平行于纤维或层状延伸方向时，所受到的热阻最小，热导率大；而当热流方向垂直于纤维或层状结构延伸方向时，热流受到的热阻最大，热导率小。

上述因素中，表观密度和湿度的影响最大。

2. 温度稳定性

绝热材料在受热作用下保持其原有性能不变的能力称为材料的温度稳定性，通常用其不损失绝热性能的极限温度表示。

3. 吸湿性

绝热材料在潮湿环境中吸收水分的能力称为材料的吸湿性，一般吸湿性越大，绝热效果越差。在实际使用中，大多数绝热材料的表面需要覆盖防水层或隔汽层。

4. 强度

绝热材料的强度通常用抗压极限强度和抗折极限强度表示。由于绝热材料存在大量的孔隙，一般强度较低，不适于直接用作承重结构，需与承重材料复合使用。

综上所述，工程上选用绝热材料时通常应满足的基本性能是：热导率小于 0.175W/(m·K)、表观密度小于 600kg/m³、抗压强度大于 0.3MPa、使用温度为 $-40\sim+60$℃等。

5. 常见的保温隔热材料

保温隔热材料很多，按化学成分可分为无机绝热材料和有机绝热材料两大类。无机绝热材料主要由矿物质原料制成，防腐防虫，不会燃烧，耐高温，一般包括松散颗粒类及制品、纤维类制品和多孔类制品等。有机绝热材料由有机原料制成，不耐久，不耐高温，只适于低温绝热，一般包括泡沫塑料类制品、植物纤维类制品和窗用隔热薄膜等。

（1）**硅藻土及制品**。硅藻土是由一种被称为硅藻的水生植物的残骸构成的多孔沉积物，其化学成分为含水的非晶质二氧化硅，孔隙率在 $50\%\sim80\%$ 之间，最高使用温度约为 900℃，常用作填充料，或用其制作硅藻土砖等。

（2）**膨胀珍珠岩及其制品**。膨胀珍珠岩是由天然珍珠岩煅烧而成的，呈蜂窝泡沫状的白色或灰白色颗粒，具有吸湿小、无毒、不燃、抗菌、耐腐、施工方便等特点，是一种高效能的绝热材料。膨胀珍珠岩除可用作填充材料外，还可与水泥、水玻璃、沥青、黏土等结合制成膨胀珍珠岩绝热制品。

（3）**膨胀蛭石及其制品**。蛭石是一种复杂的含水镁、铁铝硅酸盐矿物，由云母类矿物经风化而成，具有层状结构。膨胀蛭石除可直接用于填充材料外，还可用于胶结材料，如水泥、水玻璃等，将膨胀蛭石胶结在一起制成膨胀蛭石制品。

（4）**泡沫混凝土**。泡沫混凝土通常是用机械方法将泡沫剂水溶液制备成泡沫，再将泡沫加入由硅质材料、钙质材料、水及各种外加剂等组成的料浆中，经混合搅拌、浇筑成型、养护而成的一种多孔材料，其中含有大量封闭的孔隙。

（5）**加气混凝土**。加气混凝土是以硅质材料（砂、粉煤灰及含硅尾矿等）和钙质材料（石灰、水泥）为主要原料，掺加发气剂（铝粉），通过配料、搅拌、浇筑、预养、切割、蒸压、养护等工艺过程制成的轻质多孔硅酸盐制品。

（6）**发泡黏土**。将一定矿物组成的黏土（或页岩）加热到一定温度会产生一定数量的高温液相，同时会产生一定数量的气体，由于气体受热膨胀，使其体积膨胀数倍，冷却后得到发泡黏土（或发泡页岩）轻质骨料。可用作填充材料和混凝土轻骨料。

（7）**微孔硅酸钙**。微孔硅酸钙是以石英砂、普通硅石或活性高的硅藻土以及石灰等原料经过水热合成的绝热材料。其主要水化产物为托贝莫来石或硬硅钙石。

（8）**矿物棉**。矿物棉是由熔融岩石、矿渣（工业废渣）、玻璃、金属氧化物或瓷土制成的棉状纤维的总称，包括岩棉和矿渣棉。由熔融的天然火成岩经喷吹制成的称为岩棉，由熔融矿渣经喷吹制成的称为矿渣棉。将矿物棉与有机胶结剂结合可制成矿棉板、毡、筒等制品。矿物棉也可制成粒状棉，用作填充材料，其缺点是吸水性大、弹性小。

（9）**泡沫玻璃**。泡沫玻璃是用玻璃细粉和发泡剂（石灰石、碳化钙和焦炭）经粉磨、混合、装模、煅烧而得到的多孔材料。泡沫玻璃热导率小、抗压强度高、抗冻性好、耐久性好，并且对水分、水蒸气和其他气体具有不渗透性，还容易进行机械加工。泡沫玻璃作为绝热材料在建筑上主要用于保温墙体、地板、顶棚及屋顶保温，可用于寒冷地区低层的建筑物。

（10）**泡沫塑料**。

1）**聚苯乙烯泡沫塑料**：是以聚苯乙烯树脂或其共聚物为主体，加入发泡剂等添加剂制成。聚苯乙烯泡沫分为模塑发泡型（称为 EPS）和加压发泡型（称为 XPS）两种，被广泛应用于我国三步节能建筑中。

2）**聚氨酯泡沫塑料**：聚氨酯泡沫塑料是氨酯/异氰酸酯和羟基化合物经聚合发泡制成，按其硬度可分为软质和硬质两类，其中软质为主要品种。其保温隔热性能优于 EPS 和 XPS，但其火灾毒气释放制约了其作为民用建筑的保温隔热建筑体系的应用。

（11）**硬质泡沫橡胶**。硬质泡沫橡胶是以天然或合成橡胶为主要成分加工成的泡沫材料，用化学发泡法制成。特点是热导率小而强度大。

酚醛泡沫保温材料常简称为酚醛泡沫。酚醛泡沫是以酚醛树脂和阻燃剂、抑烟剂、固化剂、发泡剂及其他助剂等多种物质，经科学配方制成的闭孔型硬质泡沫塑料。酚醛泡沫不燃，保温隔热性能优良，作为民用建筑保温隔热建筑体系应用，具有良好的前景。

（12）**碳化软木板**。碳化软木板是以软木橡树的外皮为原料，破碎后在模型中成型，经 300℃左右热处理而成。由于软木树皮层中含有无数树脂包含的气泡，所以成为理想的保温、绝热、吸声材料，且具有不透水、无味、无毒等特性，并且有弹性，柔和耐用，不起火焰只能引燃。

（13）**植物纤维复合板**。植物纤维复合板是以植物纤维为主要材料加入胶结料和填料而制成。如木丝板是以木树下脚料制成的木丝，加入硅酸钠溶液及普通硅酸盐水泥混合，经成型、冷压、养护、干燥而制成。甘蔗板是以甘蔗渣为原料，经过蒸制、加压、干燥等工序制成的一种轻质、吸声、保温材料。

（14）**陶瓷纤维**。陶瓷纤维以二氧化硅、氧化铝为原料，经高温熔融、喷吹制成。陶瓷纤维可制成毡、毯、纸、绳等制品，用于高温绝热。还可将陶瓷纤维用作高温下的吸声材料。

（15）**蜂窝板**。蜂窝板是由两块较薄的面板，牢固地黏结一层较厚的蜂窝状芯材而制成的板材，亦称蜂窝夹层结构。蜂窝状芯材通常是用浸渍过合成树脂（酚醛、聚酯等）的牛皮纸、玻璃布和铝片，经过加工黏合成六角形空腹（蜂窝状）的整块芯材，具有强度重量比大，导热性低和抗震性好等多种功能。

（16）**窗用隔热薄膜**。窗用隔热薄膜是以特殊的聚酯薄膜作为基材，镀上各种不同的高反射率的金属或金属氧化物涂层，经特殊工艺复合压制而成，是一种既透光又具有高隔热功能的玻璃贴膜。

12.3 保温隔热材料的选用

选用保温隔热材料应遵循的原则是：

（1）保证材料热导率小于设计要求；

（2）选择低表观密度材料，保证热导率，减轻保温层自重；

（3）选择抗压强度较高的材料，保证整体结构和构造的稳定性、安全性；

（4）注意材料的经济性；

（5）注意优先选用具有憎水防潮特性的保温隔热材料；

（6）考虑保温隔热材料的防火、化学稳定性及耐久性等。

思考题

1. 何为热导率？哪些因素影响材料热导率？

2. 何为蓄热系数？哪些因素影响材料蓄热系数？

3. 何为热阻？怎样使用热阻这一技术参数？

4. 说明如何选择保温隔热材料。

5. 比较模塑发泡聚苯乙烯泡沫塑料（EPS）、加压发泡聚苯乙烯泡沫塑料（XPS）、酚醛泡沫塑料（PS）的保温隔热特性。

13.1 吸声材料

1. 声学基本知识

物体振动的能量会以声波的方式，在媒介中传递。声波经由空气传播时会迫使空气产生振动，并以其为媒介继续向四周传播。振动产生声波的物体及空间，可称为声源。声源物体振动的频率决定了声波的频率，声源物体振动的频率越高，产生的声波的频率亦越高；声源物体振动发出的能量越大，产生的声波的能量亦越大。声波从声源处向外传播，并在传播中耗散其能量，故离声源越近，声波音量越大；传至无限远时，声波能量耗散殆尽，声波音量为零。

声波在传播过程中，声能随着传播距离的加大，会被空气中的各类粒子吸收，故而在空旷的室外，这种声能传播耗散现象很明显；但在相对规整的室内，声波会被墙壁、家具等反射回来，而形成回声。回声与入射声波混在一起，使得声能减弱的现象与室外相比相对微小。故应在室内的墙壁、地板、顶棚等处，设置吸声材料，通过材料吸声，耗散声波的能量，构建室内清静、纯正的良好声环境。

2. 吸声系数

当声波入射到材料时，会被材料表面反射一部分，而另一部分有可能穿透材料，或使材料振动。入射的声波也可能会与材料的表面或孔隙壁产生撞击或摩擦，导致入射声波的能量被转化为材料运动的机械能或微小的热能而被材料吸收及耗散。总而言之，入射声波被材料所吸收的能量 E（包括部分穿透材料的声能在内）与入射声波的总能量 E_0 之比 α，被称为材料的吸声系数：

$$\alpha = E/E_0 \tag{13-1}$$

式中　α——材料的吸声系数；

E——入射声波被材料吸收（包括穿透的）的能量；

E_0——入射声波的全部能量。

吸声材料是一种能在较大程度上吸收空气传递的声波能量的建筑材料，它由于多孔性、薄膜作用或共振作用而对入射声能具有吸收作用。

吸声系数代表被材料吸收的声能与入射声能的比值，吸声系数与入射声波的方向有关，也和声波频率有关，同一种材料对于高、中、低不同的频率上具有不同的吸声系数，人们使用吸声系数频率特性曲线描述材料在不同频率上的吸声性能。为了全面反映材料的吸声特性，规定用中心频率125Hz、250Hz、500Hz、1000Hz、2000Hz、4000Hz六个频率的吸声系数平均值，反映材料的吸声特性，也反映材料总体的吸声性能。工程上通常认为六个频率的平均吸声系数大于0.2的材料为吸声材料。

实际建筑应用中声音入射都是无规则的，理论上任何材料吸收的声能不可能大于入射声能，吸声系数永远小于1。在房间中，声音会很快充满各个角落，将吸声材料放置在房间任何表面都有吸声效果，吸声材料吸声系数越大，吸声面积越多，吸声效果越明显。选用吸声材料，首先应从吸声特性方面确定合乎要求的材料，同时还要结合防火、防潮、防蛀、强度、外观、建筑内部装修等要求，综合考虑进行选择。

土木工程中常用吸声材料及其吸声系数见表13-1。

土木工程中常用吸声材料及其吸声系数

表13-1

材料	厚度（mm）	各频率下的吸声（Hz）						装置情况
		125	250	500	1000	2000	4000	
吸声砖	65	0.05	0.07	0.10	0.12	0.16	—	—
石膏板（有花纹）	—	0.03	0.05	0.06	0.09	0.04	0.06	与墙贴实
水泥蛭石板	40	—	0.14	0.46	0.78	0.50	0.60	与墙贴实
石膏砂浆（铲水泥、玻璃纤维）	22	0.24	0.12	0.09	0.30	0.32	0.83	墙面粉刷
水泥膨胀珍珠岩	50	0.16	0.46	0.64	0.48	0.56	0.56	镶嵌抹平
水泥砂浆	17	0.21	0.16	0.25	0.40	0.42	0.48	抹平
清水砖墙面	240	0.02	0.03	0.04	0.04	0.05	0.05	砌筑
软木板	30	0.10	0.36	0.62	0.53	0.71	0.90	与墙贴实
木丝板	30	0.1	0.36	0.62	0.53	0.71	0.90	与墙贴实
酚醛泡沫塑料	50	0.22	0.29	0.40	0.68	0.95	0.94	与墙贴实
酚醛玻璃纤维板	80	0.25	0.55	0.80	0.92	0.98	0.95	与墙贴实

3. 吸声材料的类型及结构形式

吸声材料按吸声机理分为两类：一类是多孔性吸声材料，另一类是柔性吸声材料。

多孔性吸声材料的吸声机理是材料内部有大量微小孔隙和通道，能对气体流过给予阻尼，声波沿着这些孔隙可以深入材料内部，与材料发生摩擦作用，将声能转化为热能。存有大量孔隙，孔隙之间互相连通，孔隙深入材料内部是多孔材料吸声的根本特征。柔性吸声材料的机理是靠共振作用将声能转化为机械能，以上两种类型的材料对于不同频率的声波有不同吸声倾向，复合使用，可扩大吸声范围，提高吸声系数。

（1）**多孔性吸声材料**。多孔性吸声材料是一种比较常用的吸声材料，材料表面至内部许多细小的敞开孔道使声波衰减，具有良好的中高频吸声性能，而低频吸声较差。这类材料的物理结构特征是材料具有大量的内外连通微孔，具有一定的透气性。这与保温绝热材料不同，同样都是多孔材料，保温绝热材料要求必须是封闭的不相连通的孔。当声波入射到材料表面时，声波很快顺着微孔进入材料内部，引起孔隙内的空气振动，由于摩擦、黏滞阻力以及材料内部的热传导作用或由于引起细小纤维的机械振动，相当一部分声能转化为热能而被吸收，声能衰减。

多孔性材料吸声性能与材料的表观密度和内部构造有关，主要影响有：

① **材料表观密度和构造的影响**。材料表观密度增加，能使低频吸声效果有所提高；而对高频声的吸声效果则有所降低。材料孔隙率高、孔隙细小，吸声性能较好；孔隙过大，效果较差。封闭微孔对吸声并不有利。

② **材料厚度的影响**。多孔性材料的低频吸声系数，一般随着厚度的增加而提高。厚度增加可提高低、中频吸声系数，但对高频影响不显著。材料表观密度和构造对材料吸声性能的影响是复杂的，厚度的变化对材料吸声性能的影响是首要因素。

③ **背后空气层的影响**。大部分吸声材料都是固定在龙骨上，材料背后空气层的作用相当于增加了材料的有效厚度，吸声效果一般随着空气层厚度增加而提高，特别是改善对低频的吸收，它比增加材料厚度以提高低频的吸声效果更有效。

④ **表面特征的影响**。吸声材料的表面空洞和开口连通孔隙越多，吸声效果越好。当材料吸湿或表面喷涂油漆、孔隙充水或堵塞，会大幅降低吸声材料的吸声效果。

（2）**薄板振动吸声结构**。由于多孔性材料的低频吸声性能差，为解决中、低频吸声问题，往往采用薄板振动吸声结构，将胶合板、薄木板、硬质纤维板、石膏板、石棉水泥板、金属板等固定在刚性墙或顶棚的龙骨周边上，并在背后保留一定的空气层，即构成薄板振动吸声结构。这个由薄板和空气层组成的系统可以视为一个由质量块和弹簧组成的振动系统，当入射声波的频率和系统固有频率接近时，薄板和空气层的空气就产生振动，在板内部和龙骨间出现摩擦损耗，将声能转换为热能耗散掉。薄板振动吸声频率范围较窄，由于低频声波比高频声波容易使薄板产生振动，因此主要吸声范围在共振频率附近区域（80～300Hz）。在此共振频率附近吸声系数最大，约为0.2～0.5，而在其他频率吸声系数较低。

（3）**共振腔吸声结构**。其结构的形状为一封闭的较大空腔，有一较小的开口孔隙，很像个瓶子。当腔内空气受外力激荡时，空腔内的空气会按一定的共振频率振动，此时开口颈部的空气分子在声波作用下像活塞一样往复运动，因摩擦而消耗声能，起到吸声作用。若在腔口蒙一层透气的细布或疏松的棉絮，可加宽吸声频率范围和提高吸声量。为了获得较宽频率带的吸声性能，常采用组合共振腔吸声结构。

（4）**穿孔板组合共振腔吸声结构**。这种结构是用穿孔的胶合板、硬质纤维板、石膏板、石棉水泥板、铝合金板、薄钢板等，将周边固定在刚性龙骨上，并在背后设置空气层而构成。它相当于许多单个共振吸声器的并联组合，起扩宽吸声频带的作用，当入射声波频率和这一系统的固有频率一致时，穿孔部分的空气就激烈振动，加强了吸收效应，特别对中频声波的吸声效果较好。穿孔板厚度、穿孔率、孔径、背后空气层厚度以及是否填充多孔吸声材料等，都直接影响吸声结构的吸声性能。此种形式在建筑上使用得比较普遍。

（5）**柔性吸声材料**。材料内部有许多微小的、互不贯通的独立密闭气孔，没有通气性能，但有一定的弹性，如聚氯乙烯泡沫塑料，表面仍为多孔材料。当声波入射到材料上时，声波引起的空气振动不易直接传递至材料内部，只能相应地激发材料作整体振动，在振动过程中由于克服材料内部的摩擦而消耗了声能，引起声波衰减。这种材料的吸声特性是在一定的频率范围内出现一个或多个吸收频率，高频的吸声系数很低，中、低频的吸声系数类似共振腔吸声。

（6）**悬挂空间吸声体**。一种将吸声材料制成多种形式，分散悬挂在顶棚上，用以降低室内噪声或改善室内音质的吸声构件。此种构造增加有效的吸声面积，再加上声波的衍射作用，可以显著地提高实际吸声效果。悬挂空间吸声体根据建筑物的使用性质、面积、层高、结构形式、装饰要求和声源特性，可有板状、方块状、柱体状、圆锥状和球体状等多种形状。它具有用料少、重量轻、投资省、吸声效率高、布置灵活、施工方便的特点，设计上应主要考虑材料和结构、悬挂数量和悬挂方式四个因素。

（7）**帘幕吸声体**。帘幕吸声结构是用具有通气性能的纺织品，安装在离开墙面或窗洞一段距离处，背后设置空气层，通过声音与帘幕气孔的多次摩擦，达到吸声的目的。这种吸声体对中、高频都有一定的吸声效果。帘幕的吸声效果还与所用材料种类有关，具有安装拆卸方便、装饰性强的特点，应用价值较高。

13.2　隔声及隔声材料

1. 声的传播与阻隔

能在空间中减弱或隔断声波传递的材料称为**隔声材料**。建筑中主要考虑楼板、墙板以及门窗等的隔声。

（1）**声的传播**。声波按其传播媒介可分为空气声和固体声。空气声是以空气为媒介在空气中传波的声波；**固体声**是以固体为媒介在固体材料中传播的声波。

隔声可分为隔绝空气声和隔绝固体声两种，两者的隔声原理截然不同。

对于两个空间中间的隔离层来说，当声波从一个空间入射隔离层上时，声波激发隔离层的振动，以振动向另一个空间辐射声波，此为透射声波。透过材料的声能总是小于作用于材料或结构的声能，材料起到了隔声的作用。

① **声波透射系数**。隔声能力用透过一定面积的透射声波能量 E_τ 与入射声波总能量 E_0 之比来表示，称为声波透射系数 τ，用下式表达：

$$\tau = E_\tau / E_0 \tag{13-2}$$

式中　τ——声波透射系数；

　　　E_τ——透过材料的声能；

　　　E_0——入射的总声能。

材料的透射系数越小，其隔声性能越好。

② **隔声量**。工程上常用构件的隔声量 R（单位 dB）表示构件对空气的隔绝能力，它与透射系数的关系是 $R = -10\lg\tau$。同一材料或结构对不同频率的入射声波有不同的隔声量。建筑上把能减弱或隔断声波传递的材料称为隔声材料。

（2）**隔声材料的选用**。选用隔声材料时，应首先区分空气声和固体声。

① **空气声隔声机理**。当考虑隔绝空气声时，选材遵循声学中的"质量定律"，即利用材料的质量，通过耗能的原理，将声波能量降低，阻隔其传播。材料隔绝空气声的效果，实际上主要取决于材料如墙壁或隔板的单位面积质量，即材料的密度越大，质量越大，材料的厚度越大，其隔声效果越好。

② **固体声隔声机理**。当考虑对固体声隔绝时，选材遵循"切断隔声"的原则，即断

绝其声波继续传递的媒介的途径，采用"切断"固体结构的技术方法，使传递声波的结构（如框架、梁、板、柱、剪力墙、隔墙等）间断，或在其中加入具有一定弹性的缓冲性的衬垫材料，如软木、橡胶、毛毡等。减弱固体结构形成共振或连续传递声波等机械作用或能力，阻止声波在固体媒介中传播。

　　材料的吸声原理与材料的隔声原理是不同的。对于单一材料来说，吸声能力与隔声效果往往不能兼顾。吸声效果好的多孔材料隔声效果并不一定好，不能简单地将吸声材料作为隔声材料使用。

思考题

　　1. 何谓建筑吸声材料？简述吸声材料的吸声机理。

　　2. 隔绝空气声与隔绝固体声的作用机理有何不同？

　　3. 哪些材料宜用作隔绝空气声或隔绝固体声？

14.1　材料的装饰性

　　土木工程结构或建筑物，如机场、车站、港口、大坝、城市、街区、公园、建筑及室内等，都需要装饰。美学品位的提升，都会增加它的文化艺术价值。土木工程材料除满足结构安全性和功能技术性能外，还要具有装饰性。

　　土木工程材料的装饰性，按还原论的观点，可包括：

1. 色彩

　　色彩即材料的光学特性。人们所能看到的光是一种电磁波。电磁波是能量，是在周期性变化的过程中从空间传播出去所形成的。人们看不见无处不在的光线，但是光线以一定的波长传播出去。白光色又是一种由单色光组成的混合光色，波长值无可标识。在光学理论中白光色又分为"冷白色""白光色"和"暖白色"三种光。当白光的色温小于3000K时，白光带有微红色，被称为暖白光，会给人温暖、稳重的感觉；当光的色温在3000～5000K之间时，白光不偏色，给人以爽朗透彻愉快的感觉；当色温大于5000K时，白光会带有微蓝色，被称为冷白色，给人以清冷、孤独、沉醉的感觉。

　　若用透明的三棱镜，可将混合白光分成红橙黄绿蓝靛紫7种单色。从图14-1可见白光及七色光。

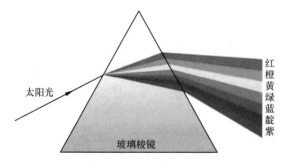

图 14-1　白光及七色光

　　人们看到的色光，也称为颜色。决定人们看到的颜色有三要素：

① 材料本身的光谱特性；

② 投射在材料表面光线的光谱特性；

③ 人眼对某个频段光谱的敏感性。

材料的颜色和颜色的搭配，称为**色彩**。色彩是决定材料装饰性的首要因素。

2. 质感

材料表面的组织结构及其构造，决定其在人的头脑中的印象和反映。这种印象和反映，本质上反映了材料的柔软与坚硬、精细与粗糙、冰冷与暖热、光滑与涩滞、洁净与污秽等文化性质、物理属性、触摸感觉以及视觉印象，人们头脑中基于材质而带来的这种关于材料属性的印象和感觉，就叫质感。

3. 花纹

天然形成或人工刻画的线条或纹理。

4. 图案

人工雕刻、绘画、喷绘、打磨出来具有一定寓意的画幅，称为图案。图案和花纹都具有明确的装饰性。二者的区别就在于，图案具有政治、经济、艺术、宗教等明确的内涵，有文化的属性；而花纹主要体现的是几何或天然的韵律，有自然的属性。

5. 透明性

玻璃、塑料类材料有些可以不透明、半透明或透明。巧妙利用光源、光线和光色，结合材料的不透明产生的明暗、半透明的梦幻感以及透明的清澈通透，会将建筑空间进行光影重构，产生奇妙梦幻的艺术效果。

14.2　装饰材料选用的原则

装饰材料的选用，一般应遵循如下五条原则：

1. 艺术性原则

在选择装饰材料时，应注意材料的色彩、质感、花纹、图案及透明性。本着突出装饰主题，营造温暖明亮空间的原则，注意选择色彩明快，明亮艳丽，温暖热情的色彩。以其达到与装饰目的相互统一的艺术效果。

2. 技术性原则

在选择建筑装饰材料时，要注意保障材料的强度、变形、弹性、破坏的方式和破坏状态等技术性质；要注意材料的防水防潮、吸湿变形、吸湿霉变、吸湿褪色、遇水脱落等与水相关的技术性质；要注意材料的防火、阻燃特性；要注意材料的耐火、耐水、耐擦洗、耐沾污等特性；要注意材料容易安装、便于施工、方便修补、易于替换等技术性质。

3. 安全性原则

选用建筑装饰材料时，要注意其技术安全性和心理安全性问题。

由于部分装饰材料是粘贴、吊挂、悬垂于结构构件之上，故选择建筑装饰材料时，应注意其牢固连接特性，防止其脱落造成伤人或财产损失等问题。要注意装饰材料溶剂中可挥发的有毒有害气体的释放，辐射作用以及重金属离子释放等问题；要注意其燃烧烟气的毒害性等技术安全性问题。

同时要注意其色彩、形状、体积、图案等造成的心理安全性的问题，如阴暗怪异的色彩或图形；如某些构造、廊柱、家具映照的阴影、图案；某些悬挂物凸起物产生的坠落感等。尽量注意装饰灯光、装饰结构、装饰材料对人们心理的不良暗示、恐吓、威胁作用，如镜面地砖实际上摩擦系数足够，但却使老年人产生感觉上的"光滑恐吓"等心理安全性问题。

4. 经济性原则

由于建筑装饰材料与其他结构材料相比，价格昂贵，故装饰工程的造价一般远高于结构工程。故在选择建筑装饰材料时，应本着装饰性与经济型并重的原则，在满足装饰艺术要求的前提下，优化其装饰材料的经济性，尽量本着节约的原则，考虑性价比，降低装饰工程总体造价。

5. 环保双减和可持续发展的原则

选用建筑装饰材料时，应该考虑绿色环保和可持续发展的原则。做到选用绿色环保、具有节能、节材、节电、节水效果的装饰材料。在考虑减排减碳的前提下，建筑装饰材料的选择，一定要注意其耐久性。具有良好的耐久性，可使材料装饰的工程建筑，具有更为长久的使用寿命，由此可达到真正的双减目的。关注装饰材料的可循环利用，也是选择装饰材料的重要原则，如此可减少建筑装饰垃圾排放，充分利用再生技术，达到节约资源、节约能源的目的。

14.3 装饰石材

14.3.1 石材开采及加工

1. 石材的开采

(1) 软化层剥离。开采石材前，应先将矿山表面的软化层剥离，使致密、无裂、坚实、优质的岩体暴露，便于石料的开采。

(2) 石料分离。采用技术方法，将岩石从岩体上切割分离。常用的方法有：

① 楔裂分离。即采用人工的方法，用大锤砸入钢凿，以钢凿产生的劈裂作用，将3～10m 的石料分离；

② 普通绳锯分离。采用普通钢丝绳锯，将岩石从岩体分离；

③ 金刚石串珠锯分离。采用带有金刚石串珠的钢丝绳锯，将石料从岩体分离；

④ 采用化学胀裂剂分离。先在计划分离的石材上钻孔，然后灌入液体形态的胀裂剂，经过其凝结硬化后产生膨胀作用，胀裂并分离石料。

2. 石材的加工

(1) 凿切加工。凿切加工是传统的加工方法，通过楔裂、凿打、劈剁、整修、打磨等办法将毛坯加工成所需产品，其表面可以是菠萝面、龙眼面、荔枝面、自然面、蘑菇面、拉沟面等。凿切加工主要是使用手工加工，如锤、剁斧、錾子、凿子等，不过有些加工过程可以使用机器加工完成，主要设备是劈石机、刨石机、自动锤凿机、自动喷砂机等。

(2) 雕琢加工。石雕是集材料、创意、设计、制作等各种技艺于一体的综合艺术创造，简单地说就是用石头雕刻的艺术品。石雕是用各种可雕、可刻的石头，创造出具有一定空间的可视、可触的艺术形象，借以反映社会生活、表达艺术家的审美感受、审美情感、审美理想的艺术。

常用的石材有**花岗石**、**大理石**、**青石**、**砂石**等。石材质地坚硬耐风化，是大型纪念性雕塑的主要材料。

石雕的历史可以追溯到距今一二十万年前的旧石器时代中期。从那时候起，石雕便一直沿传至今。在这漫长的历史中，石雕艺术的创作也不断地更新进步。不同时期，石雕在类型和样式风格上都有很大变迁；不同的需要，不同的审美追求，不同的社会环境和社会制度，都在制约着石雕创作的发展演变。石雕的历史是艺术的历史，也是文化内涵丰富的历史，更是形象生动而又实在的人类历史。

石雕讲究造型逼真，手法圆润细腻，纹式流畅洒脱。石雕的传统技艺始于汉，成熟于魏晋，在唐朝流行开来。

石雕主要有园林雕塑、建筑雕塑、雕像、石雕工艺品几大类，产品有上百个品种：大理石壁炉架、人物雕塑、浮雕、抽象雕塑、喷泉、花盆、罗马柱、栏杆、凉亭、胸像、门套、石凳、浴盆、动物雕刻、墓碑、仿古雕塑等。石刻源远流长，讲究造型逼真，手法圆润细腻，纹式流畅洒脱。雕刻产品主要有人物、动物、壁炉、花盆、栏板、喷泉、浮雕、龙亭龙柱、琼楼玉阁、飞禽走兽、各种精品雕刻等，既富古老艺术的魅力，又有典雅明快的现代艺术风格。

石雕雕刻设计手法多种多样，可以分为浮雕、圆雕、沉雕、影雕、镂雕、透雕等。

① **浮雕**。在石料表面雕出立体图像，使图像浮凸于石面，故称浮雕。浮雕多用于建筑物的墙壁装饰，还有寺庙的龙柱、抱鼓等。北京故宫的御道就是浮雕（图14-2）。

② **圆雕**。圆雕又称立体雕，可以多方位、多角度欣赏的三维立体雕塑。圆雕艺术在雕件上强调整体雕刻、整体表现，使观赏者可以从不同角度、不同方位对雕塑的各个侧面进行欣赏，故而要从前、后、左、右、上、中、下全方位进行雕刻。

圆雕可写实可抽象；可用于室内与户外；可小巧于台案，可大型为城雕；可着色与非着色；可人也可物。如维纳斯即为举世闻名的圆雕（图14-3）。

图14-2　故宫丹陛石（浮雕）　　　　图14-3　维纳斯（圆雕）

③ **沉雕**。沉雕又称"线雕"，即采用"水磨沉花"雕法的艺术品。此类雕法吸收中国画写意、重叠、线条造型散点透视等传统笔法，石料经平面加工抛光后，描摹图案文字，然后依图刻上线条，以线条粗细深浅程度，利用阴影体现立体感。此类产品多数用于建筑物的外壁表面装饰，有较强的艺术性。

④ **影雕**。影雕是在早年的"针黑白"工艺基础上发展起来的新工艺品。最早的作品是 20 世纪 60 年代末由惠安艺人创作的，因作品都以照片为依据，故称"影雕"。这种雕件以玉晶湖青石切锯成平板作为材料，先把表面磨光，利用其经琢凿能显示白点的特性，以尖细的工具琢出大小、深浅、疏密不同的微点，仅分黑白的不同层次，使图像显示出来，不但细腻逼真，而且独具神韵，是石雕向纯艺术化发展的象征，为石雕工艺生产开辟了新的道路。

⑤ **镂雕**。镂雕也称镂空雕，即把没有表现物像的部分掏空，把能表现物像的部分保留。镂雕源于圆雕。石匠艺人雕刻龙口含珠，就是通过镂雕，将龙珠剥离于原石材，其直径大于龙口边缘，在龙口中可任意滚动却不会滑出。

⑥ **透雕**。浮雕中保留凸出的物像构造，将背景局部镂空，形成更加立体通透的三维造像的雕刻技艺称为透雕（图14-4）。透雕与镂雕、链雕均有穿透性，但透雕强调的是其背面多为插屏式，有单面与双面透雕之分。单面透雕只刻正面，双面透雕则将正、背两面的物像都刻出来。透雕与镂雕、链雕本质区别是，镂雕和链雕源于圆雕，透雕出自浮雕。镂雕和链雕都是 360° 的全方面雕刻，并不强调正反两面。

图 14-4　透雕漏窗

（3）**锯割、磨平及抛光**。对于板类石材可采用先锯割，再经磨抛加工：

① **锯割**：采用金刚石圆锯和排锯，在淋水状态下，将石材荒料切割成规定尺寸的石板。

② **粗磨**：使用 50 号、150 号、300 号、500 号的金刚石树脂磨块，在淋水状态下对石板进行首次磨平。

③ **细磨**：使用 800 号、1000 号、2000 号的金刚石树脂软水磨片，细磨占整体研磨 35％时间。细磨后的产品花纹、颗粒、颜色已清楚地显示出来，表面细腻、光滑，细磨到 800 号后有初光出现、细磨到 2000 号后光泽度可达 50°。

④ **精磨**：使用 3000 号金刚石树脂软水磨片喷洒 A_2 研磨、进行离子交换、精磨占整体研磨 20％时间，精磨后光泽度提升很高，石材的表面密度提高，为抛光剂工序打下基础。

⑤ **抛光**：使用适宜的晶面磨平机、优选各类磨垫、配合抛光剂进行抛光。抛光后石材表面光泽度可在 90°～100° 以上。

14.3.2　常用的建筑装饰石材

1. 汉白玉

汉白玉是以碳酸钙为主的多种化合物构成的混合物，由 $CaCO_3$、$MgCO_3$ 和 SiO_2 组成，也包含少量 Al_2O_3、Fe_2O_3 等成分，是颜色洁白的细粒大理岩。北京房山大石窝镇高庄村西的汉白玉，被国际石材协会评定为中国汉白玉 1101 号，人称汉白玉"中国 1 号"。

根据密度和纯度等，可将汉白玉的品质划分成四个等级：一级、二级、三级、四级。优质的汉白玉，强度高，硬度大，结构致密细腻，色泽洁白，精雕细琢，能雕刻出好的作品，而且风化年限很长，可以上千年不风化。次料或普通白色大理石，则风化年限短，不过几十年，甚至有的几年，就可发生明显的风化。故选用汉白玉时应注意其风化作用。

我国从汉代起时，人们就喜欢用洁白如玉的石料，建造宫殿，修建园林。所建的建筑即"玉砌朱栏"，华丽如玉，故称作汉白玉。

图 14-5　人民英雄纪念碑的汉白玉浮雕（五四运动）

如今，首都北京大量的皇家建筑，如天安门前的华表，天安门及紫禁城中的台阶栏杆、众多的神道石像生等雕像，都是汉白玉的精品。毛主席纪念堂、人民大会堂、人民英雄纪念碑都使用了汉白玉。尤其是人民英雄纪念碑的汉白玉浮雕（图14-5），光芒四射，洁白如玉，可谓世间汉白玉精品，中国顶级石材及优秀石材雕刻的杰作。

2. 太湖石

太湖石产自我国浙江及江苏的长江三角洲太湖地区，是石灰岩经酸性水溶蚀而成的多孔砖天然岩石，又名窟窿石。其形状各异，姿态万千，通灵剔透，鬼斧神工（图 14-6）。"瘦、透、皱、漏"是太湖石的艺术要素。历史上太湖石曾作为贡石，被用于皇家园林的建造，如北宋艮岳。

作为造园用途的一种假山石，其色泽以灰白石为多，少有青黑石、黄石，尤其纯黄色的更为稀少，适宜造园、叠石、置景，可置其于草坪、庭院、花园、堤岸，有很高的观赏价值。

太湖石是大自然巧夺天工，自然形成的。玲珑剔透，奇形怪状，可谓千姿百态，异彩纷呈。以其形奇、色艳、纹美、质佳，或玲珑剔透，或灵秀飘逸，或浑穆古朴，或凝重深沉。超凡脱俗，令人赏心悦目，神思悠悠。千百年来已经成为中国园林的特色性的造园元素。

图 14-6　苏州留园的太湖石（冠云峰）

由于千百年的挖掘利用，已使天然太湖石资源枯竭。现在市场上的太湖石，实际上是产自全国各地产的类似石材，可称之为广义太湖石。无论真的太湖石还是广义太湖石，都是不可再生资源。如贝聿铭大师在苏州园林中，开发设计的苏州博物馆石墙，具有创新性，为石材的开发及选用提供了极具价值的引导。

3. 灵璧石

灵璧石产于安徽省灵璧县凤凰山。灵璧石质地细腻温润，滑如凝脂，石纹褶皱缠结、肌理缜密，石表起伏跌宕、沟壑交错，造型粗犷峥嵘、气韵苍古。常见的石表纹理有胡桃纹、蜜枣纹、鸡爪纹、蟠螭纹、龟甲纹、璇玑纹等多种，有些纹理交相异构、洞穴委婉，富有韵律感。在城市空间中，大型广场、公园绿地、街景水岸等，常采用体量庞大的灵璧石，进行空间或环境装饰。

4. 大理石

大理石是商品名称，并非岩石学术语。

大理石是大理岩加工而成的装饰石材或板材。大理岩原指产于云南大理的白色、灰白色，带有黑色花纹的石灰岩。其剖面仿佛为一幅天然的水墨山水画。古代常精选后将其制成大理石板画屏或大理石板镶嵌画。

近年来大理石概念被市场泛化。一切有各种颜色花纹的，用作建筑装饰材料的石材，都被市场称为大理石。

大理石是地壳中原有的岩石经过地壳内高温高压作用形成的变质岩，地壳的内力作用促使原来的各类岩石发生质的变化。原来岩石的结构、构造和矿物成分的改变，经过质变形成的新的岩石类型称为变质岩。大理石主要由方解石、石灰石、蛇纹石和白云石组成，其主要成分以碳酸钙为主，占 50％以上，其他还有碳酸镁、氧化钙、氧化锰及二氧化硅等。大理石地板砖以华美的外观以及非常实用的特点吸引了消费者的目光。与其他建筑石材不同的是，每一块的大理石地板砖纹理都是不同的，纹理清晰的大理石，光滑细腻，亮丽清新，像是带给大家一次又一次的视觉盛宴。

14.4　装饰金属制品

金属材料指一种或两种以上的金属元素或金属与某些非金属元素组成的合金总称。金属材料一般分为黑色金属和有色金属两大类。

14.4.1　铝及铝合金

1. 铝及铝合金

目前，世界各工业发达国家，在建筑装饰工程中，大量采用铝合金门窗、铝合金柜台、铝合金货架、铝合金装饰板、铝合金吊顶等。铝作为化学元素，在地壳的组成中仅次于氧和硅，占 8％～13％，属于有色金属中的轻金属。其化学性质很活泼，与氧的亲和力很强，暴露在空气中，表面易生成一层 Al_2O_3 薄膜，能保护下面金属不再受腐蚀，故在大气中耐腐蚀性较强。但这层 Al_2O_3 薄膜很薄，且呈多孔状，因此其耐腐蚀性是很有限的。另外，铝的电极电位很低，如与电极电位高的金属接触，并且有电介质（如水汽等）存在时，形成微电池会很快受到侵蚀。纯铝的强度极低，因此为提高铝的实用性，通常在 Al 中加入 Mg、Cu、Zn、Si 等元素组成合金，这样铝合金既保持了铝的质轻之特点，又明显地提高了其技术性能。

2. 铝合金的表面处理

（1）阳极氧化处理：建筑用铝型材必须全部进行阳极氧化处理，一般用硫酸法。阳极氧化处理的目的主要是通过控制氧化条件及工艺参数，在铝型材料表面形成比自然氧化膜厚得多的氧化膜层，并进行"封孔"处理，以达到提高表面硬度、耐磨性、耐蚀性等目的。光滑、致密的膜层也为进一步着色创造了条件。

（2）表面着色处理：经中和水洗或阳极氧化后的铝型材，可以进行表面着色处理。着色方法有：自然着色法，电解着色法及化学浸渍着色法等。其中最常用的是自然着色法和电解着色法。经过表面着色生成的氧化膜，由于是多孔质层，必须进行处理，以提高氧化膜的耐蚀、防污染等性能，这样一类处理方法统称为封孔处理。目前，建筑铝型材常用的封孔方法有水合封孔和有机涂层封孔等。

3. 铝合金门窗

与普通木门窗、钢门窗相比，铝合金门窗有很多优点，主要是：

（1）轻：铝合金门窗用材省、重量轻，每平方米耗用铝型材重半均只有8～12kg。

（2）性能好：铝合金门窗密封性能好，气密性、水密性、隔声性、隔热性等较普通门窗有显著提高。

（3）色调美观：铝合金门窗框料型材表面经过氧化着色处理，既可保持型材的本色，也可以根据需要制成各种颜色或花纹，色调美观，装饰性好。

（4）耐腐蚀、维修方便：铝合金门窗不需要涂漆，不褪色、不脱落，表面无需维修，而且强度高，坚固耐用，零件使用寿命长，开闭轻便灵活，无噪声。

（5）便于进行工业化生产。

4. 铝合金装饰板

（1）**铝合金花纹板**：是采用防锈铝合金等坯料，用特制的花纹轧辊制而成的。花纹美观大方，筋高适中，不易磨损，防滑性能好，板材平整，裁剪尺寸精确，便于安装。另外，铝合金浅花纹板也是优良的建筑装饰材料之一。除具有普通铝板共有的优点以外，刚度提高20%，抗污垢、抗划痕、擦伤能力等均有所提高，是我国所特有的建筑装饰产品。

（2）**铝合金波纹板**：自重轻，色彩丰富多样，既有一定的装饰效果，又有很强的反射阳光能力，十分经久耐用。

（3）**铝合金穿孔板**：采用多种铝合金平板经机械穿孔而成。其特点是轻质、防腐、防水、防火、防震，而且具有良好的消声效果，是建筑上比较理想的消声材料。另外，还有铝合金压型板、铝合金吊顶龙骨、铝箔等。

14.4.2　建筑装饰用钢材制品

1. 彩色涂层钢板

为提高普通钢板的装饰性能及防腐蚀性，近年来发展了各种彩色涂层钢板。钢板的涂层大致可以分为有机涂层、无机涂层和复合涂层三类，以有机涂层钢板发展最快。有机涂层可以制成各种不同的色彩和花纹，故常称为彩色涂层钢板。常用的有机涂层为聚氯乙烯，此外还有环氧树脂等。涂层与钢板的结合有薄膜层压法和涂料涂覆法两种。

2. 彩色压型钢板

彩色压型钢板是以镀锌网板为基材，经成型机轧制，并敷以各种耐腐蚀涂层与彩漆而成的轻型围护结构材料，具有轻质、抗震性好、耐久性强、色彩鲜艳等特点，适用于工业与民用及公共建筑的屋盖、墙板等。

3. 轻钢龙骨

轻钢龙骨是以镀锌钢带或薄板由特制轧机以多道工序轧制而成的结构，具有强度大，适用性强，耐火性好，安装简易等优点，可装配各种类型的石膏板、钙塑板、吸声板等，广泛用于高级民用建筑工程等。

4. 不锈钢包柱

不锈钢包柱是近年来流行起来的一种建筑装饰方法，不锈钢用于建筑方面具有许多优点：不锈钢饰件具有金属光泽和质感；不易锈蚀，可以较长时间保持初始装饰效果；不锈钢可以具有如同镜面的效果；具有强度高，硬度大等特点。因此，不锈钢包柱广泛地用于大型商店、餐馆和旅游宾馆的入口、门厅等处。

14.4.3　建筑装饰用铜材制品

1. 铜及铜合金

（1）**铜**。纯铜是柔软的金属。表面刚切开时为红橙色带金属光泽，单质呈紫红色。延展性好，导热性和导电性高，易于加工，大量用于制造电线、电缆、电刷、电火花等要求导电性良好的产品，也可用作建筑装饰材料。

（2）**铜合金**。铜合金以纯铜为基体加入一种或几种其他元素所构成的合金。常用的铜合金分为黄铜、青铜、白铜三大类。铜合金机械性能优异，电阻率很低，其中最重要的数青铜和黄铜。

此外，铜也是耐用的金属，可以多次回收而无损其机械性能。

2. 各类铜质金属

（1）**红铜**。红铜即纯铜，含铜率大于 99.95%，就是铜单质，又名紫铜，因其颜色为紫红色而得名。密度为 $8.9\mathrm{g/cm^3}$，为镁的 5 倍。同体积的质量比普通钢材重约 15%。它是含有一定氧的铜，因而又称含氧铜。

红铜除了用作各类电器元件、开关、刀闸外，还可制成紫铜管，作供热或制冷的管道。至今红铜已经广泛地用于建筑装饰，如建筑室内壁画（图 14-7）及室外门廊（图 14-8）。

图 14-7　紫铜壁画　　　　　　　　　　图 14-8　天津博物馆紫铜门廊

（2）**黄铜**。黄铜是由铜和锌所组成的合金。仅有铜锌两种元素组成的合金称为普通黄铜，由两种以上的元素组成的铜锌合金就称为特殊黄铜。黄铜有较强的耐磨性能，常被用于制造阀门、水管、空调内外机连接管和散热器等。由于黄铜有黄金般的金属光泽，故在装饰工程中，得到了广泛的应用。纽约街头的黄铜牛如图 14-9 所示。

① **铅黄铜**。铅实际不溶于黄铜内，呈游离质点状态分布在晶界上。铅黄铜按其组织有 α 和 $(\alpha+\beta)$ 两种。α 铅黄铜由于铅的有害作用较大，高温塑性很低，故只能进行冷变形或热挤压。$(\alpha+\beta)$ 铅黄铜在高温下具有较好的塑性，可进行锻造。

图 14-9　纽约街头的黄铜牛

② **锡黄铜**。黄铜中加入锡，可明显提高合金的耐热性，特别是提高抗海水腐蚀的能力，故锡黄铜有"海军黄铜"之称。锡能溶入铜基固溶体中，起固溶强化作用。但是随着含锡量的增加，合金中会出现脆性的 r 相（CuZnSn 化合物），不利于合金的塑性变形，故锡黄铜的含锡量一般在 0.5%～1.5% 范围内。常用的锡黄铜有 HSn70-1，HSn62-1，HSn60-1 等。前者是 α 合金，具有较高的塑性，可进行冷、热压力加工。后两种合金具有（α+β）两相组织，并常出现少量的 γ 相，室温塑性不高，只能在热态下变形。

③ **锰黄铜**。锰在固态黄铜中有较大的溶解度。黄铜中加入 1%～4% 的锰，可显著提高合金的强度和耐蚀性，而不降低其塑性。锰黄铜具有（α+β）组织，常用的 HMn58-2 冷、热态下的压力加工性能均好。

④ **铁黄铜**。铁黄铜中，铁以富铁相的微粒析出，作为晶核起到细化晶粒的作用，并能阻止再结晶晶粒长大，从而提高铜合金的机械性能和工艺性能。铁黄铜中的铁含量通常在 1.5% 以下，其组织为（α+β），具有高的强度和韧性，高温下塑性很好，冷态下也可变形。常用型号为 HFe59-1-1。

⑤ **镍黄铜**。镍与铜能形成连续固溶体，显著扩大 α 相区。黄铜中加入镍可显著提高黄铜在大气和海水中的耐蚀性。镍还能提高黄铜的再结晶温度，促使形成更细的晶粒。HNi65-5 镍黄铜具有单相的 α 组织，室温下具有很好的塑性。但是对杂质铅的含量必须严格控制，否制会严重恶化合金的热加工性能。

（3）**白铜**。以镍为主要合金元素的铜基合金，呈银白色，有金属光泽，故称为白铜。铜镍之间彼此可无限固溶，从而形成连续固溶体，即不论彼此的比例多少，而恒为 α-单相合金。当把镍熔入红铜里，含量超过 16% 时，产生的合金色泽就变得洁白如银，镍含量越高，颜色越白。白铜中镍的含量一般为 25%。

在铜合金中，白铜因耐蚀性优异，且易于塑型、加工和焊接，广泛用于造船、石油、化工、建筑、电力、精密仪表、医疗器械、乐器制作等部门作耐蚀的结构件。某些白铜还有特殊的电学性能，可制作电阻元件、热电偶材料和补偿导线。非工业用白铜主要用于制作装饰工艺品（图 14-10）。

（4）**青铜**。青铜是金属冶铸史上最早的合金，在纯铜中加入锡或铅所得的合金。与纯铜相比，青铜强度高且熔点低，掺入 25% 的锡冶炼所得的青铜，就可将纯铜的熔点从 1083℃ 降低到 800℃。

青铜铸造性好，耐磨且化学性质稳定。青铜发明后，立刻盛行起来，从此人类历史也从新石器时代进入了新的阶段——青铜器时代。那时，青铜器打制成剑、钺，成了战争的武器。

青铜适用于铸造各种器具、机械零件、轴承、齿轮等。至今，在全世界各地，人们普遍采用青铜制造雕像（图 14-11），装饰室内外广场、花园、街景、大厅。

图 14-10　可装饰室内案几或悬挂于墙面的　　　　图 14-11　美国自由女神青铜雕像
　　　　　　云南白铜饰件

14.4.4　建筑装饰用金饰品

1. 金

金的单质（游离态形式）通常称黄金，是一种贵金属，很多世纪以来一直被用作货币、保值物及珠宝。在自然界中，金以单质的形式出现于岩石中的金块或金粒、地下矿脉及冲积层中。金亦是货币金属之一。金在室温下为固体，密度高、柔软、光亮、抗腐蚀，延性仅次于铂，是延展性最好的金属之一。

2. 金的技术性质

（1）**金的硬度**。单质金，很软，人可以用牙齿在其上咬痕，故可以通过咬其软硬，粗略判断是否为纯金。由于其太过柔软，制作首饰时难以镶制出各种精美的款式，尤其当镶嵌珍珠、宝石和翡翠等珍品时容易丢失。因此，人们早就在纯金中加入少量银、铜、锌等金属，将其制成金的合金，以增加其强度和韧性，这样制作而成的金饰称为饰金。确定饰金中含量的制位叫"金位"，英文是"karat"，一般称为"开"，按英文字头也可简称"K"。因此，饰金又称为"K 金"。

在纯金中加入铜或其他贱金属，可制成 K 金。含金不小于 95.9％为 24K 金；含金 87.6％～95.9％为 22K 金；含金 79.3％～87.5％为 20K 金；含金 70.9％～79.2％为 18K 金；含金 62.6％～70.8％为 16K 金；含金 54.2％～62.5％为 14K 金；含金 41.7％～54.1％为 10K 金。

铜是贱金属中最常用的，会使合金有偏红的色泽。在数百年前及俄罗斯的珠宝中也有以铜模铸造，含 25％铜的 18K 金——玫瑰金。而 14K 金与部分青铜合金颜色几乎一样，两者皆可制作徽章。蓝金由金和铁制成合金而成，但因为蓝金较脆弱，所以较难使用在珠宝制作中。紫金由金和铝制成合金而成，通常只用在专门的珠宝上。14K 或 18K 的金与银制成合金后呈绿黄色，所以被称为绿金。而金与钯或镍制成合金则可形成白金合金。18K 白金合金呈银色，并含有 17.3％镍、5.5％锌及 2.2％铜。但由于镍有毒，受欧洲法律限制，所以有时会用另一种方法，用钯、银及其他白色金属制造白金合金。但是它的制作成本比前者为高。高纯度的白金合金比起银或纯银的抗侵蚀能力高很多。

（2）**金的化学特性**。金的化学性质稳定，在常温甚至火焰灼烧致其熔融条件下，都不与氧气反应。金只能溶于王水等极强腐蚀性的物质中。由于金的化学稳定性，在自然环境中，很难与其他物质发生反应，无论经过火烧，或是在其他潮湿阴暗甚至对其他材料具有一定腐蚀性环境中，金都能保持其化学稳定。故金总是会金光闪闪，熠熠生辉。由此确定了金的装饰性和装饰物的耐久性。

（3）**金的纯度**。当今，加拿大枫叶金币在众多贵金属币中拥有最高的纯度，为99.999%（含金：0.99999）。通常纯度较高的就是24K金。2006年起发行的美国水牛金币亦只有99.99%的纯度。

3. 金在建筑装饰中的应用

（1）**金箔**。金箔是用黄金锤成的薄片。金是延展性最高的金属。将2.5cm的金叶子，夹入10cm的乌金纸中，经过超万次的捶打，1g金可以打成1m²薄片，折算成金箔厚度约0.05μm。金箔甚至可以被打薄至半透明，透过金叶的光会显露出绿蓝色，因为金反射黄色光及红色光能力很强。微米级的金箔就容易使手指皮肤损坏，而不能用手指直接拿放，须用竹夹取送；纳米级金材料的延展性显著不同，极脆，易碎，300个原子厚的金箔须用红松鼠毛靠静电吸起，否则极易遭到破坏。

（2）**镀金**。镀金，是一种装饰工艺，也是常用词汇之一。最初指在器物的表面镀上一层薄薄的金子。镀金分为两类，一类呈同质材料镀金，另一类是异质材料镀金。同质材料镀金指对黄金首饰的表面进行镀金处理。它的意义是提高首饰的光亮性及色泽。异质材料镀金指对非黄金材料的表面进行镀金处理，如银镀金、铜镀金。它的意义是欲以黄金的光泽替代被镀材料的色泽，从而提高首饰的观赏效果。

（3）**鎏金**。鎏金是自先秦时代即产生的传统金属装饰工艺，是一种传统的做法，仍在民间流行，亦称火法镀金或汞法镀金。将1份黄金溶于7份汞中，会成为浆糊状的金汞合金。用金汞合金均匀地涂到干净的金属器物表面，加热使汞挥发，黄金与金属表面固结，形成光亮的金黄色镀层，通常要反复3～7次，最后在器物表面形成15～35μm的鎏金层。鎏金过程会有汞蒸发，对人的健康伤害会很大。

（4）**贴金**。贴金用的金箔制作一般要经过黄金配比、化金条、拍叶、做捻子、落金开子、沾金捻子、打金开子、装开子、炕坑、打了细、出具、切金箔十二个程序制作而成，制成的金箔厚度为0.12μm，如图14-12所示。

图14-12   用于建筑装饰贴金的金箔

将金箔装饰在彩画上，这个操作程序叫"贴金"。贴金经打金胶、贴金、扫金、扣油、罩清油五步工序完成。彩画图案贴金就会立刻显得金碧辉煌。贴金的和玺彩画如图 14-13 所示。

图 14-13　贴金的和玺彩画

（5）**描金**。描金又称泥金画漆，是一种传统工艺美术技艺。其起源于战国时期，在漆器表面，或在瓷胎上，用金色描绘花纹的装饰方法，常以黑漆作地，也有少数以朱漆为地，亦被称为"描金银漆装饰法"。描金装饰也常用于家具装饰中，如图 14-14 及图 14-15 所示。

在建筑业中描金用于装饰建筑物，可产生富丽堂皇、金碧辉煌的装饰艺术效果，如图 14-16、图 14-17 及图 14-18 所示。

图 14-14　描金漆器

图 14-15　描金瓷瓶

图 14-16　金碧辉煌的法国凡尔赛宫室外

图 14-17 金碧辉煌的法国凡尔赛宫室内 图 14-18 巴黎埃菲尔广场的镀金铜雕

14.5 装饰陶瓷制品

14.5.1 陶瓷的基本知识

我国的陶瓷生产有着悠久而辉煌的历史。陶瓷自古以来就是主要的建筑装饰材料之一。

1. 陶瓷的分类

陶瓷是陶器和瓷器的总称。通常陶瓷制品可以分为**陶质**制品（陶器）、**瓷质**制品（瓷器）及**炻质**制品（炻器）。陶质制品通常具有一定的吸水率，断面粗糙无光，不透明，敲之声音沙哑，有的无釉，有的施釉。陶质制品又分为精陶和粗陶。精陶按其用途不同可分为建筑精陶、美术精陶及日用精陶。粗陶则包括建筑上常用的砖、瓦以及陶盆、罐及某些日用缸器等。瓷质制品分为粗瓷和细瓷，其制品坯体致密，基本上不吸水，有一定的半透明性，敲之声音清脆，通常均施有釉层。炻质制品则是介于陶质制品与瓷质制品之间的一类制品，国外称为炻器，也称为半瓷。炻器与陶器的区别在于陶器的坯体是多孔结构，而炻器坯体的气孔率却很低，其坯体致密，达到了烧结程度。炻器与瓷器的区别主要在于炻器坯体颜色多数带有半透明性。炻器按其坯体的细密性、均匀性以及粗糙程度分为粗炻器和细炻器。建筑装饰工程中用的外墙砖、地砖等均属于粗炻器；驰名中外的宜兴紫砂陶则属于细炻器。

2. 陶瓷原材料

陶瓷工业中使用的原材料品种繁多。按其来源来说，一种是天然矿物原料，一种是通过化学方法加工处理的化工原料。天然矿物原料通常可分为可塑性物料、瘠性物料、助熔物料、有机物料等。

（1）**可塑性物料**。黏土是由天然岩石经长期风化而形成的，是多种微细矿物的混合体，其中主要是含水的铝硅酸盐矿物。另外，黏土中还含有石英、铁矿物、碱等多种杂质。杂质的种类和含量，对黏土的可塑性、焙烧温度以及制品的性能等有一定的影响，因此，可以根据黏土的组成初步判断制品的质量。如黏土中石英含量较大时，其可塑性差，但收缩性相对较小；黏土中氧化铁、氧化钛含量会影响烧制产品的颜色，而且细而分散的铁化合物还会降低黏土的烧结温度，超过一定数量以后，会使坯体在煅烧过程中容易起泡等。

高岭土是一种以高岭石族黏土矿物为主的黏土和黏土岩，因呈白色而又细腻，又称白云土，因江西省景德镇高岭村而得名。陶瓷工业是应用高岭土最早、用量较大的行业。高岭土在陶瓷中的作用是引入 Al_2O_3，提高其化学稳定性和烧结强度。在烧成中高岭土分解生成莫来石，形成坯体强度的主要框架，可防止制品的变形，使烧成温度变宽，还能使坯体具有一定的白度。同时，高岭土具有一定的可塑性、黏结性、悬浮性和结合能力，赋予瓷泥、瓷釉良好的成形性，使陶瓷泥坯有利于车坯及注浆，便于成形。

（2）**瘠性物料**。瘠性物料是硅酸盐原料中与水混合后没有黏性而起瘠化作用的物料。在建筑陶瓷产品中，瘠性原料发挥着很重要的作用，它们的加入有助于降低坯体干燥收缩和变形，加快半成品干燥速度，减少制品开裂。石英、长石、煅烧过的黏土（熟料）和耐火材料的碎块，都可用作瘠性物料。

（3）**助熔物料**。助熔物料又称助熔剂，在焙烧过程中能降低可塑性物料的烧结温度，同时增加制品的密实性和强度，但能降低制品的耐火度、体积稳定性和高温下抵抗变形的能力。陶瓷工业中常用的助熔剂有长石类的自熔性熔剂和铁化物、碳类等的化合性助熔剂。

（4）**有机物料**。有机物料主要包括天然腐殖质或由人工加入的锯末、糠皮、煤粉等，它们能提高物料的可塑性。

14.5.2　陶瓷的装饰性

装饰是对陶瓷制品进行艺术加工的重要手段，能大幅提高制品的外观效果，而且对陶瓷制品本身起到一定的保护作用，从而有效地把制品的实用性和装饰性有机结合起来。

1. 釉的作用和分类

所谓釉是指附着于陶瓷坯体表面的连续玻璃质层，它具有与玻璃相类似的物理与化学性质。陶瓷施釉的目的在于改善坯体的表面性能并提高力学强度。通常疏松多孔的陶坯表面仍然粗糙，即使坯体烧结，但由于其玻璃相中包含晶体，所以坯体表面仍然粗糙，易于沾污和吸湿，影响美观、卫生，以及机械和电学性能。施釉的表面平滑、光亮、不吸湿、不透气，同时在釉下装饰中，釉层还具有保护画面、防止彩料中有毒元素溶出的作用。使釉着色、析晶、乳浊等，还能增加产品的艺术性，掩盖坯体的不良颜色和某些缺陷，扩大了陶瓷的使用范围。釉的种类繁多，组成也极为复杂。表 14-1 为常用的几种釉及分类方法。

釉的分类　　　　　　　　　　　　　　　　　　　表 14-1

分类方法	种类
按坯体种类	瓷器釉、陶器釉、炻器釉
按化学组成	长石釉、石灰釉、滑石釉、混合釉、硼釉、铅硼釉、食盐釉、土釉

续表

分类方法	种类
按烧成温度	易熔釉（1100℃以下）；中温釉（1100～1250℃）；高温釉（1250℃以上）
按制备方法	生料釉、熔块釉
按外表特征	透明釉、乳浊釉、有色釉、光亮釉、无光釉、结晶釉、砂金釉、碎纹釉、珠光釉

2. 釉下彩绘

在生坯或素烧釉坯上进行彩绘，然后施一层透明釉，再经釉烧为釉下彩绘。其优点在于画面不会因为陶瓷在经常使用过程中被损坏，而且画面显得清秀光亮。然而釉下彩绘的画面与色调远远不如釉上彩绘那样丰富多彩，同时难以机械化生产，因而目前难以广泛采用。青花、釉里红及釉下五彩是我国名贵的釉下彩绘制品。

3. 釉上彩绘

在釉烧过的陶瓷釉上用低温彩釉进行彩绘后，再入窑经 $600～900℃$ 下烘烤而成的装饰方法。釉上彩绘的彩烧温度低，许多陶瓷颜料都可以采用，故釉上彩绘的色彩极其丰富。但是釉上彩绘的画面易于磨损，光滑性差，同时由于这种较低的烧制温度无法达到釉料中重金属的熔点，所以这种方式上色的陶瓷制品大多是有毒的。如果釉料中不含各种重金属，使用这样的陶瓷餐具就不会有危险，但是往往颜色越鲜艳，毒性就会越大。

4. 贵金属装饰

用金、铂、钯或银等金属在陶瓷釉上装饰，通常只限于一些高级细陶瓷制品。饰金是极其常见的。用金装饰陶瓷主要有亮金（如金边和描金）、潜光金以及腐蚀金等方法。无论采用哪种金饰方法，常用的金材料就是两种，即：金水（液态金）与粉末。此外，还有少量的液态磨光金。

另外，陶瓷装饰还有一些其他方法，如结晶釉、流动釉、裂纹釉等。

14.5.3　建筑陶瓷制品

凡是用于装饰墙面，铺设地面、卫生间的装备等的各种陶瓷材料及其制品统称为建筑陶瓷。建筑陶瓷通常构造致密，质地较为均匀，有一定的强度、耐水、耐磨、耐化学腐蚀、耐久性等，能拼制出各种色彩图案。建筑陶瓷的品种很多，最常用的有釉面砖、墙面砖、墙地砖、陶瓷锦砖、琉璃制品以及陶瓷壁画等。

1. 釉面砖

釉面砖又称瓷砖，是建筑装饰工程中最常用、最重要的饰面材料之一，由优质陶土等烧制而成，属精陶制品。它具有坚固耐用，色彩鲜艳，易于清洁、防火、防水、耐磨、耐腐蚀等优点。釉面砖正面施釉，背面有凹凸纹，以便于粘贴施工。釉面砖因其所用釉料及其生产工艺不同，有许多品种，如白色釉面砖、彩色釉面砖、印花釉面砖等。另外，为了配合建筑内部转角处的贴面等要求，还有各种配角砖，如阴角、阳角、压顶条等。普通釉面砖的生产一般采用生坯的素烧和釉烧的二次烧结方法。近年来又开始发展低温快速烧成法烧制釉面砖。

2. 墙地砖

墙地砖是墙砖和地砖的总称，由于目前其发展趋向作为墙、地两用，故称为墙地砖，实际上包括建筑物外墙装饰贴面用砖和室内外地面装饰铺贴用砖。墙地砖是以品质均匀、耐火度较高的黏土作为原料，经压制成型，在高温下烧制而成，其表面有上釉和不上釉，而且具有表面光滑或粗糙等不同的质感与色彩。其背面为了与基材有良好的黏结性，常常具有凹凸不平的沟槽等。墙地砖品种规格繁多，尺寸各异，以满足不同的使用环境条件的需要。

3. 陶瓷锦砖

陶瓷锦砖俗称"马赛克"，源于"Mosaic"（图 14-19）。它是以优质瓷土烧制而成的小块瓷砖，有挂釉和不挂釉两种，目前各地产品多为不挂釉。陶瓷锦砖美观、耐磨、不吸水、易清洗、抗冻性能好，坚固耐用，造价较低，主要用于室内铺贴地面，也可作为建筑物的外墙饰面，起装饰作用，并增强建筑物的耐久性。

4. 琉璃制品

琉璃制品是以难熔黏土为原料，经配料、成型、干燥、素烧、表面涂以琉璃釉后，再经烧制而成的制品（图 14-20），一般是施铅釉烧成并用于建筑及艺术装饰的带色陶瓷。

图 14-19　陶瓷锦砖（马赛克）　　　　　图 14-20　琉璃制品

5. 陶瓷壁画

陶瓷壁画是以陶瓷面砖、陶板等为基础，经艺术加工而成的现代化建筑装饰。这种壁画既可镶嵌在高层建筑的外墙面上，也可粘贴在候机室、会客室等内墙面上。

14.6　建筑装饰玻璃

建筑装饰玻璃是构成现代建筑的主要材料之一。随着现代建筑的发展，玻璃及其制品也由单纯作为采光和装饰，逐渐向着能控制光线、调节热量、节约能源、控制噪声、减小建筑物自重、改善建筑环境、提高建筑艺术水平等方向发展。

14.6.1　玻璃的基础知识

1. 玻璃的原料

（1）**主要原料**。酸性氧化物：主要有 SiO_2、Al_2O_3 等，其在煅烧过程中能单独熔融成为玻璃的主体，决定玻璃的主要性质。碱性氧化物：主要有 Na_2O、K_2O 等，它们在煅烧过程中能与酸性氧化物形成易熔的复盐，起助熔剂的作用。增强氧化物：主要有 CaO、MgO、ZnO、PbO 等。

（2）**辅助材料**。玻璃生产过程中，除了主要原料以外，还有各种必需的辅助材料，如助熔剂、脱色剂等。

2. 玻璃的基本性质

玻璃是由原料的熔融物经过冷却而形成的固体，是一种无定型结构的玻璃体。其物理性质和力学性质是各向同性的。

（1）**强度**。玻璃的强度取决于其化学键和化学组成。玻璃的脆性、玻璃中存在的微裂纹（尤其是表面微裂纹）和内部不均匀区及缺陷的存在造成应力集中，使得块状玻璃的实际强度与理论强度相差 2～3 个数量级。玻璃钢化后，表面产生均匀的压应力，玻璃机械强度大幅提高。

（2）**脆性**。脆性是当负荷超过玻璃的极限强度时，玻璃不产生明显的塑性变形而立即破裂的性质。脆性取决于玻璃的结构和化学键强度，脆性还和温度相关。

（3）**密度**。玻璃的密度与其化学组成及微观结构相关。按国家标准，1mm 厚的玻璃，$1m^2$ 重量为 2.5kg，即玻璃的密度为 $2.5g/cm^3$，约为钢材的 1/3。随着温度的升高，玻璃密度下降。

（4）**热性质**。在低于玻璃软化温度和流动温度的范围内，玻璃比热几乎不变。在软化温度和流动温度的范围内，比热随着温度上升逐渐增大。玻璃的热膨胀性取决于玻璃本身的化学组成及其纯度，纯度越高膨胀系数越小。玻璃的热稳定性决定玻璃在温度剧变时抵抗破裂的能力。玻璃的热膨胀系数越小，其稳定性越好。

（5）**光学性质**。玻璃既能透过光线，还有反射光线和吸收光线的能力。玻璃反射光线的多少决定于玻璃反射面的光滑程度、折射率及投射光线的入射角大小。玻璃对光线的吸收则随玻璃化学组成和颜色而变化。玻璃的折射性质受其化学组成的影响，其折射率随温度上升而增加。

（6）**化学稳定性**。玻璃具有较高的化学稳定性，但长期遭受侵蚀性介质的腐蚀，也会导致变质和破坏。

3. 玻璃的分类

玻璃的品种很多，分类方法各异，通常按照化学组成进行分类：

（1）**钠玻璃**：主要由 SiO_2、Na_2O、CaO 组成，又名普通玻璃或钠玻璃。

（2）**钾玻璃**：以 K_2O 替代钠玻璃中部分 Na_2O，并提高 SiO_2 的含量，又名硬玻璃。

（3）**铝镁玻璃**：降低钠玻璃中碱金属和碱土金属物的含量，引入 MgO，并以 Al_2O_3 代替部分 SiO_2 制成的一类玻璃。

（4）**铅玻璃**：又称铅钾玻璃或重玻璃、晶质玻璃，由 PbO、K_2O 及少量的 SiO_2 组成。

（5）**硼硅玻璃**：又称耐热玻璃，由 B_2O_2、SiO_2 及少量 MgO 组成。

（6）**石英玻璃**：由 SiO_2 组成。

4. 玻璃的缺陷

玻璃体内存在着的各种夹杂物，称为玻璃的缺陷。缺陷会引起玻璃体均匀性的破坏，使玻璃质量大幅降低，影响装饰效果，甚至严重影响玻璃的进一步加工，以至于形成大量废品。

（1）**气泡**：玻璃中的气泡是可见的气体夹杂物，不仅影响玻璃的外观质量，更重要的是影响玻璃的透明度和机械强度，是一种极易引起人们注意的玻璃缺陷。

（2）**结石**：结石是玻璃最危险的缺陷，不仅影响制品的外观和光学均匀性，而且降低制品的使用价值。

（3）**条纹和节瘤**（玻璃态夹杂物）：玻璃主体内存在的异类玻璃夹杂物称为玻璃态夹杂物，属于一种比较普遍的玻璃不均匀性方面的缺陷。

5. 玻璃的表面加工及装饰

成型后的玻璃制品，大多需要进行表面加工，以得到符合要求的制品，加工可以改善玻璃的外观和表面性质，还可以进行装饰。玻璃彩绘如图 14-21 所示，镀膜玻璃幕墙如图 14-22 所示。

图 14-21　玻璃彩绘

图 14-22　镀膜玻璃幕墙

14.6.2　建筑玻璃的主要品种

1. 平板玻璃

平板玻璃是建筑玻璃中用量最大的一种，习惯上将窗用玻璃、磨光玻璃、磨砂玻璃、压花玻璃、有色玻璃均归入平板玻璃之列。平板玻璃是将熔融的玻璃液经引拉、悬浮等方法而得到的制品。通常按厚度分类，主要有 (2、3、5、6)mm 厚的制品，其中以 3mm 厚的玻璃使用量最大。窗用平板玻璃既透光又透视，透光率可在 85% 左右，能隔声，略有保温性，具有一定机械强度，但性脆，且紫外线透过率较低。平板玻璃按外观质量分为特选品、一级品和二级品三等，成品装箱运输，产量以标准箱计，厚度为 2mm 的平板玻璃，每 10m² 为一标准箱。

2. 中空玻璃

中空玻璃由两片或多片平板玻璃构成，用边框隔开，四周边缘部分用胶接、焊接或熔接的办法密封，中间充入干燥空气或其他惰性气体。玻璃采用平板原片，有浮法透明玻璃、彩色玻璃、镜面反射玻璃、夹丝玻璃、钢化玻璃等。由于玻璃与玻璃间留有一空腔，因此具有良好的保温、隔热、隔声等性能。如在玻璃之间填充各种能漫射光线的材料或电介质等，则可获得更好的声控、光控、隔热等效果。中空玻璃主要用于采暖空调、防止噪声、防结露等建筑上，如宾馆饭店、办公楼、学校、医院等，如图 14-23 所示。

3. 夹丝玻璃

夹丝玻璃也称防碎玻璃或钢丝玻璃。它是将普通平板玻璃加热到红热软化状态，再将预热处理的铁丝网压入玻璃中间而制成。与普通玻璃相比，夹丝玻璃不仅增加了强度，而且由于铁丝网的骨架作用，在玻璃遭受冲击或温度剧变时，破而不缺，裂而不散，避免小块棱角飞出伤人。当火灾蔓延，夹丝玻璃受热炸裂时，仍能保持完整，起隔绝火焰的作用，故又称防火玻璃。

4. 钢化玻璃

钢化玻璃是将玻璃加热到软化温度，经迅速冷却或用化学方法钢化处理所得的玻璃制品，具有良好的机械性能和耐热抗震性能，又称强化玻璃。玻璃经钢化处理后，其机械性能与力学性能等大幅提高。钢化玻璃在破碎时，先出现网状裂纹，破碎后棱角碎块不尖锐，不伤人，故又称为安全玻璃。但是钢化玻璃不能切割，磨削，边角不能碰击，使用时只能选择现有尺寸规格的成品，或提出具体设计图纸加工定做。钢化玻璃有普通钢化玻璃、钢化吸热玻璃、磨光钢化玻璃等品种。钢化-夹层玻璃楼梯踏步如图14-24所示。

图 14-23　中空玻璃窗

图 14-24　钢化-夹层玻璃楼梯踏步

5. 压花玻璃

压花玻璃是将熔融的玻璃液在冷却中通过带图案花纹的辊压而成的制品，又称花玻璃或滚花玻璃。在压花玻璃有花纹的一面，用气溶胶法对表面进行喷涂处理，玻璃可呈浅黄色、浅蓝色等。经过喷涂处理的压花玻璃，可提高强度50%～70%。压花玻璃有一般压花玻璃、真空镀膜压花玻璃、彩色膜压花玻璃等。

6. 夹层玻璃

图 14-25　夹层玻璃

夹层玻璃是由透明的塑料将2～8层平板玻璃胶结而成的，如图14-25所示，具有较高的强度，受到破坏时产生辐射状或同心圆形裂纹，碎片不易脱落，且不影响透明度，不产生折光现象。常用的有赛璐珞塑料夹层玻璃和乙烯醇缩丁醛树脂夹层玻璃两种。其玻璃原片可用于普通平板玻璃、磨光玻璃、浮法玻璃、钢化玻璃及吸热玻璃等。

7. 磨光玻璃

磨光玻璃又称镜面玻璃，是用平板玻璃经过抛光后制得的玻璃，分单面磨光和双面磨光两种。其具有表面平整光滑且有光泽，物像透过玻璃不变形，透光率大于 84% 等特点。玻璃厚度一般为 5～6mm。经机械研磨和抛光的磨光玻璃，虽质量较好，但既费工又不经济，自从浮法工艺出现之后，作为一般建筑和汽车工业用的磨光玻璃用量已逐渐减少。

8. 毛玻璃

毛玻璃通常指经过研磨、喷砂或氢氟酸溶蚀等加工，使表面成为均匀粗糙的平板玻璃。毛玻璃有磨砂玻璃、喷砂玻璃及酸蚀玻璃等。由于毛玻璃表面粗糙，使光线产生漫射，透光不透视，室内光线不刺眼，一般用于建筑物的卫生间、浴室、办公室等门窗及隔断，也有用作黑板等。

9. 热反射玻璃

热反射玻璃是既具有较高的热反射能力，又保持了平板玻璃良好的透光性能的玻璃，又称镀膜玻璃或镜面玻璃。热反射玻璃是通过在玻璃表面喷涂金、银、铜、铝、铬、镍、铁等金属及金属氧化物或粘贴有机薄膜或以某种金属或离子置换玻璃中原有的离子而制成。

10. 吸热玻璃

吸热玻璃是既能吸收大量红外线辐射，又能保持良好光透过率的平板玻璃。吸热玻璃的生产是在普通玻璃中加入有着色作用的氧化物，如 Fe_2O_3 等，使玻璃带色并具有较高的吸热性能，或在玻璃表面喷涂 SnO 等薄膜。

11. 异形玻璃

异形玻璃是用硅酸盐玻璃制成的大型长条形构件。异形玻璃一般采用压延法、浇筑法和辊压法生产。异形玻璃的品种主要有槽形、箱形、肋形、三角形等品种。异形玻璃有无色和彩色的，配筋和不配筋的，表面带花纹和不带花纹的，夹丝和不夹丝的等。

12. 光致变色玻璃

在玻璃中加入卤化银，或在玻璃与有机夹层中加入钼和钨的感光化合物，就能获得光致变色玻璃，如图 14-26 所示。光致变色玻璃受太阳光或其他光线照射，颜色随着光线的增强而逐渐变暗，当照射停止时又恢复原来颜色。

13. 釉面玻璃

釉面玻璃是一种饰面玻璃，即在玻璃表面涂敷一层彩色易熔性色釉，在熔炉中加热至釉料熔融，使釉层与玻璃牢固结合在一起，经退火或钢化等不同热处理方法制成的产品。玻璃基片可用普通平板玻璃、压延玻璃、磨光玻璃或玻璃砖。

图 14-26 光致变色玻璃

14. 水晶玻璃

水晶玻璃也称石英玻璃，它是采用玻璃在耐火材料模具中制成的一种装饰材料。水晶玻璃是以 SiO_2 和其他一些添加剂为主要原料，经配料后烧熔、结晶而制成。水晶玻璃的外表层是光滑的，并带有各种形式的细丝网状或仿天然石料的不重复的点缀花纹，具有良好的装饰效果，机械强度高，化学稳定性和耐大气腐蚀性较好。水晶玻璃的反面较粗糙，与水泥的黏结性好，便于施工。

15. 泡沫玻璃

泡沫玻璃是以玻璃碎屑为基料，和少量发气剂按比例粉磨，送入发泡炉发泡，然后脱模退火而成的一种多孔轻质玻璃。泡沫玻璃不透气，不透水，抗冻，防火，可锯、钉、钻，属高级泡沫材料。

16. 玻璃砖

玻璃砖有空心砖和实心砖两种。实心玻璃硅是采用机械压制方法制成的。空心玻璃砖是采用箱式模具压制而成的。空心玻璃砖有单孔和双孔两种。

17. 玻璃马赛克

玻璃马赛克是外来语，我国现称为玻璃锦砖。玻璃锦砖是以玻璃为基料并含有未熔解的微小晶体（主要是石英）的乳浊制品，是一种小规格的彩色饰面玻璃。其一面光滑，另一面带有槽纹，以便于与砂浆黏结。

18. 玻璃幕墙

玻璃幕墙是以铝合金型材为边框，玻璃为内外复面，其中填充绝热材料的复合墙体。目前，玻璃幕墙所采用的玻璃已由浮法玻璃、钢化玻璃等较为单一品种，发展到吸热玻璃、热反射玻璃、中空玻璃、夹层玻璃、釉面钢化玻璃、丝网印花钢化玻璃及真空镀膜玻璃等。

14.7　建筑塑料装饰制品

建筑塑料装饰制品即是以合成树脂或天然树脂为主要原料，在一定温度和压力下塑制成型，且在常温下保持产品形状不变的材料。塑料作为建筑装饰材料具有很多特性，不仅能用于代替许多传统的材料，而且有很多传统材料所不具备的优良性能。比如优良的可加工性能，强度重量比大，良好的电绝缘性及化学稳定性，具有保温、隔热、隔声等多种功能。塑料的品种很多，按照受热后塑料的变化情况可以把塑料分为：热塑性塑料，如聚氯乙烯等；热固性塑料，如环氧树脂，酚醛树脂等。

14.7.1　塑料地板

塑料地板品种很多，分类方法各异。按照生产塑料地板所用树脂来分，塑料地板可以分为聚氯乙烯塑料地板、聚丙烯树脂塑料地板、氯化聚乙烯树脂塑料地板。目前，绝大多数塑料地板属于聚氯乙烯塑料地板。按照生产工艺可分为热压法、压延法、注射法三类。按照塑料地板的结构来分，有单层塑料地板，多层塑料地板等。塑料地板可以粘贴在如水泥混凝土或木材等基层上，构成饰面层。塑料地板的装饰性好，其色彩及图案不受限制，能满足各种用途的需要，也可仿制天然材料，十分逼真。塑料地板施工铺设方便，耐磨性好，使用寿命较长，便于清扫，脚感舒适且有多种功能，如隔声、隔热和隔潮等。在采用塑料地板时，应根据其耐磨性、尺寸稳定性、翘曲性、耐化学腐蚀性和耐久性等性能，正确地选择和使用。

14.7.2　塑料壁纸

塑料壁纸目前发展最为迅速，是应用最为广泛的壁纸。塑料壁纸大致分为三类，即普通壁纸、发泡壁纸和特种壁纸。每一种壁纸有 $3 \sim 4$ 个品种，每一个品种又有几十个乃至几百种花色。塑料壁纸具有良好的装饰效果，可以制成种种图案及丰富的凹凸花纹，富有质感。且施工简单，节约大量粉刷工作，因此可提高工效，缩短施工周期，塑料壁纸陈旧后，易于更换。塑料壁纸表面不吸水，可用布擦洗。塑料壁纸还具有一定的伸缩性，抗裂性较好。

14.7.3 化纤地毯

化纤地毯由合成纤维制作的面料编结而成，可以机械化生产，产量高，价格低廉，加之其耐磨性好，且不易虫蛀和霉变，很受人们的欢迎。

1. 化纤地毯分类

（1）簇绒地毯由四部分组成，即毯面纤维、初级背衬、防松涂层和次级背衬。

（2）针扎地毯由三部分组成，即毯面纤维、底衬和防松涂层。

（3）机织地毯是传统的品种，即把经纱和纬纱相互交织编成地毯，也称纺织地毯。

（4）手工编结地毯完全采用手工编结，一般是单张的，没有背衬。

（5）印染地毯一般是以簇绒地毯为基础加以印染加工而成。目前，簇绒地毯是使用最普遍的一种化纤地毯。

2. 化纤地毯性能

（1）种类繁多。装饰性化纤地毯颜色从淡雅到鲜艳，图案从简单到复杂，质感从平滑的绒面到立体感的浮雕，化纤地毯已被公认为是一种高级的地面装饰材料。

（2）对环境的调节作用。化纤地毯具有一定的吸声性及绝热作用，因此对环境起一定的调节作用。

（3）耐污和藏污性。化纤地毯耐污和藏污性主要取决于毯面纤维的结构、性质和毯面的结构。

（4）耐倒伏性。化纤地毯的耐倒伏性指由于毯面纤维在长期受压摩擦后向一边倒下而不能回弹的性能，此性能不好会导致露底、表面色泽不均匀以及藏污性下降。

（5）耐磨性。耐磨性是决定地毯使用寿命的主要因素。化纤地毯的耐磨性优于羊毛地毯。

（6）耐燃性。与塑料地毯相比，化纤地毯的耐燃性及耐烟头性较差。在地毯上踩灭烟头会使毯面纤维烧焦，无法修复。

（7）抗静电性。化纤地毯在使用时，表面由于摩擦会产生静电积累和放电。解决静电积累的方法是对毯面纤维进行防静电处理。

（8）色牢度。色牢度指地毯在使用过程中，受光、热、水和摩擦等作用，颜色的变化程度。色牢度在很大程度上与染色的方法有关。

（9）剥离强度。剥离强度是衡量地毯面层与背衬复合强度的一项指标，也能衡量地毯复合后的耐水性指标。

（10）老化性。老化性是衡量地毯经过一段时间光照和接触空气中的氧气后，化学纤维老化降解的程度。

14.8 建筑装饰木材

14.8.1 木材的装饰效果及特性

木材的装饰效果主要通过其质感、光泽、色彩、纹理等方面表现出来。木材的装饰效果能给人们带来回归自然、华贵安乐的感觉。木材的装饰特性包括其纹理美观、典雅、亲切，色彩柔和、富有弹性，具有保温绝热、吸湿、吸声效果，表面可涂饰面油漆、粘贴贴面等。

14.8.2 常用装饰木材品种

1. 木地板

木地板有条板地板和拼花地板两种，前者使用较为普遍。条板地板具有木质感强、弹性好、脚感舒适、美观大方等特点，通常采用松、杉、柞、榆等材质制作。条板的宽度一般不大于120mm，厚度一般为20～30mm，拼缝可做成平头、企口或错口。其铺设分为实铺和空铺两种。拼花地板是由水曲柳、柞木、柚木等制成条状小条板，用于室内地面装饰拼铺。拼花地板常见图案有正芦席纹、人字纹、砖墙纹等。

2. 胶合板

胶合板是以旋切方式等生产出的木材薄片且由胶合剂黏结而成的装饰板材，主要有三合板、五合板、七合板等，以三合板应用居多。胶合板具有材质均匀、吸湿变形小、幅面阔、表面纹理美观等特点，是室内墙面装饰较好的材料之一。

3. 纤维板

纤维板是以植物纤维，如树梢、树皮、刨花、稻草、麦秸秆等，经破碎、浸泡、热压、干燥等过程制成的一种人造板材。按其密度可分为硬质纤维板（>800kg/m³）、软质纤维板（<500kg/m³）和中密度纤维板（500～800kg/m³）。硬质纤维板具有强度高、不易变形等性能，可用于墙面、地面装饰，也可用于家具；软质纤维板强度低，可用于吊顶等；中密度纤维板表面光滑、性能稳定，表面装饰处理效果好，可用于室内隔断、地面、家具等。

4. 木线条

木线条装饰材料是装饰工程中各平面交接口处的收边封口材料，主要品种有压边线、压角线、墙腰线、天花角线、弯线、柱角线等。各类木线条立体造型各异，断面形状繁多，材质可选性强，表面可再行涂饰，使室内增添古朴、高雅、亲切的感觉。

14.9 建筑装饰涂料

涂料是一种重要的建筑装饰材料，它具有省工省料、造价低、工期短、工效高、自重轻、维修方便等特点，因此，在装饰工程中的应用十分广泛。

1. 涂料的分类

涂料的品种很多。按照涂料的使用部位来分，建筑涂料分为墙面涂料、地面涂料及顶棚涂料。按照涂料所形成的涂膜的质感来分，有薄质装饰涂料，厚质装饰涂料及砂壁状涂料（又称彩砂涂料）。

2. 涂料的组成

涂料中各组分所起作用不同，有成膜物质、次要成膜物质和辅助材料。

3. 涂料的性能与特点

（1）涂料技术性质

1）遮盖力。通常用遮盖黑白格所需涂料的重量表示，重量越大，遮盖力越小。

2）涂膜附着力。它表示涂膜与基层的黏结力，以玻璃板上刀划后脱落的情况评定。

3）黏度。黏度的大小影响施工性能，不同的施工方法要求涂料有不同的黏度。

4）细度。细度大小直接影响涂膜表面的平整性和光泽。

5）用量。以 $1m^2$ 涂料用量（以 kg 为单位）表示，或以 1kg 涂料可涂刷的面积（m^2）表示。

6）最低成膜温度。每种涂料都具有一个最低成膜温度，不同涂料的最低成膜温度不同。

7）毒害性。绿色涂料要控制涂料中的甲醛含量小于 10mg/kg；挥发性有机物含量小于 10g/L；涂料中每种重金属元素含量如铅、铬、镉、汞等均小于 20mg/kg，钡小于 100mg/kg。

（2）涂料应用特性

1）耐污染性。耐污染性是涂料的一个重要特性，如耐污浊空气玷污等。

2）耐久性。耐久性包括耐冻融性、耐洗刷性、耐紫外线老化性、耐酸雨腐蚀性、耐磨性等。

3）耐碱性。涂料的装饰对象主要是一些碱性材料，因此耐碱性是涂料的重要特性。

4. 涂料的品种与应用

（1）**薄质装饰涂料**。薄质装饰涂料一般是以砂粒状为代表名称的装饰涂料，品种有水泥系和硅酸质系等无机质系及合成树脂乳液系、合成树脂溶液系和水溶性树脂系等有机质系。水泥系薄质装饰涂料由白色硅酸盐水泥、白云石灰膏、熟石灰以及骨料为主要原材料，掺加着色料、防水剂、调湿剂等配制而成，因此可以和水泥系的基层结合成整体，其耐久性能优异。水泥系装饰涂料是不燃材料，具有良好的耐水性及耐碱性，与合成树脂溶液系装饰涂料相比，不易受到污染，而且该涂料的原材料来源广泛，价格相对较低。水泥系薄质装饰涂料主要用于建筑外墙工程，但有时也用于楼梯间裙墙等内墙装饰。适用于水泥砂浆拉毛基层，其他如预制混凝土板材、加气混凝土板材等亦可进行涂料涂饰施工。

（2）**复层装饰涂料**。复层装饰涂料一般称为喷涂仿瓷砖涂料，主要包括水泥系复层装饰涂料、聚合物水泥系复层装饰涂料、硅酸质系复层装饰涂料以及合成树脂乳液系、反应固化型合成树脂乳液系等品种。复层装饰涂料一般由三层涂层组成，位于中间层的主涂层具有花纹图案等饰面式样和厚度，罩面涂层则具备颜色、光泽等外观以及防水、耐候性等功能。

（3）**厚质装饰涂料**。在传统的墙面装饰方法中，为了追求天然石料的风格而出现了颗粒状的涂料饰面。用一定厚度的装饰涂料涂饰墙面，既起保护作用又可以呈现丰富的质感，从而开发了水泥系厚质装饰涂料以及合成树脂乳液系、硅酸质系厚质装饰涂料等，其中，骨料可以使用各种彩砂、陶瓷碎粒等。

思考题

1. 如何理解建筑装饰材料的装饰性？选用装饰材料应遵循哪些原则？

2. 为何室内装饰材料对挥发性有机物含量要作限定？

3. 列举内墙涂料和外墙涂料各一例，并对比叙述其主要性能和应用。

4. 建筑陶瓷常用品种有哪些？各有哪些特性？

5. 装饰玻璃有哪些品种，各有何特点？

6. 在本章所列的装饰材料中，你认为哪些适宜用于外墙装饰？哪些适宜于内墙装饰？并说明原因。

7. 根据本章的基本知识，你认为哪类植物可用于建筑环境空间装饰？

第 4 篇
建筑材料试验原理及方法

15.1 试验准则

学习土木工程材料试验的目的：一是使学生熟悉主要土木工程材料的技术要求，并具有对常用土木工程材料独立进行质量检定的能力；二是使学生对具体材料的性状有进一步的了解，巩固与丰富理论知识；三是进行科学研究的基本训练，培养学生严谨认真的科学态度，提高分析和解决问题的能力。

为了确保试验顺利进行，达到预定目的，应做到以下几点：

1. 做好试验前的准备工作

（1）预习试验指导书，明确本次试验的目的、方法、步骤和注意事项。

（2）预习与本次试验有关的基本原理和其他有关参考资料等。

（3）对试验中用到的仪器、设备，试验前应有一定程度的熟悉和了解。

（4）清楚本次试验所需记录的项目及数据处理的方法，事先做好记录表格等准备工作。

（5）对于创新类试验，事先需拟定试验计划、准备试验材料、校准仪器设备；甚至规划场地、铺设导线、引水、搭设脚手架等。

2. 遵守试验室的规章制度

（1）遵守试验室守则。遵守试验室规章制度。严肃认真，保持安静。

（2）爱护设备及仪器，严格遵守操作规程。

（3）非本试验所用仪器及设备切勿随意动用。

（4）试验完毕后，应将设备和仪器擦拭干净，并恢复到正常状态。

3. 认真做好试验

（1）课前认真预习，课上认真听讲，认真进行试验，课后认真撰写试验报告。

（2）清点有关试验用设备、仪表和器材。

（3）对于带电或贵重的设备及仪器，在接线或布置完时，应经教师检查后方可开始试验。

（4）试验过程中，应密切观察试验现象，若发现异常应及时报告。

（5）试验过程中还应注意采取防护措施，确保人身、仪器和设备安全。

（6）记录全部所需测量数据及环境温湿度参数，原始数据不得随意修改。

（7）教学试验是培养学生动手能力的一个重要环节，鼓励相互合作，鼓励人人动手操作。

4. 写好试验报告

试验报告是试验的总结，通过对它的书写，可以提高分析问题的能力，因此必须独立完成。报告要求整洁清楚，要有分析和自己的观点，并进行讨论。一般试验报告应具有下列内容：

（1）试验名称、试验日期、试验者姓名。

（2）试验目的。

（3）设备及仪器的名称。

（4）设备及仪器型号、精度及量程等。

（5）试验数据及处理（应包括全部原始数据，并注明测量单位，最好以表格形式列出数据的运算过程，并根据数据处理和误差分析的要求给出试验误差）。最后将所得的试验作出曲线或给出经验公式。

（6）讨论。应根据试验结果及试验中观察到的现象，结合基本原理进行分析讨论。如试验涉及的问题有理论解，则应与计算结果进行比较，并提出见解。

（7）在试验中鼓励同学对试验原理、试验方法、试验过程、试验现象等进行仔细的研究和认真的观察，并将获得的创新性见解总结，在报告中提出。

15.2   试验数据处理方法

1. 测量及其分类

测量就是将被测物理量与选定为基本单位的物理量进行比较，其倍数即为待测物理量的大小，其单位就是与之进行比较的基本单位，因此一个物理量的测量结果必须同时包含大小和单位，两者缺一不可。

（1）测量按照测量过程可以分为直接测量与间接测量。

直接测量指直接从仪器或者量具上读出待测量的量值，如用米尺测量钢丝的长度。间接测量指不能直接读出待测量的量值，而要根据直接测量量之间的函数关系得出待测量的量值，如物体的密度。

（2）测量按照测量条件可分为等精度测量与不等精度测量。

对同一待测量进行多次测量时，始终在相同的测量条件（同一测量者、同样的仪器、同样的方法）下进行，则每次测量的可靠程度都是一样的，这样的多次测量称为等精度测量，测量得到的一组数据称为测量列。若多次测量时，测量条件发生了改变，如更换试验仪器，则为不等精度测量。

（3）测量按照测量次数可以分为单次测量与多次测量。

2. 误差及其分类

由于受到测量仪器的精度、测量原理的近似性、测量条件的不理想以及测量者的试验素质等因素的制约,一个物理量的测量很难做到完全准确,即测量值 x 与待测量的客观真实值(即真值)x_0 之间总是存在一定的差异,这种差异在数值上的表示即为误差:

$$\Delta x = x - x_0 \tag{15-1}$$

要准确地判定一个测量结果的优劣,还要引入相对误差,相对误差 E_r 指误差与待测量真值的比值,常用百分比表示:

$$E_r = \frac{\Delta x}{x_0} \times 100\% \tag{15-2}$$

根据误差的性质和特点,可将误差分为两类:系统误差和随机误差。

在相同条件下,对同一待测量进行多次测量,误差的绝对值和符号始终保持不变或按某种规律变化,这类误差称为系统误差,其特征是确定性。前者称为定值系统误差,后者称为变值系统误差。按对系统误差的掌握程度可将其分为已定系统误差和未定系统误差。已定系统误差指采用一定方法可以确定误差的数据和符号,可以通过对测量值进行修正减小或消除其影响。未定系统误差指不能确定误差的数据和符号,一般也难于修正和消除,仅仅知道其可能的范围。

在相同条件下,对同一测量值进行多次测量,在消除系统误差影响的情况下,各次测量值之间仍存在差异,且变化不定,这种误差的绝对值和符号都在随机变化,称为随机误差(或偶然误差),其特征是不确定性。就某次测量来说,随机误差的大小和符号是不可预估的,但对某一待测量进行大量重复测量,就可以发现随机误差服从一定的统计规律,其中最常见的是正态分布规律。

3. 不确定度及测量结果的表示

在科学试验中,一个完整的测量结果,不仅要给出待测量的测量值,还要对其测量误差进行评定,即对其测量结果的可信任程度进行评定。由于待测量的真值不可知,只能对测量误差给出某种可能的评估,不可能用测量误差表示测量结果的可信赖程度。长期以来不同国家、不同行业对于测量误差的处理和表示很不统一,为此国际计量局(BIPM)、国际标准化组织(ISO)等先后提出并制定了《试验不确定度的规定建议书 INC-1(1980)》及《测量不确定度表示指南(1993)》,规定采用不确定度 Δ 替代误差来评定测量结果的质量。测量不确定度是与测量结果相关联的参数,用于表征由于测量误差的存在而对测量值不能肯定的程度,是对待测量真值在某个量值范围的评定。或者说不确定度表示了测量误差可能出现的范围,它的大小反映了测量结果的可信赖程度,不确定度越小,测量结果的可信赖程度越高,测量结果与真值越接近。任何一个测量结果都存在不确定度,因此一个完整的测量结果可以表示为

$$x = \bar{x} \pm \Delta (\text{单位}) \tag{15-3}$$

相对不确定度

$$E_r = \frac{\Delta}{\bar{x}} \times 100\% \tag{15-4}$$

4. 有效数字

(1) 有效数字的基本知识。试验的基础是测量,因为任何测量都是存在误差的,所以

测量结果的数值位数不能随意记录，必须能够准确地反映待测量的大小和测量的精度，这就需要用有效数字表示。有效数字由可靠数字（准确数字）和存疑数字（欠准数字）组成。可靠数字是由测量仪器明确指示的，对同一待测量，不同测量者读到的准确数字是不会发生变化的。存疑数字通常由测量者估读得到，不同测量者估读的数字可能略有不同。估读位通常就是仪器最小分度的下一位。存疑数字虽然是估读的，但它还是在一定程度上反映了测量的客观实际，因此它也是有效数字，不能随意增减。对于有效数字，还应注意以下几点：有效数字的位数与小数点的位置无关，取决于仪器的测量准确度。例如，25.46cm＝0.2546m＝0.0002546km，尽管小数点的位置不同，但它们都是 4 位有效数字。

（2）有效数字的运算规则。试验中进行的大多是间接测量，测量结果需要通过运算得出。运算结果的有效数字依据以下原则：可靠数字间的运算结果仍为可靠数字；可靠数字和存疑数字间的运算或存疑数字间的运算结果为存疑数字，但进位数字为可靠数字；运算结果只保留一位存疑数字。其后数字按"四舍六入五凑偶"的规则处理。

5. 试验数据的处理方法

对采集的原始数据进行科学而合理的记录、整理、计算、分析，从中找出相关物理量的关系，研究物质的特性，验证相关的理论，这就是数据处理。数据处理是试验必不可少的重要组成部分，不同的试验用到的数据处理方法也不尽相同，下面介绍常用的几种数据处理方法。

（1）列表法。列表法就是在记录和处理数据时，把测量数据和相关的计算结果，按照一定的规律列成表格的方法。它的优点是可使数据记录清晰直观，条理清楚，能够简单明确地反映测量结果之间的关系，易于找出数据的规律和存在的问题。

（2）作图法。作图法是将试验数据间的关系用几何图形表示出来，形象、直观地反映数据之间的变化规律和函数关系。作图法是试验技能训练中的一项基本功。具体流程如下：

① 选择坐标纸。根据函数性质选取是直角坐标纸还是对数坐标纸，选择大小，依据测量数据、有效数字的多少及测量结果的需要而定。

② 选取坐标轴。一般横轴代表自变量，纵轴代表因变量。标明各轴的物理量符号与单位。

③ 确定起始点与终值。根据试验数据的分布范围确定坐标轴的起始点（原点）与终值，起始点不一定从零开始。

④ 进行坐标的标度。标出整数和所用的单位。选值使坐标轴的最小格与试验数据有效数字中最末位可靠数字（测量仪器的最小分度值）相对应，保证在作图过程中不能降低试验的准确度。标注时还要注意比例是否恰当，使试验曲线充满整个图纸，不要偏向一边或一角。比例一般为 1∶1 或 1∶2。

⑤ 标点。把试验数据点用"＋""⊙""×""△"等符号准确地标明在坐标纸上。同一坐标纸不同图线的数据点用不同符号以示区别。

⑥ 连线。根据数据点的分布，用直尺、曲线尺等工具连成直线或光滑的曲线。连线时使数据点均匀分布在图纸两侧（具有取"平均值"的含义），个别离曲线很远的点，分析后进行取舍或重新测量。

⑦ 图标。在图纸的下边写出图名，在明显处标出作图者、作图日期和必要的简短

说明。

（3）图解法。利用已做好的试验图线，定量求解待测量或得到经验公式的方法称为图解法。当图线为直线时尤为方便，此时自变量 x 和因变量 y 之间满足线性关系：

$$y = ax + b$$

通过对直线的斜率和截距的分析，可以得到相关物理量。

6. 最小二乘法和线性拟合

用作图法进行数据处理虽然有直观、简便等很多优点，但它是一种粗略的数据处理方法。同一组测量数据，不同的试验者在拟合直线（或曲线）时，由于个人主观因素，可能会得到不同的结果。根据一组试验数据，想要找出最佳拟合效果，应该采用严格的数学解析方法，其中最常用的方法是最小二乘法。利用最小二乘法得到的变量之间的关系称为回归方程，所以最小二乘法拟合也称为最小二乘法回归。

最小二乘法的内容为：如果有一组数据 x_i，则这组数据与其算数平均值 $\bar{x}$ 之差 δx_i 的平方和 $\sum \delta x_i^2$ 必为最小，即如果有一组数据与某一数据之差的平方和最小，则这一数据必为该组数据的平均值。利用最小二乘法进行拟合的原理也是如此：最佳拟合直线上各相应点的值与各测量值之差的平方和，应是各拟合直线中最小的。

假设两个物理量 x 和 y 之间满足线性关系 $y = a + bx$，用最小二乘法拟合出最佳直线，就是要找出回归方程的系数 a、b 的值。由等精度测量得到一组数据 x_1，x_2，$\cdots$，x_n；y_1，y_2，$\cdots$，y_n。为了讨论简便，假定自变量 x_i 是准确的，不存在误差，误差只发生在因变量 y_i。如果两者都有误差，只要把误差相对较小的变量作为自变量即可。对于和某个 x_i 对应的 y_i 与直线在 y 方向上的偏差为

$$v_i = y_i - (a + bx_i) \tag{15-5}$$

按最小二乘法应使

$$s = \sum_{i=1}^{n} v_i^2 = \sum_{i=1}^{n} (y_i - a - bx_i)^2 \tag{15-6}$$

取最小值。取一阶微商等于零得

$$\frac{\partial s}{\partial a} = -2 \sum_{i=1}^{n} (y_i - a - bx_i) = 0 \tag{15-7}$$

$$\frac{\partial s}{\partial b} = -2 \sum_{i=1}^{n} (y_i - a - bx_i) x_i = 0 \tag{15-8}$$

整理得

$$a + b\bar{x} = \bar{y} \tag{15-9}$$

$$a\bar{x} + b\overline{x^2} = \overline{xy} \tag{15-10}$$

式中 $\bar{x} = \frac{1}{n} \sum_{i=1}^{n} x_i$，$\bar{y} = \frac{1}{n} \sum_{i=1}^{n} y_i$，$\overline{x^2} = \frac{1}{n} \sum_{i=1}^{n} x_i^2$，$\overline{xy} = \frac{1}{n} \sum_{i=1}^{n} x_i y_i$。

联立求解可得

$$a = \bar{y} - b\bar{x} \tag{15-11}$$

$$b = \frac{\bar{x} \cdot \bar{y} - \overline{xy}}{\bar{x}^2 - \overline{x^2}} \tag{15-12}$$

由上式计算得到的 a、b，就是线性回归方程中的待定系数 a、b 的最佳估计值，将 a、b

代入线性方程 $y = a + bx$，即可得到该组数据所拟合出的最佳直线方程。

7. 结构可靠性分析的方法、步骤

结构设计的基本目的，是使所设计的结构在设计基准期内满足安全性、适用性和耐久性，亦即使结构具有足够的可靠性。结构可靠性的概率度量称为结构的可靠度。对结构进行可靠度分析，可遵循如下的方法、步骤：

（1）确定结构可靠性分析中涉及的随机变量，搜集各随机变量的观测值或试验资料，用数理统计的方法进行统计分析，求出其分布规律及有关的统计特性。一般来说，涉及的随机变量很多，但大致可以分为三类，即结构的几何尺寸、材料的物理性质和结构受到的外来作用（如荷载、变温等）。比较多的随机变量服从正态分布、对数正态分布和极值 I 型分布。随机变量的统计特性一般指其均值、方差或变异系数。

（2）确定结构失效的判别准则，建立相应的极限状态，并以数学方程的形式表示。无论是考虑结构的强度失效、刚度失效还是稳定失效，都需要对结构进行力学分析，即计算结构由于荷载作用而产生的效应，然后与结构的抵抗能力进行比较，以判断结构是否安全。结构的荷载效应一般是指结构的内力、应力、位移和变形等；结构的抗力指结构抵抗破坏或变形的能力，如结构的屈服极限、强度极限、容许变形或位移等。

不同的结构类型、不同的结构材料有不同的失效准则，结构失效的判别准则一般根据结构的设计规范或科学研究的新成果确定。

（3）以概率理论为基础，进行结构可靠度设计或分析结构的可靠度水平。目前我国已建立了一整套简便可行的可靠度设计方法，颁布了相应的可靠度设计规范，并在工程结构设计中普遍采用可靠度设计。对于重要或复杂的工程结构，可靠度分析问题已受到高度重视，许多行业部门通过科技攻关等措施，组织人员进行可靠度理论、方法和工程应用方面的研究，取得了丰富的成果，大幅提高了我国在这一领域的研究水平。

8. 概率的基本概念

（1）概率的定义。对于随机事件 A，用概率 $P(A)$ 描述该事件发生的可能性的大小是比较恰当的，下面给出度量事件发生可能性大小的概率的定义。

设 E 是随机试验，S 是它的样本空间，对于 E 的每一事件 A 赋予一实数，记为 $P(A)$，称为事件 A 的概率，如果它满足下列条件：

① 对于每一事件 A 有 $0 \leqslant P(A) \leqslant 1$

② $P(S) = 1$；

③ 对于两两互不相容的事件 $A_k(k = 1,2\cdots)$，有

$$P(A_1 \bigcup A_2 \bigcup \cdots \bigcup A_n \bigcup \cdots) = P(A_1) + P(A_2) + \cdots + P(A_n) + \cdots \quad (15\text{-}13)$$

（2）全概率公式。由概率的有限可加性和条件概率的定义可以导出计算事件概率的全概率公式。设试验 E 的样本空间为 S，A 为 E 的事件，B_1，B_2，$\cdots$，B_n 为 S 的一个划分，且 $P(B_i) > 0(i = 1,2,\cdots,n)$，则全概率公式为

$$P(A) = P(A \mid B_1)P(B_1) + P(A \mid B_2)P(B_2) + \cdots + P(A \mid B_n)P(B_n) \quad (15\text{-}14)$$

（3）贝叶斯（Bayes）公式。全概率公式给出了一个计算某些事件实际概率的公式。只要知道了在各事件发生条件下该事件发生的概率，则该事件的概率就可以由全概率公式求得。也就是说，只要知道了各种原因发生条件下该事件发生的概率（姑且称为"原因"概率），该事件的概率就可通过全概率公式求得。

作为上述问题的"逆问题",若已知各种"原因"概率,设在进行试验中该事件已经发生,问在此条件下各原因发生的概率是多少?解决这类问题的公式就是贝叶斯公式。

设 B_1,B_2,$\cdots$,B_n 为 S 的一个划分,且 $P(B_i) > 0(i = 1, 2, \cdots, n)$,对于任一事件 A,$P(A) > 0$,由条件概率的定义有

$$P(B_i \mid A) = \frac{P(B_i A)}{P(A)} = \frac{P(A \mid B_i) P(B_i)}{P(A)} \tag{15-15}$$

又由全概率公式

$$P(A) = \sum_{j=1}^{n} P(A \mid B_j) P(B_j) \tag{15-16}$$

即得

$$P(B_i \mid A) = \frac{P(A \mid B_i) P(B_i)}{\sum_{j=1}^{n} P(A \mid B_j) P(B_j)} \tag{15-17}$$

上式就是贝叶斯公式。

有时,我们把 $P(A \mid B_i)$ 称为"原因"概率,而称 $P(B_i \mid A)$ 为"事后"概率。贝叶斯公式告诉我们:"事后"概率可以通过一系列的"原因"概率求得。

9. 随机变量及其分布

随机变量就是在试验的结果中能取得不同数值的量。也就是说该变量在试验中可以随机地取得不同的数值,而在试验之前要预言这个变量将取得什么数值是不可能的。按照随机变量可能取得的值,可以把它们分为两种基本类型,即离散随机变量和连续随机变量。离散随机变量仅可能取得有限或可列无限个数值;连续随机变量可以取得某一区间内的任何数值。

(1) 离散随机变量的概率分布。设离散随机变量 X 所有可能取的值为 $x_k(k = 1, 2, \cdots)$,X 取各个值的概率,即事件 $\{X = x_k\}$ 的概率为

$$P(X = x_k) = p_k \tag{15-18}$$

由概率的定义,p_k 满足如下两个条件:

① $p_k \geqslant 0$

② $\sum_{k=1}^{\infty} p_k = 1$

(2) 连续随机变量。对于连续随机变量 X,由于其可能取的值不能一个一个地列举出来,就不能像离散随机变量那样用其概率分布描述它。另外,连续随机变量在任一指定实数值的概率等于零,因此我们转而研究随机变量的取值落在一个区间的概率:$P(x_1 < X \leqslant x_2)$。但因为

$$P(x_1 < X \leqslant x_2) = P(X \leqslant x_2) - P(X \leqslant x_1) \tag{15-19}$$

所以只需要知道 $P(X \leqslant x_2)$ 和 $P(X \leqslant x_1)$ 即可。

1) 概率分布函数

设 X 是一个随机变量,x 是任意实数,函数

$$F(x) = P(X \leqslant x) \tag{15-20}$$

称为 X 的概率分布函数。

显然,若已知随机变量 X 的分布函数就能计算 X 在任意区间 (x_1, x_2) 内取值的概

率，可见分布函数完整地描述了随机变量的概率特征。

概率分布函数 $F(x)$ 具有以下的基本性质：

① $F(x)$ 是一个不减函数。

② $0 \leqslant F(x) \leqslant 1$，且有

$$F(-\infty) = \lim_{x \to -\infty} F(x) = 0 \tag{15-21}$$

$$F(+\infty) = \lim_{x \to +\infty} F(x) = 1 \tag{15-22}$$

③ $F(x+0) = F(x)$，即 $F(x)$ 是右连续的。

2）概率密度函数

对于随机变量 X 的分布函数 $F(x)$，存在非负的函数 $f(x)$，使对于任意实数 x 有

$$F(x) = \int_{-\infty}^{x} f(t) \mathrm{d}t \tag{15-23}$$

则称 X 为连续随机变量，$f(x)$ 称为 X 的概率密度函数。

概率密度函数 $f(x)$ 具有下列性质：

① $f(x) \geqslant 0$。

② $\int_{-\infty}^{+\infty} f(x) \mathrm{d}x = 1$。

③ $P(x_1 < X \leqslant x_2) = F(x_2) - F(x_1) = \int_{x_1}^{x_2} f(x) \mathrm{d}x$。

④ 若 $f(x)$ 在点 x 处连续，则有 $F'(X) = f(x)$。

16.1　材料基本物理性质试验

16.1.1　密度

1. 试验目的

材料密度的测定是为了计算材料用量、构件自重、配料及堆放计算等。

2. 主要仪器

李氏瓶（图 16-1）；天平（称量 500g，感量 0.01g）；筛子（孔径 0.2mm 或 900 孔/cm^2）；烘箱；干燥器；温度计等。

3. 试验步骤

（1）将试样（砖或石材）磨细、过筛后放入烘箱内，以 $100\pm5℃$ 的温度烘至恒重，然后放入干燥器中，冷却至室温备用。

（2）在李氏瓶中注入与试样不起化学反应的液体至突颈下部，记下刻度数。将李氏瓶放在盛水的容器中，试验过程中水温为 $20℃$。

（3）用天平称取 $60\sim90g$ 试样。用小勺和漏斗将试样徐徐送入李氏瓶内（不能大量倾倒，那样会妨碍李氏瓶中的空气排出或使咽喉部位堵塞），至液面上升接近 20mL 的刻度。称剩下的试样，计算送入李氏瓶中试样的质量 m（g）。

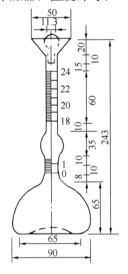

图 16-1　李氏瓶

（4）将注入试样后的李氏瓶中液面的读数，减去未注入前的读数，得出试样的绝对体积 V（cm^3）。

4. 结果计算

（1）按下式计算密度 ρ（精确至 $0.01g/cm^3$）：

$$\rho = \frac{m}{V} \tag{16-1}$$

（2）按规定以两次试验结果的平均值表示，两次相差不应大于 $0.02g/cm^3$，否则重做。

16.1.2　表观密度

1. 试验目的

材料表观密度的测试是为了计算材料用量、构件自重、配料计算以及确定堆放空间。

2. 主要仪器

天平（称量1000g、感量0.1g）；游标卡尺（精度0.1mm）；烘箱；直尺（精度为1mm）。如试样较大时可用台秤（称量10kg、感量50g）。

3. 试验步骤

（1）将试件（砖或石材）放入烘箱内，以105±5℃的温度烘至恒重，然后放入干燥器中，冷却至室温备用。

（2）用游标卡尺量出试件尺寸。

（3）当试件为正方体或平行六面体时，在长、宽、高（a、b、c）各方向量上、中、下三处，各取三次平均值，计算体积：

$$V_0 = \frac{a_1 + a_2 + a_3}{3} \cdot \frac{b_1 + b_2 + b_3}{3} \cdot \frac{c_1 + c_2 + c_3}{3} \tag{16-2}$$

当试件为圆柱体时，在两个互相垂直的方向上量直径，各方向量上、中、下三处，取六次的平均直径d，在互相垂直的两直径与圆周交界的四点上量高度，取四次的平均高度h。计算体积：

$$V_0 = \frac{\pi d^2}{4} \cdot h \tag{16-3}$$

（4）用天平或台秤称重量m（g）。

4. 结果计算

（1）按下式计算表观密度ρ_0：

$$\rho_0 = \frac{1000m}{V_0} \tag{16-4}$$

（2）按规定以三次试件测值的平均值表示。

16.1.3　孔隙率

将同种材料的密度和表观密度代入下式计算孔隙率P（精确至0.01%）：

$$P = \left(1 - \frac{\rho_0}{\rho}\right) \times 100\% \tag{16-5}$$

16.1.4　吸水率

1. 试验目的

吸水率的测定是为了配料计算及判定材料的隔热保温、抗冻、抗渗等性能。

2. 主要仪器

天平（称量1000g、感量0.1g）；游标卡尺（精度0.1mm）；烘箱；玻璃（或金属）盆等。

3. 试验步骤

将试件放入烘箱中，以105±5℃的温度烘至恒重，然后放入干燥器中，冷却至室温备用。

（1）用天平称其质量 m（g），将试件放入金属盆或玻璃盆中，在盆底可放些垫条，如玻璃管或玻璃杆使试件底面与盆底不致紧贴，试件之间相隔 1～2cm，使水能够自由进入。

（2）加水至试件高的 1/3 处；过 24h 后，再加水至高度的 2/3 处；再过 24h，再加满水至试件上表面 2cm 以上，再放置 24h。逐次加水能使试件孔隙中的空气逐渐逸出。

（3）取出试件，抹去表面水分，称其质量 m_1（g）。

（4）为检查试件是否吸水饱和，可将试件再浸入水中至高度的 3/4 处，过 24h 重新称量，两次质量之差不得超过 1%。

4. 按下列公式计算

吸水率 W：

$$W_{质量} = \frac{m_1 - m}{m} \times 100\% \tag{16-6}$$

$$W_{体积} = \frac{m_1 - m}{V_0} \times 100 = W_{质量} \cdot \rho_0 \tag{16-7}$$

按规定以三个试件吸水率的平均值表示（精确至 0.01%）。

16.2 水泥性质试验

水泥性质试验的一般规定如下：

（1）以同一水泥厂、同品种、同期到达、同强度的水泥为一个取样单位，取样有代表性，可连续取样，也可以从 20 个以上不同部位抽取等量样品，总量不小于 12kg。

（2）试验室温度应为 20±5℃，相对湿度应大于 60%±5%，水泥标准养护箱温度为 20±1℃，相对湿度大于 90%。

（3）试样应充分拌匀，通过 0.9mm 方孔筛，并记录筛余物的百分数。

（4）水泥试样、标准砂、拌合用水及试样等的温度均应与试验室温度相同。

（5）试验室用水为自来水。

16.2.1 水泥细度试验

1. 试验目的

水泥细度是水泥的一个重要技术指标。它对水泥的需水量、强度、体积安定性、干缩等均有较大影响，并会影响水泥的产量及能耗。水泥细度测定的目的，在于通过控制细度保证水泥的水化活性，从而控制水泥质量。

2. 检验方法

测定水泥细度可用透气式比表面积仪或筛析法测定。以下主要介绍筛析法中的负压筛法、水筛法和手工干筛法。当负压筛法、水筛法或手工干筛法测定的结果发生争议时，以负压筛法为准。0.045mm 筛称取试样 10g，0.08mm 筛称取试样 25g。

（1）负压筛法

1）主要仪器设备

负压筛析仪：由 0.045mm 或 0.08mm 方孔负压筛、筛座、负压源、吸尘器组成；

天平：称量 100g，感量 0.01g。

2）试验步骤

① 筛析试验前，接通电源，检查控制系统，调节负压至 4000～6000Pa 范围内，喷气嘴上孔平面应与筛网之间保持 2～8mm 的距离。

② 称取试样（精确至0.01g）置于洁净的负压筛中，盖上筛盖，放在筛座上，开动筛析仪连续筛动 2min，在此期间如有试样附着在筛盖上，可轻轻敲击，使试样落下。筛毕，用天平称量筛余物的质量 R_s（精确至 0.01g）。

③ 当工作负压小于 4000Pa 时，应清理吸尘器内水泥，使气压恢复正常。

（2）水筛法

1）主要仪器设备

标准筛：筛孔为边长 0.045 或 0.08mm 的方孔，筛框有效直径为 125mm，高 80mm；

筛座：能支撑并带动筛子转动，转速约为 50r/min；

喷头：直径 55mm，面上均匀分布 90 个孔，孔径 0.5～0.7mm；

天平：称量 100g，感量 0.01g。

2）试验步骤

① 筛析试验前，应调整好水压及筛架位置，使其能正常运转，喷头底面和筛网之间距离为 35～75mm。

② 称取试样（精确至0.01g）置于水筛中，立即用洁净水冲洗至大部分细粉通过，再将筛子置于筛座上，用水压为 0.05±0.02MPa 喷头连续冲洗 3min。

③ 筛毕取下筛子，将筛余物冲到筛的一边，用少量水把筛余物全部移至蒸发皿（或烘样盘）中，等水泥颗粒全部沉淀后，将水倒出，烘干后称量筛余物质量 R_s（精确至 0.01g）。

（3）手工干筛法

1）主要仪器设备

标准筛：筛孔为边长 0.045mm 或 0.08mm 的方孔；

筛框：有效直径为 150mm，高 50mm；

烘箱；

天平：称量 100g，感量 0.01g。

2）试验步骤

① 称取试样（精确至0.01g）倒入干筛内，加盖，用一只手执筛往复运动，另一只手轻轻拍打。拍打速度约为 120 次/min，其间 40 次向同一方向转动 60°，使试样均匀分布在筛网上，直至每分钟通过的试样量不超过 0.03g 时为止。

② 称量筛余物 R_s（精确至 0.01g）。

3. 试验结果计算

水泥试样筛余百分数按下式计算（精确至0.1%）

$$F = R_s/G \times 100\% \tag{16-8}$$

式中　F——水泥试样的筛余百分数，%；

R_s——水泥筛余物的质量，g；

G——水泥试样的质量，g。

16.2.2　水泥标准稠度用水量试验

1. 试验目的

标准稠度用水量指以标准方法测定水泥净浆在达到标准稠度时所需要的用水量，以水与水泥的质量百分比表示。水泥的凝结时间和安定性都与其有直接关系。测定方法有标准法和代用法两种。

2. 检验方法

（1）标准法

1）主要仪器设备

标准法维卡仪（图 16-2、图 16-3），净浆搅拌机，量水器，天平等。

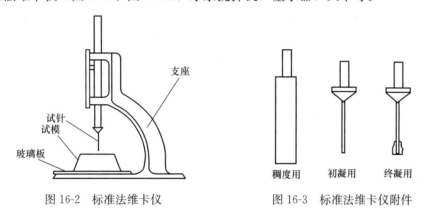

图 16-2　标准法维卡仪　　　　　图 16-3　标准法维卡仪附件

2）试验步骤

① 试验前必须检查稠度仪的金属棒能否自由滑动，调整试杆接触玻璃板时，指针应对准标尺的零点，搅拌机运转正常。

② 用湿布擦拭水泥净浆搅拌机的筒壁及叶片，称取 500g 水泥试样，量取拌合水（按经验确定），水量精确至 0.1mL，倒入搅拌锅，5～10s 内将水泥加入水中，并防止水和水泥溅出。将搅拌锅放到搅拌机锅座上，升至搅拌位置，开动机器，低速搅拌 120s，停止 15s，接着快速搅拌 120s 停机。

③ 拌合完毕，立即将净浆一次装入玻璃板上的试模中，用小刀插捣，轻轻振动数次，刮去多余净浆，抹平后迅速将其放到稠度仪上，并将中心放在试杆下，将试杆恰好降至净浆表面，拧紧螺钉 1～2s 后，突然放松，让试杆自由地沉入水泥净浆中。在试杆停止沉入或释放试杆 30s 时，记录试杆与底板的距离。升起试杆后，擦净试杆，整个过程在 1.5min 内完成。

3）试验结果的确定。以试杆沉入净浆并距底板 6±1mm 时的水泥净浆为标准稠度净浆，此拌合用水量与水泥的质量百分比既为该水泥的标准稠度用水量 P，用下式计算。

$$P = (w/500) \times 100\%$$ 　　　　(16-9)

式中　w——水泥净浆达到标准稠度时所需水的质量，g。

如试杆下沉的深度超出上述范围，试验需重做，直至达到 6±1mm 时为止。

（2）代用法

1) 主要仪器设备

代用法维卡仪（由支座、试锥和锥模组成），净浆搅拌机，量水器，天平等。

2) 试验步骤

采用代用法测定水泥标准稠度用水量包括调整用水量法和固定用水量法两种方法。

① 试验前准备同标准法。

② 水泥净浆的拌制同标准法。拌合用水量的确定，采用调整用水量法时按经验确定，采用固定用水量法时，用水量为 142.5mL（精确至 0.5mL）。

③ 拌合完毕，立即将净浆一次装入锥模中，用小刀插捣，轻轻震动数次刮去多余净浆，抹平后迅速将其放到试锥下面的固定位置上，将试锥尖恰好降至净浆表面，拧紧螺钉 1～2s 后，突然放松，让试锥自由沉入净浆中，到试锥停止下沉或释放试锥 30s 时，记录试锥下沉的深度。全部操作应在 1.5min 内完成。

3) 试验结果的确定

① 调整用水量法。以试锥下沉的深度为 28±2mm 时的水泥浆为标准稠度，此时拌合用水量与水泥质量的百分数为标准稠度用水量 P（计算与标准法相同，精确至 0.1%）。

② 固定用水量法。标准稠度用水量 P 可以从维卡仪对应标尺上读取，或按下式计算。

$$P = 33.4 - 0.185S \tag{16-10}$$

式中　S——试锥下沉的深度，mm。

当试锥下沉深度小于 13mm 时，固定用水量法无效，应用调整用水量法测定。

16.2.3　水泥凝结时间试验

1. 试验目的

测定水泥的初凝时间，作为评定水泥质量的依据之一。

2. 主要仪器设备

净浆搅拌机、湿热养护箱、天平、凝结时间测定仪。

3. 测定步骤

（1）测前准备。将圆模放在玻璃板上，在膜内侧稍涂一层机油，调整凝结时间测定仪的试针，使之接触玻璃板时，指针对准标尺零点。

（2）试样制备。称取水泥试样 500g，用标准稠度用水量拌制成水泥净浆，立即一次装入圆模，震动数次后刮平，然后放入标准养护箱内养护，记录水泥全部加入水中的时刻作为凝结时间的起始时刻。

（3）凝结时间测定。

1) 初凝时间测定：自加水开始约 30min 时进行第一次测定。测定时，从养护箱中取出试模放到试针下，让试针徐徐下降与净浆表面接触，拧紧螺钉 1～2s 后，突然放松，试针自由垂直地沉入净浆。观察试针停止下沉或释放试针 30s 时指针的读数。当试针下沉至距底板 4±1mm 时，即为水泥达到初凝状态。初凝时间即指：自水泥全部加入水中时起，至初凝状态时所需的时间。

2) 终凝时间测定：测定时，将试针更换为带环型附件的终凝试针。完成初凝时间测定后，立即将试模和浆体以平移的方式从玻璃板上取下，翻转 180°，直径大端向上，小端向下放在玻璃板上，再放入养护箱中继续养护。临近终凝时间时每隔 15min 测定一次，当试针沉入浆体 0.5mm 时，且在浆体上不留环形附件的痕迹时即为水泥达到终凝状态。终凝时间即指：自水泥全部加入水中时起，至终凝状态所需的时间。

（4）注意事项。最初测定时，应轻轻扶持试针的滑棒，使其徐徐下降，以防止试针撞弯，但结果以自由下落的指针读数为准。当临近初凝时，每隔 5min 测定一次；临近终凝时，每隔 15min 测定一次。达到初凝或终凝时，应立即重复测一次，当两次结果相同时，才能定为达到初凝或终凝状态。整个测试过程中试针沉入的位置距试模内壁应大于 10mm，每次测定不得让试针落入原针孔内，每次测试完毕，擦净试针，将试模放回养护箱内，全部测试过程中试模不得震动。

16.2.4 水泥体积安定性试验

1. 试验目的
测定水泥的体积安定性，作为评定水泥质量的依据之一。体积安定性检验可用试饼法，也可用雷氏夹法，有争议时，以雷氏夹法为准。

2. 检验方法
（1）标准法（雷氏夹法）

1）主要仪器设备：雷氏夹膨胀值测定仪（图 16-4）、雷氏夹（图 16-5）、水泥净浆搅拌机、沸煮箱、养护箱、天平、量水器、玻璃板等。

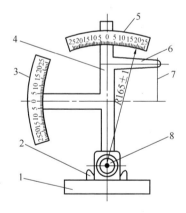

图 16-4 雷氏夹膨胀值测定仪
1—底座；2—模子座；3—测弹性标尺；
4—立柱；5—测膨胀值标尺；6—悬臂；
7—悬丝；8—弹簧顶钮

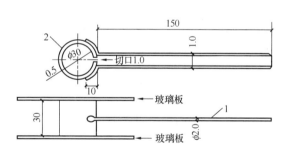

图 16-5 雷氏夹（单位：mm）
1—指针；2—环模

2）试验步骤如下：

① 试验准备：将与水泥净浆接触的玻璃板和雷氏夹内侧涂一薄层机油。称取水泥试样 500g，以标准稠度用水量加水，搅拌成标准稠度的水泥净浆。

② 试样制备：将预先准备好的雷氏夹，放在已擦过油的玻璃板上，并将已拌好的标准稠度净浆一次装满雷氏夹，装模时一只手轻扶雷氏夹，另一只手用宽约 10mm 的小刀插捣数次，然后抹平，盖上稍涂油的另一块玻璃板。接着将试件移至养护箱内养护 24±2h。

③ 煮沸：先调整好煮沸箱的水位，使之能在整个煮沸过程中都没过试件。中途不需

加水，同时保证能在 $30 \pm 5min$ 内加热至沸腾。

脱去玻璃板，取下试件。先测量雷氏夹指针尖端间的距离 A，精确到 $0.5mm$，接着将试件放入水中篦板上；指针向上，试件之间互不交叉；然后在 $30 \pm 5min$ 内加热至沸腾，并恒沸 $180 + 5min$。

④ 结果判别：煮毕将热水放出，打开箱盖，待箱内温度冷却至室温时，取出试件。

测量雷氏夹指针尖端间的距离 C，精确至 $0.5mm$。当两个试件煮后增加距离 $(C - A)$ 的平均值不大于 $5.0mm$ 时，体积安定性即为合格，反之不合格。当两个试件的 $(C - A)$ 值相差超过 $4mm$ 时，应用同一样品立即重做一次试验。再如此，则认为该水泥体积安定性不合格。

（2）代用法（试饼法）

1）主要仪器设备：水泥净浆搅拌机、沸煮箱、养护箱、天平、量水器、玻璃板等。

2）试验步骤：

① 从拌好的标准稠度净浆中取试样约 $150g$，分成两等份，分别搓成实心球形，放在涂过机油的玻璃板上，轻轻振动玻璃板，并用湿布擦过的小刀，由边缘向中央抹动，制成直径为 $70 \sim 80mm$，中心厚约 $10mm$，边缘渐薄，表面光滑的试饼，接着将试饼放入养护箱内养护 $24 \pm 2h$。

② 煮沸：煮沸箱的要求同雷氏夹法。脱去玻璃板，取下试件放入沸煮箱中，然后在 $30 \pm 5min$ 内加热至沸腾，并恒沸 $180 \pm 5min$。

③ 结果判别：煮毕将热水放出，打开箱盖，待箱内温度冷却至室温时，取出试件。目测试饼，若未发现裂缝，再用直尺检查也没有弯曲时，则水泥体积安定性合格，反之为不合格。当两个试饼判别结果有矛盾时，认为水泥体积安定性不合格。

16.2.5　水泥胶砂强度试验（ISO 法）

1. 试验目的
测定水泥胶砂在规定龄期的抗压强度和抗折强度，评定水泥的强度等级。

2. 主要仪器设备
行星式水泥胶砂搅拌机、胶砂振实台、模套、试模（为三联模，每个槽模内腔尺寸为 $40mm \times 40mm \times 160mm$）、抗折试验机、抗压试验机及抗压夹具、刮平直尺等。

3. 试验步骤
（1）试模准备。成型前，将试模擦净，四周的模板与底座的接触面应涂上一层黄油，紧密装配，防止漏浆，内壁均匀刷一薄层机油。

（2）配合比。试验采用中国 ISO 标准砂。中国 ISO 标准砂可以单级分包装，也可以各级预配合以 $1350 \pm 5g$ 量的塑料袋混合包装。胶砂的质量比为水泥：标准砂：水 $= 1 : 3 : 0.5$。每成型三条试件，需要称量水泥 $450 \pm 2g$，标准砂 $1350 \pm 5g$，拌合用水量为 $225 \pm 1mL$。

（3）胶砂制备。把水加入搅拌锅里，再加入水泥，把锅放在固定架上，上升至固定位置。然后立即开动搅拌机，低速搅拌 $30s$ 后，在第二个 $30s$ 开始时，均匀地将标准砂加入。当各级砂为分装时，从最粗粒级开始，依次将所需的各级砂加完。将搅拌机调至高速再拌 $30s$，停拌 $90s$，在第一个 $15s$ 内，用以胶皮刮具将叶片和锅壁上的胶砂刮入锅中间。

在高速下继续搅拌 60s，各个搅拌阶段，时间误差应在 ±1s 内。

（4）试件成型。胶砂制备后立即进行试件成型。将空试模和模套固定在振实台上，用勺子从搅拌锅里将胶砂分两层装入试模。装第一层时，每个槽里约放 300g 胶砂，用大播料器垂直架在模套顶部沿每个模槽来回一次将料播平，接着振实 60 次。再装第二层胶砂，用小播料器播平，再振实 60 次。移走模套，从振实台上取下试模，用金属直尺以近似 90° 的角度架在试模顶的一端，然后沿试模长度方向以横向锯割动作慢慢向另一端移动，一次将超过试模部分的胶砂刮去，并用同一直尺以近乎水平的情况将试体表面抹平。在试模上做标记或加字条标明试件编号和试件相对于振实台的位置。

（5）试件养护。立即将做好标记的试模放入雾室或养护箱的水平架子上养护，养护至 20～24h 后，取出脱模。脱模前，用防水墨汁或颜料笔对试件进行编号和做其他标记。两个龄期以上的试件，在编号时应将同一试模中的三条试件分在两个以上龄期内。试件脱模后应立即放入恒温水槽中养护，养护水温 20±1℃，养护期间试件之间应留有至少 5mm 的间隙，水面至少高出试件 5mm。

（6）强度测定。试件龄期是从水泥加水搅拌开始计时。各龄期的试件，必须在规定的时间内进行强度试验，规定为：24h±15min、48h±30min、72h±45min、7d±2h、>28d±8h。在强度试验前 15min 将试件从水中取出，用湿布覆盖。

1）抗折强度测定

① 测定前将抗折试验夹具的圆柱表面清理干净，并调整杠杆使其处于平衡状态。

② 然后擦去试件表面水分和砂粒，将试件放入抗折夹具内，使试件侧面与圆柱接触，试件长轴垂直于支撑圆柱。

③ 通过加荷圆柱以 50±10N/s 的速率均匀地将荷载垂直地加在棱柱体相对侧面上，直至折断，记录破坏荷载 F_f（N）。

④ 抗折强度 R_f 按下式计算（精确至 0.1MPa）

$$R_f = 1.5\,F_f L/b^3 \tag{16-11}$$

式中　R_f——单个试件抗折强度，MPa；

　　　F_f——破坏荷载，N；

　　　L——支撑圆柱之间的距离，mm；

　　　b——棱柱体正方形截面的边长，mm。

⑤ 抗折强度确定：以一组三个试件测定值的算术平均值为抗折强度的测定结果。当三个强度值中有超出平均值 ±10% 时，应剔除后再取平均值作为抗折强度试验结果。

2）抗压强度测定

① 抗折试验后的 6 个断块，应立即进行抗压强度试验。抗压强度试验需用抗压夹具进行，以试件的侧面作为受压面，并使夹具对准压力机压板中心。

② 以 2400±200N/s 的速率均匀地加荷至破坏，记录破坏荷载 F(N)。

③ 抗压强度 R_c 按下式计算（精确至 0.1MPa）。

$$R_c = F_c/A \tag{16-12}$$

式中　R_c——单个试件抗压强度，MPa；

　　　F_c——破坏荷载，N；

　　　A——受压面积，40mm×40mm。

④ 抗压强度确定。以一组三个试件得到的 6 个抗压强度测定值的算术平均值为试验结果，如果 6 个测定值中有一个超过它们平均数的±10％，则应剔除这个结果，而以剩下 5 个的平均数为试验结果。如果 5 个测定值中再有超过他们平均数±10％的，则此组结果作废。

4. 试验结果评定

将试验及计算所得到的各标准龄期抗折强度和抗压强度值，对照国家标准所规定的水泥各标准龄期的强度值，来确定或验证水泥强度等级。

16.3　混凝土集料性质试验

16.3.1　取样与缩分

1. 取样

集料应按同产地同规格分批取样，每 400m³ 或 600t 宜设为一批。取样原则为尽量取得有代表性的试样。为排除雨雪冰霜及尘土等干扰，应先将取样部位表层除去，从料堆或车船上不同部位或深度抽取大致相等的细集料 8 份或粗集料 15 份组成一个抽样。细集料、粗集料部分单项试验的最少取样数量分别见表 16-1 和表 16-2。

细集料单项试验最少取样数量（kg）　　　　　表 16-1

试验项目	筛分析	表观密度	堆积密度	含水率
最少取样量	4.4	2.6	5.0	1.1

粗集料单项试验最少取样数量（kg）　　　　　表 16-2

试验项目	不同最大粒径（mm）下的最少取样量							
	9.5	16.0	19.0	26.5	31.5	37.5	63.0	75.0
筛分析	9.5	16.0	19.0	25.0	31.5	37.5	63.0	80.0
表观密度	8.0	8.0	8.0	8.0	12.0	16.0	24.0	24.0
堆积密度	40.0	40.0	40.0	40.0	80.0	80.0	120.0	120.0
含水率	2	2	2	2	3	3	4	6

2. 缩分

细集料试样的缩分可采用分料器或人工四分法缩分。四分法缩分：将样品放在平整洁净的平板上，在潮湿状态下拌合均匀，摊成厚度约 20mm 的圆饼，然后在饼上划两条正交直径将其分成大致相等的 4 份。取对角的两份；按上述方法继续缩分，直至缩分后的样品数量略多于进行试验所需量为止。

粗集料缩分采用四分法进行。将所抽取样品倒在平整洁净的平板上，在自然状态下拌合均匀，堆成锥体，然后用上述四分法将样品缩分至略多于试验所需量。

16.3.2　细集料试验

（1）细集料的筛分试验

1）试验目的：测定细集料的颗粒级配和细度模数，作为混凝土用细集料的技术依据。

2）主要仪器设备：细集料标准套筛；称量 1000g，精度 1g 的天平；摇筛机；温控在 105±5℃的烘箱；浅盘；硬、软刷等。

3）试样制备：用于筛分的细集料应先筛除大于 4.75mm 的颗粒，然后用四分法缩分至每份烘干后不少于 550g 的试样两份，在 105±5℃下烘至恒重，冷却至室温备用。

4）试验步骤如下：

① 准确称取 3）制备的试样 $m_0 = 500g$，置于由大至小的细集料标准套筛上。将套筛在摇筛上紧固，摇筛 10min 左右。

② 取出套筛，按顺序，在清洁的浅盘上逐个进行手筛，直至每分钟的筛出量不超过试样总量的 0.1% 时为止，筛漏颗粒并入下一筛中，按此顺序进行，直至每个筛全部筛完为止。如无摇筛机，也可用手筛。

③ 称量各筛之上的筛余的质量 m_i（精确至 1g），即为各筛的分计筛余量。各筛余量与底盘中剩余量的总和 $\sum m_i$ 与试样总量 m_0 相比，相差不得超过 1%。

5）试验结果评定。筛分析试验结果按下列步骤计算：

① 计算分计筛余百分率 $a_i = m_i / m_0$，精确至 0.1%。

② 计算累计筛余百分率 $A_i = \sum a_i$，精确至 1%。

③ 根据累计筛余百分率 A_i，并以 A_i 绘制筛分曲线图，评定该试样的颗粒级配分布情况。

④ 按下式计算细度模数 M_x（精确至 0.01）：

$$细度模数(M_x) = \frac{(A_2 + A_3 + A_4 + A_5 + A_6) - 5A_1}{100 - A_1} \quad (16\text{-}13)$$

式　中　　A_1、A_2、A_3、A_4、A_5、A_6——4.75mm、2.36mm、1.18mm、0.60mm、0.30mm、0.15mm 各筛上的累计筛余百分率。

筛分试验应采用两个试样平行试验，细度模数以两次试验结果的算术平均值为测定值（精确至 0.1）。如两次试验所得的细度模数之差大于 0.20 时，应重新取试样进行试验。

（2）细集料的近似密度试验

1）试验目的：测定细集料的近似表观密度，作为评定细集料的质量和混凝土用细集料的技术依据。

2）主要仪器设备：称量 1000g，感量 1g 的天平；250mL 容量瓶；温控在 105±5℃ 的烘箱；250mL 烧杯；干燥器；浅盘；温度计；料勺等。

3）试样制备：将缩分至约 650g 的试样，置于烘箱中烘至恒重，并在干燥器内冷却至室温备用。

4）测定步骤如下：

① 称取烘干试样 300g（m_0），装入盛有半瓶冷开水的广口瓶中用玻璃棒搅拌，排除气泡。

② 向瓶中加水至近乎瓶满后静置约 15min，再用滴管加水并将玻璃片小心翼翼地平推盖在广口瓶上（玻璃片下不得有气泡）；擦干瓶外水分，称其（物料＋水＋瓶＋玻璃片）质量（m_1）。

③ 倒出瓶中的水和试样，将瓶内外洗净，再注入满水温相差不超过 2℃的冷开水，再平推盖上玻璃片，擦干瓶外水分，称其质量（m_2）。

注：试验应在 15～25℃的环境中进行，试验过程温度相差应不超过 2℃。

5）测定结果。细集料的近似密度 ρ_0 按下式计算（精确至 $0.01\mathrm{g/cm^3}$）：

$$\rho_0 = \frac{m_0}{m_0 + m_2 - m_1} - \alpha_\mathrm{t} \qquad (16\text{-}14)$$

式中　m_0——烘干试样的质量，g；

$\quad\quad m_1$——试样、水及容量瓶的总质量，g；

$\quad\quad m_2$——水及容量瓶的总质量，g。

$\quad\quad \alpha_\mathrm{t}$——不同水温对表观密度影响的修正系数，按表 16-3 选用。

不同水温下细集料、石的表观密度温度修正系数　　　　　表 16-3

水温（℃）	15	16	17	18	19	20	21	22	23	24	25
α_t	0.002	0.003	0.003	0.004	0.004	0.005	0.005	0.006	0.006	0.007	0.008

细集料的近似密度试验以两次试验测定的算术平均值作为测定值。

（3）细集料的堆积密度

1）试验目的：测定细集料的堆积密度，作为混凝土用细集料的技术依据。

2）主要仪器设备：称量 10kg，感量 1g 的天平；1L 容量铁筒；4.75mm 的方孔筛；细集料漏斗；烘箱；漏斗；料勺；直尺；浅盘等。

3）试验步骤如下：

① 取缩分试样约 3L，烘至恒重后冷却至室温；再过 4.75mm 筛，分成大致相等的两份备用。

② 称取容量筒质量 m_1（kg），精确至 1g。

③ 用细集料漏斗将试样徐徐装入容量筒内，直至试样装满溢出成锥形为止。

④ 用直尺将多余的试样沿筒口中心线向两个相反方向刮平，称取筒及细集料质量 m_2，精确至 1g。

4）试验结果。按下式计算细集料的堆积密度 ρ'_0（精确至 $10\mathrm{kg/m^3}$）：

$$\rho'_0 = \frac{m_2 - m_1}{V_0} \qquad (16\text{-}15)$$

式中　V_0——容量筒容积，L。

细集料的堆积密度试验以两次试验测定的算术平均值作为测定值。

16.3.3　粗集料试验

石子分项试验所需的最少试样质量见表 16-4。

石子分项试验所需的最少试样质量（kg）　　　　　表 16-4

试验项目	最大粒径（mm）							
	9.5	16.0	19.0	26.5	31.5	37.5	63.0	75.0
筛分析	1.9	3.2	3.8	5.0	6.3	7.5	12.6	16.0
表观密度	2.0	2.0	2.0	2.0	3.0	4.0	6.0	6.0
堆积密度	40	40	40	40	80	80	120	120

（1）碎石或卵石的筛分析试验

1）试验目的：测定碎石或卵石的颗粒级配，作为混凝土配合比设计等使用的依据。

2）主要仪器设备：标准筛（孔径为 90.0mm、75.0mm、63.0mm、53.0mm、40.0mm、

37.5mm、31.5mm、26.5mm、19.0mm、16.0mm、9.5mm、4.75mm 和 2.36mm 的方孔筛）；天平或案秤（精确至试样量的 0.1%）；烘箱（能使温度控制在 105±5℃）；浅盘等。

　　3）试样制备：按表 16-2 规定取样，用四分法缩分至不少于表 16-4 规定的用量，烘干后备用。

　　4）试验步骤如下：

　　① 按表 16-4 规定量，称取试样一份，精确到 1g。

　　② 将试样按粗集料标准套筛孔大小顺序过筛，当每号筛上筛余层的厚度大于试样的最大粒径值时，应将该号筛上的筛余分成多份，再逐份筛分，直至各筛 1min 的通过量不超过试样总量的 0.1%。

　　③ 称各筛之上的筛余质量，精确至试样总量的 0.1%。在筛上的所有分计筛余量和筛底剩余的总和与筛分前测定的试样总量相比，其相差不得超过 1%。

　　5）试验结果计算。筛分析试验结果按下列步骤计算：

　　① 由各筛上的筛余量除以试样总量计算出该号筛的分计筛余百分率（精确至 0.1%）。

　　② 每号筛计算得出的分计筛余百分率与筛孔大于该筛的各筛上的分计筛余百分率相加，计算得出累计筛余百分率（精确至 1%）。

　　③ 根据各筛的累计筛余百分率，查表评定该试样的颗粒级配。

　　（2）粗集料近似密度试验。本方法不宜用于最大粒径大于 40mm 的粗集料。

　　1）试验目的：测定粗集料的近似密度，作为评定石子的质量和混凝土用石的技术依据。

　　2）主要仪器设备：称量 5000g，感量 5g 的天平；1000mL 磨口广口瓶；玻璃片；4.75mm 方孔筛；温控在 105±5℃的烘箱；毛巾；刷子；浅盘等。

　　3）试样制备：按表 16-2 规定取样，用四分法缩分至不少于表 16-4 规定的用量，并将样品筛去 4.75mm 以下的颗粒，洗刷干净，分成两份备用。

　　4）测定步骤如下：

　　① 将试样浸水饱和后装入广口瓶中。装试样时广口瓶应倾斜放置，上下左右摇晃以排除气泡。

　　② 待气泡排尽，向瓶中添加水直至水面凸出瓶口边缘，用玻璃片沿瓶口平推滑行，使其紧贴瓶口，水面覆盖广口瓶。擦干瓶外水分，称取试样、水、广口瓶和玻璃片的质量（m_1）。

　　③ 将瓶中试样倒入浅盘中，置于烘箱中烘至恒重后取出，放在带盖的容器中冷却至室温后，称其质量（m_0）。

　　④ 将瓶洗尽，重新加满水，用玻璃片沿瓶口平推滑行，使其紧贴瓶口，水面覆盖广口瓶，擦干瓶外水分后称其质量（m_2）。

　　注：试验应在 15～25℃的环境中进行，试验过程温度相差应不超过 2℃。

　　5）测定结果计算。粗集料的表观密度 ρ_0 按下式计算（精确至 0.01g/cm³）：

$$\rho_0 = \frac{m_0}{m_0 + m_2 - m_1} - \alpha_t \tag{16-16}$$

式中　m_0——烘干试样的质量，g；

　　　　m_1——试样、水、瓶和玻璃片的总质量，g；

m_2——水、瓶和玻璃片的总质量，g；

α_t——不同水温对表观密度影响的修正系数，按表 16-3 选用。

石子的近似密度试验以两次试验测定的算术平均值作为测定值。对颗粒材质不均匀的试样，如两次试验结果之差大于 0.02g/cm³，可取 4 次试验结果的算术平均值。

（3）粗集料的堆积密度

1）试验目的：测定粗集料的堆积密度，作为混凝土配合比设计等使用的依据。

2）主要仪器设备：称量 50kg，感量 50g 的磅秤；称量 10kg，感量 10g 的台秤；容量筒（规格见表 16-5）；平头铁铲；烘箱等。

3）试样制备：按表 16-2 规定取样，用四分法缩分至不少于表 16-4 规定的用量，烘干后，拌匀并把试样分为大致相等的两份备用。

粗集料堆积密度试验用容量筒规格要求　　　　　表 16-5

粗集料最大粒径（mm）	容量筒体积（L）
9.5、16.0、19.0、26.5	10
31.5、37.5	20
53.0、63.0、75	30

4）试验步骤如下：

① 称容量筒质量 m_1（kg），精确至 10g。

② 取烘干或风干的试样一份，置于平整干净的地板（或铁板）上。用铁铲将试样距筒口 50mm 左右处自由落入容量筒，装满容量筒并除去凸出筒口表面的颗粒，以合适的颗粒填入凹陷部分，使表面凸起部分和凹陷部分的体积大致相等，称取容量筒和试样总质量 m_2（kg），精确至 10g。

5）试验结果。按下式计算粗集料的堆积密度（精确至 10kg/m³）。以两份试样测定结果的算术平均值为试验结果。

$$\rho'_0 = \frac{m_2 - m_1}{V'_0} \tag{16-17}$$

式中　V'_0——容量筒容积，L。

16.3.4　集料含水率试验

1. 试验目的

测定集料含水率，作为调整混凝土配合比和施工称料的依据。本试验采用标准法，此外还可采用炒干法或酒精燃烧法（快速法）。

2. 主要仪器设备

称量 2kg，感量 2g 的天平（用于细集料）或称量 5kg，感量 5g 的台秤（用于粗集料）；温控在 105±5℃的烘箱；浅盘等。

3. 试验步骤

① 若为细集料，将自然潮湿状态下的试样用四分法缩分至约 1100g，拌匀后分为大致相等的两份备用；若为粗集料，按表 16-2 要求的数量抽取试样，并将试样缩分至约 4.0kg，拌匀后分为大致相等的两份备用。

② 称取一份试样的质量 m_1（细集料精确至 0.1g，粗集料精确至 1g），放入温度为

105±5℃的烘箱中烘干至恒重，冷却后称量 m_2。

4. 试验结果计算

集料的含水率 w_m 按下式计算（精确至 0.1%）：

$$w_m = \frac{m_1 - m_2}{m_2} \times 100\%$$ (16-18)

含水率以两次测定结果的算术平均值作为测定值。

16.4 混凝土拌合试验

16.4.1 新拌混凝土的制备

1. 一般规定

（1）拌制新拌混凝土的原材料应符合技术要求，并与实际施工材料相同，在拌合前材料的温度应与室温（20±5℃）相同，水泥如有结块现象，应用 64 孔/cm² 筛过筛，筛余团块不得使用。

（2）配料时精度要求：骨料为±1%；水、水泥及混凝土混合材料为±0.5%；外加剂±1.0%。

（3）砂、石骨料质量以干燥状态为基准。

（4）拌制混凝土所用的各种用具（如搅拌机、拌合铁板和铁铲、抹刀等），应预先用水湿润，使用完毕后必须清洗干净，上面不得有混凝土残渣。

2. 主要仪器设备

搅拌机；量程 50kg，精度 50g 的磅秤；量程 5kg，精度 1g 的天平；200mL、1000mL 的量筒；拌板；拌铲；盛器等。

3. 拌合步骤

（1）人工拌合

① 按所定配合比称取各材料用量。

② 把称好的砂倒在铁拌板上，然后加水泥，用铲自拌板一端翻拌至另一端，如此重复，拌至颜色均匀，再加入石子翻拌混合均匀。

③ 将干混合料堆成堆，在中间作一凹槽，将已称量好的水倒一半左右在凹槽中，仔细翻拌，勿使水流出。然后再加入剩余的水，继续翻拌，其间每翻拌一次，用拌铲在拌合物上铲切一次，直至拌合均匀为止。

④ 拌合时间自加水时算起，应符合标准规定。拌合物体积在 30L 以下时，拌 4~5min；新拌混凝土体积为 30~50L，拌 5~9min；新拌混凝土体积超过 50L 时，拌 9~12min。

（2）机械搅拌

① 按给定的配合比称取各材料用量。

② 用按配合比称量的水泥、砂、水及少量石子在搅拌机中预拌一次，使水泥砂浆部分黏附搅拌机的内壁及叶片上，并刮去多余砂浆，以避免影响正式搅拌时的配合比。

③ 依次向搅拌机内加入石子、砂和水泥，开动搅拌机干拌均匀后，再将水徐徐加入，全部加料时间不超过 2min，加完水后再继续搅拌 2min。

④ 将拌合物自搅拌机卸出，倾倒在铁板上，再经人工拌合 2～3 次．即可做拌合物的各项性能试验或成型试件。从开始加水起，全部操作必须在 30min 内完成。

16.4.2　新拌混凝土工作性试验

1. 新拌混凝土坍落度与坍落扩展度试验

本方法适用于测定骨料最大粒径不大于 40mm、坍落度不小于 10mm 的新拌混凝土稠度测定。

（1）试验目的

本试验通过测定新拌混凝土的坍落度，观察其流动性、黏聚性和保水性，从而综合评定混凝土的工作性，作为调整配合比和控制混凝土质量的依据。

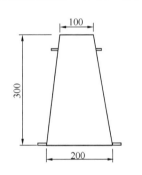

图 16-6　坍落度筒及
捣棒（mm）

（2）主要仪器设备

坍落度筒（金属制圆台体形，底部内径 200mm，顶部内径 100mm，高 300mm，壁厚大于或等于 1.5mm，如图 16-6 所示）；捣棒；拌板；铁锹；小铲；钢尺等。

（3）试验步骤

1）湿润坍落度筒及其他用具，并把筒放在不吸水的刚性水平底板上，用脚踩住脚踏板，使坍落度筒在装料时保持位置固定。

2）用铁铲把混凝土试样分三层均匀地装入筒内，每层高度为筒高的 1/3 左右。每层用捣棒沿螺旋方向由外向中心插捣 25 次，每次插捣应在截面上均匀分布。插捣筒边混凝土时，捣棒可以稍稍倾斜。插捣底层时，捣棒应贯穿整个深度，插捣第二层和顶层时，捣棒应插透本层至下一层的表面。顶层插捣完后，刮去多余的混凝土并用抹刀抹平。

3）清除筒边底板上的混凝土后，在 5～10s 内垂直平稳地提起坍落度筒。从开始装料到提起坍落度筒的整个进程应在 150s 内完成。

4）提起坍落度筒后，量测筒高与坍落后混凝土试体最高点之间的高度差，即为该新拌混凝土的坍落度值（以厘米为单位，结果表达精确至 5mm）。坍落度筒提离后，如试件发生崩坍或一边剪坏现象，则应重新取样进行测定。如第二次仍出现这种现象，则表示该拌合物和易性不好。当坍落度大于 220mm 时，用钢尺测量混凝土扩展后最终的最大和最小直径，在这两个直径之差小于 50mm 条件下，用其算术平均值作为坍落扩展度值；否则，此次试验无效（以厘米为单位，结果表达精确至 5mm）。

5）在测定坍落度过程中，应注意观察黏聚性与保水性。并记入记录。

① 黏聚性。用捣棒在已坍落的拌合物锥体侧面轻轻击打，如果锥体逐渐下沉，表示黏聚性良好，如果锥体倒塌、部分崩裂或出现离析，即为黏聚性不好。

② 保水性。提起坍落度筒后如有较多的稀浆从底部析出，锥体部分的拌合物也因失浆而骨料外露，则表明保水性不好。如无这种现象，则表明保水性良好。

6）坍落度调整。当拌合物的坍落度达不到要求，或黏聚性、保水性不满意时，可掺入备用的 5%～10% 的水泥和水；当坍落度过大时，可酌情增加砂和石子，尽快拌合均匀，重做坍落度测定。

2. 拌合物维勃稠度试验

本方法适用于测定骨料最大粒径不大于 40mm、维勃稠度在 5～30s 间的新拌混凝土稠度测定。

（1）试验目的

测定新拌混凝土维勃稠度值，作为调整混凝土配合比和控制其质量的依据。

（2）主要仪器设备

1）维勃稠度仪，如图 16-7 所示。维勃稠度仪由下述部分组成：

① 振动台：台面长 380mm，宽 260mm，支承在 4 个减震器上。

② 容器：钢板制成，内径为 240±5mm，高为 200±2mm，筒壁厚 3mm，筒底厚 7.5mm。

③ 坍落度筒：同坍落度筒法的要求和构造，但应去掉两侧的踏板。

④ 旋转架：与测杆及喂料斗相连。测杆下部安装有透明而水平的圆盘，并用测杆螺钉把测杆固定在套管中。旋转

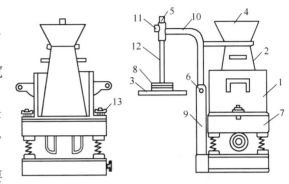

图 16-7　维勃稠度仪

1—容器；2—坍落度筒；3—透明圆盘；4—喂料斗；
5—套筒；6—定位螺钉；7—振动台；8—荷重；9—支柱；
10—旋转架；11—测杆螺钉；12—测杆；13—固定螺钉

架安装在支柱上，通过十字凹槽转换方向，并用定位螺钉固定其位置。就位后，测杆或喂料斗的轴线均应与容器的轴线重合。

透明圆盘直径为 230±2mm，厚度为 10±2mm。荷重直接放在圆盘上。由测杆、圆盘及荷重组成的滑动部分总质量应调至 2750±50g。测杆上有刻度以便读出混凝土的数据。

2）秒表：精度 0.5s。

3）其他同坍落度试验。

（3）试样制备

配制新拌混凝土约 15L，备用。计算、配制方法等同于坍落度试验。

（4）测定步骤

1）将维勃稠度仪平放在坚实的基面上，用湿布把容器、坍落度筒及喂料斗内壁湿润。

2）将喂料斗提到坍落度筒上方扣紧，校正容器位置，其中心与喂料斗中心重合，然后拧紧固定螺钉。

3）装料、插捣方法同坍落度筒法。

4）把圆盘喂料斗转离坍落度筒，垂直地提起坍落度筒，此时注意不使混凝土试体受到碰撞或振动。

5）把透明圆盘转到锥体顶面，放松螺钉，降下圆盘，使其轻轻接触到混凝土顶面，防止坍落的混凝土倒下与容器壁相碰。

6）拧紧定位螺钉，并检查测杆螺钉是否已经放松。开启振动台，同时以秒表计时。在振动的作用下，透明圆盘的底面被水泥浆布满的瞬时停表计时，并关闭振动台。

（5）测定结果

1）记录秒表上的时间（精确至 1s）。由秒表读出的时间数表示该新拌混凝土的维勃

稠度值。

2）如果维勃稠度值小于 5s 或大于 30s，说明此种混凝土所具有的稠度已超出本试验仪器的适用范围（可用增实因数法测定）。

16.4.3　新拌混凝土表观密度试验

1. 试验目的

测定新拌混凝土捣实后单位体积的质量，作为调整混凝土配合比的依据。

2. 主要仪器设备

容量筒；台秤；振动台；捣棒等。

3. 试验步骤

（1）用湿布润湿容量筒，称出筒质量（m_1），精确至 50g。

（2）将配制好的混凝土拌合料装入容量筒并使其密实，坍落度不大于 70mm 的混凝土，用振动台振实为宜，大于 70mm 的用捣棒捣实为宜。

1）采用捣棒捣实：应根据容量筒的大小决定分层与插捣次数。用 5L 容量筒时，新拌混凝土应分两层装入，每层的插捣次数应为 25 次；用大于 5L 的容量筒时，每层混凝土的高度应不大于 100mm，每层插捣次数应按每 $100cm^2$ 截面不小于 12 次计算。各次插捣应均匀地分布在每层截面上，插捣底层时捣棒应贯穿整个深度，插捣第二层时，捣棒应插透本层至下一层的表面。每一层捣完后用橡皮锤轻轻沿容器外壁敲打 5～10 次，进行振实。

2）采用振动台振实时，应一次将新拌混凝土灌到高出容量筒口，装料时可用捣棒稍加插捣，振动过程中如混凝土沉落到低于筒口，则应随时添加混凝土，振动直至表面出浆为止。

（3）用刮尺将筒口多余料浆刮去并抹平，将容量筒外壁擦净，称出混凝土与容量筒总质量（m_2），精确至 50g。

（4）试验结果计算。新拌混凝土表观密度 ρ_0（kg/m^3）应按下式计算（精确至 $10kg/m^3$）：

$$\rho_0 = \frac{m_2 - m_1}{V} \tag{16-19}$$

式中　V——容量筒的容积，L。

16.5　混凝土强度试验

本试验依据《混凝土物理力学性能试验方法标准》GB/T 50081—2019 进行，主要内容包括混凝土立方体抗压强度试验、混凝土劈裂抗拉强度试验、混凝土抗折强度试验。

16.5.1　混凝土立方体抗压强度试验

1. 试验目的

测定混凝土立方体抗压强度，作为确定混凝土强度等级和调整配合比的依据。

2. 一般规定

（1）以同一龄期至少三个同时制作并同样养护的混凝土试件为一组。

（2）每一组试件所用的拌合物应从同盘或同一车运送的混凝土拌合物中取样，或在试验室用人工或机械单独制作。

（3）检验工程和构件质量的混凝土试件成型方法应尽可能与实际施工方法相同。

（4）试件尺寸按标准根据骨料的最大粒径选取。

3. 主要仪器设备

压力机；振动台；试模；捣棒；小铁铲；金属直尺；镘刀等。

4. 试验步骤

（1）试件制作

制作试件前，清刷干净试模并在试模的内表面涂一薄层矿物油脂。成型方法根据混凝土的坍落度确定。

1）坍落度不大于 70mm 的混凝土用振动台振实。将拌合物一次装入试模，并稍有富余，然后将试模放在振动台上并固定。开动振动台至拌合物表面呈现水泥浆为止。记录振动时间。振动结束后用镘刀沿试模边缘刮去多余的拌合物，并抹平表面。

2）坍落度大于 70mm 的混凝土，采用人工捣实。新拌混凝土分两层装入试模，每层厚度大致相等。插捣按螺旋方向从边缘向中心均匀垂直进行。插捣底层时，捣棒应达到试模底面，插捣上层时，捣棒应穿入下层深度 20～30mm。每层插捣次数应按每 100cm² 截面不小于 12 次计算。然后刮除多余的混凝土，并用镘刀抹平。

（2）试件的养护

1）采用标准养护的试件成型后用不透水的薄膜覆盖表面，以防止水分蒸发，并应在温度为 20±5℃ 的情况下静置一昼夜，然后编号拆模。

拆模后的试件应立即放在温度为 20±2℃，湿度为 95％ 以上的标准养护室中养护。在标准养护室内试件应放在架上，彼此间隔为 10～20mm，并应避免用水直接冲淋试件。

2）无标准养护室时，混凝土试件可在温度为 20±2℃ 的不流动水中养护。水的 pH 不应小于 7。

3）与构件同条件养护的试件成型后，应覆盖表面。试件的拆模时间可与实际构件的拆模时间相同。拆模后，试件仍需保持同条件养护。

（3）抗压强度试验

1）试件自养护室取出后，随即擦干并量出其尺寸（精确至 1mm），据以计算试件的受压面积 A（mm²）。

2）将试件安放在下承压板上，试件的承压面应与成型时的顶面垂直。试件的中心应与试验机下压板中心对准。开动试验机，当上承压板与试件接近时，调整球座，使接触均衡。

3）加压时，应连续而均匀地加荷，加荷速度应为：

混凝土强度等级小于 C30 时，取 0.3～0.5MPa/s；

混凝土强度等级大于或等于 C30 且小于 C60 时，取 0.5～0.8MPa/s；

混凝土强度等级大于或等于 C60 时，取 0.8～1.0MPa/s。

当试件接近破坏而迅速变形时，关闭油门，直至试件破坏。记录破坏荷载 F(N)。

5. 试验结果计算

（1）试件的抗压强度 f_{cc} 按下式计算（结果精确到 0.1MPa）：

$$f_{cc} = \frac{F}{A} \qquad\qquad (16\text{-}20)$$

式中　f_{cc}——混凝土立方体抗压强度（MPa），计算结果应精确为 0.1MPa；

　　　　F——试件破坏荷载（N）；

　　　　A——试件承压面积（mm²）。

（2）混凝土试件经强度试验后，其强度代表值的确定，应符合下列规定：

1）以三个试件抗压强度的算术平均值作为每组试件的强度代表值。

2）当一组试件中强度的最大值或最小值与中间值之差超过中间值的 15％时，取中间值作为该组试件的强度代表值。

3）当一组试件中强度的最大值和最小值与中间值之差均超过中间值的 15％时，该组试件的强度不应作为评定的依据。

取 150mm×150mm×150mm 试件的抗压强度为标准值，用其他尺寸试件测得的强度值均应乘以尺寸换算系数。

16.5.2　混凝土劈裂抗拉强度试验

1. 试验目的

通过测定混凝土劈裂抗拉强度，确定混凝土抗裂度，间接衡量混凝土的抗冲击强度以及混凝土与钢筋的黏结强度。

2. 主要仪器设备

（1）压力机：量程为 200～300kN。

（2）垫条：采用直径为 150mm 的钢制弧形垫块，其长度不短于试件的边长。

（3）垫层：置于试件与垫块之间，为三层胶合板，宽为 20mm，厚为 3～4mm，长度不小于试件长度，垫层不得重复使用。混凝土劈裂抗拉强度试验装置，如图 16-8 所示。

（4）试件成型用试模及其他需用器具同混凝土立方体抗压强度试验。

3. 试验步骤

① 按制作抗压强度试件的方法成型试件，每组 3 块。

② 从养护室取出试件后，应及时进行试验。将表面擦干净，在试件成型面与底面中部划线定出劈裂面的位置，劈裂面应与试件的成型面垂直。

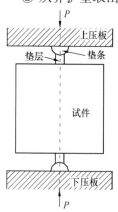

图 16-8　混凝土劈裂抗拉强度试验装置图

③ 测量劈裂面的边长（精确至 1mm），计算出劈裂面积 A（mm²）。

④ 将试件放在试验机下压板的中心位置，降低上压板，分别在上、下压板与试件之间加垫条与垫层，使垫条的接触母线与试件上的荷载作用线准确对正。垫条及试件宜安放在定位架上使用。

⑤ 开动试验机，使试件与压板接触均衡后，连续均匀地加荷，加荷速度为：混凝土强度等级小于 C30 时，取 0.02～0.05MPa/s；强度等级大于或等于 C30 但小于 C60 时，取 0.05～0.08MPa/s；混凝土强度等级大于或等于 C60 时，取 0.08～0.10MPa/s。加荷至破坏，记录破坏荷载 P（N）。

4. 结果计算

按下式计算混凝土的劈裂抗拉强度 f_{ts}（精确至 0.01MPa）

$$f_{ts} = \frac{2P}{A\pi} = 0.637\frac{P}{A} \tag{16-21}$$

式中　f_{ts}——混凝土劈裂抗拉强度，MPa；

　　　P——破坏荷载，N；

　　　A——试件劈裂面面积，mm^2。

① 以 3 个试件测值的算术平均值作为该组试件的劈裂抗拉强度值。其异常数据的取舍与混凝土立方体抗压强度试验相同。

② 采用 150mm×150mm×150mm 的立方体试件作为标准试件，如采用 100mm×100mm×100mm 立方试件时，试验所得的劈裂抗拉强度值，应乘以尺寸换算系数 0.85。当混凝土强度等级不小于 C60 时，应采用标准试件；使用非标准试件时，尺寸换算系数由试验确定。

16.5.3　混凝土抗折强度试验

1. 试验目的

测定混凝土抗折强度，为道路混凝土强度设计提供依据。

2. 主要仪器设备

（1）压力试验机或万能试验机。其测量精度为±1%，试验时由试件最大荷载选择压力机量程、使试件破坏时的荷载位于全量程的 20%～80%范围内。试验机应能施加均匀、连续、速度可控的荷载，并带有能使两相等荷载同时作用在试件跨度 3 分点处的抗折强度试验装置，如图 16-9 所示。

（2）试件的支座和加荷头。应采用直径 $D=20\sim40mm$、长度 $L<b+10mm$ 的硬钢圆柱，支座立脚点固定铰支，其他应为滚动支点。

（3）试模与试件。试模由铸铁或钢制成；标准试件采用边长为 150mm×150mm×600mm（550mm）的棱柱体试件；边长为 100mm×100mm×400mm 的棱柱

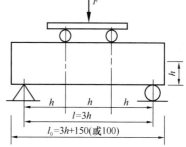

图 16-9　混凝土抗折强度试验装置

体试件是非标准试件。此外，试件在长向中部 1/3 区段内不得有表面直径超过 5mm、深度超过 2mm 的空洞。

3. 试验步骤

（1）按制作抗压强度试件的方法成型试件。

（2）试件从养护地取出后将试件表面擦干净，并及时进行试验。

（3）安装尺寸偏差不得大于 1mm。试件的承压面应为试件成型时的侧面。支座及承压面与圆柱的接触面应平稳、均匀，否则应垫平。

（4）加荷载应保持均匀、连续。当混凝土强度等级小于 C30 时，加荷速度取 0.02～0.05MPa/s；当混凝土强度等级大于或等于 C30 且小于 C60 时，取 0.05～0.08MPa/s；

当混凝土强度等级大于或等于 C60 时，取 0.08～0.10MPa/s。至试件接近破坏时，应停止调整试验机油门，直至试件破坏，然后记录破坏荷载。

（5）记录试件破坏荷载的试验机示值及试件下边缘断裂位置。

4. 测定结果

（1）若试件下边缘断裂位置处于两个集中荷载作用线之间，则试件的抗折强度 f_f 按下式计算：

$$f_f = \frac{Fl}{bh^2} \tag{16-22}$$

式中　f_f——混凝土抗折强度，MPa；

　　　　F——试件破坏荷载，N；

　　　　l——支座间跨度，mm；

　　　　h——试件截面高度，mm；

　　　　b——试件截面宽度，mm。

（2）取 3 个试件测值计算算术平均值作为该组试件的强度值（精确至 0.1MPa），其异常数据的取舍与混凝土立方体抗压强度试验同。

（3）3 个试件中若有一个折断面位于两个集中荷载之外，则混凝土抗折强度值按另两个试件的试验结果计算。若这两个测值的差值不大于这两个测值中较小值的 15% 时，则该组试件的抗折强度值按这两个测值的平均值计算，否则该组试件的试验无效。若有两个试件的下边缘断裂位置位于两个集中荷载作用线之外，则该组试件试验无效。

（4）当试件尺寸为 100mm×100mm×400mm 非标准试件时，应乘以尺寸换算系数 0.85；当混凝土强度等级不小于 C60 时，应采用标准试件；使用非标准试件时，尺寸换算系数应由试验确定。

16.6　建筑钢材性能试验

16.6.1　取样与验收

取样与验收按《钢筋混凝土用钢　第 1 部分：热轧光圆钢筋》GB/T 1499.1—2017 、《钢筋混凝土用钢　第 2 部分：热轧带肋钢筋》GB/T 1499.2—2018 的规定进行。

（1）钢筋混凝土用热轧钢筋，应有出厂证明书或试验报告单。验收时应抽样做机械性能试验，包括拉力试验和冷弯试验两个项目。两个项目中如有一个项目不合格，该批钢筋即为不合格品。

（2）同一批号、牌号、尺寸、交货状态分批检验和验收，每批质量不大于 60t。

（3）取样方法和结果评定规定如下。自每批钢筋中任意抽取两根，于每根距端部 50cm 处各取一套试样（两根试件），每套试样中一根做拉力试验，另一根做冷弯试验。在拉力试验中，如果其中有一根试件的屈服点、抗拉强度和伸长率 3 个指标中有一个指标达不到钢筋标准规定的数值，应再抽取双倍（4 根）钢筋，制取双倍（4 根）试件重做试验。复检时，如仍有一根试件的任意指标达不到标准要求，则不论该指标在第一次试验中是否达到标准要求，拉力试验项目也判为不合格。在冷弯试验中，如有一根试件不符合标准要求，应同样抽取双倍钢筋，制成双倍试件重新试验，如仍有一根试件不符合标准要求，冷弯试验项目即为不合格。整批钢筋不予验收。另外，还要检验尺寸、表面状态等。如使用中钢筋有脆断、焊接性能不良或机械性能显著不正常时，尚应进行化学分析。

（4）钢筋拉伸和弯曲试验不允许车削加工，试验时温度为 20 ± 10℃。如温度不在此范围内，应在试验记录和报告中注明。

16.6.2　拉伸试验

按《金属材料　拉伸试验　第 1 部分：室温试验方法》GB/T 228.1—2021 进行。

1. 试验目的

熟悉钢材拉伸试验方法，掌握钢材性质。

2. 主要仪器设备

（1）拉力试验机。试验时所有荷载的范围应在试验机最大荷载的 20%～80%。试验机的测力示值误差应小于 1%。

（2）钢筋划线机、游标卡尺（精确度为 0.1mm）、天平等。

3. 试件制作和准备

① 抗拉试验用钢筋不得进行车削加工，钢筋拉力试件形状和尺寸如图 16-10 所示。试件在 l_0 范围内，按十等分划线、分格、定标距，量出标距，长度 l_0（精确度为 0.1mm）。

② 测试试件的质量和长度，不经车削的试件按质量计算截面面积 A_0（mm²）：

$$A_0 = \frac{m}{7.85L} \qquad (16-23)$$

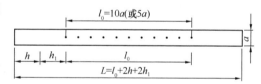

图 16-10　钢筋拉力试件
a—试件直径；l_0—标距长度；
$h_1=(0.5\sim1)d$；h—夹具长度

式中　m——试件质量，g；
　　　L——试件长度，mm；
　　　7.85——钢材密度，g/cm³。

计算钢筋强度时所用截面面积为公称横截面面积，故计算出钢筋受力面积后，应据此取靠近的公称横截面面积 A（保留 4 位有效数字），见表 16-6。

钢筋的公称横截面面积　　　　　　　　　　表 16-6

公称直径（mm）	公称横截面面积（mm²）	公称直径（mm）	公称横截面面积（mm²）
8	50.27	22	380.1
10	78.54	25	490.9
12	113.1	28	615.8
14	153.9	32	804.2
16	201.1	36	1018
18	254.5	40	1257
20	314.2	50	1964

4. 试验步骤

（1）将试件上端固定在试验机夹具内，调整试验机零点，装好描绘器、纸、笔等，再用下夹具固定试件下端。

（2）开动试验机进行试验，拉伸速度：屈服前应力施加速度为10MPa/s；屈服后试验机活动夹头在荷载下移动速度每分钟不大于$0.5l_c$（不经车削试件$l_c = l_0 + 2h_1$），直至试件拉断。

（3）拉伸过程中，描绘器自动绘出荷载-变形曲线，由荷载变形曲线和刻度盘指针读出屈服荷载F_s(N)（指针停止转动或第一次回转时的最小荷载）与最大极限荷载F_b(N)。

（4）量出拉伸后的标距长度l_1。将已拉断的试件在断裂处对齐，尽量使轴线位于一条直线上。如断裂处到邻近标距端点的距离大于$l_0/3$时，可用卡尺直接量出l_1；如果断裂处到邻近标距端点的距离小于或等于$l_0/3$时，可按下述移位法确定l_1：在长段上自断点起，取短段格数得B点，再取长段所余格数（偶数如图16-11a所示）之半得C点，或者取所余格数（奇数如图16-11b所示）减1与加1之半得C与C_1点。移位后的l_1分别为$AB + 2BC$或$AB + BC + BC_1$。如用直接量测所得的伸长率能达到标准值，则可不采用移位法。

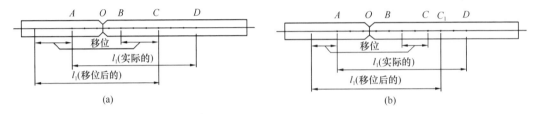

图16-11　用移位法计算标距

5. 结果计算

（1）屈服强度R_{eL}（MPa）：

$$R_{eL} = F_s/A \tag{16-24}$$

式中　　F_s——屈服荷载，kN；

A——试件横截面积，mm^2。

（2）抗拉强度R_m（MPa）：

$$R_m = F_b/A \tag{16-25}$$

式中　F_b——抗拉极限荷载，kN；

A——试件横截面积，mm^2。

对于钢材强度：

当R_{eL}，R_m在0～235MPa精确至1MPa内；

当R_{eL}，R_m在235～1000MPa内精确至5MPa；

当R_{eL}，$R_m > 1000$MPa精确至10MPa；

（3）断后伸长率δ（精确至1%）：

$$\delta_{10}（或\delta_5） = \frac{l_1 - l_0}{l_0} \times 100\% \tag{16-26}$$

式中　δ_{10}、δ_5——$l_0 = 10a$和$l_0 = 5a$时的断后伸长率。

如拉断处位于标距之外，则断后伸长率无效，应重做试验。

测试值的修约方法：

当修约精确至1时，按前述四舍六入五单双方法修约；

当修约精确至5时，按二五进位法修约：即精确至5时，修约数小于或等于2.5时尾数取0；修约数大于2.5且小于7.5时尾数取5；修约数大于或等于7.5时尾数取0并向左进1。

16.6.3 冷弯试验

按《金属材料 弯曲试验方法》GB/T 232—2010 的规定进行。

1. 试验目的

熟悉钢材弯曲试验方法，掌握钢材性质。

2. 主要仪器设备

压力机或万能试验机，具有两支承辊，支辊间距离可以调节，具有不同直径的弯心，弯心直径由有关标准规定，如图 16-12 所示。

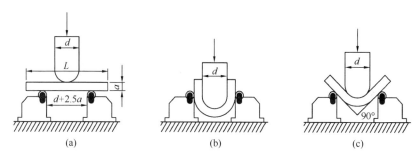

图 16-12　钢筋冷弯试验

(a) 装好的试件；(b) 弯曲 180°；(c) 弯曲 90°

试件制作，试件长 $L = (5a + 150)$mm，a 为试件直径。

3. 试验步骤

(1) 按图 16-12 (a) 调整两支辊间的距离为 x，使 $x = d + \left(3a \pm \dfrac{a}{2}\right)$。

(2) 选择弯心直径 d，Ⅰ级钢筋 $d=a$，Ⅱ、Ⅲ级钢筋 $d = 3a(a = 8 \sim 25mm)$ 或 $4a(a = 28 \sim 40mm)$，Ⅳ级钢筋 $d = 5a(a = 10 \sim 25mm)$ 或 $6a(a = 28 \sim 30mm)$。

(3) 将试件按图 16-12 (a) 装置好后，平稳地加荷，在荷载作用下，钢筋绕着冷弯压头，弯曲到要求的角度（Ⅰ、Ⅱ级钢筋为 180°，Ⅲ、Ⅳ级钢筋为 90°），如图 16-12 (b) 和 (c) 所示。

4. 结果评定

取下试件检查弯曲处的外缘及侧面，如无裂缝、断裂或起层，即判为冷弯试验合格。

16.6.4 钢筋冷拉、时效后的拉伸试验

钢筋经过冷加工、时效处理以后，进行拉伸试验，确定此时钢筋的力学性能，并与未经冷加工及时效处理的钢筋性能进行比较。

1. 试验目的

熟悉钢筋冷拉、冷拉时效处理试验方法，掌握钢材性质。

2. 主要仪器设备

① 拉力试验机。试验时所有荷载的范围应在试验机最大荷载的 20%～80%。试验机的测力示值误差应小于 1%。

② 钢筋划线机、游标卡尺（精确度为 0.1mm）、天平等。

3. 试件制备

按标准方法取样，取两根长钢筋，各截取 3 段，制备与钢筋拉伸试验相同的 6 根试件并分组编号。编号时应在两根长钢筋中各取 1 根试件编为 1 组，共 3 组试件。

4. 试验步骤

（1）第 1 组试件用作拉伸试验，并绘制荷载-变形曲线，方法同钢筋拉伸试验。以 2 根试件试验结果的算术平均值计算钢筋的屈服点 σ_s、抗拉强度 σ_b 和伸长率 δ。

（2）将第 2 组试件进行拉伸至伸长率达 10%（约高出上屈服点 3kN）时，以拉伸时的同样速度进行卸荷，使指针回至零，随即又以相同速度再行拉伸，直至断裂为止。并绘制荷载-变形曲线。第 2 次拉伸后以两根试件试验结果的算术平均值计算冷拉后钢筋的屈服点 σ_{sL}、抗拉强度 σ_{bL} 和伸长率 δ_L。

（3）将第 3 组试件进行拉伸至伸长率达 10% 时，卸荷并取下试件，置于烘箱中加热 110℃ 恒温 4h，或置于电炉中加热 250℃ 恒温 1h，冷却后再做拉伸试验，并同样绘制荷载-变形曲线。这次拉伸试验后所得性能指标（取 2 根试件算术平均值）即为冷拉时效后钢筋的屈服点 σ'_{sL}、抗拉强度 σ'_{bL} 和伸长率 δ'_L。

5. 结果计算

① 比较冷拉后与未经冷拉的两组钢筋的应力-应变曲线，计算冷拉后钢筋的屈服点、抗拉强度及伸长率的变化率：

$$B_s = \frac{\sigma_{sL} - \sigma_s}{\sigma_s} \times 100\% \tag{16-27}$$

$$B_b = \frac{\sigma_{bL} - \sigma_b}{\sigma_b} \times 100\% \tag{16-28}$$

$$B_\delta = \frac{\delta_L - \delta}{\delta} \times 100\% \tag{16-29}$$

② 比较冷拉时效后与未冷拉的两组钢筋的应力-应变曲线，计算冷拉时效处理后，钢筋屈服点、抗拉强度及伸长率的变化率：

$$B_{sL} = \frac{\sigma'_{sL} - \sigma_s}{\sigma_s} \times 100\% \tag{16-30}$$

$$B_{bL} = \frac{\sigma'_{bL} - \sigma_b}{\sigma_b} \times 100\% \tag{16-31}$$

$$B_{\delta L} = \frac{\delta'_L - \delta}{\delta} \times 100\% \tag{16-32}$$

6. 试验结果评定

（1）根据拉伸与冷弯试验结果按标准规定评定钢筋的级别。

（2）比较一般拉伸与冷拉或冷拉时效后钢筋的力学性能变化，并绘制相应的应力-应变曲线。

16.7　沥青试验

针入度、延度、软化点是黏稠沥青最主要的技术指标，通常称为三大技术指标。本节介绍我国《公路工程沥青及沥青混合料试验规程》JTG E20—2011 中关于沥青三大指标的测试方法。

16.7.1 针入度试验

沥青的针入度是在规定温度条件下，规定质量的试针在规定的时间贯入沥青试样的深度，以 0.1mm 为单位。针入度试验适用于测定道路石油沥青、改性沥青、液体石油沥青蒸馏或乳化沥青蒸发后残留物的针入度，用于评价其条件黏度。

1. 仪器与材料

（1）针入度仪。凡能保证针和针连杆在无明显摩擦下垂直运动，并能指示针贯入深度准确至 0.1mm 的仪器均可使用。针和针连杆组合件总质量为 50 ± 0.05g，另附 50 ± 0.05g 砝码一只，试验时总质量为 100 ± 0.05g，当采用其他试验条件时应在试验结果中注明。仪器设有调节水平的装置，针连杆与平台垂直。仪器设有针连杆制动按钮，使针连杆可自由下落。针连杆易于装拆以便检查其质量。针入度仪有手动和自动两种。

标准针由硬化回火的不锈钢制成，洛氏硬度 HRC54～60，表面粗糙度 R_a 为 0.2～0.3μm，针及针连杆总质量为 2.5 ± 0.05g，针杆上应打印号码标志并定期检验。

（2）盛样皿。金属制，圆柱形平底。小盛样皿内径为 55mm，深 35mm（适用于针入度小于 200）；大盛样皿内径为 70mm，深 45mm（适用于针入度 200～350）；针入度大于 350 的试样需使用特殊盛样皿，深度不小于 60mm，试样体积不少于 125mL。

（3）恒温水槽。容量不少于 10L，控温的准确度为 0.1℃。水槽中应设一带孔搁架，位于水面下不少于 100mm，距水槽底不少于 50mm。

（4）平底玻璃皿。容量不少于 1L，深度不少于 80mm，内设一不锈钢三脚架，能使盛样皿稳定。

（5）其他。温度计（分度 0.1℃）；秒表（分度 0.1s）；盛样皿盖（平板玻璃，直径不小于盛样皿开口尺寸）；溶剂（三氯乙烯等）；电炉或砂浴；石棉网；金属锅等。

2. 方法与步骤

（1）准备工作

1）按试验要求将恒温水槽调节到要求的试验温度——25℃、15℃、30℃或5℃并保持稳定。

2）将脱水、经 0.6mm 滤筛过滤后的沥青注入盛样皿中，试样深度应超过预计针入度值 10mm，盖上盛样皿盖以防灰尘。在室温中冷却 1.5～2.5h（视盛样皿大小）后移入恒温水槽，恒温 1.5～2.5h（视盛样皿大小）。

3）调整针入度仪使之水平；检查针连杆和导轨以确认无水和其他外来物，无明显摩擦；用三氯乙烯或其他溶剂清洗标准针并拭干；将标准针插入针连杆，固紧；按试验条件加上砝码。

（2）试验方法

1）取出达到恒温的盛样皿并移入水温控制在试验温度±0.1℃的平板玻璃皿中的三脚支架上，水面高出试样表面不少于 10mm。

2）将盛有试样的平底玻璃皿置于针入度仪平台上，慢慢放下针连杆，用适当位置的反光镜或灯光反射观察，使针尖恰好与试样表面接触。拉下刻度盘拉杆使与针连杆顶端轻轻接触，调节刻度盘或深度指示器的指针指示为零。

3）开动秒表，在指针正指 5s 的瞬间用手压紧按钮使标准针自动下落贯入试样，经规定时间停压按钮使标准针停止移动。拉下刻度盘拉杆与针连杆顶端接触，读取刻度盘指针或位移指示器读数，准确至 0.5（0.1mm）即为针入度。若采用自动针入度仪，计时与标准针落下贯入试样同时开始，在设定的时间自动停止。

4）同一试样平行试验至少 3 次，各测点间及与盛样皿边缘的距离不应小于 10mm。每次试验后应将盛有盛样皿的平底玻璃皿放入恒温水槽，每次试验应换一根干净标准试针或将标准针取下用蘸有三氯乙烯溶剂的棉花或布揩净，再用干棉花或布擦干。

5）测定针入度指数 PI 时，按同样的方法在 15℃、25℃、30℃（或 5℃）3 个温度条件下分别测定沥青针入度。计算针入度指数、当量软化点、当量脆点。

3. 试验结果

（1）同一试样 3 次平行试验结果的最大值和最小值之差在表 16-7 中所列的允许范围内时，计算 3 次试验结果的平均值，取整数作为针入度试验结果，以 0.1mm 为单位。

针入度试验允许偏差范围　　　　　　　　　表 16-7

针入度（0.1mm）	0～49	50～149	150～249	250～500
允许差值（0.1mm）	2	4	12	20

（2）当试验结果小于 50（0.1mm）时，重复性试验的允许差为 2（0.1mm），复现性试验的允许差为 4（0.1mm）；当试验结果大于或等于 50（0.1mm）时，重复性试验的允许差为平均值的 4%，复现性试验的允许差为平均值的 8%。

16.7.2　延度试验

沥青的延度是在规定温度条件下，规定形状的试样按规定的拉伸速度水平拉伸至断裂时的长度，以"cm"表示。通常的试验温度为 25℃、15℃、10℃、5℃，拉伸速度为 5±0.25cm/min，当低温采用 1±0.05cm/min 拉伸速度时应在报告中注明。延度试验适用于测定道路石油沥青、液体石油沥青蒸馏或乳化沥青蒸发后残留物的延度，用于评价其塑性形变能力。

1. 仪器与材料

（1）延度仪

将试件浸没于水中，能保持规定的试验温度、按规定拉伸速度拉伸试件且试验时无明显振动的延度仪均可使用。其组成及形状如图 16-13 所示。

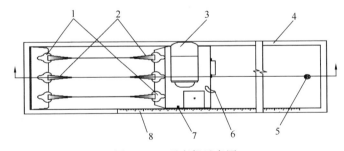

图 16-13　延度仪示意图
1—试模；2—试样；3—电机；4—水槽；5—泄水孔；6—开关柄；7—指针；8—标尺

（2）试模

黄铜制，由两个端模和两个侧模组成，其形状和尺寸如图 16-14 所示。试模内侧表面

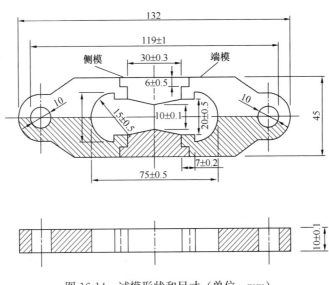

图 16-14 试模形状和尺寸（单位：mm）

粗糙度 R_a 为 0.2μm。

试模底板为玻璃板或磨光铜板、不锈钢板，表面粗糙度 R_a 为 0.2μm。

（3）恒温水槽

容量不少于 10L，控制温度准确度为 0.1℃，水槽中应设带孔搁架，搁架距水槽底不少于 50mm，试件浸入水中的深度不小于 100mm。

（4）甘油滑石粉隔离剂

甘油：滑石粉＝2：1（质量比）。

（5）其他

温度计（分度 0.1℃）；砂浴或其他加热炉具；平刮刀；石棉网；酒精；食盐等。

2. 方法与步骤

（1）准备工作

1）将隔离剂拌合均匀，涂于清洁干燥的试模底板和两个侧模的内表面，并将试模在底板上装妥。

2）将脱水、经 0.6mm 滤筛过滤后的沥青自试模一端至另一端往返数次缓缓注入模中，最后略高出试模，灌注时应注意勿使空气混入。

3）试件在室温中冷却 30～40min 后置于规定试验温度的恒温水槽中保持 30min，用热刮刀刮除高出试模的沥青，使沥青面与试模面齐平。

4）检查延度仪拉伸速度是否符合要求，移动滑板使其指针正对标尺零点，将延度仪注水并达到规定的试验温度。

（2）试验方法

1）将保温后的试件连同底板移入延度仪水槽中，取下底板，将试模两端的孔分别套在滑板及槽端固定板的金属柱上，取下侧模。水面距试件表面不小于 25mm。

2）开动延度仪并观察试样的延伸情况。在试验中如发现沥青丝上浮或下沉，应在水中加入酒精或食盐调整水的密度至与试样相近后，重新试验。

3）试件拉断时读取指针所指标尺上的读数，以 cm 计，即为延度。

（3）试验结果

1）同一试样每次平行试验不少于 3 个，如 3 个测定结果均大于 100cm，试验结果记作"＞100cm"；特殊需要也可分别记录实测值。如 3 个测定结果中有一个以上的测定值小于 100cm，若最大值或最小值与平均值之差满足重复性试验精密度要求，则取 3 个测定结果的平均值的整数作为延度试验结果，若平均值大于 100cm，记作"＞100cm"；若最大值或最小值与平均值之差不符合重复性试验精密度要求，试验重新进行。

2）当试验结果小于 100cm 时，重复性试验的允许差为平均值的 20％；复现性试验的允许差为平均值的 30％。

16.7.3   软化点（环球法）试验

沥青的软化点是将沥青试样注入内径为 19.8mm 的铜环中，环上置质量为 3.5g 的钢球，再规定起始温度，按规定升温速度加热条件下加热，直至沥青试样逐渐软化并在钢球荷重作用下产生 25.4mm 垂度（即接触下底板），此时的温度（℃）即为软化点。软化法试验适用于测定道路石油沥青、煤沥青、液体石油沥青蒸馏或乳化沥青蒸发后残留物的软化点，用于评价其感温性能。

1. 仪器与材料

（1）软化点试验仪

软化点试验仪如图 16-15 所示。

（2）钢球

直径 9.53mm，质量为 3.5±0.05g。

（3）试样环

由黄铜或不锈钢制成，如图 16-16 所示。

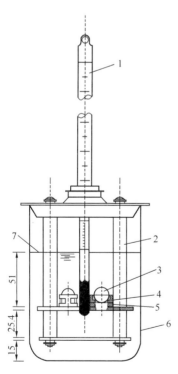

图 16-15   软化点试验仪（单位：mm）

1—温度计；2—立杆；3—钢球；4—钢球定位环；

5—金属环；6—烧杯；7—至规定高度的液面

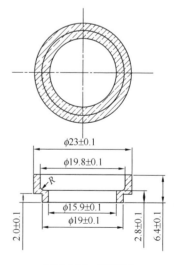

图 16-16   试样环

（4）钢球定位环

由黄铜或不锈钢制成。

（5）金属支架

由两个主杆和三层平行的金属板组成。上层为圆盘，直径约大于烧杯直径，中间有一圆孔用于插温度计；中层板上有两孔用于放置金属环，中间一小孔用于支持温度计测温端部；下板距环底面 25.4mm，下板距烧杯底不小于 12.7mm，也不大于 19mm。

（6）耐热烧杯

容量为 800～1000mL，直径不小于 86mm，高不小于 120mm。

（7）其他

环夹（由薄钢条制成）；电炉或其他加热炉具（可调温）；试样底板（金属板或玻璃板）；恒温水槽；平直刮刀；甘油滑石粉隔离剂；蒸馏水；石棉网等。

2. 方法与步骤

（1）准备工作

1）将试样环置于涂有甘油滑石粉隔离剂的试样底板上，将脱水、过筛的沥青试样徐徐注入试样环内至略高于环面为止。

2）试样在室温冷却 30min 后用环夹着试样环并用热刮刀刮平。

（2）试验方法

1）试样软化点在 80℃ 以下者采用水浴加热，起始温度为 5±0.5℃；试样软化点在 80℃ 以上者采用甘油浴加热，起始温度为 32±1℃。

2）将装有试样的试样环连同试样底板置于 5±0.5℃ 水或 32±1℃ 甘油的恒温槽中至少 15min，金属支架、钢球、钢球定位环等亦置于恒温槽中。

3）烧杯中注入 5℃ 的蒸馏水或 32℃ 甘油，液面略低于立杆上的深度刻度。

4）从恒温槽中取出试样环放置在支架的中层板上，套上定位环和钢球，并将环架放入烧杯中，调整液面至深度刻度线，插入温度计并与试样环下面齐平。

5）加热，并在 3min 内调节至每分钟升温 5±0.5℃。

6）试样受热软化逐渐下坠，当与下板表面接触时记录此时的温度，准确至 0.5℃，即为软化点。

3. 试验结果

（1）同一试样平行试验两次，当两次测定值的差符合重复性试验精密度要求时，取其平均值作为软化点试验结果，准确至 0.5℃。

（2）当试样软化点大于或等于 80℃ 时，重复性试验的允许差为 2℃，复现性试验允许差为 8℃。

16.8 沥青混合料试验

本节介绍《公路工程沥青及沥青混合料试验规程》JTG E20—2011 中关于沥青混合料试件制作方法、马歇尔稳定度测定试验方法。

16.8.1　沥青混合料试件制作

试件的制作是进行沥青混合料各项性能测试的前提，沥青混合料试件常用的制作方法有击实法和轮碾法。

击实法适用于标准击实法或大型击实法制作沥青混合料试件，试件的尺寸根据沥青混合料最大公称粒径选择。标准击实法适用于马歇尔试验、劈裂试验、冻融劈裂试验等所用的 $\phi 101.6 \times 63.5\text{mm}$ 圆柱体试件的成型；大型击实法适用于 $\phi 152.4 \times 95.3\text{mm}$ 的大型圆柱体试件的成型。试验室成型的一组试件的数量不得少于 4 个，必要时宜增加至 5～6 个。

1. 本试验所用仪器与材料

（1）标准击实仪：由击实锤、压实头、导向棒组成，分为标准击实仪和大型击实仪两种。

（2）标准击实台：用于固定试模，由硬木墩和钢板组成。

自动击实仪是将标准击实锤及标准击实台一体安装并用电力驱动使击实锤连续击实试件并可自动记数。

（3）试验室：用沥青混合料拌合机能保证拌合温度并充分拌合均匀，可控制拌合时间，容量不小于 10L。搅拌叶自转速度为 70r/min，公转速度为 40～50r/min。

（4）脱模器：电动或手动，可无破损地推出圆柱体试件，备有标准圆柱体试件和大型圆柱体试件推出环。

（5）试模：由高碳钢或工具钢制成。标准试模每组包括内径 101.6±0.2mm、高 87mm 的圆柱形金属筒，底座（直径约 120.6mm）和套筒（内径 101.6mm，高 70mm）各一个。大型圆柱体试件试模及套筒，如图 16-17 所示。

（6）烘箱：大、中型烘箱各一台，装有温度调节器。

（7）其他：天平或电子秤；沥青运动黏度测定设备（毛细管黏度计或赛波特重油黏度计或布洛克菲尔德黏度计）；温度计（分度 1℃）；电炉或煤气炉；沥青熔化锅；拌合铲；标准筛；滤纸；胶布；秒表等。

2. 准备工作

（1）确定制作沥青混合料试件的拌合温度与压实温度。

1）测定沥青的黏度并绘制黏度-温度曲线，按表 16-8 要求确定适宜于拌合及压实的沥青混合料黏度。

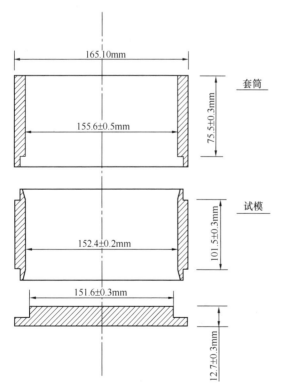

图 16-17　大型圆柱体试件试模及套筒

适宜于拌合及压实的沥青混合料黏度 表 16-8

沥青结合料种类	黏度与测定方法	适宜于拌合的沥青结合料黏度	适宜于压实的沥青结合料黏度
石油沥青（含改性沥青）	表面黏度，T0625 运动黏度，T0619 赛波特黏度，T0623	0.17±0.02Pa·s 170±20mm²/s 85±10s	0.28±0.03Pa·s 280±30mm²/s 140±15s
煤沥青	恩格拉黏度，T0622	25±3	40±5

2）缺乏沥青黏度测定条件时，沥青混合料的拌合与压实温度可按表 16-9 选用，并根据沥青品种和强度等级作适当调整。针入度小的沥青取高限；针入度大的沥青取低限；改性沥青根据改性剂的品种和用量适当提高沥青混合料拌合和压实温度（聚合物改性沥青），一般需在基质沥青基础上提高 15～30℃；加纤维时需再提高 10℃左右。

沥青混合料拌合及压实温度参考表 表 16-9

沥青结合料种类	拌合温度（℃）	压实温度（℃）
石油沥青	130～160	120～150
煤沥青	90～120	80～110
改性沥青	160～175	140～170

3）常温沥青混合料的拌合和压实在常温下进行。

（2）试模准备

用沾有少许黄油的棉纱擦净试模、套筒及击实座等，置于 100℃左右烘箱中加热 1h 备用。常温沥青混合料用试模不加热。

（3）材料准备

拌合厂或施工现场采集沥青混合料的试样，置于烘箱或加热的砂浴上保温，在混合料中插入温度计，待符合要求后成型。

试验室内配制沥青混合料时，按下列要求准备材料：

1）各种规格的洁净矿料在 105±5℃烘箱中烘干至恒重，并测定不同粒径矿料的各种密度。

2）将烘干分级的集料按每个试件设计级配要求称量质量，在金属盘中混合均匀，矿粉单独加热，预热到拌合温度以上约 15℃备用。一般按一组试件（每组 4～6 个）备料，但进行配合比设计时宜对每个试件分别备料。常温沥青混合料的矿料不应加热。

3）沥青材料用烘箱或油浴或电热套熔化加热至规定的沥青混合料拌合温度备用。

（4）拌制沥青混合料

1）黏稠石油沥青或煤沥青混合料

将沥青混合料拌合机预热到拌合温度以上 10℃左右备用。

将预热的集料置于拌合机中，然后加入需要数量的已加热至拌合温度的沥青，开动搅拌机拌合 1～1.5min，暂停后加入单独加热的矿粉，继续拌合至均匀，并使沥青混合料保持在要求的拌合温度范围内。标准的总拌合时间为 3min。

2）液体石油沥青混合料

将每组（或每个）试件的矿料置于已加热至 55～100℃的沥青混合料拌合机中，注入要求数量的液体沥青，并将混合料边加热边拌合，使液体沥青中的溶剂挥发至 50％以下。拌合时间应事先试拌确定。

3）乳化沥青混合料

将每个试件的粗细集料置于沥青混合料拌合机（不加热，也可用人工炒拌）中，注入计算的用水量（阴离子乳化沥青不加水），拌合均匀并使矿料表面完全湿润，再注入设计的沥青乳液用量，在 1min 内使混合料均匀，然后加入矿粉后迅速拌合，使混合料拌成褐色为止。

3. 试验方法

（1）将拌合好的沥青混合料均匀称取一个试件所需的用量。当一次拌合几个试件时，宜将其倒入经预热的金属盘中，用小铲适当拌合均匀后分成几份，分别取用。在试件制作过程中为防止混合料温度降低，应连盘放在烘箱中保温。

（2）从烘箱中取出预热的试模和套筒，用沾有少许黄油的棉纱擦拭套筒、底座及击实锤底面，将试模装在底座上，垫一张圆形的吸油性小的纸，按四分法从四个方向用小铲将混合料铲入试模中，用插刀或大螺丝刀沿周边插捣 15 次，中间 10 次。插捣后将沥青混合料表面整平成凸圆弧面。大型马歇尔试件混合料分两层装入，每次插捣次数同上。

（3）在混合料中心插入温度计，检查混合料温度。

（4）待混合料符合要求的压实温度后，将试模连同底座一起放在击实台上固定，在装好的混合料表面垫一张吸油性小的圆纸，将装有击实锤及导向棒的压实头插入试模中，击实至规定的次数。试件击实一面后，取下套筒，将试模掉头，装上套筒，用同样的方法击实另一面。

（5）试件击实结束后，立即用镊子取掉上下表面的纸，用卡尺量取试件离试模上口的高度并由此计算试件高度，如高度不符合要求时，试件作废，并按下式调整试件混合料质量以保证符合试件高度尺寸要求。

$$调整后混合料质量 = \frac{要求试件高度 \times 原用混合料质量}{所得试件的高度} \qquad (20\text{-}33)$$

（6）卸去套筒和底座，将装有试件的试模横向放置冷却至室温后，置于脱模机上脱出试件。将试件仔细置于干燥洁净的平面上供试验使用。

各高等学校都高度重视大学生的创新精神和创新能力的培养。如何培养学生的实践创新能力已成为我们试验教学过程中需大力研究和探讨的问题。试验教学是高等教育的重要组成部分，旨在培养学生试验操作技能，以及发现、分析和解决问题的能力。本书设置的创新试验侧重于培养学生的实践能力、创新意识和创新能力，激发学生的创新热情和兴趣，给学有余力的学生一个自主发展和实践锻炼的空间。组织学生开展创新试验，在试验教学的过程中教师不仅指导学生，而且也从学生中获得了新的思想和动力。学生根据自己的学习时间和精力自主选择试验项目，训练自己试验操作的动手能力和创新能力。

本书所推荐的试验项目仅供参考，具体的试验类型、试验内容需要各学校结合自身的试验条件进行试验设计及扩展。在进行创新试验的过程中，建议指导老师和学生在试验题目、试验内容、试验设备、试验方法、试验材料等方面进行创新尝试，一起解决试验过程中所遇到的技术难题，要求学生认真观察试验现象，及时整理试验数据，形成创新成果。

17.1 创新试验一：大体积混凝土试验

1. 试验目的

设计截面尺寸为 1.5m×1.5m×1.5m 的混凝土立方体试块（图 17-1），通过该试块模拟试验，测试混凝土的水化温升、混凝土收缩变形以及不同养护保温措施的影响情况。

2. 试验仪器

本试验用到的仪器设备包括：应变计、测温探头、数据采集箱、木模板、保温棉毡、脚手架支撑工具。

（1）温度采集仪器。有线测温采用 JDC-2 型电子测温仪并配以导线，无线测温采用无线测温接收模块 ASIA-D1、无线测温采集终端 ASIA-12T（带 13 只温度采集探头）。

（2）应变采集仪器。应变计采用 VWS-15 振弦式混凝土应变计，既能测试混凝土应变，又能测试混凝土内部温度。应变计数据采集采用 MCU-32 型分布式模块化自动测

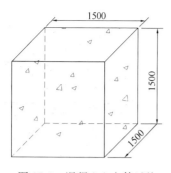

图 17-1　混凝土立方体试块
（单位：mm）

量单元，对应变计数据进行实时采集。

3. 试验设计

（1）制作 2 个断面尺寸为 $1.5m \times 1.5m \times 1.5m$ 的混凝土试块，分别为普通混凝土对照组、掺加膨胀剂混凝土试验组。对比不同配合比引起的混凝土应变及水化温升的变化。试块内部埋设测温元件和应变计监测混凝土内部的温度及应变的变化情况。试验所需材料，由实验室自行准备。如条件可以，也可对比不同类型膨胀剂引起的效果。

（2）测温探头以及应变计的布置方案，需要较为详细的介绍。

（3）不同养护方式对比。加膨胀剂的试块采用带模养护的方式，在试块四个侧面，选取其中的相对侧面采用木模板养护措施；选取另外一对侧面采用木模板＋保温棉毡的保温养护措施（图 17-2）。试块上表面采用覆盖薄膜＋毛毡的养护措施，养护周期不少于 14d。普通混凝土试块，养护方式与添加膨胀剂试块相同。

4. 试验准备

（1）测温前准备工作

1）混凝土浇筑前，在测点位置按要求焊接钢筋支架，将预埋测温线通过扎丝绑扎在钢筋上。

2）测温探头按布置要求埋入，将导线引至测温控制室并与测温仪连接，校验正确。

3）浇捣前测出各测温探头的初始温度值并做好记录。浇捣前测出大气温度及混凝土入模温度并做好记录。

4）将每个测温探头编号，并在测温线端部粘贴标签。

5）混凝土内部测温点布设 CH01、CH03、CH04、CH05、CH06、CH08 号点距离混凝土表面 50mm，O 点位于立方体中心。此外，在混凝土表面设置一测温点，用于测控覆膜下温度；同时设置一温度计测量室外温度（图 17-3）。每个测温点放置有线、无线设备各一套，以检测无线设备的可靠性。

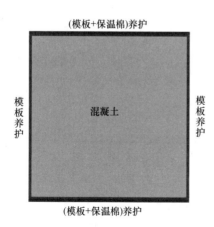

图 17-2　混凝土试块养护方案

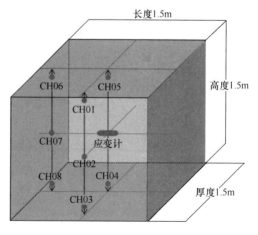

图 17-3　混凝土试块测温示意图

6) 环境温度测点应布设在试块摆放同区域大气中，但应避免阳光直射，数据测取频率与混凝土内部测点相同。

（2）应变测试前准备工作

1) 应变计埋设在混凝土正中心位置，方向垂直 AC 面方向。

2) 应变计及温度传感器埋设完成后，应变计传感器接入自动测试仪。

3) 应变计采集频次与温度测试保持一致。

5. 试验过程

（1）模板安装。试验前制作 2 个 1.5m×1.5m×1.5m 的木模，模板应保证拼接牢固且与地面固定牢固，防止浇筑过程中模板变形、移位以及漏浆等问题，如图 17-4 所示。此外，还需注意以下几个方面：

1) 模板安装前，混凝土浇筑面涂刷高性能水性隔离剂；

2) 加固状态时用扭力扳手检查各点螺栓扭力紧固值，力求无差异，以保证各拼缝及螺杆处不产生失水现象；

3) 混凝土浇筑过程中应重点看护模板，随时准备对模板进行加固。

（2）混凝土浇筑。采用分层浇筑法，分三层浇筑，每层厚度约 500mm，必须保证第一层混凝土初凝前浇筑第二层混凝土，同时控制混凝土入模温度小于或等于 30℃。混凝土浇筑过程中，宜保持 2 个试块在同一时间段内浇筑，尽可能避免因浇筑过程中入模温度与环境温度差异导致的试验结果误差。

（3）混凝土振捣。混凝土振捣采用振动棒振捣，要做到"快插慢拔"、上下抽动、均匀振捣，插点要均匀排列，采用并列式和交错式均可；插点间距为 300～400mm，插入到下层尚未初凝混凝土中 50～100mm；振捣时应依次进行，不要跳跃式振捣，以防漏振。每一振点的振捣延续时间为 30s，至混凝土表面泛浆、基本无气泡逸出为止。

图 17-4　混凝土试块模板

（4）模板拆除。混凝土表面与环境温差在 20±2℃ 内时拆除模板，按照安装顺序反向拆除模板。拆模时先松开扣件及螺杆，注意混凝土棱角不要破坏且拆除后采取必要措施保护棱角。拆除模板时，不要把试验对比侧面带模养护部位模板松动或拆除。

（5）混凝土养护。对照组和试验组混凝土浇筑完成后按照相应的养护措施进行养护。塑料薄膜使用透明胶带或双面胶粘贴在混凝土表面，毛毡悬挂于穿墙螺栓上，毛毡连接部位使用扎丝绑扎连接。

6. 试验测试

（1）混凝土

1) 混凝土配合比试配时测试拌合物坍落度、扩展度、凝结时间、绝热温升。

2) 混凝土浇筑前需检测混凝土坍落度、扩展度、容重，入模时监测入模温度及环境温度。测定时间为出料 1/4 时开始。

（2）混凝土力学性能

检测同条件养护条件下 7d、28d、60d、90d 的混凝土抗压强度。

（3）混凝土耐久性能

测试混凝土长期收缩性能，同条件养护 28d、90d 的抗渗性能。

（4）混凝土检测数据测试

1）自混凝土入模至浇捣完毕的 3d 期间内每隔 1h 测温一次；第 4~6d，每隔 2h 测温一次，以后每隔 4h 测温一次。混凝土表面温度降至环境温度后方可停止测温。

2）每测温一次，应记录、计算每个测温点的升降值及温差值。

3）浇筑混凝土前，测取应变初始值。

4）记录混凝土覆盖每一只应变计时的时间。

5）应变计的测试频率与温度传感器的测试频率相同。

17.2　创新试验二：混凝土回弹试验

混凝土回弹试验是目前建筑工程领域非常常用的一种混凝土质量的检测方式。但是针对混凝土回弹的试验，由于部分实验室在准备试验试件的时候存在一定难度，所以导致该试验不列为试验教学项目或者以强度检测的混凝土试块作为混凝土回弹试验的试件。本试验可以结合大体积混凝土试验，制作大体积混凝土试块，直接在大体积混凝土试块上进行混凝土回弹试验。可以为学生演示混凝土回弹试验的整个过程。

1. 试验目的

本试验依据《回弹法检测混凝土抗压强度技术规程》JGJ/T 23—2011，通过用回弹仪检测混凝土表面硬度，从而推算出混凝土强度，以作为判断实际结构中混凝土强度的参考依据。

2. 试验仪器

（1）技术要求

1）测定回弹值的仪器，宜采用示值系统为指针直读式或数显式的混凝土回弹仪。

2）回弹仪必须具有制造厂的产品合格证及检定单位的检定合格证，并应在回弹仪的明显位置上具有下列标志：名称、型号、制造厂名（或商标）、出厂编号等。

3）回弹仪除应符合《回弹仪》GB/T 9138—2015 的规定外，还应符合下列规定：

① 水平弹击时，弹击锤脱钩的瞬间，回弹仪的标准能量应为 2.207J。

② 弹击锤与弹击杆碰撞的瞬间，弹击拉簧应处于自由状态，此时弹击锤起跳点应相应于指针指示刻度尺上"0"处。

③ 在洛氏硬度 HRC 为 60±2 的钢砧上，回弹仪的率定值应为 80±2。

④ 数字式回弹仪应带有指针直读示值系统；数字显示的回弹值与指针直读示值相差不应超过 1。

4）回弹仪使用时的环境温度应为 -4~40℃。

（2）检定

1）回弹仪具有下列情况之一时应送检定单位检定：

① 新回弹仪启用前；

② 超过检定有效期限（有效期为半年）；

③ 累计弹击次数超过 6000 次；

④ 经常规保养后钢砧率定值不合格；

⑤ 遭受严重撞击或其他损害。

2）回弹仪应由法定部门按照国家现行标准对回弹仪进行检定。

3）回弹仪率定试验宜在干燥、室温为 5～35℃ 的条件下进行。率定时，钢砧应稳固地平放在刚度大的物体上。测定回弹值时，取连续向下弹击三次的稳定回弹平均值。弹击杆应分四次旋转，每次旋转宜为 90℃。弹击杆每旋转一次的率定平均值应为 80±2。

（3）保养-回弹仪应按标准的规定进行常规保养。

3. 试验设计

试验试件可以采用创新试验一的混凝土试件进行试验（截面尺寸为 1.5m×1.5m×1.5m 的混凝土立方体试块）。另外也可以根据自己实验室的条件设计新的试验试件尺寸，建议试验试件设计按照常规的混凝土结构承重构件，如梁单元、板单元、柱单元及墙体单元分别制作。

4. 试验要求

（1）回弹法适用于工程结构中普通混凝土抗压强度的检测，主要用于下列情况：

1）标准养护试件或同条件试件数量不足或未按规定制作试件时。

2）所制作的标准试件或同条件试件与所成型的构件在材料用量、配合比、水胶比等方面有较大差异，已不能代表构件的混凝土质量时。

3）标准试件或同条件试件的试压结果不符合现行标准、规范规定的对结构或构件的强度合格要求，并且对该结果持有怀疑时。

4）对结构中混凝土实际强度有检测要求时。

回弹法不适用于表层与内部质量有明显差异或内部存在缺陷的混凝土结构或构件的检测。当混凝土表面遭受了火灾、冻伤、受化学物质侵蚀或内部有缺陷时，不能直接采用回弹法检测。

（2）结构或构件混凝土强度检测可采用下列两种方式，其适用范围及结构或构件数量应符合下列规定：

1）单个检测：适用于单个结构或构件的检测。

2）批量检测：适用于在相同的生产工艺条件下，混凝土强度等级相同，原材料、配合比、成型工艺、养护条件基本一致且龄期相近的同类结构或构件。按批进行检测的构件，抽检数量不得少于同批构件总数的 30% 且构件数量不得少于 10 件。抽检构件时应随机抽取并使所选构件具有代表性。

（3）每一结构或构件的测区应符合下列规定：

1）每一结构或构件测区数不应少于 10 个，对某一方向尺寸小于 4.5m 且另一方向尺寸小于 0.3m 的构件，其测区数量可适当减少，但不应少于 5 个。

2）相邻两测区的间距应控制在 2m 以内，测区离构件端部或施工缝边缘的距离不宜大于 0.5m，且不宜小于 0.2m。

3）测区应选在使回弹仪处于水平方向检测混凝土浇筑侧面。当不能满足这一要求时，可使回弹仪处于非水平方向检测混凝土浇筑侧面、表面或底面。

4）测区宜选在构件的两个对称可测面上，也可选在一个可测面上且应均匀分布。在构件的重要部位及薄弱部位必须布置测区并应避开预埋件。

5）测区的面积不宜大于 $0.04m^2$。

6）检测面应为混凝土表面，并应清洁、平整，不应有疏松层、浮浆、油垢、涂层以及蜂窝麻面，必要时可用砂轮清除疏松层和杂物，且不应有残留的粉末或碎屑。

7）对弹击时产生颤动的薄壁、小型构件应进行固定。

（4）结构或构件的测区应标有清晰的编号，必要时应在记录纸上描述测区布置示意图和外观质量情况。

（5）当检测条件与测强曲线的适用条件有较大差异时，可采用同条件试件或钻取混凝土芯样进行修正，试件或钻取芯样数量不应少于 6 个。钻取芯样时每个部位应钻取一个芯样，计算时，测区混凝土强度换算值应乘以修正系数。修正系数应按《回弹法检测混凝土抗压强度规程》JGJ/T 23—2011 推荐的公式计算。

（6）泵送混凝土制作的结构或构件的混凝土强度的检测应符合下列规定：

1）当碳化深度值不大于 2.0mm 时，每一测区混凝土强度换算值应按《回弹法检测混凝土抗压强度规程》JGJ/T 23—2011 附录 B 修正。

2）当碳化深度值大于 6.0mm 时，回弹。

5. 试验测试

（1）回弹值测量

1）检测时，回弹仪的轴线应始终垂直于结构或构件的混凝土检测面，缓慢施压，准确读数，快速复位。

2）测点宜在测区范围内均匀分布，相邻两测点的净距不宜小于 20mm；测点距外露钢筋、预埋件的距离不宜小于 30mm。测点不应在气孔或外露石子上，同一测点只应弹击一次。每一测区应记取 16 个回弹值，每一测点的回弹值读数估读至 1。

（2）碳化深度值测量

1）回弹值测量完毕后，应在有代表性的位置上测量碳化深度值，测点数不应少于构件测区数的 30%，取其平均值为该构件每测区的碳化深度值。当碳化深度值极差大于 2.0mm 时，应在每一测区测量碳化深度值。

2）碳化深度值测量，可采用适当的工具在测区表面形成直径约 15mm 的孔洞，其深度应大于混凝土的碳化深度。孔洞中的粉末和碎屑应除净，并不得用水擦洗。同时应采用浓度为 1% 的酚酞酒精溶液滴在孔洞内壁的边缘处，当已碳化与未碳化界线清楚时，再用深度测量工具测量已碳化与未碳化混凝土交界面到混凝土表面的垂直距离，测量不应少于 3 次，取其平均值。每次读数精确至 0.5mm。

6. 试验结果

（1）计算测区平均回弹值，应从该测区的 16 个回弹值中剔除 3 个最大值和 3 个最小值，余下的 10 个回弹值按下式计算：

$$R_m = \frac{\sum\limits_{i=1}^{10} R_i}{10} \tag{17-1}$$

式中　R_m——测区平均回弹值（水平方向检测混凝土浇筑侧面时），精确至 0.1；

R_i——第 i 个测点的回弹值。

（2）非水平方向检测混凝土浇筑侧面、水平方向检测混凝土浇筑顶面或底面、回弹仪为非水平方向且测试面为非混凝土的浇筑侧面时应按标准的规定修正。

7. 混凝土强度

（1）混凝土强度换算值可采用以下三类测强曲线计算：

1）统一测强曲线：由全国有代表性的材料、成型养护工艺配制的混凝土试件，通过试验所建立的曲线；

2）地区测强曲线：由本地区常用的材料、成型养护工艺配制的混凝土试件，通过试验所建立的曲线；

3）专用测强曲线：由与结构或构件混凝土相同的材料、成型养护工艺配制的混凝土试件，通过试验所建立的曲线。

对有条件的地区和部门，应制定本地区的测强曲线或专用测强曲线，经上级主管部门组织审定和批准后实施。检测时应按专用测强曲线、地区测强曲线、统一测强曲线的次序选用测强曲线。

（2）结构或构件的测区混凝土强度平均值可根据各测区的混凝土强度换算值计算。当测区数为 10 个及以上时，应计算强度标准差。

（3）结构或构件的混凝土强度推定值（ $f_{cu,e}$ ）的确定，其具体方法可参考标准进行。

17.3 创新试验三：混凝土钻芯抗压强度试验

混凝土钻芯抗压强度试验与混凝土回弹试验是目前建筑工程领域非常常用的一种混凝土质量的检测方式。但是针对混凝土钻芯抗压强度试验，由于部分实验室在准备试验试件的时候存在一定的难度，导致在日常的本科试验教学过程中无法进行该项试验。本次试验可以结合大体积混凝土试验，制作大体积混凝土试块，直接在大体积混凝土试块上进行混凝土钻芯取样，并进行强度测试，同时可演示混凝土钻芯取样试验的整个过程。

1. 试验目的

本试验依据《钻芯法检测混凝土强度技术规程》JGJ/T 384—2016，从混凝土结构中钻取芯样，测定其强度，以作为判断实际结构中混凝土强度的参考依据。

2. 试验仪器

钻芯机、人造金刚石薄壁钻头、芯样切割机、人造金刚石圆锯片、芯样磨平机、探测钢筋位置的磁感仪。

3. 试验设计

试验试件可以采用创新试验一的混凝土试件进行试验（截面尺寸为 1.5m×1.5m×1.5m 的混凝土立方体试块）。另外也可以根据自己实验室的条件设计新的试验试件尺寸，建议试验试件设计按照常规的混凝土结构承重构件，如梁单元、板单元、柱单元及墙体单元分别制作。

4. 试验要求

抗压试验的芯样试验宜使用标准芯样试件（取芯质量符合要求且公称直径为 100mm，高径比为 1∶1 的混凝土圆柱体试件），其公称直径不宜小于骨料最大粒径的 3 倍；也可采用小直径芯样试件，但其公称直径不应小于70mm且不得小于骨料最大粒径的2倍。

钻芯法检测混凝土质量主要用于下列情况：

（1）对试块抗压强度或超声、回弹等非破损法的测试结果有怀疑时；

（2）因材料、施工或养护不良而发生混凝土质量问题时；

（3）混凝土遭受冻害、火灾、化学侵蚀或其他损害时；

（4）需检测经多年使用的建造结构或构筑物中的混凝土强度时；

（5）对施工有特殊要求的结构和构件，如机场跑道等；

（6）钻芯法适用于强度不大于80MPa的混凝土强度检测，但强度等级不大于C10的结构，不宜采用钻芯法。

钻芯法可用于确定检测批或单个构件的混凝土强度推定值，也可用于钻芯修正方法修正间接强度检测方法得到的混凝土强度换算值。

钻芯法确定检验批的混凝土强度推定值时，芯样试件的数量应根据检验批的容量确定。标准芯样试件的最小样本量不宜少于15个，小直径芯样试件的最小样本量应适当增加。芯样应从检验批的结构构件中随机抽取，每个芯样应取自一个构件或结构的局部部位，且取芯位置应符合要求。

钻芯确定单个构件的混凝土强度推定值时，有效芯样试件的数量不应少于3个；对于较小构件，有效芯样试件的数量不得少于2个。

当采用修正量的方法时，芯样试件的数量和取芯位置应符合下列要求：标准芯样的数量不应少于6个，小直径芯样的试件数量宜适当增加；芯样应从采用间接方法的结构构件中随机抽取，且取芯位置应符合规定；当采用的间接检测方法为无损检测方法时，钻芯位置应与间接检测方法相应的测区重合；当采用的间接检测方法对结构构件有损伤时，钻芯位置应布置在相应的测区附近。

5. 钻取芯样

（1）芯样钻取部位。芯样宜在结构或构件的下列部位钻取：

1）结构或构件受力较小的部位；

2）混凝土强度质量具有代表性的部位；

3）便于钻芯机安放与操作的部位；

4）开主筋、预埋件和管线的位置。

（2）固定钻机。将钻芯机就位并安放平稳后，并将钻芯机固定。

（3）确定转动方向。钻芯机在未安装钻头之前，应先通电检查主轴旋转方向（三相电动机）。

（4）钻头冷却。钻芯时用于冷却钻头和排除混凝土碎屑的冷却水的流量，宜为3～5L/min。

（5）钻进速度。钻取芯样时应控制进钻的速度。

（6）芯样编号。将芯样进行标记。当所取芯样高度和质量不能满足要求时，则应重新钻取芯样。对所取芯样应采取保护措施，避免在运输和贮存中损坏。

（7）钻孔封堵。钻芯后留下的孔洞应及时进行修补。

（8）钻机保养。在钻芯工作完毕后，应对钻芯机和芯样加工设备进行维修保养。

6. 加工芯样

（1）抗压芯样试件的高度与直径之比（H/d）宜为 1.00。

（2）芯样试件内不宜含有钢筋。如不能满足此项要求时，抗压试件应符合下列要求：

1）标准芯样试件，每个试件内最多只允许有两根直径小于 10mm 的钢筋；

2）公称直径小于 100mm 的芯样试件，每个试件内最多只允许有一根直径小于 10mm 的钢筋；

3）芯样内的钢筋应与芯样试件的轴线基本垂直并离开端面 10mm 以上。

（3）锯切后的芯样应进行端面处理，宜采取在磨平机上磨平端面的处理方法。承受轴向压力芯样试件的端面，也可采取下列处理方法：

1）环氧胶泥或聚合物水泥砂浆补平；

2）抗压强度低于 40MPa 的芯样试件，可采用水泥砂浆、水泥净浆或聚合物水泥砂浆补平，补平层厚度不宜大于 5mm；也可采用硫磺胶泥补平，补平层厚度不宜大于 1.5mm。

（4）在试验前应按下列规定测量芯样试件尺寸：

1）平均直径用游标卡尺在芯样试件中部相互垂直的两个位置上测量，取测量的算术平均值作为芯样试件的直径，精确至 0.5mm；

2）芯样试件高度用钢卷尺或钢板尺进行测量，精确至 1mm；

3）垂直度用游标量角器测量芯样试件两个端面与母线的夹角，精确至 0.1°；

4）平整度用钢板尺或角尺紧靠在芯样试件端面上，一面转动钢板尺，一面用塞尺测量钢板尺与芯样试件端面之间的缝隙；也可采用其他专用设备量测。

（5）芯样试件尺寸偏差及外观质量超过下列数值时，相应的测试数据无效：

1）芯样试件的实际高径比（H/d）小于要求高径比的 0.95 或大于 1.05 时；

2）沿芯样试件高度的任一直径与平均直径相差大于 2mm；

3）抗压芯样试件端面的不平整度在 100mm 长度内大于 0.1mm；

4）芯样试件端面与轴线的不垂直度大于 1°；

5）芯样有裂缝或有其他较大缺陷。

7. 芯样试件的试验和抗压强度值的计算

芯样试件应在自然干燥状态下进行抗压试验。当结构工作条件比较潮湿，需要确定潮湿状态下混凝土的强度时，芯样试件宜在 20℃±5℃ 的清水中浸泡 40～48h，从水中取出后立即进行试验。

芯样试件的抗压试验的操作应符合《混凝土物理力学性能试验方法》GB/T 50081—2019 中对立方体试块抗压试验的规定。

芯样试件的混凝土抗压强度可按下式计算：

$$f_{cu,cor} = F_c/A \tag{17-2}$$

式中　$f_{cu,cor}$——芯样试件的混凝土抗压强度值，MPa；

F_c——芯样试件的抗压试验测得的最大压力，N；

A——芯样试件抗压截面面积，mm²。

8. 混凝土强度推定

单个构件的混凝土强度推定值不再进行数据的舍弃，应按有效芯样试件混凝土抗压强度值中的最小值确定。

　　钻芯法用于确定检测批的混凝土强度推定值和修正间接强度检测方法得到的混凝土强
度换算值时，其具体方法可参考标准进行。

17.4　建筑钢材连接性能试验

　　本试验参照《焊缝及熔敷金属拉伸试验方法》GB/T 2652—2008、《钢结构设计标准》
GB 50017—2017、《钢及钢产品　力学性能试验取样位置及试样制备》GB/T 2975—2018
中的相关规定执行。既然是创新试验，可鼓励学生自主设计试验方案，独立加工试件，经
老师审核后，在老师指导下独立完成试验。如下建议仅供学生或老师参考：

　　1. 试验介绍

　　钢材由于其力学强度高，变形能力强等优点使得其成为土木工程材料中非常重要的一
种建筑材料。在土木工程中，建造工程师根据设计，将板材或型钢组合成构件，再将构件
组合成整体结构。钢材可采用锚钉、焊接和螺栓连接等不同的连接方式，这对于钢材结构
的力学性能以及变形能力都会产生一定的影响。本试验可鼓励学生自主设计试件，采用至
少原板、钻孔工件以及三种不同的连接形式共五种试件，如图17-5及图17-6所示。通过
试验比较不同连接方式的钢材连接效果。

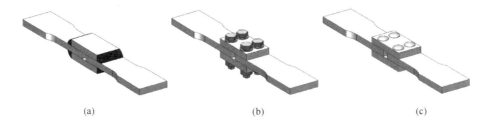

(a)　　　　　　　　　　　(b)　　　　　　　　　　　(c)

图 17-5　钢结构不同的连接方式

（a）焊接连接；（b）螺栓连接；（c）锚钉连接

　　2. 试验目的

　　熟悉钢材拉伸试验方法，掌握钢材的基本力学性质，针对不同类型的钢材连接方式的
试验试件进行力学性能、变形能力的测试。通过力学性能试验，分析试验数据及观察试验
现象，对比不同连接方式引起的力学性能变化，使得学生对于不同的钢材连接方式有更为
深刻的理解和掌握。

　　3. 设备仪器

　　（1）拉力试验机。试验时所有荷载的范围应在试验机最大荷载的20%～80%。试验
机的测力示值误差应小于1%。

　　（2）位移计、应变采集箱。

　　（3）钢板尺、游标卡尺等。

　　4. 试件制作

　　试验试件包括母材、母材削弱以及不同连接方式的试验试件，共计包括5类：

　　（1）钢材的母材试验试件；

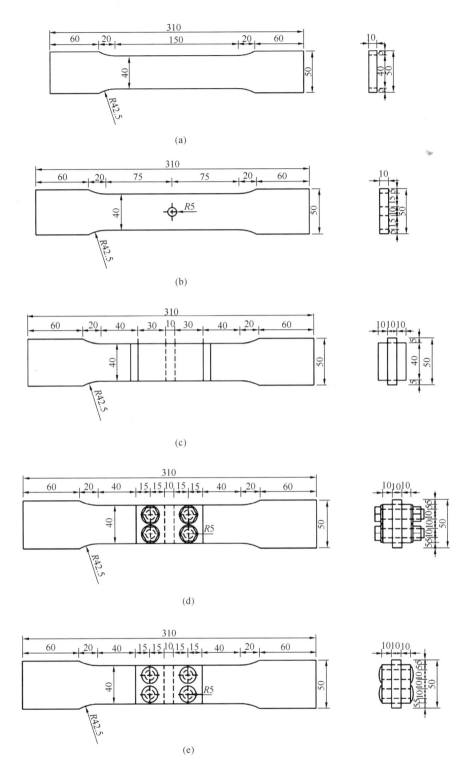

图 17-6　不同形式的试验试件尺寸

（a）钢材的母材试验试件；（b）钢材的母材削弱试验试件；（c）钢材的焊接连接试验试件；
（d）钢材的螺栓连接试验试件；（e）钢材的锚钉连接试验试件

（2）钢材的母材削弱试验试件；

（3）钢材的焊接连接试验试件；

（4）钢材的螺栓连接试验试件；

（5）钢材的锚钉连接试验试件。具体试件尺寸如图 17-6 所示。

5. 试验步骤

（1）调整试件的位置及方向，将试件上端固定在试验机夹具内，保证夹持端的尺寸以及试件的安装位置符合规范规定的要求，调整试验机零点，安装好引伸计，准备好钢尺、纸、笔等，再用下夹具固定试件下端。

（2）开动试验机进行试验，为了便于观察试验过程中不同连接方式的钢材试件的变形及力学性能的变化，试验过程采用位移控制模式进行控制。拉伸速度：屈服前应力施加速度为 10MPa/s；屈服后试验机活动夹头在荷载下移动速度每分钟不大于 $0.5l_c$，直至试件拉断。

（3）拉伸过程中，描绘器自动绘出荷载-变形曲线，由荷载-变形曲线读出屈服荷载 F_s(N)与最大极限荷载 F_b(N)。

（4）观察试验现象，记录试验过程中出现的屈服荷载及破坏荷载的数值，并将不同连接方式的钢材试验试件的试验数值与最终的结构进行一一对应。

6. 结果计算

① 屈服强度 σ_s（精确至 5MPa）：

$$\sigma_s = F_s/A \tag{17-3}$$

② 抗拉强度 σ_b（精确至 5MPa）：

$$\sigma_b = F_b/A \tag{17-4}$$

7. 对比分析试验现象

（1）采集不同连接方式试验试件最终的破坏图片；

（2）比较不同构造形式钢材的力学性能变化，并绘制相应的应力-应变曲线；

（3）结合试验数据分析判断最终的试验结果。

8. 试验结果评定

根据不同构造形式钢材的试验结果，判定不同构造形式对钢材力学性能的影响。

第 5 篇
建筑周转材料

　　建筑周转材料指在施工生产中可以反复使用而又基本保持其原有形态,有助于建筑产品形成但不构成建筑工程实体的具有工具性质的特殊材料。周转材料属于劳动资料,在多次反复使用过程中逐步磨损和消耗。因其在预算取费、财务核算及采购等管理上被列入"材料"项目,故称为周转材料。

　　建筑周转材料及工具与一般建筑材料相比,其价值转移方式不同。建筑材料的价值一次性全部转移到建筑产品价格中,并从销售收入中得到补偿;周转材料及工具依据在使用中的磨损程度,逐步转移到产品价格中,从销售收入中逐步得到补偿。在周转材料及工具上支付的资金,一部分随着价值转移脱离实物形态而转化成货币形态;另一部分则继续存在于实物形态中,随着周转材料及工具的磨损,最后全部转化为货币准备金而脱离实物形态。故将其视为特殊材料归材料部门管理,而不列为固定资产进行管理。

18.1 建筑模板

1. 建筑模板概述

建筑模板指混凝土结构或钢筋混凝土结构成型的模具。它是在土木工程中，于混凝土浇筑前设置组装的，先于钢筋、混凝土等各种材料所搭设的结构模型的外围板，可使混凝土浇筑于此围板中，凝结硬化成设计的结构实体框架围板体系。它是由面板和支撑系统（包括龙骨、桁架、小梁等，以及垂直支承结构）、连接配件（包括螺栓、连接卡扣、模板面与支承构件及支承构件之间连接零配件）等组成的混凝土施工的模型围挡构造体系。

模板按材料分为：木模板、竹胶板、钢模板、钢木结合模板、铝合金模板、塑料模板、塑胶模板、橡胶模板等；按照形状分为：平面模板和曲面模板两种；按受力条件分为：承重和非承重模板；按照浇筑混凝土表面状态分为：普通模板、清水模板、吸水模板；按其功能分为：一般木模板、定型组合模板、墙体大模板、飞模（台模）、滑动模板等。

2. 模板的特性

（1）现浇混凝土及钢筋混凝土模板工程量除另有规定外，均按混凝土与模板接触面的面积，以 m² 计算。

① 现浇钢筋混凝土柱、梁、板、墙的支模高度（即室外地坪至板底或板面至板底之间的高度），以 3.6m 内为准，3.6m 以上部分，另按超过部分计算增加支撑工程量。

② 现浇钢筋混凝土墙、板单孔面积在 0.3m² 以内的孔洞，不予扣除，洞侧壁模板亦不增加；单孔面积在 0.3m² 以外时应予扣除，洞侧壁模板面积并入墙、板模板工程量之内计算。

③ 现浇钢筋混凝土框架分别按梁、板、柱、墙有关规定计算，附墙柱，并入墙内工程量计算。

④ 杯形基础杯口高度大于杯口大边长度的，套高杯基础定额项目。

⑤ 柱与梁、柱与墙、梁与梁等连接的重叠部分以及伸入

墙内的梁头、板头部分，均不计算模板面积。

⑥ 构造柱外露面均应按外露部分计算模板面积。构造柱与墙接触面不计算模板面积。

⑦ 现浇钢筋混凝土悬挑板（雨篷、阳台）按外挑部分尺寸的水平投影面积计算。挑出墙外的牛腿梁及板边模板不另计算。

⑧ 现浇钢筋混凝土楼梯，以露明面尺寸的水平投影面积计算，不扣除小于 500mm 楼梯井所占面积。楼梯的踏步、踏步板平台梁等侧面模板，不另行计算。

⑨ 混凝土台阶不包括梯带，按台阶的水平面积计算，台阶端头两侧不另计算模板面积。

⑩ 现浇混凝土小型池槽按构件外围体积计算，池槽内、外侧及底部的模板不另行计算。

（2）施工工艺：框架柱测量放线→柱底表面抹灰找平→确定支模方案、配模→模板制作→承重脚手架搭设→柱钢筋绑扎→模板现场安装、校正、加固→隐蔽工程验收→浇筑框架柱混凝土→混凝土养护→梁及平台板→梁底模安装、校正、加固→梁钢筋绑扎→梁两侧模板安装、校正、加固→平台板模板安装、校正、加固→洞口及预埋件测量放线→平台板钢筋绑扎→梁、板预埋件安装→梁、板隐蔽工程验收→梁、板浇筑混凝土→混凝土养护→拆模及框架柱测量放线。

18.2　建筑木模板

18.2.1　木模板

1. 木模板

传统木模板就是采用 1cm 及其以上木材中板、厚板制作的模板。这种木模板原始、粗糙，制成的混凝土模型尺寸偏差大。目前施工单位几乎完全淘汰了这种传统的木模板。

木模板对混凝土的作用：厚木板制作的模板，吸水能力很强，可大量吸取浇筑入模的新拌混凝土内的水，使得混凝土实际水胶比有所降低。又由于木材管胞空腔吸入的水，能部分释放，对混凝土产生保湿养护作用，因而使得有些 1950～1960 年的混凝土工程，质量也相对较好。

2. 木模板的特性

木模板施工时由木工现场制作、支模。虽然相对灵活，但功效低下，进度缓慢。木模板完成支模后，虽然要向模板的内表面涂刷或喷涂废机油或专用隔离剂，但木模板相对仍然具有明显的吸水性。这样混凝土浇筑后，木模板最初在混凝土未凝结硬化前，会吸附混凝土中的水分，能明显降低混凝土靠近木模板表面处混凝土的水胶比，使得与木模板接触部分的混凝土表面，由于水胶比降低，水泥混凝土结构相对致密，孔隙率降低，孔径减小。混凝土强度增高、耐久性增强。这对当时混凝土设计强度等级不高的混凝土的耐久性，起一定的增强作用。

3. 木模板的应用

由于木模板支模后浇筑混凝土时，木材会因吸水变形而发生翘曲、开裂等破坏，故木模板的利用率不高。精心施工时，木模板重复利用次数不超过 4 次，有些薄板甚至仅用 1

次，就因为严重变形、开裂而报废，造成浪费。当采用其他材质的模板后，利用率得到了显著提高。

18.2.2 竹胶板

1. 竹胶板的生产

竹胶板是以毛竹材料作主要架构和填充材料，经胶合及高压成坯处理，得到的竹质板材。其主要用途是作为混凝土施工的模板。由于竹胶板强度适宜、抗折、抗压、韧性、平整度和尺寸规格等都适应于混凝土工程，故在混凝土施工中得到了广泛的应用。竹胶板如图 18-1 所示。

图 18-1 竹胶板

竹胶板是以带沟槽的等厚竹片为其构成单元胶合而成。经过高温软化-碾平工艺制备的竹片，再经高温压力胶合作用，即可得到竹胶板。具体生产过程如下：

（1）带沟槽等厚竹片的制备。将大径级毛竹横截成竹段，铣去外节后纵剖成 2~4 块，再铣去内节进行蒸煮软化，然后在上压式单层平压机上加热加压，将弧形竹块展开成平面后，经过双面压刨将其加工成无竹青、竹黄的等厚竹片。

（2）定型干燥。为了防止竹片在干燥过程中，使平整的竹片在横向弹性恢复力作用下产生卷曲变形，必须采用加压干燥的工艺与设备，使湿竹片在压力下加热，在解除压力时，排除水分和自由收缩。

（3）竹片施胶。采用四辊涂胶机对竹片辊涂水溶性酚醛树脂胶，涂胶量为 300~350g/m² （双面）。胶粘剂中可加入 1%~3% 的面粉、豆粉等作填充剂。填充剂可使竹片在涂胶后易在表面形成胶膜，热压时不易产生流胶现象，固化后可以改善胶层的脆性。

（4）组坯。采用手工组坯，严格按照对称原则、奇数层原则和相邻层竹片纹理相互垂直的原则进行组坯。要求面板用材质好的竹片，材质较次的竹片作背板。面、背板的竹青面向外，竹黄面向内；芯板组坯时，则要求相邻竹片的朝向按竹青面、竹黄面交替依次排列。

（5）预压与热压。

① 预压。为了防止板坯在向热压机内装板时产生位移而引起的叠芯、离缝等缺陷，在组坯后热压之前，要对板坯在室温下进行预压，使其黏合成一个整体材料。

② 热压。采用热-热胶合工艺，其热压温度为 140℃ 左右，单位压力为 2.5~3.0MPa，热压时间按板材成品厚度计算，一般为 1.1min/mm。

为了防止"鼓泡"现象的产生，在热压后期通常采用三段降压的工艺。第一段由工作压力降到"平衡压力"，第二段由"平衡压力"降到零，第三段由零到热压板完成开张。

（6）板材的接长与表面处理。竹材胶合板主要用作车厢底板，故要求板材长度与车厢长度相一致，而压制的板材较短，故需进行接长。板材的接长与表面处理包括端头铣斜面、斜面涂胶与搭接、热压接长、纵向裁边、板面涂胶与加覆钢丝网、再次热压使板面胶层固化和压出网痕等工序。

2. 竹胶板的特性

工程建设中，在浇筑混凝土施工前，需按照设计图纸规定的构件形状、尺寸等制作出与图纸规定相符的模型。围成模型的材料就是模板，通俗地说，就是做出一个模子，将混凝土浇筑进去，做成构件。一般模板分为钢模板、木模板、复合木模板。一般木模板都是根据构件尺寸而制作，没有固定规格。现在还用竹胶板做模板，做出的构件表面光滑平整，可以节约抹灰工序。钢模板通常都是固定尺寸的。

3. 竹胶板的应用

竹胶板由于制作生产时，有竹材层间胶以及表面的涂料或漆膜，因而其吸水性相对于木材材质的木模板大为降低。尤其是水难于像木材一样，使得模板吸水—干燥后严重变形，故竹胶板作为水泥混凝土模板使用时，其重复利用次数，成倍增加。精心施工时，竹胶板作为水泥混凝土模板，可重复使用 8 次乃至 10 次。竹胶板非常适用于水平模板、剪力墙、垂直墙板、高架桥、立交桥、大坝、隧道和梁柱模板等。

18.3 建筑钢模板

1. 钢模板

（1）钢模板是用于混凝土浇筑成型的钢质模板。它和木质模板、竹胶板等相比，具有可多次使用、使得混凝土浇筑成型美观等特点，在混凝土工程中被广泛应用，如图 18-2 所示。

（2）根据钢模板的用途可分为：民建（房建）钢模板、桥梁钢模板；根据钢模板浇筑的外形可分为：箱梁钢模板、T 形梁钢模板、盖梁钢模板、空心梁钢模板、平模钢模板、圆柱钢模板、墩柱钢模板等；还有一种组合式钢模板分为：大模板、小模板、中模板、阴角模板、阳角模板等；对于港珠澳大桥沉管的钢模板，实际上已经发展成为了计算机控制的自动化模板装置系统：可以行走就位、自动支模、自动拆模、自动板面清理、自动隔离剂喷涂、钢筋骨架吊装，可一次性成型 78000t 的钢筋混凝土超级沉管构件。

（3）钢模板的模数。钢模板采用模数设计：通用板宽度模数应以 50mm 晋级，宽度超过 600mm 时，应以 150mm 晋级；长度应以 150mm 晋级，超过 900mm 时应以 300mm晋级。钢模板规格见表 18-1。

钢模板规格（mm）   表 18-1

名称	宽度	长度	肋高
平面模板	1200、1050、900、750、600、550、500、450、400、350、300、250、200、150、100	2100、1800、1500、1200、900、750、600、450	55

续表

名称		宽度	长度	肋高
阴角模板		150×150、100×150	1800、1500、1200、900、750、600、450	
阳角模板		100×100、50×50		
连接角模板		50×50	1500、1200、900、750、600、450	
倒棱模板	角棱模板	17、45	1800、1500、1200、900、750、600、450	
	圆棱模板	R20、R35		
梁腋模板		50×150、50×100		
柔性模板		100	1500、1200、900、750、600、450	55
搭接模板		75		
双曲可调模板		300、200	1500、900、600	
变角可调模板		200、160		
嵌补模板	平面嵌板	200、150、100	300、200、150	
	阴角嵌板	150×150、100×150		
	阳角嵌板	100×100、50×50		
	连接角模板	50、50		

图 18-2　钢模板

（4）钢模板的材质。钢模板材质及规格要求见表 18-2。

钢模板的材质及规格要求　　　　　　　　表 18-2

名称		钢材品种	规格
钢模板		Q235 钢板	$\delta=2.50$、2.75、3.00
U 形卡		Q235 圆钢	$\phi 12$
L 形插销紧固螺栓勾头螺栓		Q235 圆钢	$\phi 12$
扣件		Q235 钢板	$\delta=2.50$、3.00、4.00
对拉螺栓		Q235 圆钢	M12、M14、M16、T12、T14、T16、T18、T20
钢楞	圆钢管	Q235 钢管	$\phi 48×3.5$
	矩形钢管	Q235 钢管	□80×40×2.0、□100×50×3.0
	轻型槽钢	Q235 钢板	[80×40×3.0、[100×50×3.0
	内卷边槽钢	Q235 钢板	[80×40×15×3.0、[100×50×20×3.0
	轧制槽钢	Q235 槽钢	[80×43×5.00

续表

名称		钢材品种	规格
柱箍	角钢	Q235 角钢	∟ 75×50×5.0
	槽钢	Q235 槽钢	[80×43×5.0、[100×48×5.3
	圆钢管	Q235 钢管	ϕ48×3.50
钢支柱		Q235 钢管	ϕ48×3.50、ϕ60×2.50
扣件式支架		Q235 钢管	ϕ48×3.50
门式支架		Q235 钢管 Q345 钢管	ϕ48×3.50、ϕ48×2.70、ϕ42×2.50、ϕ42×2.00
碗扣式支架		Q235 钢管 Q345 钢管	ϕ48×3.50
盘销式支架		Q235 钢管 Q345 钢管	ϕ48×3.50、ϕ48×2.70

（5）模板加工及生产。

1）模板加工所需的各类钢材，其外观质量、钢材材质等，必须符合国家标准要求，尤其在冬期施工的地域应用的模板，必须要控制钢材的含碳量以及低温脆性。

2）钢模板加工过程对于面板折角处的处理必须优先选用在折弯机上折弯，圆角半径无要求时按钢板厚度的 1.5 倍为折弯半径值，以防止其开裂。

3）模板焊接等，应注意焊接的温度变形，以保证模板板面的平整度。

4）模板表面应进行细致的打磨等技术处理，以保证板面的光滑平整。

2. 钢模板的特性

（1）一般均做成定型模板，用连接构件拼装成各种形状和尺寸，适用于多种结构形式，在现浇混凝土结构施工中广泛应用。

（2）由于钢模板的刚度较大，若相应的外部支撑杆件布置合理，则钢模板体系不容易胀模，可确保混凝土结构尺寸规格。

（3）钢模板优点：板面平整无痕，拼装方便，可重复多次使用；加固系统及部件强度高，组合刚度大，承载力大；板块制作精度高，板面平整度好，拼缝严密，不易变形，模板整体性好，抗震性强；可重复利用，优质钢模板精心施工时，若有序拆装，合理吊运，其重复使用次数可达 30～50 次。

（4）钢模板缺点：模板重量大，移动安装需起重机械吊运，成本高。维护保养困难，易锈蚀。

3. 钢模板的构成

（1）组合钢模板：由钢模板和配件两大部分组成，构成支撑系统的承载。

钢模板的肋高为 55mm。组合钢模板按模数可分为组合小钢模：宽度 100～300mm，长度 450～1500mm；组合宽面钢模板：宽度 350～600mm，长度 450～1800mm；组合轻型大钢模：宽度 750～1200mm，长度 450～2100mm。

配件分为连接件和支撑件：

连接件用于钢模板之间的拼接、钢模板与钢楞的连接，以及用于拉结竖向两侧模板的部件，包括 U 形卡、L 形插销、扣件、勾头螺栓、紧固螺栓、对拉螺栓等。

支撑件用于支撑钢模板，加强模板整体刚度，承受模板传递荷载的构件，包括钢楞、柱箍、钢支柱、斜撑、扣件式支架、门式支架、扣碗式支架、插接式支架和盘销式支架等。

支撑系统是由钢楞、支架、支撑、夹具和其他配件等组成的模板承载系统。

生产时按模数做成组合单元节板。每节组合高度为 1200mm，墩身端侧半圆弧边与标准块组合；托盘与墩帽分解组合；标准组合块1700mm×1202mm，肋板间距 3500mm×4500mm，肋板高度（面板＋肋高）86mm。

（2）钢模板加工对于肋板的配制：带有异形角、面的部件，其肋板加工必须在卡模上焊接，定型必须用样板反复矫正，严禁徒手制作。

（3）钢模板组合边框加工成子母扣形。

（4）钢模板标准组合段：每节段加工过程预留**对拉螺栓孔** 8 处，靠对拉螺栓实现钢模板两侧相互拉结。

图 18-3　制作完成的钢模板

（5）钢模板内肋十字组合焊缝，每个焊接处焊缝长度累计不小于 70％肋板宽度。

制作完成的钢模板如图 18-3 所示。

18.4　铝合金模板

1. 铝合金模板

以铝合金型材为主要材料，经过焊接和机械加工等工艺制成的一种适用于混凝土工程的模板，称为铝合金模板。其主要由铝模板面板、支撑体系、加固体系、附件等组成。铝模板板面由高强度的铝合金铸造而成，通过与铝合金骨架焊接使强度刚度以及整体性能优越金属模板；支撑体系由可调钢管立柱、支撑头构成；加固体系主要有穿墙螺杆、背楞、连接件等。铝合金模板的应用如图 18-4 所示。

图 18-4　铝合金模板的应用

铝合金模板的型材板材宜选用 6061-T6 或 6082-T6，焊接板材可选用 6063-T6。铝合金材料的化学成分要求、力学性能应符合《变形铝及铝合金化学成分》GB/T 3190—2020 和《一般工业用铝及铝合金挤压型材》GB/T 6892—2015 的规定和要求，应提供材质化验报告、力学性能试验报告和质量证明书等资料。

铝合金模板的主体型材、边肋和端肋的尺寸应符合标准《铝合金模板》JG/T 522—2017 中的尺寸要求。具体详见表 18-3。

铝合金模板的尺寸规格　　　　表 18-3

项目	常用规格（mm）
长度	100、200、300、400、500、600、700、800、900、1000、1100、1200、1500、1800、2100、2400、2500、2700、3000

项目	常用规格（mm）
宽度	50、100、150、200、250、300、350、400、450、500、550、600、650、700、750、800、850、900
孔距	50、100、150、300

2. 铝合金模板的分类

铝合金模板按结构形式分为平面模板、转角模板和组件。其中，转角模板包括阳角模板、阴角模板和阴角转角模板，组件包括单斜铝梁、楼板早拆头、梁底早拆头。

铝合金竖向模板按对拉形式分为拉杆式模板和拉片式模板。铝合金模板按通用形式分为标准模板和非标准模板。

3. 铝合金模板标识

单件铝合金模板生产完毕后应在适当位置上打上型号标记，按种类堆放。工程应用前铝合金模板应按拼装顺序编码，并清晰标注在适当位置，不应有漏编、错编和标识不清等缺陷。铝合金模板的标识由宽度/边长尺寸、特性代号、长度代号及功能代号组成。其中，宽度/边长尺寸对于平面模板表示模板宽度；对于阴角、阳角或阴角转角模板表示模板截面边长。长度代号对于平面模板表示模板长度；对于阴角转角模板表示模板两边的长度。功能代号对于拉杆式模板和标准模板可以省去不标。

4. 铝合金模板外观及表面质量

焊缝：铝合金模板的焊缝应美观整齐，不得有漏焊、裂纹、气孔、烧穿、塌陷、咬边、未焊透、未熔合等缺陷，飞渣、焊渣应清理干净，外表面的焊点要磨平。

整形：铝合金模板组焊后应整形，使板面平面度和弯曲度达到规定的质量要求，边缘，棱角及孔缘不得有飞边，毛刺平。整形应采用机械整形。如有手工整形不得损伤模板棱角，板面不得留有锤痕。

表面处理：铝合金模板出厂前应对与混凝土接触面进行表面隔离处理，根据要求可选用钝化、喷涂、刷漆等方法。表面处理前应去油、除污、清除干净焊渣。表面处理应均匀，附着力强，表面不宜有皱皮、漏涂、流淌、气泡等缺陷。

5. 铝合金模板一般要求

（1）铝合金模板模数应符合《建筑模数协调标准》GB/T 50002—2013 和《厂房建筑模数协调标准》GB/T 50006—2010 的规定，应优先采用标准模板。

（2）铝合金模板应优先选用面板和边肋一体型材制作，减少分体焊接。铝合金模板下料尺寸应准确，料口应平整；开孔采用冲孔，孔中心须在型材定位线上。

（3）铝合金模板截面尺寸应满足力学性能要求和周转使用要求：平面模板的边肋、端肋实测壁厚应不小于5mm；面板实测厚度应不小于3.5mm，厚跨比应大于1/80；阳角模板实测壁厚应不小于6mm；阴角模板实测壁厚应不小于4mm。

（4）铝合金平面模板边肋相邻孔中心距应不大于300mm，端肋相邻孔中心距应不大于100mm，转角模板和组件相邻孔中心距应不大于100mm。

（5）铝合金模板的焊接必须牢固可靠，主要受力部位（边肋与板面、端肋与板面、端肋与边肋、横肋与横肋，拼接板面之间）的焊缝必须满焊，次要部位（内肋与板面）可分段焊。

（6）铝合金模板应根据实际施工周转需要，采用有足够强度和刚度，稳定性和可操作性良好的早拆卸装置。

（7）铝合金模板系统的设计应符合钢筋混凝土施工工艺和验收质量要求。

6. 铝合金模板的优点

（1）从模板的材料性能上看，铝合金模板的重量较钢模板重量明显减轻，仅相当于木模板的 2 倍，但承载力并没有产生影响，是木模板的 2 倍，此外铝合金模板耐腐蚀性很好，其铝合金的材质可以应对一些恶劣的施工环境。

（2）从经济指标上看，铝合金加工制作的模板在板材价格中是最贵的，木质模板具有明显价格优势，但周转次数上铝合金模板和钢模板远大于木模板，材料回收价值也比较高，因此其一次性成本费用摊销之后基本和木模板差距不大，甚至还略微占优。

（3）从施工性能的角度来看，使用铝合金模板浇筑成型的混凝土可以达到清水效果，而木模板的施工效果对作业工人技艺的依赖性高，此外，铝合金模板质量轻便，施工中可通过施工孔洞传递，减少了起重机械的使用，节约了机械使用费用，应用范围广泛。

总之，铝合金模板虽然一次性成本投入高，但材料的周转率和回收率可以弥补这块短板，并且铝合金模板租赁公司也可以帮助转移这部分的资金压力，目前铝合金模板市场占有率还不高，但其在混凝土施工中的技术优势明显，随着模板材料不断变革，铝合金模板将会有非常好的发展前景。

18.5 橡胶模板

1. 橡胶模板

橡胶模板是采用天然橡胶或再生橡胶制作的混凝土模板，能够作为管腔状结构的内模，或作为艺术线条、曲面、图案的模板。

橡胶模板的制作，需要先制作橡胶注塑的模型，然后将橡胶注塑其中，成橡胶模板制品，再以其作为模板，成型水泥混凝土制品。

2. 橡胶模板的特性

橡胶模板具有平整、光滑、弹性、易剥离的特点。经注塑成型后，橡胶模板自身角度工整，线条平直或曲线全面优美，艺术感强。作为装饰混凝土的模板，其对建筑物板面无污染；生产时可利用橡胶自身的弹性，对复杂空间构成的水泥混凝土制品进行有效脱模，使得水泥混凝土制品尺寸精准、表面精致、造型精美。

3. 橡胶模板的应用

橡胶模板可用于制作自应力钢筋混凝土输水管的内模或管模。浇筑混凝土前，向橡胶管模中充气使之起鼓，达到规定的尺寸形状，充当混凝土管的内模。当混凝土管养护至脱模龄期后，释放管模内部的气体，使之脱模。

橡胶模板制作装饰混凝土制品或艺术混凝土构件时，先按照设计师的模型及设计要求制作用于橡胶模板注塑用的模型。然后进行细节处理注塑成型。再将橡胶构件作为水泥混凝土制品的模板，浇筑水泥混凝土材料，完成装饰混凝土制品或艺术混凝土构件的生产。故进行装饰混凝土制品或艺术混凝土构件生产时，橡胶注塑磨具的精美和细腻，是保证橡胶模板质量的关键。橡胶模板的质量，又是装饰混凝土制品或艺术混凝土构件质量的前

提。由橡胶模板制作生产的艺术混凝土的效果如图 18-5 所示。

21 世纪 10 年代以来，世界各地均有采用橡胶模板制作 UHPC 建筑表皮的趋势。这种建筑表皮结构可拆分为尺寸形状相同或不同的 UHPC 混凝土构件单元，然后通过钢组合连接件，使之安装在建筑物外檐上，起建筑装饰的表皮效果和作用。制作此类 UHPC 建筑表皮构件的模板，多采用橡胶模板，可制成厚度约 50mm，最大边长 30000mm 的建筑表皮构

图 18-5　由橡胶模板制作生产的艺术混凝土的效果

件单元。由橡胶模板制作生产的 UHPC 建筑表皮的效果如图 18-6 所示。

图 18-6　由橡胶模板制作生产的 UHPC 建筑表皮的效果

18.6　其他类型的建筑模板

1. 清水混凝土模板

（1）清水混凝土工程是直接利用混凝土成型后的自然质感作为饰面效果的混凝土工程，混凝土表面质量的最终效果主要取决于清水混凝土模板的设计、加工、安装和节点细部处理。

（2）模板表面特征：平整度、光洁度、刚度、拼缝、孔眼、线条、装饰图案及洁净程度等。由于上述各项技术特性，都会影响清水混凝土表面的装饰特性，故选用清水混凝土模板时，不仅要注意上述技术特性，而且还要考虑模板材质、模板分缝、对拉螺栓布置等综合技术问题。

（3）施工特点：模板安装时遵循先内侧、后外侧，先横墙、后纵墙，先角模、后横模缝的原则。吊装时注意对面板的保护，保证明缝、禅缝的垂直度及交圈。模板配件紧固要用力均匀，保证相邻模板配件受力大小一致，避免模板产生不均变形。

2. 吸水模板或透水模板

吸水模板也称为吸水模板布或透水模板布。它是由特殊材料、特殊工艺制成的无纺布，其表面平整、光滑、不与水泥混凝土黏结，并能吸水、透水，是保证混凝土浇筑面光滑平整，保证混凝土表面致密、高强、耐久的一种模板内衬材料（图18-7）。

图 18-7 吸水模板

混凝土浇筑到吸水模板或透水模板中，在混凝土的重力作用下，混凝土内部存在内压力，则可将靠近吸水或透水模板附近一定深度的混凝土中的水分，通过压力作用或吸水模板的吸水作用，使得与模板接触的混凝土表面层的水胶比减小。由此使得混凝土表面更加致密、高强和耐久。同时这种吸水模板吸附的水分，又能对混凝土表面提供一定的润湿养护作用，对混凝土表面部分的水化，又很有好处。吸水模板也能对混凝土表面的光洁度、抗碳化等性能得到改善。能有效消除混凝土表面的泌水管道，提高混凝土表面的装饰性等。

吸水模板或透水模板在模板安装时，要注意这层无纺布类的材料，与刚性模板良好地黏合；要注意相邻两幅透水模板缝隙的处理；要注意运送、绑扎钢筋时，对无纺布材料的刮扯破坏等。

3. 智能模板系统

随着工业化 4.0 的进程，现代化的模板，已经朝着智能模板系统方向发展。如我国的港珠澳跨海大桥的沉管，其模板已经演变为具有机械化、自动化、智能化的技术特征。港珠澳跨海大桥的预制沉管智能模板系统如图 18-8 所示。

图 18-8 港珠澳大桥的预制沉管智能模板系统

思考题

1. 简述模板的定义。
2. 常见的模板有哪几种?
3. 比较钢、铝合金、竹胶模板的特性。
4. 吸水模板对混凝土材料有何技术意义?
5. 畅想智能模板系统的前景。

第19章

建筑脚手架

脚手架（Scaffold）是由管、杆、棒、板及连接扣件组成的，在施工现场使工人操作方便，为解决人行、物料运输或施工操作不便而搭设的模架以及模架材料。

在建筑工地为挂安全网、钢筋绑扎、混凝土浇筑、砖石砌筑、抹灰施工、内外饰面等，为施工人员上下、行走、运料、施工等需要搭设供脚踩、手扶的模架，即脚手架。

此外在户外广告、临时牌匾、市政、交通、路桥、矿山、水利等部门施工中，脚手架也被广泛使用。

我国在20世纪50年代前，工程中一般采用竹或木作为材料搭设脚手架。20世纪60年代起，逐步推广钢管扣件式脚手架。

20世纪80年代后，我国研发和应用了先进的、具有多功能的脚手架系列产品：如门式脚手架系列；碗扣式钢管脚手架系列。脚手架的生产规模达到了年产万吨以上，并逐渐开始出口。

在过去脚手架材料与搭接技术缺乏管理时，脚手架在施工过程中的安全隐患，是建筑施工中的难题。建筑施工系统的伤亡事故中，脚手架使用事故，占有一定的比例。

19.1　脚手架分类及特点

我国现在使用的由钢管材料制作的脚手架有：扣件式钢管脚手架；碗扣式钢管脚手架；承插式钢管脚手架；门式脚手架；还有各式各样的里脚手架、悬挑脚手架以及其他钢管材料脚手架。按其材料和构造，可将其分类如下：

1. 脚手架分类

（1）按杆件的材料划分

1）单一规格钢管的脚手架。它只使用一种规格的钢管，如扣件式钢管脚手架，只使用 $\phi 48.3 \times 3.6$ 的电焊钢管。

2）多种规格钢管组合的脚手架。它由两种以上不同规格的钢管构成，如门式脚手架。

3）以钢管为主的脚手架。其即以钢管为主，并辅以其他型钢杆件所构成的脚手架，如设有槽钢顶托或底座的里脚手架，连接钢板的挑脚手架等。碗扣式钢管脚手架当采用钢管横杆时，为单一规格钢管的脚手架；当采用型钢搭边横杆时，为以钢管为主的脚手架。

（2）按横杆与立杆之间的传递垂直力的方式划分

1）靠接触面摩擦作用传力：即靠节点处的接触面压紧后的摩擦反力支承横杆荷载并将其传给立杆，如扣件的作用，通过上紧螺栓的正压力产生摩擦力；

2）靠焊缝传力：大多数横杆与立杆的承插连接就是采用这种方式，门架也属于这种方式；

3）直接承压传力：这种方式多见于横杆搁置在立杆顶端的里脚手架；

4）靠销杆抗剪传力：即用销杆穿过横杆的立式连接板和立杆的孔洞实现连接、销杆双面受剪力作用。这种方法在横杆和立杆的连接中已不多见。

此外，在立杆与立杆的连接中，也有3种传力方式：

① 承插对接的支承传力：即上下立杆对接，采用连接棒或承插管来确保对接的良好状态；

② 销杆连接的销杆抗剪传力；

③ 螺扣连接的啮合传力：即内管的外螺纹与外（套）管的内螺纹啮合传力。

后两种传力方式多用于调节高度要求的立杆连接中。

（3）按连接部件的固着方式和装设位置划分

① 定距连接：即连接焊件在杆件上的定距设置，杆件长度定型，连接点间距定型；

② 不定距连接：即连接件为单设件，通过上紧螺栓可夹持在杆件的任何部位上。

（4）按工人固定节点的作业方式划分

① 插入打紧式；

② 拧紧螺栓式。

2. 脚手架主要特点

施工中，一般会根据工程特点和工艺特点，选用不同类型的脚手架和模板支架。目前，桥梁支撑架使用碗扣式钢管脚手架的居多，也有使用门式脚手架的。主体结构施工落地脚手架使用扣件式钢管脚手架的居多，脚手架立杆的纵距一般为1200～1800mm；横距一般为900～1500mm。

19.2 各类脚手架简介

19.2.1 扣件式钢管脚手架

扣件式钢管脚手架指为建筑施工而搭设的、承受荷载的由扣件和钢管等构成的脚手架

图 19-1　扣件式钢管脚手架节点

与支撑架，统称脚手架。常用的扣件式钢管脚手架由铸铁制作，其机械性能应符合《钢管脚手架扣件》GB 15831—2006，材质不低于KT330-08。除了铸铁扣件式钢管脚手架外，还有钢扣件式钢管脚手架。钢扣件式钢管脚手架一般又分为铸钢扣件式钢管脚手架和钢板冲压、液压扣件式钢管脚手架，铸钢扣件式钢管脚手架的生产工艺与铸铁大致相同，而钢板冲压、液压扣件式钢管脚手架则是采用3.5～5mm的钢板通过冲压、液压技术压制而成。钢扣件式钢管脚手架各种性能都比较优越，如抗断性、抗滑性、

抗变形、抗脱、抗锈等。扣件式钢管脚手架节点，如图 19-1 所示。

1. 扣件式钢管脚手架优点

（1）承载力较大。当脚手架的几何尺寸及构造符合规范的有关要求时，一般情况下，脚手架的单管立柱的承载力可达 15～35kN（设计值）。

（2）装拆方便，搭设灵活。由于钢管长度易于调整，扣件连接简便，因而可适应各种平面、立面的建筑物与构筑物用脚手架。

（3）比较经济。加工简单，一次投资费用较低；如果精心设计脚手架几何尺寸，注意提高钢管周转使用率，则材料用量也可取得较好的经济效果。扣件钢管架折合每平方米建筑用钢量约 15kg。

2. 扣件式钢管脚手架缺点

（1）扣件（特别是它的螺杆）容易丢失；

（2）节点处的杆件为偏心连接，靠抗滑力传递荷载和内力，因而降低了其承载能力；

（3）扣件节点的连接质量受扣件本身质量和工人操作的影响显著。

3. 扣件式钢管脚手架适用性

（1）构筑各种形式的脚手架、模板和其他支撑架；

（2）组装井字架；

（3）搭设坡道、工棚、看台及其他临时构筑物；

（4）作其他脚手架的辅助，加强杆件。

4. 扣件式钢管脚手架搭设要求

扣件式钢管脚手架搭设中应注意地基平整坚实，设置底座和垫板，并有可靠的排水措施，防止积水浸泡地基。

根据连墙杆设置情况及荷载大小，常用敞开式双排脚手架立杆横距一般为 1050～1550mm，砌筑脚手架步距一般为 1200～1350mm，装饰或砌筑、装饰两用的脚手架一般为 1800mm，立杆纵距 1200～2000mm，允许搭设高度为 34000～50000mm。当为单排设置时，立杆横距 1200～1400mm，立杆纵距 1500～2000mm，允许搭设高度为 24000mm。

纵向水平杆宜设置在立杆的内侧，其长度不宜小于 3 跨，纵向水平杆可采用对接扣件，也可采用搭接。如采用对接扣件方法，则对接扣件应交错布置；如采用搭接连接，搭接长度不应小于 1000mm，并应等间距设置 3 个旋转扣件固定。

脚手架主节点（即立杆、纵向水平杆、横向水平杆三杆紧靠的扣接点）处必须设置一根横向水平杆用直角扣件扣接且严禁拆除。主节点处两个直角扣件的中心距不应大于 150mm。在双排脚手架中，横向水平杆靠墙一端的外伸长度不应大于立杆横距的 0.4 倍，且不应大于 500mm；作业层上非主节点处的横向水平杆，宜根据支承脚手板的需要等间距设置，最大间距不应大于纵距的 1/2。

作业层脚手板应铺满、铺稳，离开墙面 120～150mm；狭长形脚手板，如冲压钢脚手板、木脚手板、竹串片脚手板等，应设置在三根横向水平杆上。当脚手板长度小于 2000mm 时，可采用两根横向水平杆支承，但应将脚手板两端与其可靠固定，严防倾翻。宽型的竹笆脚手板应按其主竹筋垂直于纵向水平杆方向铺设，且采用对接平铺，四个角应用镀锌钢丝固定在纵向水平杆上。

每根立杆底部应设置底座或垫板。脚手架必须设置纵、横向扫地杆。纵向扫地杆应采用直角扣件固定在距底座上皮不大于200mm处的立杆上。横向扫地杆亦应采用直角扣件固定在紧靠纵向扫地杆下方的立杆上。当立杆基础不在同一高度上时，必须将高处的纵向扫地杆向低处延长两跨与立杆固定，高低差不应大于1000mm。靠边坡上方的立杆轴线到边坡的距离不应小于500mm。

19.2.2　门式脚手架

门式脚手架是建筑用脚手架中，应用最广的脚手架之一。由于主架呈"门"字形，所以称为门式或门形脚手架，也称鹰架或龙门架。这种脚手架主要由主框、横框、交叉斜撑、脚手板、可调底座等组成。门式脚手架是美国在20世纪50年代末首先研制成功的一种施工工具。由于它具有装拆简单、移动方便、承载性好、使用安全可靠、经济效益好等优点，所以发展速度很快。20世纪70年代以来，我国先后从日本、美国、英国等国家引进门式脚手架体系，在一些高层建筑工程施工中应用，取得较好的效果。它不但能用作建筑施工的内外脚手架，又能用作楼板、梁模板支架和移动式脚手架等，具有较多的功能，所以又称多功能脚手架。门式脚手架如图19-2所示。

图19-2　门式脚手架

1. 门式脚手架优点

（1）门式脚手架几何尺寸标准化；

（2）结构合理，受力性能好，充分利用钢材强度，承载能力高；

（3）施工中装拆容易、架设效率高、省工省时、安全可靠、经济适用。

2. 门式脚手架缺点

（1）构架尺寸无任何灵活性，构架尺寸的任何改变都要换用另一种型号的门架及其配件；

（2）交叉支撑易在中铰点处折断；

（3）定型脚手板较重；

（4）价格较贵。

3. 门式脚手架适用性

（1）构造定型脚手架；

（2）作梁、板构架的支撑架（承受竖向荷载）；

（3）构造活动工作台。

4. 门式脚手架搭设

（1）门式脚手架基础必须夯实，且应做好排水坡，以防积水；

（2）门式脚手架搭设顺序为：基础准备→安放垫板→安放底座→竖两榀单片门架→安装交叉杆→安装脚手板→以此为基础重复安装门架、交叉杆、脚手板工序；

（3）门式脚手架应从一端开始向另一端搭设，上步脚手架应在下步脚手架搭设完毕后进行，搭设方向与下步相反；

（4）门式脚手架的搭设，应先在端点底座上插入两榀门架，随即装上交叉杆固定，锁好锁片，然后搭设之后的门架，每搭一榀，随即装上交叉杆和锁片；

（5）脚手架必须保证与建筑物可靠连接；

（6）门式脚手架的外侧应设置剪刀撑，竖向和纵向均应连续设置。

19.2.3 碗扣式钢管脚手架

碗扣式钢管脚手架是我国参考国外经验自行研制的一种多功能脚手架，其杆件节点处采用碗扣连接，由于碗扣是固定在钢管上的，因此，构件全部轴向连接，力学性能好，连接可靠，组成的脚手架整体性好，不存在扣件丢失问题。碗扣接头，由上碗扣、下碗扣、横杆接头和上碗扣的限位销等组成。在立杆上焊接下碗扣和上碗扣的限位销，将上碗扣套入立杆内。在横杆和斜杆上焊接插头。组装时，将横杆和斜杆插入下碗扣内，压紧和旋转上碗扣，利用限位销固定上碗扣。碗扣间距为600mm，碗扣处可同时连接九根横杆，可以互相垂直或偏转一定角度。碗扣式钢管脚手架的基本构配件有立杆、水平杆、底座等，辅助构件有脚手板、斜道板、挑梁架梯、托撑等。碗扣式钢管脚手架节点，如图19-3所示。

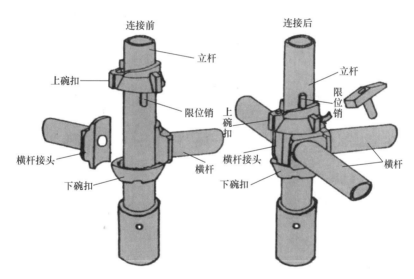

图 19-3　碗扣式钢管脚手架节点

1. 碗扣式钢管脚手架优点

（1）多功能。碗扣式钢管脚手架能根据具体施工要求，组成不同组架尺寸、形状和承载能力的单、双排脚手架，支撑架，支撑柱，物料提升架，爬升脚手架，悬挑架等多种功能的施工装备，也可用于搭设施工棚、料棚、灯塔等构筑物，特别适合于搭设曲面脚手架和重载支撑架。

（2）高功效。常用杆件中最长为3130mm，重17.07kg。整架拼拆速度比常规快3～5倍，拼拆快速省力，工人用一把铁锤即可完成全部作业，避免了螺栓操作带来的诸多不便。

（3）通用性强。主构件均采用普通的扣件式钢管脚手架之钢管，可将扣件与普通钢管连接，通用性强。

（4）承载力大。立杆连接是同轴心承插，横杆同立杆，靠碗扣接头连接，接头具有可靠的抗弯、抗剪、抗扭力学性能，而且各杆件轴心线交于一点，节点在框架平面内，因此，结构稳固可靠，承载力大（整架承载力提高，约比同等情况的扣件式钢管脚手架提高15%以上）。

（5）安全可靠。接头设计时，考虑上碗扣螺旋摩擦力和自重力作用，使接头具有可靠的自锁能力。作用于横杆上的荷载通过下碗扣传递给立杆，下碗扣具有很强的抗剪能力（最大为199kN）。上碗扣即使没被压紧，横杆接头也不致脱出而造成事故。同时配备安全网支架、间横杆、脚手板、挡脚板、架梯、挑架、连墙撑杆等配件，使用安全可靠。

（6）易于加工。主构件用 $\phi48\times3.5$、Q235B 焊接钢管，制造工艺简单，成本适中，可直接对现有扣件式脚手架进行加工改造，不需要复杂的加工设备。

（7）不易丢失。该脚手架无零散易丢失扣件，把构件丢失减少到最低程度。

（8）维修少。该脚手架构件消除了螺栓连接，构件经碰耐磕，一般锈蚀下不影响拼拆作业，不需特殊养护、维修。

（9）便于管理。构件系列标准化，构件外表涂以橘黄色。美观大方，构件堆放整齐，便于现场材料管理，满足文明施工要求。

（10）易于运输。该脚手架最长构件 3130mm，最重构件 40.53kg，便于搬运和运输。

2. 碗扣式钢管脚手架缺点

（1）横杆为几种尺寸的定型杆，立杆上碗扣节点按 0.6m 间距设置，使构架尺寸受到限制；

（2）U 形连接销易丢；

（3）价格较贵。

3. 适用性

（1）构筑各种形式的脚手架、模板和其他支撑架；

（2）组装井字架；

（3）搭设坡道、工棚、看台及其他临时构筑物；

（4）构造强力组合支撑柱；

（5）构筑承受横向力作用的支撑架。

19.2.4　盘扣式脚手架

盘扣式脚手架又叫圆盘式脚手架，和轮扣式脚手架并不是同一类型。在国内很多人把盘扣式脚手架和轮扣式脚手架混为一谈，很明显是错误的。盘扣式脚手架技术起源于德国，是欧洲和美洲的主流产品。支撑架分为立杆及横杆、斜杆，圆盘上有八个孔，四个小孔为横杆专用，四个大孔为斜杆专用。横杆、斜杆的连接方式均为插销式的，可以确保杆件与立杆牢固连接。横杆、斜杆接头特别依管的圆弧制造，与立杆钢管呈整面接触，敲紧插销后，呈三点受力（接头上下二点及插销对圆盘一点）可牢牢固定增加结构强度并传递水平力，横杆头与钢管身采用满焊固定，力量传递无误。而斜杆头为可转动接头，以铆钉将斜杆头与钢管身固定。至于立杆的连接方式是以四方管连接棒为主，而连接棒已固定在立杆上，不用另外的接头组件组合，可省去材料遗失及整理的麻烦。盘扣式脚手架节点，如图 19-4 所示。

盘扣式脚手架具有承载力高、结构稳固、安全可靠、搭拆便捷、使用寿命长、易于管理等诸多优点，被广泛应用于桥梁、管廊、地铁、大型厂房、大型舞台、体育场馆等公建项目。盘扣式支撑架全部杆件系列化、标准化，根据施工实际需要，立杆盘扣节点间距按 0.5m 模数设置，横杆长度按 0.3m 模数设置，能组成多种组架尺寸，便于曲线布置，可在斜坡或阶梯形地基上搭设，可支撑阶梯形模板。

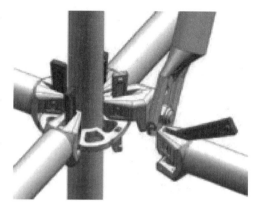

图 19-4　盘扣式脚手架节点

盘扣式脚手架的特点如下：

（1）技术先进

圆盘式的连接方式是国际主流的脚手架连接方式，合理的节点设计可达到各杆件传力均通过节点中心，主要应用于欧美国家和地区，是脚手架的升级换代产品，技术成熟，连接牢固、结构稳定、安全可靠。

（2）原材料升级

主要材料全部采用低合金结构钢（Q345B），强度高于传统脚手架的普碳钢管（Q235）的 1.5～2 倍。

（3）热镀锌工艺

主要部件均采用内、外热镀锌防腐工艺，既提高了产品的使用寿命，又为安全提供了进一步的保证，同时又做到美观、漂亮。

（4）可靠的品质

该产品从下料开始，整个产品加工要经过 20 道工序，每道工序均采用专业机器进行，减少人为因素的干预，特别是横杆、立杆的制作，采用自主开发的全自动焊接专机，做到了产品精度高、互换性强、质量稳定可靠。

（5）承载力大

以 60 系列重型支撑架为例，高度为 5m 的单支立杆的允许承载力为 9.5t（安全系数为 2），破坏载荷达到 19t，是传统产品的 2～3 倍。

（6）用量少、重量轻

一般情况下，立杆的间距为 1.5m、1.8m，横杆的步距为 1.5m，最大间距可以达到 3m，步距达到 2m，所以相同支撑体积下的用量会比传统产品减少 1/2，重量会减少 1/3～1/2。

（7）组装快捷、使用方便、节省费用

由于用量少、重量轻，操作人员可以更加方便地进行组装。搭拆费、运输费、租赁费、维护费都会相应地节省，一般情况下可以节省 30%。

19.2.5　铝合金快装脚手架

铝合金快装脚手架属新开发设计的全能多向型铝合金脚手架，采用单杆式铝管，没有

图 19-5　铝合金快装脚手架

高度限制，比门式脚手架更灵活多变，适用于任何高度、任何场地、任何复杂的工程环境。材质：铝合金（6082），铝管壁厚：1.8mm、3.2mm；管径：ϕ50.8mm。铝合金快装脚手架，如图 19-5 所示。

铝合金快装脚手架特点：

（1）铝合金快装脚手架所有部件采用特制铝合金材质，比传统钢架轻 75%。

（2）部件连接强度高：采用内胀外压式新型冷作工艺，脚手架接头的破坏拉脱力达到 4100～4400kg，远大于 2100kg 的需用拉脱力。

（3）安装简便快捷；配有高强度脚轮，可移动。

（4）所有部件均经过特殊防氧化处理，不生锈、耐化学物质腐蚀，产品使用寿命可在 30 年以上，无须维护。

（5）整体结构采用"积木式"组合设计，不需任何安装工具。

铝合金快装脚手架解决企业高空作业难题，它可根据实际需要的高度搭接，有 2320mm、1856m、1392mm 三种高度规格，有宽式和窄式两种宽度规格。窄式架可以在狭窄地面搭接，方便灵活。它可以满足墙边角，楼梯等狭窄空间处的高空作业要求，是企业高空作业的好帮手。

19.2.6　脚手架应用中的问题

1. 常见问题

在高度不算太高，而且承重不大的地方，可以使用单排脚手架。一般的多层楼房外墙施工，均使用双排脚手架。高层楼房的施工，如果使用脚手架，一定要做安全核算，因为高层的脚手架事故屡次发生。

2. 脚手架设计

（1）对重型脚手架应该有清晰的认识，一般如果楼板厚度超过 300mm，就应该考虑按照重型脚手架设计，脚手架荷载超过 15kN/mm²，则设计方案应该组织专家论证。要分清楚哪些部位的钢管长度变化对承载影响较大，对于模板支架应该考虑最上面一道水平杆的中心线距模板支撑点的长度不宜过长，一般小于 400mm 为宜（在新规范中可能要进行修订），立杆计算时一般最上面一步和最下面一步受力最大，应该作为主要计算点。当承载力不满足要求时应增加立杆以减少纵横间距，或者增加水平杆以减小步距。

（2）目前国内脚手架普遍存在钢管、扣件、顶托及底托等材料质量不合格问题，目前实际施工中没有考虑这些，最好在设计计算过程中取一定的安全系数。

3. 施工注意事项

避免扫地杆缺失、纵横交接处未连接、扫地杆与地面距离过大或过小等；避免脚手板开裂、厚度不够、搭接没有满足规范要求；杜绝大模板拆除后内侧立杆与墙体之间不设防坠网；剪刀撑在平面内不可不连续；开口脚手架不可不设斜撑；避免脚手板下小横杆间距过大；避免连墙件没有做到内外刚性连接；避免防护栏杆间距大于 600mm；避免扣件连接不紧，扣件滑移等。脚手架技术要求见表 19-1。

脚手架技术要求 表 19-1

项目	允许偏差（mm）
垂直度	每步架 $h/1000$ 及 ± 2.0
水平度	一跨距内水平架两端高差 $\pm l/600$ 及 ± 3.0
脚手架整体	$H/600\pm 50$
脚手架整体	$\pm L/600$ 及 ± 50

注：h—步距；H—脚手架高度；l—跨距；L—脚手架长度。

19.2.7 装饰工程脚手架工程量计算方法

（1）满堂脚手架，按室内净面积计算，其高度在 3600～5200mm 之间时，计算基本层，超过 5200mm 时，每增加 1200mm 按增加一层计算，不足 600mm 的不计。算式表示如下：

满堂脚手架增加费＝（室内净高度－5200mm）/1200mm

（2）悬挑脚手架，按搭设长度和层数，以延长米计。

（3）悬空脚手架，按搭设水平投影面积，以平方米计。

（4）高度超过 3600mm 的墙面装饰不能利用原砌筑脚手架时，可以计算装饰脚手架。装饰脚手架按双排脚手架乘以 0.3 计算。

（5）墙净长以平方米计，套用相应双排脚手架定额。

19.2.8 其他脚手架工程中工程量计算方法

（1）水平防护架，按实际铺板的水平投影面积，以平方米计。

（2）垂直防护架，按自然地坪至最上一层横杆之间的搭设高度，乘实际搭设长度，以平方米计。

（3）架空运输脚手架，按搭设长度，以延长米计。

（4）烟囱、水塔脚手架，区别不同搭设高度，以座计算。

（5）电梯井脚手架，按单孔，以座计算。

（6）斜道，区别不同高度，以座计算。

（7）砌筑贮仓脚手架，不分单筒或贮仓组，均按单筒外边线周长，乘以设计室外地坪至贮仓上口之间高度，以平方米计。

（8）贮水（油）池脚手架，按外壁周长乘以室外地坪至池壁顶面之间高度，以平方米计。

（9）大型设备基础脚手架，按其外形周长乘以地坪至外形顶面边线之间高度，以平方米计。

（10）建筑物垂直封闭工程量按封闭面的垂直投影面积，以平方米计。

19.2.9 脚手架安全准则

（1）搭设高层脚手架，所采用的各种材料均必须符合质量规范要求。

（2）高层脚手架基础必须牢固，搭设前应经过计算和设计，在满足荷载要求的前提下，按规范搭设，确保脚手架安全。

（3）必须高度重视各种构造措施：剪刀撑、拉结点等均应按要求设置。

（4）水平封闭：应从第一步起，每隔一步或二步，满铺脚手板或脚手笆，脚手板沿长向铺设，接头应重叠搁置在小横杆上，严禁出现空头板，并在里立杆与墙面之间每隔四步铺设统长安全底笆。

（5）垂直封闭：从第二步至第五步，每步均需在外排立杆里侧设置1.00m高的防护栏杆和挡脚板或设立网，防护杆（网）与立杆扣牢；第五步以上除设防护杆外，应全部设安全笆或安全立网；在沿街或居民密集区，则应从第二步起，外侧全部设安全笆或安全立网。

（6）脚手架搭设应高于建筑物顶端或操作面至少1.5m，并加设围护。

（7）搭设完毕的脚手架上的钢管、扣件、脚手板和连接点等不得随意拆除。施工中必要时，必须经工地负责人同意，并采取有效措施，工序完成后，立即恢复。

（8）脚手架使用前，应由工地负责人组织检查验收，验收合格并填写交验单后方可使用。在施工过程中应有专业管理、检查和保修，并定期进行沉降观察，发现异常应及时采取加固措施。

（9）脚手架拆除时，应先检查与建筑物连接情况，并将脚手架上的存留材料、杂物等清除干净，自上而下，按先装后拆，后装先拆的顺序进行，拆除的材料应统一向下传递或吊运到地面，一步一清。不准采用踏步拆法，严禁向下抛掷或用推（拉）倒的方法拆除。

（10）搭拆脚手架，应设置警戒区，并派专人警戒。遇六级以上大风和恶劣气候，应停止脚手架搭拆工作。

（11）对地基的要求，地基不平时，应使用可掂底座脚，达到平衡。地基必须有承受脚手架和工作时压强的能力。

（12）工作人员搭建和高空工作中必须系有安全带，工作区域周边请安装安全网，防止重物掉落，砸伤他人。

（13）脚手架的构件、配件在运输、保管过程中严禁严重摔、撞；搭接、拆装时，严禁从高处抛下，拆卸时应从上向下按顺序操作。

（14）注意脚手架使用过程安全，严禁在架上打闹嬉戏，任意攀爬，杜绝意外事故发生。

19.3　造楼机

1. 空中造楼机

"空中造楼机"及配套建造技术，是用于高层建筑的智能控制的大型组合式机械设备施工平台。它是集自动化、机械化、智能化于一身，安全可靠、周期可控、成本经济、绿色环保的现浇施工及装配式建造的现代施工技术装备。

空中造楼机对建筑业转型发展，对建筑工业化和智能化，对机械施工取代人工作业，对建筑系列产品的转型升级，进而推动房地产业、建筑业、金融业、租赁业、装备制造业、设计与科研、物联网技术等跨行相互融合，对促进商业运营模式，政府监管模式的转型与创新，做出了有益的开发和探索。

2. 空中造楼机的发展

（1）**第一代顶模**，即低位顶升钢平台模架体系。这是"空中造楼机"的前身。与传统施工技术相比，第一代顶模技术显著提高了超高层施工工效，可有效地加快施工进度，极大地缩短施工工期。

（2）**第二代顶模**，即模块化低位顶升钢平台模架体系。第二代顶模将整个模架"拆分"为由多个标准组件组成的装配式结构，从而实现模架在不同项目间的周转使用，大幅降低成本。但该技术在周转性、适应性、安全性三个方面不尽如人意。

（3）**第三代微凸支点顶模**，伴随建筑高度与建造难度的不断提升，模块化低位顶升钢平台模架体系的不足日渐显现：整体抗侧刚度不足，承载力有限，置于核心筒内的支撑立柱、箱梁与塔式起重机、电梯的站位协调复杂。其特点是，利用核心筒外侧墙体表面 20~30mm 素混凝土微凸构造承力，单个支点承载力达 400t，使得承载力、整体性、抗侧刚度、内部垂直运输设备的安装空间得到显著提升，并在高效性、适应性、安全性和智能化上实现了飞跃，可实现钢筋绑扎层、混凝土浇筑层、混凝土养护层**分层流水施工**。长 35m、宽 35m 的顶部平台，为项目建设提供了充足的施工空间和材料、机械设备堆场。同时还专门研发了智能综合监控系统，使顶模体系的运行安全得到了有效保障。顶升液压系统的推力也大幅提升至 2400t，可以将 3 万名成年人同时顶起，显著解决了塔式起重机爬升与模架顶升相互影响、爬升占用时间长、爬升措施投入大等制约超高层建筑施工的难题。

（4）**第四代集成平台"自带塔机微凸支点智能顶升模架系统"**，即超高层建筑智能化施工装备集成平台，目前已经投入施工应用，如图 19-6 所示。

3. 空中造楼机的特性

（1）工业化智能建造新技术"空中造楼机"，是我国具有原创性、独创性的自主研发的设备平台及配套建造技术。空中造楼机及建造技术以机械作业、智能控制方式，实现高层住宅现浇钢筋混凝土的工业化智能建造。它的一个明显特点是将全部的工艺过程集中、逐层地在空中完成。因此，也称作"空中造楼机"。

图 19-6　空中造楼机（超高层建筑智能化施工装备集成平台）

（2）该设备平台模拟一座移动式造楼工厂，将工厂搬到高层或超高层施工空间，采用机械操作、智能控制手段与现有预拌混凝土供应链、混凝土高空泵送技术相配合，逐层进行地面以上结构主体和保温饰面一体化板材同步施工的现浇建造技术，用机器代替人工，实现高层及超高层钢筋混凝土的整体现浇施工建造。

（3）"空中造楼机"的创新研发给建筑工业化发展路径和建筑业转型升级带来更多的思考和启示。通过产业链联合创新，改变了今天的建筑业承包分包式的合作模式，改变了包括碎片化政府管理、碎片化工程服务和单专业技术路径，推行科学化、现代化、模数化、少规格、多组合、规模化的建筑工业化理念，开发以机器替换人工的质量管理和质量控制技术。

（4）通过工业化、标准化、信息化，实现建筑业与制造业、服务业和信息业之间的产业融合，传统建筑业和制造业的转型，形成面向终端用户的成品交付模式的现代建筑服务业，引导建筑工业化与住宅产业化、绿色建筑与生态城市的发展进程，并将安全、健康和绿色作为建筑的关键性能指标。

（5）工业化建造。空中造楼机是由多项标准装置按建筑形状配置而成的大型机械装备，部件标准化程度高，通用互换性强。其工作模拟一座"移动造楼工厂"，在施工现场以机械操作，通过程序控制方式完成升降与模板自动开合等指令，实现现浇钢筋混凝土工业化建造。

思考题

1. 怎样注意建筑脚手架施工时的安全性？
2. 常见的脚手架有哪几种？其各自具有何种特点？
3. 为何要强调脚手架的设计计算过程？
4. 通过网络查询5个脚手架事故案例，并尝试分析其失效原理。
5. 畅想空中造楼机的发展前景。

20.1 建筑安全网

1. 建筑安全网

建筑安全网亦称安全网（safety nets），是在高空进行建筑施工、设备安装或其他技艺表演时，在其下或其侧设置的起保护作用的网绳，用来防止人或物坠落而造成安全事故，减轻坠落及物击伤害。一般用合成纤维或天然棉、麻、棕绳索等编织而成或用金属编织、焊接而成。合成纤维绳索类安全网如图20-1所示；不锈钢丝绳类安全网如图20-2所示。

图 20-1　合成纤维绳索类安全网

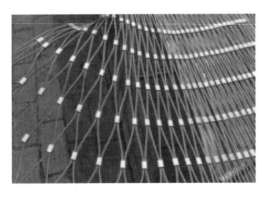

图 20-2　不锈钢丝绳类安全网

安全网由**网体**、**边绳**、**系绳**和**筋绳**构成。网体由网绳编结而成，具有菱形或方形的**网目**。编结物相邻两个绳结之间的距离称为**网目尺寸**；网体四周边缘上的**网绳**，称为**边绳**。

安全网的**公称尺寸**根据边绳的尺寸而定；把安全网固定在支撑物上的绳，称为**系绳**。此外，凡用于增加安全网强度的绳，统称为**筋绳**。

安全网的材料，要求其比重小、强度高、耐磨性好、延伸率大和耐久性较强。此外还应有一定的耐气候性能，受潮受湿后其强度下降不太大。安全网以化学纤维为主要材料。同一张安全网上所有的网绳，都要采用同一材料，所有材料的湿干强力比不得低于 75%。通常，多采用维纶和尼龙等合成化纤作网绳。由于丙纶性能不稳定，故在安全网中禁止使用。此外，只要符合国际有关规定的要求，亦可采用棉、麻、棕等植物材料作原料。

每张安全平网的重量一般不宜超过 15kg，并要能承受 800N 的冲击力。

2. 安全网的生产

建筑安全网生产是劳动密集型的工业产品，生产过程需要经过好几道工序才能完成。

（1）首先是购进原材料，可选择的有原生塑料颗粒高密度聚乙烯（HDPE）。

（2）拉丝或称造丝。拉丝生产过程中需要精确控制冷却水温，其影响塑料丝的粗细、色泽和柔韧度，进而决定了成品的质量。

（3）织网。密目网宽度有 2m 和 4m 两种。主要是控制密目网的编织结构及编织密度，通常网目密度在 800 目$/100cm^2$ 以上。

（4）缝纫。将筒状网布裁剪，缝纫时将绳子包裹在近网片边缘部位后缝纫。

（5）打目钉。目钉为圆环状金属，张挂密目网时可将绳子由此目钉孔中穿过。6m 边长的安全网每边通常打 20～30 个。做好的密目网折叠好，打包，如图 20-3 所示。

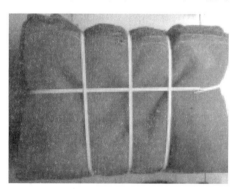

图 20-3   塑料丝类安全网

3. 安全网技术性能

安全网是预防坠落伤害的一种劳动防护用具，适用范围极广，大多用于各种高处作业。高处作业坠落事故，常发生在架子、屋顶、窗口、悬挂、深坑、深槽等处。坠落伤害程度，随坠落距离大小而异，轻则伤残，重则死亡。安全网防护原理：平网作用是挡住坠落的人和物，避免或减轻坠落及物击伤害；立网作用是防止人或物坠落。网受力强度必须经受住人体及携带工具等物品坠落时的重量、冲击距离、纵向拉力及冲击强度。

（1）安全网是涉及国家财产和人身安全的特种劳动防护用品，其产品质量必须经国家指定的监督检验部门检验合格并取得生产许可证后，方可生产。每批安全网出厂，都必须有监督检验部门的检验报告。每张安全网应分别在不同位置，附上国家监督部门检验合格证及企业自检合格证。同时安全网应有标牌，标牌上应有永久性标志，标志内容应包括：生产企业名称、制造日期、批号、材料、规格、重量及生产许可证编号。

（2）安全网分为**平网（P）、立网（L）、密目式安全网（ML）**。安全网物理力学性能，是判别安全网质量优劣的主要指标。其内容包括：边绳、系绳、网绳、筋绳。密目式安全网主要有：断裂强力、断裂伸长、接缝抗拉强力、撕裂强力、耐贯穿性、老化后断裂强力保留率、开眼环扣强力、尾阻燃性能。平网和立网都应具有耐冲击性。立网不能代替平网，应根据施工需要及负载高度分清用平网还是立网。平网负载强度要求大于立网，所用材料较多，重量大于立网。一般情况下，平网重量大于 5.5kg，立网重量大于 2.5kg。

（3）安全网主要使用露天作业场所，所以，必须具有耐候性。具有耐候性的材料主要有锦纶、维纶和涤纶。同一张网所用材料应相同，其湿干强力比应大于 75%，每张网总重量不超过 15kg。阻燃安全网的续燃、引燃时间不得超过 4s。

（4）平网宽度不小于 3m，立网和密目式安全网宽度不小于 1.2m。系绳长度不小于 0.8m。安全网系绳与系绳间距不应大于 0.75m。密目式安全网系绳与系绳间距不应大于 0.45m，安全网筋绳间距离不得太小，一般规定在 0.3m 以上。安全网可分为手工编结和机械编结。机械编结可分为有结编结和无结编结。一般情况下，无结网结节强度高于有结网结节强度。网结和节头必须固定牢固，不得移动，避免网目增大和边长不均匀。出现上述情况，将导致应力不集中，直至网绳断裂。

4. 安全网使用要求

（1）网的检查内容包括：网内不能留有建筑垃圾，网下不能堆积物品，网身不能出现严重变形和磨损，不得遭受化学品与酸碱物质的腐蚀及污染。不得遭受电焊火花的灼烧等。

（2）支撑架不得出现严重变形和磨损，其连接部位不得有松脱现象。网与网之间及网与支撑架之间的连接点亦不允许出现松脱。所有绑拉的绳都不能使其受严重的磨损或有变形。

（3）网内的坠落物要经常清理，保持网体洁净。还要避免大量焊接或其他火花落入网内，并避免高温或蒸汽环境。当网体受到化学品的污染或网绳嵌入粗砂粒或其他可能引起磨损的异物时，须立即进行清洗，洗后使其自然干燥。

（4）安全网在搬运中不可使用铁钩或带尖刺的工具，以防损伤网绳。网体要存放在仓库或专用场所，并将其分类、分批存放在架子上，不允许随意乱堆。仓库要求具备通风、遮光、隔热、防潮、避免化学物品的侵蚀等条件。在存放过程中，亦要求对网体作定期检验，发现问题，立即处理，以确保安全。

（5）高处作业部位的下方必须挂安全网；当建筑物高度超过 4000mm 时，必须设置一道随墙体逐渐上升的安全网，以后每隔 4000mm 再设一道固定安全网；在外架，桥式架，上、下对孔处都必须设置安全网。安全网的架设应

图 20-4　使用安全网的建筑工地

里低外高，支出部分的高低差一般在 500mm 左右；支撑杆件无断裂、弯曲；网内缘与墙面间隙要小于 150mm；网最低点与下方物体表面距离要大于 3000mm。安全网架设所用的支撑、木杆的小头直径不得小于 70mm，竹杆小头直径不得小于 80mm，撑杆间距不得大于 4000mm，使用安全网的建筑工地如图 20-4 所示。

（6）使用前应检查安全网是否有腐蚀及损坏情况。施工中要保证安全网完整有效、支撑合理，受力均匀，网内不得有杂物。搭接要严密牢靠，不得有缝隙，搭设的安全网，不得在施工期间拆移、损坏，必须到无高处作业时方可拆除。因施工需要暂拆除已架设的安全网时，施工单位必须通知、征求搭设单位同意后方可拆除。施工结束必须立即按规定要求由施工单位恢复，并经搭设单位检查合格后，方可使用。

（7）要经常清理网内的杂物，在网的上方实施焊接作业时，应采取防止焊接火花落在网上的有效措施；网的周围不要有长时间严重的酸碱烟雾。

（8）安全网在使用时必须经常检查，并有跟踪使用记录，不符合要求的安全网应及时处理。安全网在不使用时，必须妥善地存放、保管，防止受潮发霉。新网在使用前必须查看产品的铭牌：首先看是平网还是立网，立网和平网必须严格区分开，立网绝不允许当平网使用；架设立网时，底边的系绳必须系结牢固。必须有生产厂家的生产许可证、产品的出厂合格证，若是旧网，在使用前应做试验，且有试验报告书，试验合格的旧网才可以使用。

5. 检验方法

（1）耐贯穿性试验。用长 6000mm，宽 1800mm 的密目网，紧绑在与地面倾斜 30°的试验框架上，网面绷紧。将直径 48～51mm、重 5kg 的脚手管，距框架中心 3000mm 高度自由落下，钢管不贯穿为合格标准。

（2）冲击试验。用长 6000mm，宽 1800mm 的密目网，紧绷在刚性试验水平架上。将长 1000mm，底面积 2800m^2，重 100kg 的人形沙包 1 个，沙包方向为长边平行于密目网的长边，沙包位置为距网中心高度 1500mm 自由落下，网绳不断裂为合格标准。

6. 使用注意事项

（1）安装注意事项

1）安全网上的每根系绳都应与支架系结，四周边绳（边缘）应与支架贴紧，系结应符合打结方便、连接牢靠又容易解开，工作中受力后不会散脱的原则，有筋绳的安全网安装时还应把筋绳连接在支架上。

2）平网网面不宜绷得过紧，当网面与作业高度大于 5m 时，其伸出长度应大于 4m；当网面与作业面高度差小于 5m，其伸出长度应大于 3m，平网与下方物体表面的最小距离应不小于 3m，两层网间距不得超过 10m。

3）立网网面应与水平垂直，并与作业面边缘最大间隙不超过 10cm。

4）安装后的安全网应经专人检验后，方可使用。

（2）安全网严禁注意事项

1）随便拆除安全网的构件；

2）人跳进或把物品投入安全网内；

3）大量焊接火花或其他火花落入安全网内；

4）在安全网内或下方堆积物品；

5）安全网周围有严重腐蚀性烟雾。

（3）安全网的巡检

对使用中的安全网，应进行定期或不定期的检查，并及时清理网中落下的杂物，防止安全网的污染，防止安全网老化，当受到较大冲击时，应及时更换。

20.2 建筑遮尘网及挡风墙

1. 建筑遮尘网

遮尘网也叫防尘网，又叫"防风抑尘网"，是一种治理露天料场扬尘污染的环保工程材料，广泛用于散料港口、火电厂的煤炭燃料堆场、钢铁企业的原料及燃料堆场、化工企业的原料及燃料堆场、煤矿的出煤存储场以及各类建筑工地等。它是具有一定尺寸孔目的纤维织物，可直接铺附在沙土、煤炭或其他颗粒状材料上，达到遮挡抑制尘土的作用，如图 20-5 所示。

2. 建筑挡风墙

建筑挡风墙也称为建筑防尘网，可由纤维织物组成，但更多是采用穿孔薄钢板或其他塑料或玻璃钢类薄板。以低碳钢板、镀锌板、彩涂钢板、铝镁合金板、不锈钢板通过结构钢架固定而形成挡风墙，通过减小风速以达到防黏纸、灰尘飞扬的目的，如图 20-6 所示。

图 20-5　防尘网的应用　　　　　　图 20-6　薄钢板类挡风墙

3. 建筑遮尘产品及结构

（1）**遮阳网**。各类具有遮盖功能的网，通常会以其针数而分类，所谓的"n 针"，就是在 2.54cm（1in）长度距离内的纬丝。我国在织物领域，把此类具有遮盖功能的网，统称为**遮阳网**，如图 20-7 所示。

可以按 2.54cm（1in）内网布的纬丝根数，划分为 n 针遮阳网。

① **一针遮阳网**，就是 2.54cm（1in）内有一根纬丝，其质量为 $5 \sim 10 g/m^2$，主要应用在产品包装上，代替麻布包装，起到防潮，防锈等作用。

② **两针遮阳网**，用于建筑工地遮尘和工程绿化方面。

③ **三针遮阳网**，就是 1in 内有三根纬丝组成，用于农业大棚蔬菜种植、三七种植、人参种植及养殖业，如蚯蚓养殖业等。

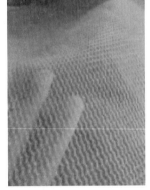

图 20-7　遮阳网

④ **四针遮阳网**，用于阳台、庭院遮阳等。

⑤ **六针遮阳网**，用于围栏和遮阳用。

⑥ **八针、九针遮阳网**，可用来作建筑防滑、防止高空坠物的**安全网**。

其实，每根纬丝都担当着不同的角色，多一根纬丝，就会多一个功能。而纬丝较少的话，所拥有的功能也会随之减少一些。

（2）**挡风墙**。其是由挡风板、钢结构支撑和混凝土基础组成，同时可附加 $1 \sim 2m$ 的挡料、挡墙和钢架上的照明灯具。

图 20-8 金属穿孔挡风板

挡风板上有一定数量的开孔，挡风板的材质可分为金属和非金属，金属穿孔挡风板如图 20-8 所示。在金属挡风板中，又由于基材的不同可以分为碳钢板、镀锌板、镀铝锌板、不锈钢板、铝镁合金板等；非金属的分为手工玻璃钢、机械加工玻璃钢、高分子复合材料等。高分子主要就是化学原料加工的，品种众多，当然质量也是千差万别。

钢结构支撑主要可分为桁架结构和螺旋球网结构。桁架结构又可分为空间桁架和平面桁架，其连接方式有焊接和栓接。螺旋球网结构的连接方式为螺旋球连接。钢结构支撑的根据所见项目地的气候条件（主要是 50 年一遇风压、最大风速）进行结构的设计。在钢结构支撑中，桁架形式是首选，因为螺栓球网结构有可能因为风的振动，使连接的螺栓球松动。

4. 遮尘网的技术要求

（1）抗紫外线（耐老化）：产品表面经过喷塑处理，能吸收太阳光中的紫外线，降低了材料本身氧化速度，使产品具有较好的防老化性能，使用寿命提高。同时紫外线透过度低，避免了太阳光中料的损伤。

（2）阻燃性：因为是金属板，所以有很好的阻燃性，均能满足消防和安全生产的要求。

（3）抗冲击：产品的强度高，可以承受冰雹（强风）的冲击。冲击强度试验检测，在试样的中上方，用质量为 1kg 的钢球，从距波峰顶点 1.5m 的高度自由落下，产品没有断裂和贯穿的孔穴。

（4）防静电：产品表面经过静电喷塑处理，在受太阳光照射后，能把附着于产品表面的有机污物氧化分解。另外，其超亲水性使尘土易于被雨水冲洗，起自洁净效果，无维护费用。

20.3 板房

板房是一种以轻钢为骨架，以夹芯板为围护材料，以标准模数系列进行空间组合，构件采用螺栓连接，全新概念的环保经济型活动板房屋。

具有临时性特征的板房，可按标准化设计制造，具有临时、方便、快捷组装和拆卸的多维功能；具有通用、环保、节能、快捷、高效的现代理念；具有系列化开发、集成化生产、配套化供应、规范化应用的技术特点。

1. 板房分类

（1）水泥板房。水泥板房适用于各种建筑工地的办公室民工宿舍，也可用于平顶加层，各种仓库等。水泥活动房、水泥板房承重系统均为钢结构，安全可靠，墙体采用双层钢丝网、轻质保温材料和高强度等级水泥预制复合板，保温、隔热、轻质、高强，顶面用机制水泥瓦、外墙面为彩色水刷面、内墙面采用高级塑料花纹壁纸装饰、室内采用铝合金龙骨石膏板吊顶,美观新颖,运输安装方便、快捷,钢窗、钢门、玻璃、锁配套齐全。

(2) 磷镁板房。磷镁板房是目前活动房市场上价格最低,重量最轻,最易搭建的简易轻体活动房,它具有防水、防火、防震、防腐蚀的独特效果。板材采用聚苯加芯,充分达到保温隔热等效果。其标准为宽 5000mm,长 12000mm,重 2t 多,可根据用户要求设计搭建异型房,适用于施工单位的临时用房。

(3) **彩钢板房**。彩钢板房属于轻钢结构,墙体采用彩色钢板覆面聚乙烯泡沫夹心复合板。产品的规格尺寸、空间间隔可根据需要而定,使用周期长达 10~20 年,保温隔热,外形美观大方,室内可作装饰吊顶处理,非常适宜于建筑施工、抢险救灾、应急防疫等现场临时性办公或居住,如图 20-9 所示。

(4) **集装箱板房**。集装箱板房也叫集装箱活动房,主要指以集装箱为基础,稍经改造而成为有窗有门的房子。此类集装箱板房常用于建筑工地,作为工人的宿舍使用。其坚固耐用,运输方便,搭建方便。集装箱板房也被称为住人集装箱,在许多场合得到应用,如图 20-10所示。

图 20-9 彩钢板房   图 20-10 集装箱板房

(5) 竹编板房。竹编板房属于活动板房,先把竹砍下放干,再编制而成。产品规格尺寸可以根据自己需要而编制,四川很多养鸭大户经常用这种板房,便于搬动,而且轻巧便捷,使用周期长达 5~10 年。

(6) 木板房。在这里"板"是木板的意思。"板房"就是用木板隔成的房间或用木板搭建的简陋房屋。

2. 板房应用

板房可广泛应用于各类土木工程施工,如楼宇、路桥、铁路、水电、场站等;可作为社会生产生活的临时性用房,如临时医院、学校、宿舍、商店;亦可作为办公室、会议室、指挥部;或临时停车场、临时展览馆、临时维修部、临时加油站、临时野外作业用房等。

3. 板房的安装步骤

(1) 场地平整,铺设上下给水排水及电缆设施;

(2) 做砖砌条形基础或混凝土圈梁式基础;铺设预制钢筋混凝土平板;

(3) 钢构架安装,架设预制楼板,安装预制彩钢板;或吊装并连接成套单元板房;

（4）电气设备及网线 WiFi、水暖电设施连接；

（5）验收交工使用。

思考题

1. 解释名词术语：安全网、遮尘网、遮阳网。

2. 简述挡风遮尘的原理。

3. 除遮尘网、挡风墙外，你认为还有何简便方法，可在建筑工地抑尘？

4. 建议实地考察建筑安全网、遮尘网、挡风墙的使用效果。

5. 建议亲身体验建筑工地板房的办公效果。